宽禁带器件驱动电路原理分析与设计

秦海鸿　谢昊天　朱梓悦
卜飞飞　刘　奥　柏　松　编著

北京航空航天大学出版社

前　言

与硅基电力电子器件相比，宽禁带电力电子器件具有更低的导通电阻、更快的开关速度、更高的阻断电压和更高的工作温度承受能力。因此，采用宽禁带电力电子器件有望明显降低电力电子装置的功耗，提高电力电子装置的功率密度和耐高温能力，在电动汽车、新能源发电、医疗设备、轨道交通、智能电网、国防军工及航空航天等领域有广泛的应用前景。

驱动电路作为控制电路和功率器件之间的桥梁，用来转换和响应控制电路的信号，从而控制主电路中功率器件的开通和关断。对于从事宽禁带器件驱动电路研究和应用开发的研究人员和工程人员来说，既要掌握宽禁带器件的基本特性，理解驱动技术与宽禁带器件之间的关系，又要深入了解电力电子电路的应用知识，掌握实际工况对宽禁带器件的影响，因此需要能够全面、系统地阐述宽禁带器件驱动技术方面的参考资料。

为了促进国内宽禁带器件驱动及其应用方面的研究，加快宽禁带电力电子装置的研究与开发进程，作者所在的研究团队结合近年来在宽禁带器件特性认知和驱动应用方面的研究，编写了本书。

全书共分为7章。第1章阐述了宽禁带器件及其驱动技术的发展现状及趋势；第2章介绍了SiC器件的基本特性，分析了SiC器件驱动电路的设计挑战和具体要求，给出了SiC器件常用电压型驱动电路的一般性设计方法；第3章给出了12种SiC MOSFET栅极驱动电路的基本特性和主要参数，详细介绍了各种栅极驱动电路的引脚排列、内部结构、工作原理和应用技术；第4章给出了16种SiC MOSFET栅极驱动板的内部结构、工作原理、电参数限制和应用技术；第5章介绍了GaN器件的基本特性，分析了GaN器件驱动电路的设计挑战和具体要求，给出GaN器件典型驱动电路设计实例；第6章给出了GaN器件常用栅极驱动电路和驱动电路板，详细介绍了各种栅极驱动电路的引脚排列、内部结构、工作原理和应用技术；第7章概要阐述宽禁带器件驱动的研究热点和发展方向，主要对栅极主动驱动控制技术、高温驱动技术和集成驱动技术进行了介绍。

本书得到了宽禁带半导体电力电子器件国家重点实验室开放基金(No. 2019KF001)、国家自然科学基金面上项目(No. 51677089)、国家留学基金、江苏高校品牌专业建设工程项目和常州大学数字孪生技术应用联合实验室创新基金的资助。

作者衷心感谢南京航空航天大学电气工程系的老师和致力于新型宽禁带器件应用研究的研究生、本科生。感谢Cree公司、Rohm公司、Infineon公司、GaN

Systems公司、Transphorm公司、中国电子科技集团公司第55研究所、扬州国扬电子有限公司、香港联丰科技有限公司、北京世纪金光半导体有限公司、泰科天润半导体科技(北京)有限公司、南京亚立高电子科技有限公司、南京奥云德电子科技有限公司、南京开关厂有限公司、南京傅立叶电子技术有限公司等合作企业对作者所在研究团队的器件支持和项目经费支持。

本书是作者所在研究团队在近十年来从事宽禁带半导体器件特性、驱动与应用研究的基础上编写的。书中也参考和引用了国内外SiC器件和GaN器件应用研究方面专家学者及其研究团队的研究成果,相关集成驱动电路和驱动板技术资料学习和参考了各主要宽禁带半导体器件公司的网站资料。

在本书编写过程中,南京航空航天大学多电飞机电气系统工业和信息化部重点实验室付大丰、陈文明、徐华娟等老师参与了部分章节的文字编排工作;南京航空航天大学宽禁带器件应用研究室研究生徐克峰、荀倩、聂新、钟志远、张英、董耀文、修强、莫玉斌、彭子和、王若璇、杨跃茹、汪文璐、谢斯璇等参与了研究工作和部分手稿的录入工作;常州大学数字孪生技术应用联合实验室万奕欣、朱星臣等参与了研究工作和部分手稿的录入工作;英国诺丁汉大学杨涛教授、复旦大学毛赛君研究员和南京航空航天大学张方华教授审阅了本书初稿,提出了十分宝贵的修改意见;北京航空航天大学出版社赵延永、蔡喆老师为本书的出版提出了建设性的建议。作者在此一并向他们表示由衷的感谢。

为促进国内宽禁带电力电子器件的驱动电路设计和宽禁带电力电子装置的快速发展,作者编写了此书。宽禁带器件仍在不断发展之中,本书所介绍的驱动集成电路和驱动板设计方案也会不断升级换代,相关内容可能只适用于现阶段的宽禁带器件特性。或许随着宽禁带器件的不断发展,器件的某些特性和参数会获得更大改善,因此须对其驱动电路进行较大程度的改进设计,但本书对于宽禁带器件基本特性与驱动电路的分析思路和设计方法对于国内同行仍具有较高的参考价值。

由于作者水平有限,书中如有疏忽或错误,恳请广大读者批评指正。

作　者

2021年6月

目　　录

第1章 绪 论

1.1 硅器件的性能限制

电力电子技术是有效地利用功率半导体器件，应用电路和设计理论以及分析方法工具，实现对电能的高效变换和控制的一门技术。它诞生于20世纪70年代，经过约50年的发展，已成为现代工业社会的重要支撑技术之一。应用电力电子技术构成的装置简称“电力电子装置”，目前已广泛应用于工农业生产、交通运输、国防、航空航天、石油冶炼、核工业及能源工业等各个领域，大到几百兆瓦的直流输电装置，小到日常生活中的家用电器，随处可见它的身影。

电力电子器件作为电力电子装置中的核心部件，其性能的优劣对电力电子装置高性能指标的实现有着重要的影响。器件技术的突破往往会推动电力电子装置性能的进一步发展。

电力电子器件的导通电阻和寄生电容分别决定了电力电子器件的导通损耗和开关损耗；而电力电子器件的损耗既是整个电力电子装置损耗的主要组成部分，很大程度上影响着电力电子装置的效率，也是电力电子装置主要的发热源之一。不同型号的电力电子器件的特性和参数不同，应用于电力电子装置中产生的损耗也不同，因而所能允许的最高开关频率也不尽相同。开关频率的高低决定了电力电子装置中电抗元件的体积和质量，很大程度上影响着电力电子装置的功率密度。此外，提高开关频率引起的高 di/dt、du/dt 还会带来严峻的电磁干扰(EMI)问题。

电力电子器件的电压、电流承受能力和散热性能等因素决定了器件的失效率，而器件的失效是电力电子装置可靠性的重要影响因素。电力电子器件的耐高温工作能力能够降低电力电子装置的散热要求，有利于减小冷却装置的体积并减轻质量，提高电力电子装置的功率密度，适应恶劣的高温工作环境。

不难理解，更高耐压、更优开关性能的电力电子器件的出现，会使得在高压大容量场合不必采用很复杂的电路拓扑，从而有效降低装置的故障率和成本。

到目前为止，绝大多数电力电子装置均采用硅(Si)器件作为功率器件。从1957年美国通用电气公司开发出世界上第一只Si基晶闸管至今，Si基电力电子器件经历了以下三个典型的发展阶段(如图1.1所示)：

(1) 第一阶段

主要以功率二极管和晶闸管为代表，是电力电子技术发展早期的主要器件，是传统电力电子技术的标志。

(2) 第二阶段

主要以门极关断(GTO)晶闸管、双极型晶体管[BJT，也称为大功率晶体管(GTR)]、功率场效应晶体管(Power MOSFET)为代表。电力电子技术的发展，对器件的可控性提出了更高的要求。与第一阶段Si器件最明显的区别是，该阶段的器件能够进行可控关断，这也是现代电力电子技术的标志。

(3) 第三阶段

主要以高性能的绝缘栅双极型晶体管（IGBT）、集成门极换流晶闸管（IGCT）等器件为代表。其中，IGBT 成为第三阶段 Si 基电力电子器件的典型代表。

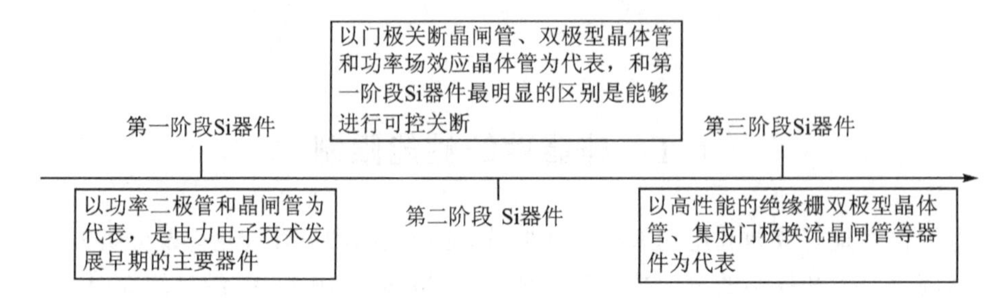

图 1.1　Si 基电力电子器件经历的三个典型发展阶段

图 1.2 概括了当前市场上最主要的 Si 基电力电子器件及其对应的额定电压与额定电流等级。

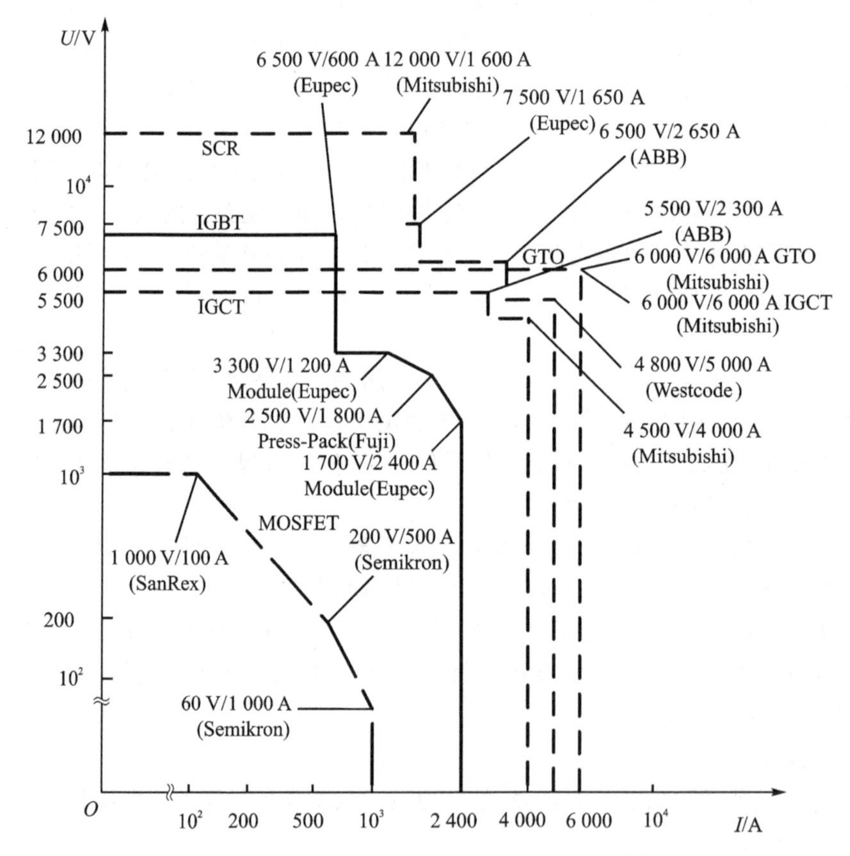

图 1.2　市场上主要电力电子器件的额定电压与额定电流示意图

经过几十年的高速发展，Si 基电力电子器件的导通电阻、结电容已难以大幅度减小，使得其导通损耗和开关损耗也难以再大幅减小，限制了 Si 基电力电子装置效率的提高。Si 器件结电容难以大幅度减小，使得功率等级较高的变换器无法采用高开关频率，而电抗元件（如磁性元件和电容器）的体积重量难以进一步降低，限制了功率密度；即使采用了软开关技术，使得开关频率能获得一定程度的提高，但会增加电路复杂性，对可靠性产生不利影响。一般而言，Si器件所能承受的最高结温为150 ℃，即使采用最新工艺和复杂的液冷散热技术，Si器件也很难突破200 ℃的工作温度，这远不能满足很多恶劣应用场合对高温电力电子装置的需求。

综上所述，Si基电力电子器件经过60多年的发展，其性能水平基本上稳定在$10^9 \sim 10^{10}$ W·Hz，已逼近了硅材料极限（如图1.3所示），难以通过器件结构创新和工艺改进来大幅提升性能。这就限制了Si基电力电子装置性能的进一步显著提升，使其很难满足相关应用场合提出的更高性能指标要求。

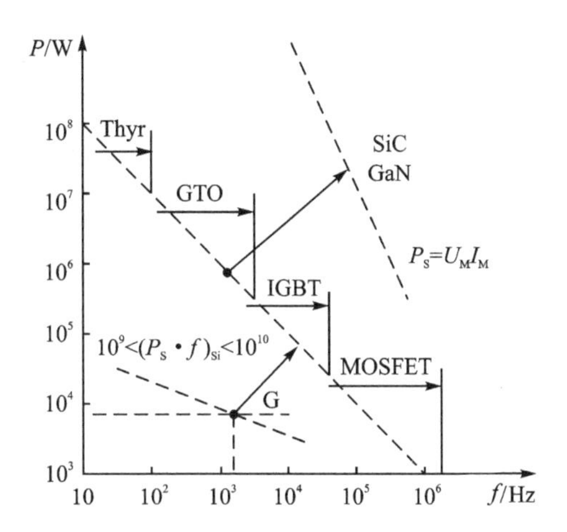

图1.3 电力电子器件的功率频率乘积和相应半导体材料极限

砷化镓（GaAs）曾经是人们开发高频大功率器件所关注的对象。砷化镓在载流子迁移率、禁带宽度和临界雪崩击穿电场强度方面相对于硅的明显优势，使其在场效应器件和肖特基二极管等器件应用方面具有相当强的竞争力。砷化镓肖特基二极管呈现出非常好的导通与开关特性，电压超过200 V的砷化镓垂直沟道功率JFET和MESFET在20世纪90年代初即已陆续商品化，成为最早付诸应用的使用较宽禁带材料的功率器件。但是，作为电力电子器件的制造材料还应有良好的导热性，以免在大电流下结温过高。砷化镓的热导率远比硅低，因此不能作为电力电子器件优选材料。

继以Si和GaAs为代表的第一代、第二代半导体材料之后，宽禁带半导体材料迅速发展成为第三代新型半导体材料，其中有两种材料已得到较为广泛的研究：一种是碳化硅（SiC），另一种是氮化镓（GaN）。从现阶段的器件发展水平来看，GaN材料适合制作1 000 V以下电压等级、中/低功率等级器件，SiC材料适合制作1 000 V以上电压等级、中/大功率器件。与Si器件相比，SiC和GaN器件在材料、结构等方面有所不同，器件特性上存在着差异。因此，不能沿用现有Si基功率器件的驱动电路来直接驱动SiC基功率器件和GaN基功率器件，对宽禁带电力电子器件的驱动电路需要专门设计。本书主要对SiC器件和GaN器件的驱动要求、典型驱动电路进行讨论，并以目前宽禁带器件主要供应商的典型器件和驱动电路为例，详细分析其驱动芯片和驱动板的基本原理、结构、设计和应用注意事项，并对主动驱动控制技术、高温驱动技术和集成驱动技术进行扼要阐述。本章主要对宽禁带材料、宽禁带器件及其驱动要求进行概要介绍。

1.2 宽禁带半导体材料特性

1.2.1 碳化硅材料

碳化硅是典型的实用宽禁带半导体材料之一，跟硅和砷化镓一样具有典型的半导体特性，在制造电力电子器件方面具有广阔的应用前景。

早在1824年，瑞典科学家J. J. Berzelius (1779—1848)在人工合成金刚石的过程中就已经观察到了碳化硅的存在。不过，由于自然界中天然碳化硅晶体极少，人工合成又极困难，因此人们在那个年代对其没有太多了解。直到E. G. Acheson (1856—1931)发明了碳化物晶体的人工制造技术之后，人们才开始对其逐渐有所认识。Acheson的最初目的是想寻找一种能够代替金刚石的金属研磨材料。他在合成碳化物的晶体中发现了这种硬度高、熔点高的材料之后，于1893年申请了专利，并将这种物质命名为Carborundum。用Acheson法制造出来的碳化硅是多晶体或鳞片状单晶，在当时和后来都主要用来加工研磨材料。

1893年，法国科学家H. Moissan (1852—1907)在美国亚利桑那州Dablo大峡谷的陨石中发现了天然的碳化硅单晶，因而矿物学家将天然SiC晶体命名为莫桑石(Moissanite)。现在，珠宝行也把人造碳化硅晶体称作莫桑石。

SiC半导体特性的发现已有100多年历史。1907年，英国电气工程师Henry J. Round (1881—1966)用SiC首先发现了半导体的电致发光效应。20世纪20年代的早期无线电接收机也已使用了SiC晶体检波器。1955年，菲利普研究室的J. A. Lely根据升华-凝聚原理发明了一种生长高品质SiC单晶的新方法，在2 500 ℃高温下无籽晶生长小尺寸针状或片状纯度较高的SiC晶体。此后，对SiC半导体的研究在世界范围内全面展开，并于1958年在美国Boston召开了第一届国际SiC学术研讨会。但是，在随后的20年间，Si技术的卓越成就及其迅猛发展转移了人们对SiC这一难以用人工合成方法大量生产的半导体材料的研究兴趣，对SiC半导体的研究只在少数人中，主要是苏联的一些科学家在缓慢地进行着。1978年，苏联科学家Yu. M. Tairov和V. F. Tsvetkov改进了Lely法，用籽晶生长了较大尺寸的SiC晶体。这个进步直接导致蓝色发光二极管在1979年左右诞生。1980年，Nishino等人提出在Si衬底上异质外延生长3C-141 SiC单晶薄膜的实验构想。但是，由于3C-SiC和Si的晶格失配和热失配都很严重，因此这种以廉价衬底生长昂贵材料的梦想至今仍未真正实现。1987年，美国Cree公司以成功生长6H-SiC体单晶为契机宣告成立，并很快成长为全球首家销售SiC晶片和器件的企业。

SiC具有多种不同的晶体结构，目前已发现250多种。虽然SiC材料晶格类型很多，但目前商业化的只有4H-SiC和6H-SiC两种。由于有着比6H-SiC更高的载流子迁移率，故4H-SiC成为SiC基电力电子器件的首选使用材料。表1.1列出目前主要的半导体材料的物理特性。

表 1.1　室温(25℃)下几种半导体材料的物理特性

物理特性指标	SiC			GaN	Si	GaAs
	4H - SiC	6H - SiC	3C - SiC			
禁带宽度/eV	3.2	3.0	2.2	3.42	1.12	1.43
临界击穿电场 $\times 10^{-6}$(V · cm^{-1})	2.2	2.5	2.0	3.3	0.3	0.4
热导率/[W · (cm · K)$^{-1}$]	3~4	3~4	3~4	2.2	1.7	0.5
饱和速率 $\times 10^{-7}$(cm · s^{-1})	2.0	2.0	2.5	2.8	1.0	1.0
介电常数	9.7	10	9.7	9	11.8	12.8
电子迁移率/[cm^2 · (V · s)$^{-1}$]	980	370	1 000	2 000	1 350	8 500
空穴迁移率/[cm^2 · (V · s)$^{-1}$]	120	80	40	600	480	400

从表 1.1 可见,4H - SiC 半导体材料的物理特性主要有以下优点:

① SiC 的禁带宽度大,是 Si 的 3 倍,GaAs 的 2 倍;

② SiC 的击穿场强高,是 Si 的 8 倍,GaAs 的 6 倍;

③ SiC 的饱和电子漂移速度高,是 Si 和 GaAs 的 2 倍;

④ SiC 的热导率高,是 Si 的 2 倍,GaAs 的 7 倍。

与 Si 基电力电子器件相比,SiC 半导体材料的优异性能使得 SiC 基电力电子器件具有以下突出的性能优势:

① 具有更高的额定电压。图 1.4 所示为 Si 基和 SiC 基电力电子器件额定电压的比较。可以看出,无论是单极型器件还是双极型器件,SiC 基电力电子器件的额定电压均远高于 Si 基同类型器件。

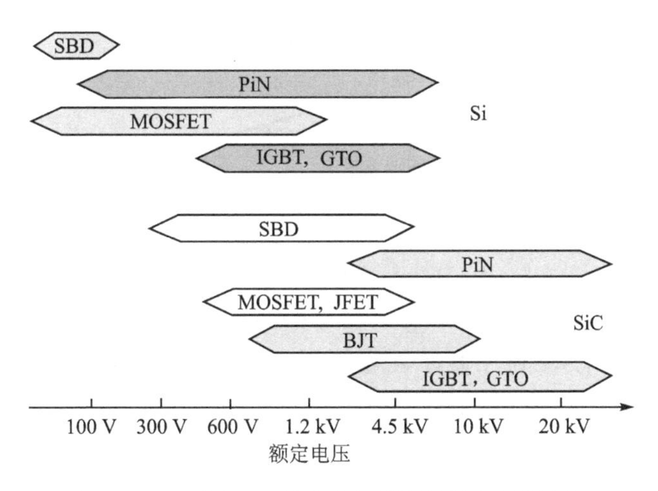

图 1.4　Si 基和 SiC 基电力电子器件额定电压比较

② 具有更低的导通电阻。图 1.5 所示为 Si 基和 SiC 基电力电子器件在室温下的比导通电阻理论计算结果对比。在 1 kV 电压等级,SiC 基单极型电力电子器件的比导通电阻约是 Si 基单极型电力电子器件的 1/60。

③ 具有更高的开关频率。SiC 基电力电子器件的结电容更小,开关速度更快,开关损耗更

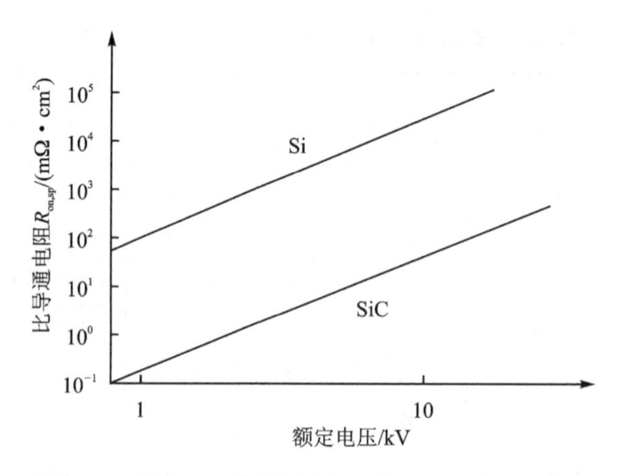

图 1.5 室温下,Si 基和 SiC 基单极型电力电子器件的比导通电阻值对比

低。图 1.6 所示为相同工作电压和电流下,设定最大结温为 175 ℃时,Si 基和 SiC 基电力电子器件的工作频率理论计算结果对比。对于 10 kV SiC 基单极型高压器件,仍可实现 33 kHz 的最大开关频率。在中大功率应用场合,有望实现 Si 基电力电子器件难以达到的更高开关频率,显著减小电抗元件的体积,减轻质量。

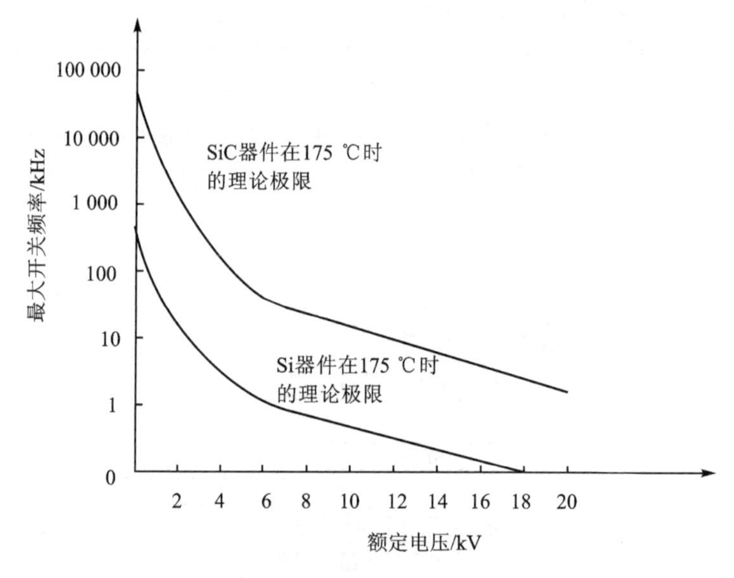

图 1.6 最大结温 175 ℃时,Si 基和 SiC 基单极型电力电子器件的最大工作频率性能对比

④ 具有更低的结-壳热阻。由于 SiC 的热导率是 Si 的 2 倍以上,器件内部产生的热量更容易释放到外部。相同条件下,SiC 基电力电子器件就可以采用更小尺寸的散热器。

⑤ 具有更高的结温。SiC 基电力电子器件的极限工作结温有望达到 600 ℃以上,远高于 Si 基电力电子器件。

⑥ 具有极强的抗辐射能力。辐射不会导致 SiC 基电力电子器件的电气性能出现明显的衰退,因而在航空航天等领域采用 SiC 基电力电子装置,可以减轻辐射屏蔽设备的质量,提高系统的性能。

1.2.2 氮化镓材料

氮化镓也是典型的实用宽禁带半导体材料之一，属于III－N化合物。III－N化合物一般具有高熔点、高饱和蒸汽压和高温下结构不稳定的特点。

GaN材料是1928年由Johnson等人采用氮和镓两种元素合成的，具有非常高的硬度。在大气压力下，GaN晶体一般呈六方纤锌矿结构，它在1个元胞中有4个原子，原子体积大约为GaAs的1/2。表1.1列出了三代半导体材料的主要性能参数。对比表1.1中不同半导体材料的性能参数可知GaN材料主要具有以下优点：

① GaN材料独特的晶体结构使其具有很大的禁带宽度，是Si和GaAs材料的2～3倍。

② GaN材料的击穿电场高达3.3 mV/cm，约为Si材料的10倍，GaAs材料的8倍；在GaN层上生长AlGaN层后，异质结形成的二维电子气(2DEG)浓度较高(2×10^{13} cm/s)，可实现高电流密度的目标。

③ GaN材料电子饱和漂移速度快，是Si和GaAs材料的3倍。

④ GaN材料热导率高，约为Si材料的1.5倍，GaAs材料的4倍。

由于GaN材料的优越特性，将其制作成电力电子器件会具有更为突出的性能优势，具体表现在以下几个方面：

① 耐压能力高。GaN材料的临界击穿场强高，相较于Si基半导体器件，GaN器件理论上具有更高的耐压能力。但是从现阶段的器件发展水平来看，GaN材料更适合制作1 000 V以下电压等级功率器件。随着技术的不断发展，相信未来会有耐压等级更高的GaN基电力电子器件出现。

② 导通电阻小。GaN材料极高的带隙能量意味着GaN基电力电子器件具有较小的导通电阻。同时由于GaN材料的临界击穿场强较高，因此在相同阻断电压下，GaN基电力电子器件具有比Si器件更低的导通电阻。图1.7所示为Si、SiC、GaN基电力电子器件在室温下的比导通电阻理论计算结果对比，可见在相同的阻断电压下，GaN基电力电子器件的理论比导通电阻值最小。

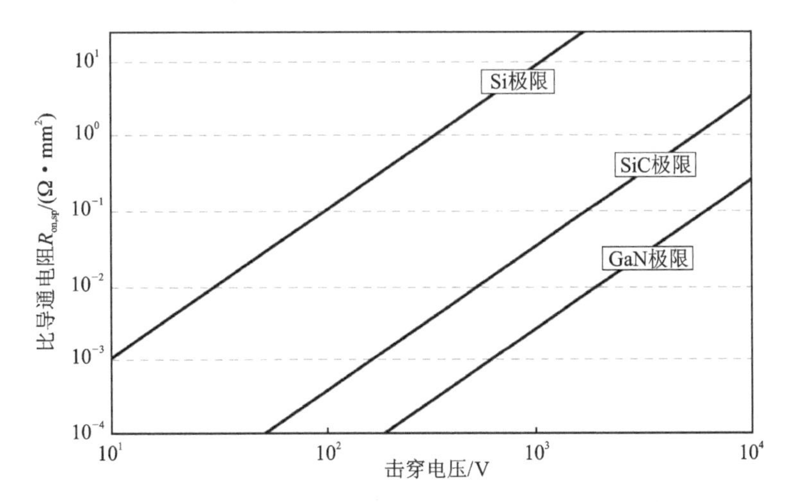

图1.7 Si、SiC、GaN基电力电子器件在室温下的比导通电阻理论计算结果对比

③ 开关速度快、开关频率高。GaN材料的电子迁移率较高，因此在给定的电场作用下其

电子漂移速度快，使得 GaN 基电力电子器件开关速度快，适合在高频条件下工作。同时由于 GaN 材料的饱和漂移速度快，因此 GaN 基电力电子器件能够承受的极限工作频率更高，在高频应用下可使电力电子装置的电抗元件体积大幅缩小，显著提高功率密度。

④ 结-壳热阻低。GaN 材料的导热率相对于 Si 材料来说更高，因此 GaN 基电力电子器件的热阻更小，器件内部产生的热量更容易释放到外部，对散热装置要求较低。

⑤ 具有更高的结温。GaN 基电力电子器件相较于 Si 基电力电子器件可承受更高的结温而不发生退化现象。

GaN 可以生长在 Si、SiC 及蓝宝石上，在价格低、工艺成熟、直径大的 Si 衬底上生长的 GaN 器件具有低成本、高性能的优势，因此受到广大研究人员和电力电子厂商的青睐。

除了 SiC 和 GaN 外，宽禁带半导体材料中金刚石和氧化镓的带隙更高，金刚石的带隙为 5.4～5.7 eV，氧化镓的带隙为 4.5～4.9 eV，临界击穿电场强度更高，有望进一步提高器件性能。为区别于 SiC 和 GaN 半导体，有学者也把金刚石和氧化镓称为“超宽禁带”半导体，目前这两种半导体材料及其器件研制仍在进行中。

图 1.8 所示为宽禁带电力电子器件对电力电子装置的主要影响。将宽禁带电力电子器件应用于电力电子装置，可使装置获得更高的效率和功率密度，能够满足高压、高功率、高频、高温及抗辐射等应用要求，支撑飞机、舰艇、战车、火炮、雷达、太空探测等国防军事设备的功率电子系统领域，以及民用电力电子装置、电动汽车驱动系统、列车牵引设备、高压直流输电设备等领域的发展。

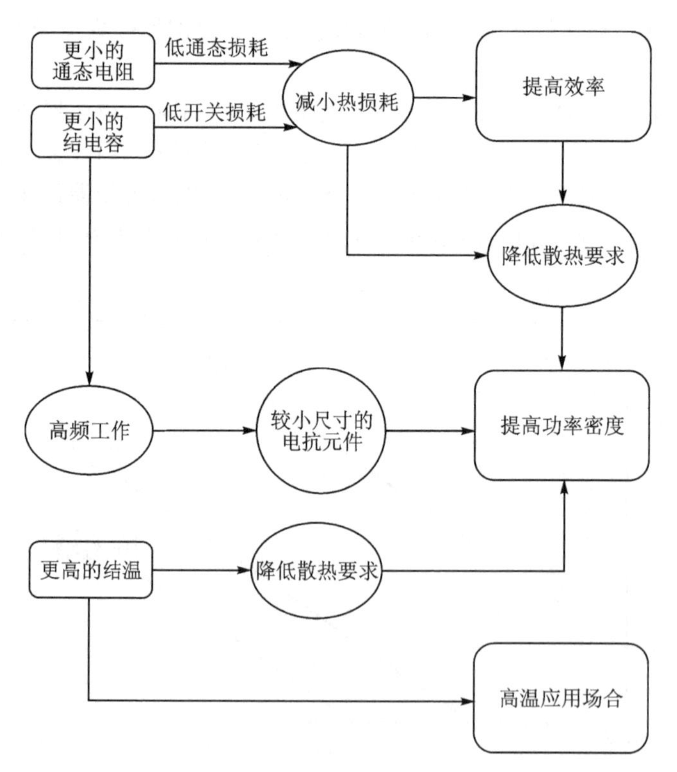

图 1.8　宽禁带电力电子器件对电力电子装置的主要影响

1.3　宽禁带电力电子器件发展概况

宽禁带电力电子器件技术是一项战略性高新技术，具有极其重要的军用价值和民用价值，因此受到国内外众多半导体公司和研究机构的广泛关注和深入研究。德国的Infineon公司在2001年推出首个商业化的SiC肖特基二极管，拉开了宽禁带电力电子器件商业化的序幕。随后，国际上各大半导体器件制造厂商都相继推出了宽禁带电力电子器件。

1.3.1　SiC基电力电子器件

美国的Cree、Semisouth、Microsemi、GE、USCi、Genesic、PowerEx、Fairchild、Onsemi、IXYS、IR和Littlefuse等公司，德国的Infineon，瑞典的Transic，欧洲的ST，日本的Rohm、Mitsubushi、Fuji、Hitachi、Panasonic和Renesas等公司，和我国的中电55所、国扬电子、泰科天润、基本半导体、比亚迪和世纪金光等单位都相继推出SiC基电力电子器件。国内外的很多科研机构与高等院校也在开展SiC基电力电子器件的研究，并积极与半导体器件制造厂商合作，开发出了远高于商业化器件水平的实验室器件样品和非商用产品。

图1.9所示为目前已有研究报道的SiC基电力电子器件类型，其中肖特基二极管(SBD)、MOSFET、JFET、BJT已有商用产品，其他类型的SiC基电力电子器件仍处于样品阶段或实验室研究阶段。

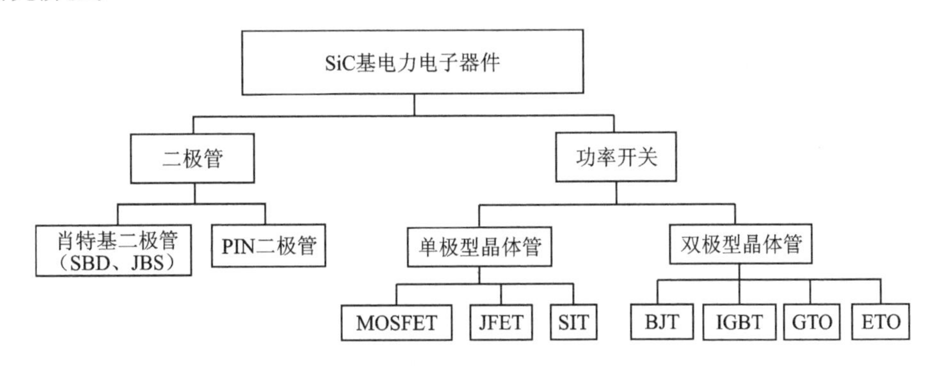

图1.9　已有研究报道的SiC基电力电子器件类型

1. SiC基二极管

目前，SiC基功率二极管主要有三种类型：肖特基二极管(SBD)、PIN二极管、结势垒肖特基二极管(JBS)。SiC SBD采用4H-SiC的衬底以及高阻保护环终端技术，并用势垒更高的Ni和Ti金属改善电流密度，开关速度快、导通压降低，但阻断电压偏低、漏电流较大，适用于阻断电压在0.6～1.5 kV范围内的应用；SiC PIN二极管由于电导调制作用，导通电阻较低，阻断电压高、漏电流小，但工作过程中反向恢复严重；SiC JBS二极管结合了肖特基二极管出色的开关特性和PIN二极管低漏电流特点，将JBS二极管结构参数和制造工艺稍作调整就可以形成混合PIN结-肖特基结二极管(MPS)。

与Si基快恢复二极管相比，SiC SBD的显著优点是阻断电压提高、无反向恢复以及具有更好的热稳定性。目前，Infineon公司已推出第六代SiC SBD，采用了混合PIN结-肖特基结、薄晶圆和扩散钎焊等技术,使得其正向压降更低,具有很强的浪涌电流承受能力。Cree、Rohm、ST、Microsemi、Genesic 等公司也已开发出类似技术,这些公司的最新代 SiC SBD 商用产品均为 MPS 结构,正向压降明显降低,浪涌电流承受能力显著增强。国内也已有不少可提供 SiC SBD 商用产品的单位,如中电 55 所、泰科天润、基本半导体等均可提供耐压 650 V、1 200 V、1 700 V 共 3 个等级的 SiC SBD 产品,最大额定电流为 40 A。其中,中电 55 所可提供 SiC SBD 军品级产品。

除分立封装的 SiC SBD 器件以外,SiC SBD 还被用作续流二极管与 Si IGBT 和 Si MOSFET 进行集成封装制成 Si/SiC 混合功率模块。多家生产 Si 基 IGBT 模块的公司均可提供由 Si IGBT 和 SiC SBD 集成的 Si/SiC 混合功率模块,其中美国 Powerex 公司提供的 Si/SiC 混合功率模块最大定额为 1 700 V/1 200 A。美国 Microsemi、IXYS 和 Genesic 等公司生产出由 SiC SBD 器件制成的单相整流桥,满足变换器中高频整流的需求。这些商业化的 SiC SBD 主要应用于功率因数校正(PFC)、开关电源和逆变器中。

与商业化器件相比,目前 SiC SBD 的实验室样品已达到较高电压水平。美国 Cree 公司和 Genesic 公司均报道了阻断电压超过 10 kV 的 SiC SBD。要实现更高电压等级的 SiC 基二极管,需要采用 PIN 结构。已有报道称研究成功 20 kV 耐压等级的 SiC PIN 二极管。这些高压 SiC 基二极管的出现将大大推动中高压变换器领域的发展。

2. SiC MOSFET

功率 MOSFET 具有理想的栅极绝缘特性、高开关速度、低导通电阻和高稳定性,在 Si 基电力电子器件中,功率 MOSFET 获得巨大成功。同样,SiC MOSFET 也是最受瞩目的 SiC 基电力电子器件之一。

SiC MOSFET 面临的两个主要挑战是栅氧层的长期可靠性问题和沟道电阻问题。随着 SiC MOSFET 技术的进步,高性能的 SiC MOSFET 被研制出来。2011 年,美国 Cree 公司率先推出了两款额定电压为 1 200 V、额定电流约为 30 A 的商用 SiC MOSFET 单管。为满足高温场合的应用要求,Cree 公司还提供 SiC MOSFET 裸芯片供用户进行高温封装设计。之后,Cree 公司又推出了新一代商用 SiC MOSFET 单管,并将额定电压扩展为 650 V、900 V、1 000 V、1 700 V 等多个电压等级。此外,新产品也提高了 SiC MOSFET 的栅极最大允许负偏压值(从−5 V 提高到−10 V),增强了 SiC MOSFET 的可靠性。Rohm、ST 和 Microsemi 等公司也推出了多款定额相近的 SiC MOSFET 产品,并且在减小导通电阻等方面做了很多优化工作。目前,Cree、ST、Microsemi 和 Littlefuse 等公司主要采用水平沟道结构的 SiC MOSFET,而 Rohm 和 Infineon 公司则侧重于垂直沟道结构 SiC MOSFET 的研制。与其他公司的 SiC MOSFET 相比,Infineon 公司主推的 CoolSiC MOSFET 具有栅氧层稳定性强、跨导高、栅极阈值电压高(典型值为 4 V 左右)、短路承受能力强等特点,其在 15 V 驱动电压下即可使得沟道基本完全导通,从而可与现有高速 Si IGBT 常用的+15/−5 V 驱动电压相兼容,便于用户使用。目前已有一些产品投放商用市场。

SiC MOSFET 单管的电流能力有限,因此为便于处理更大电流,多家公司推出了多种定额的 SiC MOSFET 功率模块。2010 年,PowerEx 公司推出了两款 SiC MOSFET 功率模块(1 200 V/100 A),具有很高的功率密度。随后,Rohm 公司在 2012 年推出了定额为 1 200 V/180 A 的 SiC MOSFET 功率模块,其内部采用多个 SiC MOSFET 芯片并联进行功率扩容,配置为半桥电路结构，采用 SiC SBD 作为反并联二极管（这种由 SiC 可控器件和内置 SiC SBD 集成得到的 SiC 模块，通常称为“全 SiC 模块”），其开关频率能够达到 100 kHz 以上，满足了较大功率场合的应用要求。Cree 公司也相继推出了类似定额的 SiC MOSFET 模块。到目前为止，多家公司均可提供额定电压为 1 200 V、1 700 V 的多种电流额定值的全 SiC 功率模块。

除商用产品外，Cree 公司对 SiC MOSFET 的研究已覆盖 650 V～20 kV 电压等级，其主要研究热点是提高其通态电流能力和降低通态比导通电阻。常温下，额定电压为 900 V 的 SiC MOSFET 通态电阻约为目前最高水平 600 V Si 超结 MOSFET 和 GaN HEMT 的 1/2，且其通态电阻的正温度系数比 Si 超结 MOSFET 和 GaN HEMT 的低得多，高温工作优势更为明显。有报道称，Powerex 公司已为美国军方成功研制 1 200 V/1 200 A SiC MOSFET。这些大电流模块的研制拓展了 SiC MOSFET 的功率等级和应用领域。目前，我国中电 55 所也可提供阻断电压为 15 kV、电流为 10 A 的高压 SiC MOSFET 芯片。

3. SiC JFET

SiC JFET 是碳化硅结型场效应可控器件，相对于具有 MOS 结构的功率器件，JFET 结构的栅极采用反偏的 PN 结调节导电沟道，因此不会受到栅氧层缺陷造成的可靠性问题和载流子迁移率过低的限制，同样的单极型工作特性使其保持了良好的高频工作能力。SiC JFET 具有导通电阻低、开关速度快、耐高温和热稳定性高等优点，因此在 MOS 器件彻底解决沟道迁移率等问题之前，SiC JFET 器件曾经被广泛认可。

根据栅压为 0 时的沟道状态，科研工作者把 SiC JFET 分为常通型（normally - on）和常断型（normally - off）两种类型（也对应称为耗尽型和增强型）。常通型 SiC JFET 在没有驱动信号时沟道即处于导通状态，容易造成桥臂的直通危险，不利于其在常用电压型电力电子变换器中应用。一些 SiC 器件公司通过级联设置使常通型 SiC JFET 实现常断型工作，来保证电路安全。图 1.10 所示为常通型 SiC JFET 串联一个低压的 Si MOSFET，实现了常通型 SiC JFET 的“常断工作”，这种结构通常称为级联（Cascode）结构。由于 Cascode 结构的出现，难以再用常通型和常断型准确区分器件的结构方案，因此又把栅压为 0 时沟道就已经导通的 SiC JFET 称为耗尽型 SiC JFET，需加上适当栅压沟道才能导通的 SiC JFET 称为增强型

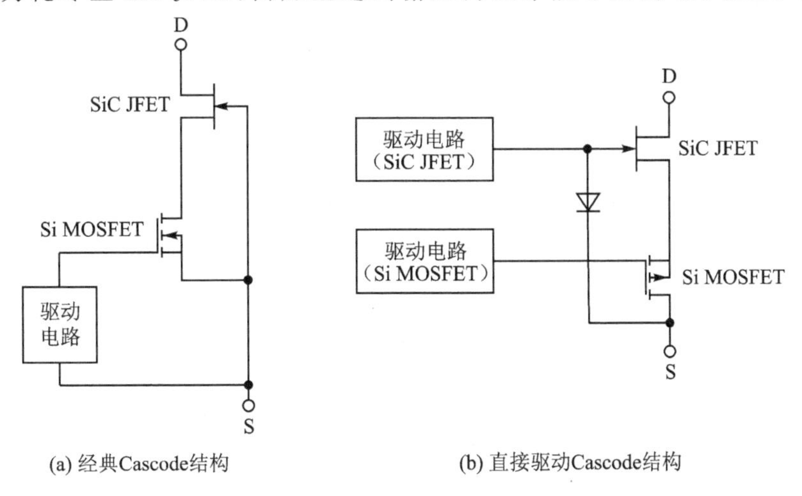

图 1.10 两种典型的 Cascode SiC JFET 结构示意图

SiC JFET，而耗尽型 SiC JFET 与低压 Si MOSFET 级联的 SiC JFET 称为 Cascode 结构 SiC JFET。

Semisouth 公司是最早推出商用 SiC JFET 产品的公司，其生产的 SiC JFET 分立器件最高额定电压达到 1 700 V，最大额定电流为 50 A。美国 USCi 公司和德国 Infineon 公司均推出过常通型 SiC JFET 产品。为便于用户使用，USCi 公司推荐采用如图 1.10(a)所示的经典 Cascode 结构 SiC JFET，而 Infineon 公司推荐采用如图 1.10(b)所示的直接驱动 Cascode SiC JFET。

经典 Cascode 结构 SiC JFET 采用 N 型 Si MOSFET 与耗尽型 SiC JFET 级联，N 型 Si MOSFET 的漏极与耗尽型 SiC JFET 的源极相连，N 型 Si MOSFET 的源极与耗尽型 SiC JFET 的栅极相连。驱动信号加在 Si MOSFET 的栅源极之间，通过控制 Si MOSFET 的通断来间接控制 SiC JFET 的通断。这种经典 Cascode 结构 SiC JFET 实质上是一种间接驱动，虽然易于控制，但会导致 Si MOSFET 发生周期性雪崩击穿，并且因为结构原因会使得 SiC JFET 的栅极回路引入较大的寄生电感。

直接驱动 Cascode 结构 SiC JFET 采用 P 型 Si MOSFET 与耗尽型 SiC JFET 级联，Si MOSFET 的源极与 SiC JFET 的源极相连，SiC JFET 的栅极通过二极管连到 Si MOSFET 的漏极。顾名思义，这种结构的 SiC JEFT 由驱动电路直接驱动，正常工作时 Si MOSFET 处于导通状态。SiC JFET 可由其驱动电路控制其通断。因此，正常工作时，Si MOSFET 只开关一次，只有导通损耗。当驱动电路断电时，通过一个二极管将 SiC JFET 的栅极与 Si MOSFET 的漏极连接起来保证 SiC JFET 处于常断状态，P 型 Si MOSFET 确保 SiC JFET 在电路启动、关机和驱动电路电源故障时均能处于安全工作状态。与经典 Cascode 结构相比，直接驱动 Cascode 结构易于单片集成生产。但最初主推这种结构 SiC JFET 的 Infineon 公司在近几年暂缓了这方面的研究。

目前，SiC JFET 商业化分立器件产品有 650 V、900 V、1 200 V、1 700 V 四种额定电压规格，最大额定电流为 120 A。在商业化 SiC JFET 发展的同时，SiC JFET 的实验室研究也在不断进步。早在 2002 年，日本关西电力公司就曾报道过额定电压为 5 kV，通态比导通电阻为 69 $m\Omega \cdot cm^2$ 的 SiC JFET。另据 2013 年报道，美国田纳西州立大学研究人员采用 4 个分立的 SiC JFET 并联制成 1 200 V/100 A 定额的功率模块，测试结果表明在 200 ℃结温下其通态电阻仅为 55 mΩ。为了适应 3.3～6.5 kV 中压电机驱动场合的需求，美国 USCi 公司开发出 6.5 kV 垂直结构的增强型 SiC JFET 和 6 kV 超级联结构 SiC JFET。

4. SiC BJT

在电力电子装置中，传统硅基双极型晶体管(Si BJT)由于驱动复杂、存在二次击穿等问题，在很多场合被硅基功率 MOSFET 和 IGBT 所取代，因此逐渐淡出电力电子技术的应用领域。然而随着 SiC 器件研究热潮的掀起，很多科研工作者对开发 SiC BJT 产生了浓厚的兴趣。

与传统 Si BJT 相比，SiC BJT 具有更高的电流增益、更快的开关速度、较小的温度依赖性，并且不存在二次击穿问题，具有良好的短路能力。与 SiC MOSFET 和 SiC JFET 相比，其没有绝对的栅氧问题，而且具有更低的导通电阻和更简单的器件工艺流程，是 SiC 可控开关器件中很有应用潜力的器件之一。目前，GeneSiC 公司已推出了额定电压为 100 V、300 V、600 V、1 200 V 和 1 700 V 的 SiC BJT 产品。Cree 公司也报道称开发出 4 kV/10 A 的 SiC BJT，其电流增益为 34，阻断 4.7 kV 电压时的漏电流为 50 μA，常温下的开通和关断时间分别为168 ns和106 ns。2012年,GeneSiC公司开发出耐压为10 kV的SiC BJT,电流增益为80左右,并将其与ABB公司耐压为6.5 kV的Si IGBT的开关损耗进行了对比。在SiC BJT集电极电流为8 A,Si IGBT集电极电流为10 A的条件下,开通SiC BJT时的开关能量为4.2 mJ,约为Si IGBT(80 mJ)的1/19;关断SiC BJT时的开关能量为1.6 mJ,约为Si IGBT(40 mJ)的1/25。最新报道称已开发出耐压高达21 kV的超高压SiC BJT。

5. SiC IGBT

尽管SiC MOSFET阻断电压已能做到15 kV的水平,但作为一种缺乏电导调制的单极型器件,进一步提高阻断电压也会面临不可逾越的导通电阻问题,就像1 000 V阻断电压对于Si功率MOSFET那样。SiC MOSFET的导通电阻随着阻断电压的上升而迅速增加,在高压(>15 kV)领域,SiC双极型器件将具有明显的优势。与SiC BJT相比,SiC IGBT因使用绝缘栅而具有很高的输入阻抗,其驱动方式和驱动电路相对比较简单,因此研发高压大电流器件(>7 kV,>100 A)的希望就落在既能利用电导调制效应降低通态压降又能利用MOS栅降低开关功耗、提高工作频率的SiC IGBT上。

受到工艺技术的限制,SiC IGBT研发起步较晚。高压SiC IGBT面临两项主要挑战:第一项挑战与SiC MOSFET器件相同,即沟道缺陷导致的可靠性以及低电子迁移率问题;第二项挑战是N型IGBT需要P型衬底,而P型衬底的电阻率比N型衬底的电阻率高50倍。1999年制成的第一个SiC IGBT采用了P型衬底。经过多年的研发,逐步克服了P型衬底的高电阻率问题。2008年报道了13 kV的N沟道SiC IGBT器件,比导通电阻仅为22 mΩ·cm^2。2014年Cree公司报道了阻断电压高达27.5 kV的SiC IGBT器件。

新型高温高压SiC IGBT器件将对大功率应用(特别是电力系统的应用)产生重要的影响。在15 kV以上的应用领域,SiC IGBT综合了功耗低和开关速度快的特点,相对于SiC MOSFET以及Si IGBT、Si基晶闸管等器件具有显著的技术优势,特别适用于高压电力系统领域。

6. SiC基晶闸管

在大功率开关应用中,晶闸管以其耐压高、通态压降小、通态功耗低而具有较大优势。在高压直流输电系统中使用的Si基晶闸管,其直径超过100 mm,额定电流高达2～3 kA,阻断电压高达10 kV。然而,在与Si基晶闸管尺寸相同的情况下,SiC基晶闸管可以实现更高的阻断电压,更大的导通电流,更低的正向压降,而且开关过程转换更快,工作温度更高。总之,晶闸管在兼顾开关频率、功率处理能力和高温特性方面最能发挥SiC材料特长,因而在SiC基电力电子器件开发领域也受到人们的重视。因SiC基晶闸管也有与Si基晶闸管类似的缺点,如电流控制开通与关断,需要处理开通di/dt的吸收电路,有时还需要处理关断du/dt的吸收电路,因此对SiC基晶闸管的研究主要集中在门极可关断晶闸管(GTO)和发射极关断晶闸管(ETO)上。

2006年有研究报道了尺寸为8 mm×8 mm的碳化硅门极换流晶闸管(SiCGT)芯片,其导通峰值电流高达200 A。2010年有研究报道了单芯片脉冲电流达到2 000 A的SiCGT器件。2014年报道了阻断电压高达22 kV的SiC GTO。对该SiC GTO注入大电流(>100 A/cm^2)时的正向导通特性进行测试。结果表明,20 ℃时,$R_{\mathrm{ON,Diff}}$为7.7 mΩ·cm^2,150 ℃时,$R_{\mathrm{ON,Diff}}$为

7.6 mΩ·cm²。不同温度下的 $R_{ON,Diff}$ 稍有不同，其原因为 150 ℃时 22 kV SiC GTO 的双极型载流子寿命略有提高。以上结果说明在高温下可通过并联 SiC GTO 来提高电流等级。

SiC ETO 利用了 SiC 基晶闸管的高阻断电压和大电流导通能力，以及 Si MOSFET 的易控制特性，构成 MOS 栅极控制型晶闸管，具有通态压降低、开关速度快、开关损耗小、安全工作区宽等特点。目前已有 15 kV SiC p-ETO 的报道。

随着 SiC 材料和制造工艺的日趋成熟，高压 SiC 器件将形成如图 1.11 所示的格局，SiC MOSFET 主要用于 15 kV 以下，SiC IGBT 主要用于 15～20 kV，SiC GTO 主要用于 20 kV 以上。这些高压器件将使微网、智能电网的功率密度、系统响应速度、过载能力和可靠性明显提高。

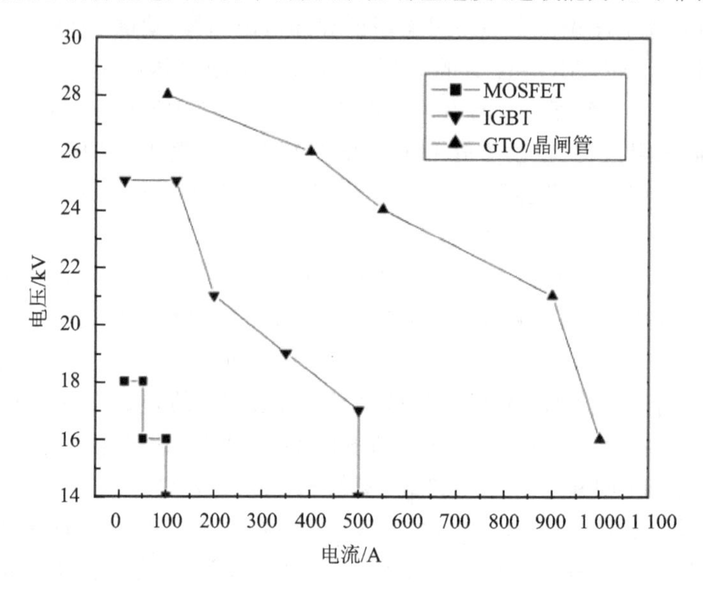

图 1.11　高压大功率 SiC 器件电压和电流定额

1.3.2　GaN 基电力电子器件

美国的 IR、EPC、TI 等公司，加拿大的 GaN Systems 公司，欧洲的 MicroGaN、NXP、Infineon 等公司，以及日本的 Toshiba、Panasonic、Sharp、Fujitsu、Sanken、Rohm 等公司都相继推出 GaN 基电力电子器件。国内外的很多科研机构与高等院校也在开展 GaN 基电力电子器件的研究，并积极与半导体制造厂商合作，开发出了远高于商业化器件水平的实验室器件样品和非商用产品。

图 1.12 所示为目前已有研究报道的 GaN 器件类型，其中 GaN 基二极管、级联型（Cas-

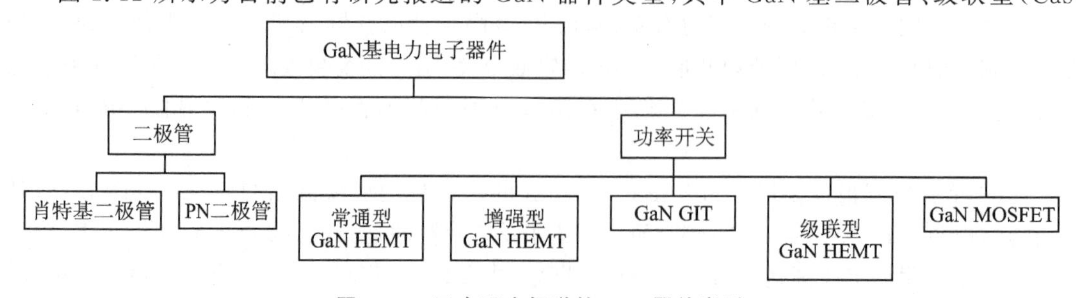

图 1.12　已有研究报道的 GaN 器件类型

code)GaN HEMT、增强型 GaN(eGaN) HEMT 和 GaN GIT 已有商用产品，其他类型 GaN 器件仍处于样品阶段或实验室研究阶段。

1. GaN 基二极管

目前，GaN 基功率二极管主要有两种类型：GaN 肖特基二极管和 PN 二极管。GaN 肖特基二极管主要有三种结构：水平结构、垂直结构和台面结构。

- 水平结构利用 AlGaN/GaN 异质结结构，在不掺杂的情况下就可以产生电流，但水平导电结构增加了器件的面积以及成本，并且器件的正向电流密度普遍偏小。
- 垂直结构是一般电力电子器件主要采用的结构，可以产生较大的电流，有很多研究机构利用从厚的外延片上剥离下来厚的 GaN 独立薄片制作垂直导电结构的肖特基二极管。然而这样的外延片缺陷密度高，制造出来的器件虽然电流较大，但反向漏电也非常严重，导致击穿电压与 GaN 材料应达到的水平相距甚远。因此，对于垂直结构 GaN 肖特基二极管的研究主要还是停留在仿真以及改善材料特性阶段。
- 台面结构也称为准垂直结构，一般是在蓝宝石或者 SiC 衬底上外延生长不同掺杂的 GaN 层，低掺杂的 n^- 层可以提高器件的击穿电压，而高掺杂的 n^+ 层是为了形成良好的欧姆接触。台面结构结合了水平结构和垂直结构的优点，同时也存在水平结构和垂直结构的缺点。它最大的优势在于可以与传统的工艺兼容，并且可以将尺寸做得比较大。

到目前为止，耐压为 3 700 V 的 GaN 基 PN 二极管已经在 GaN 体晶片上制作完成，并具有很高的电流密度、较好的承受雪崩击穿能量的能力和非常小的漏电流等特点。

目前，EPC、NXP、NexGen、Sanken 等半导体器件公司都在研制生产耐压为 600 V 的 GaN SBD 产品，但商业化的 GaN SBD 产品种类仍然较少。在 GaN 基二极管商业化方面，NexGen 公司提供 600 V 的 GaN SBD 和 1 700 V 的 GaN 基 PN 二极管商用产品。与商业化器件相比，目前 GaN 基二极管的实验室样品已达到较高的电压水平。蓝宝石衬底的 GaN 基整流管的击穿电压已高达 9.7 kV，但存在正向压降较高的问题。同时，GaN 基 JBS 二极管也在研究中，其应用于 600 V 到 3.3 kV 的电压领域可大大提高 GaN 基功率整流器的性能，但是 GaN 基 JBS 二极管的接触电阻问题仍需进一步改善。

2. GaN HEMT

在 GaN 所形成的异质结中，极化电场显著调制了能带和电荷的分布。即使整个异质结没有掺杂，也能够在 GaN 界面形成密度高达 $1\times10^{13}\sim2\times10^{13}\ \mathrm{cm}^{-2}$，且具有高迁移率的二维电子气(2DEG)。2DEG 沟道比体电子沟道更有利于获得强大的电流驱动能力，GaN 晶体管以 GaN 异质结场效应管为主，因此该器件结构又称为高电子迁移率晶体管(HEMT)。

根据不加驱动信号时器件的工作状态，科研工作者把 GaN HEMT 分为常通型和常断型两大类(也对应称为耗尽型和增强型)。最早出现的 GaN HEMT 器件是常通型 GaN HEMT。与常断型器件相比，常通型器件通常具有更低的导通电阻、更小的结电容，因此，在高电压等级，应用常通型器件可获得更高的效率。但由于常通型器件在电压源型变换器中不方便使用，因此，研究人员通过级联设置使常通型 GaN HEMT 实现常断型工作，来保证电路安全。由于 Cascode 结构的出现，难以再用常通型和常断型准确区分器件的结构方案，因此又把栅压为 0

时已处于导通状态的 GaN HEMT 称为常通型 GaN HEMT，需要加上适当栅压才能导通的 GaN HEMT 称为增强型 GaN HEMT。而常通型 GaN HEMT 与低压 Si MOSFET 级联的 GaN HEMT 称为 Cascode 结构 GaN HEMT。根据栅极结构的不同，增强型 GaN HEMT 也可以分为非绝缘栅型和绝缘栅型两大类。非绝缘栅型器件是通过在栅极下方加入 P 型掺杂层将栅源阈值电压提升为正压，实现常通型器件向常断型器件的转换。EPC 公司的 eGaN HEMT 和 Panasonic 公司的 GaN GIT 是最具有代表性的两种非绝缘栅型 GaN 基功率器件。绝缘栅型器件是通过在栅极下方加入绝缘层实现常断功能。GaN Systems 公司的 eGaN HEMT 是具有代表性的绝缘栅型 GaN 基功率器件。绝缘栅型器件的特点与压控型器件类似，在栅源电压超过栅源阈值电压后，器件开通，沟道打开，并且当器件稳态导通时不需要提供栅极电流。

(1) 常通型 GaN HEMT

常规 GaN HEMT 由于材料极化特性，不加任何栅压时，沟道中就会存在高浓度的 2DEG，使得器件处于常通状态，即为耗尽型器件。为了实现关断功能，必须施加负栅压。

由于常通型器件在常用电压型功率变换器中不易使用，因此研制生产常通型 GaN 器件的公司很少。目前只有 MicroGaN 和 VisIC 等公司有商用产品。

(2) Cascode GaN HEMT

为了实现 GaN 器件常断工作，还可以通过把低压 Si MOSFET 和常通型 GaN HEMT 级联起来形成 Cascode 结构，采用这种级联方式的 GaN 器件称为 Cascode GaN HEMT，其等效电路如图 1.13 所示。

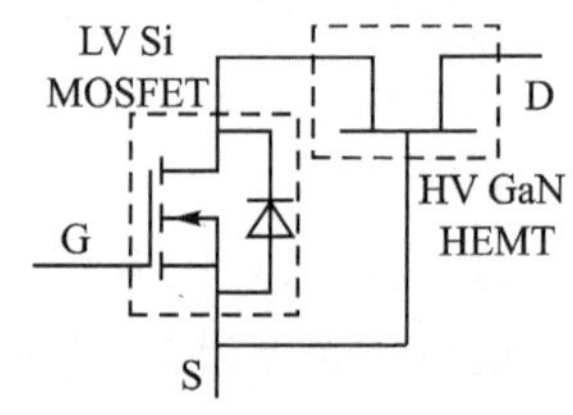

图 1.13 Cascode GaN HEMT 的等效电路

目前，提供 Cascode GaN HEMT 产品的公司主要有 Transphorm 公司和 VisIC 公司，其中 Transphorm 公司采用 N 型 Si MOSFET 与常通型 GaN HEMT 进行级联，而 VisIC 公司则采用 P 型 Si MOSFET 与常通型 GaN HEMT 进行级联。Cascode GaN HEMT 商用器件的额定电压目前通常为 600 V 或 650 V。Cascode GaN HEMT 的驱动要求与传统 Si MOSFET 接近，易于驱动。但由于 Cascode GaN HEMT 器件内部存在 Si MOSFET，因此在反向导通后会存在反向恢复损耗。

(3) eGaN HEMT

在最为常用的电压源型功率变换器中，从安全和节能等角度考虑都要求功率开关器件为常断状态，因此现在大量研究工作致力于开发 eGaN HEMT 器件。eGaN HEMT 目前已有栅下注入氟离子、金属氧化物半导体(MOS)沟道 HEMT 以及 P 型 GaN 栅等实现方法。目前商用的 eGaN HEMT 器件主要分为低压(30～300 V)和高压(650 V)两种类型。

低压 eGaN HEMT 的代表性生产企业是 EPC 公司，其生产的 eGaN HEMT 均采用触点阵列封装(LGA)，源极 S、漏极 D 交错分布，占据极小的布局空间，大大降低了引线寄生电感，利于 GaN HEMT 的高频工作，从而达到大幅减小变换器中电抗元件体积、提高系统功率密度的目的。

高压 eGaN HEMT 的代表性生产企业为 GaN Systems 公司。与 EPC 公司器件相似的是，GaN Systems 公司推出的 eGaN HEMT 同样采用了 Si 衬底生长 GaN，并通过 AlGaN/GaN 异质结形成高电子迁移率的二维电子气构成导电沟道。GaN Systems 公司的高压 eGaN HEMT 通过在栅极下方加入绝缘层，形成绝缘栅结构，从而实现增强型器件的功能。

无论是低压 eGaN HEMT 还是高压 eGaN HEMT，器件内部均没有 PN 结，因此不存在体二极管，无反向恢复问题。

(4) GaN GIT

通过在常通型 GaN 器件栅极下方注入 P 型 AlGaN 基盖帽层(P-doped AlGaN cap)提高栅极电位同样能够实现器件常断的功能，只有当栅极电压为正压时，器件才能够导通，采用这种方法的 GaN 器件称为 GaN GIT。由于电导调制效应的影响，注入的 P 型 AlGaN 基盖帽层中的空穴同样形成了相同数量的电子，使得 GaN GIT 具有大漏极电流和低导通电阻优势。值得注意的是，由于器件结构中电子的俘获现象，当 GaN 器件漏源极间施加高电压时，器件的导通电阻会变大，这一技术问题被称为电流崩塌现象。针对这一问题，Panasonic 公司在传统结构基础上，通过在器件栅极和漏极同时增加 P 型 AlGaN 基盖帽层的方法，研制出新型结构的 GaN GIT 器件，有效的释放了关断状态下 GaN GIT 漏极的电子，消除了 GaN GIT 的电流崩塌问题。

由于 GaN GIT 在栅极下方注入了 P 型掺杂层，在器件开通时栅极会表现出类似二极管的特性，其栅源极间二极管的阈值电压约为 3 V，而 GaN GIT 器件导通时的驱动电压往往高于3 V，因此器件导通时的栅极电流会上升至几毫安。EPC 公司推出的低压 eGaN HEMT 虽然也在栅极下方注入了 P 型掺杂层，但是其掺杂层更厚，栅源极间二极管的偏置电压约为 5 V，而低压 eGaN HEMT 器件的驱动电压大多取为 4.5～5 V，器件导通时栅源极间的等效二极管尚未导通，因此不会出现明显的栅极电流上升现象。近年来，Infineon 公司推出了 CoolGaN HEMT 商用产品，其器件特性与 GaN GIT 较为相似，稳态导通时也需提供一定的栅极维持电流。

1.4 宽禁带器件的驱动电路设计挑战

功率器件的开关特性与驱动电路的性能密切相关，同样的功率器件，采用不同的驱动电路会得到不同的开关特性，设计优良的驱动电路可以改善功率器件的开关特性。宽禁带电力电子器件的结构、特性与 Si 基电力电子器件有所不同，其对驱动电路设计提出了更苛刻的要求，具体表现在以下方面。

(1) 栅源正/负压不对称，电压裕量小

SiC MOSFET 是宽禁带器件的典型代表，其最大正压一般不超过 25 V，最大负压只有 −10 V 左右，其绝对数值和最大正压值仍存在较大差距，也即 SiC MOSFET 能承受的驱动负压最大值与驱动正压最大值极不对称。而且考虑到要尽可能降低导通电阻从而减小导通损耗，实际所取的栅极正电压高达 18～22 V，与最大栅极正压值较为接近，设计裕量较小。当 SiC MOSFET 栅极回路设计不够紧凑使得栅极电压产生振荡时，就很可能超过 SiC MOSFET 栅源击穿电压，使栅氧层永久损坏。其他宽禁带器件也有与 SiC MOSFET 类似的问题，在驱动电路设计时要引起足够的重视。

(2) 栅源阈值电压低，误导通可能性大

目前，绝大部分宽禁带器件的栅源阈值电压均较低，如 SiC MOSFET 的栅源阈值电压一般为 2～3 V，eGaN HEMT 的栅源阈值电压一般为 1～2 V。当宽禁带器件关断时，由于某些原因会造成栅源电压出现干扰或/和振荡，使得栅源电压很可能超过阈值电压，致使宽禁带器件误导通。

(3) 驱动能力要强

为保证宽禁带器件快速开通和关断，驱动电路就需要提供高峰值电流和较陡的驱动电压上升沿/下降沿，这些都对驱动芯片和驱动电路设计提出更高的要求。

(4) 桥臂串扰问题严重

在Si基桥臂电路中，高速开关器件(如Si CoolMOS、高速Si IGBT)均存在不同程度的桥臂串扰问题。SiC器件和GaN器件由于栅源阈值电压和负压承受能力均较低，且开关速度比Si器件更快，因而作为桥臂电路使用时更易受到桥臂串扰的影响，存在功率器件误导通导致的桥臂直通安全隐患。

(5) 对控制侧电路的du/dt承受能力要求高

桥臂电路中的上下管在开关过程中，桥臂中点电位会在正母线电压和负母线电压之间摆动，由于宽禁带器件开关速度快，将在桥臂中点形成极高的du/dt。du/dt作用在控制侧与功率侧之间的耦合电容上，会产生干扰电流，在低功率控制和逻辑电路中产生不希望出现的电压降，影响电路性能，引起逻辑电路的误动作，造成电路故障。在高速宽禁带器件的驱动电路设计中，要特别注意这一问题，尽可能提高隔离芯片、驱动芯片、驱动供电电源中隔离变压器的du/dt承受能力。

(6) 过流/短路保护要求高

SiC器件和GaN器件的管芯面积比Si器件小，电流密度比Si器件大，承受短路电流的能力相对较弱，因此发生过流/短路故障时保护电路应尽可能快的切除短路故障，但同时又不能引起过高的关断电压尖峰，以避免功率器件损坏。在宽禁带器件的驱动电路设计时应同时考虑其快速保护电路设计。

(7) 布局的紧凑程度要求高

从器件安全工作角度考虑，宽禁带器件在开关转换期间，栅极不宜出现较大的振荡和电压过冲，漏极不宜出现较大的电压尖峰，开通时的漏极电流不宜出现过大的电流过冲，器件关断时不宜出现误导通问题。而这些都直接或间接与布局引入的寄生参数有关。因此，在宽禁带器件驱动电路布局时，驱动电路要尽可能靠近功率器件，驱动电路和功率器件开关回路所包围的面积要尽可能小，减小回路引起的寄生效应，降低干扰。同时要注意驱动回路与功率回路之间的耦合电路，尤其是共源极回路的合理处置。

参考文献

[1] 袁立强，赵争鸣，宋高升，等. 电力半导体器件原理与应用[M]. 北京：机械工业出版社，2011.

[2] 陈治明，李守智. 宽禁带半导体电力电子器件及其应用[M]. 北京：机械工业出版社，2009.

[3] Michael Shur, Sergey Rumyantsev, Michael Levinshtein. 碳化硅半导体材料与器件[M]. 杨银堂，贾护军，段兴宝译. 北京：电子工业出版社，2012.

[4] 秦海鸿，赵朝会，荀倩，等. 碳化硅电力电子器件原理与应用[M]. 北京：北京航空航天大学出版社，2020.

[5] 秦海鸿,荀倩,张英,等. 氮化镓电力电子器件原理与应用[M]. 北京:北京航空航天大学出版社,2020.

[6] 秦海鸿,赵朝会,荀倩,等. 宽禁带电力电子器件原理与应用[M]. 北京:科学出版社,2020.

[7] 杨媛,文阳. 大功率IGBT驱动与保护技术[M]. 北京:科学出版社,2018.

[8] 钱照明,张军明,盛况. 电力电子器件及其应用的现状及发展[J]. 中国电机工程学报,2014,34(29):5149-5161.

[9] Biela J, Schweizer M, Waffler S, et al. SiC versus Si—Evaluation of potentials for performance improvement of inverter and DC - DC converter systems by SiC power semiconductors[J]. IEEE Transactions on Industrial Electronics, 2011, 58(7): 2872-2882.

[10] Scott, Mark J, Lixing Fu, et al. Design considerations for wide bandgap based motor drive systems[C]. IEEE International Electric Vehicle Conference, Florence, Italy, Japan, 2014:1-6.

[11] Kanouda, A, Shoji, H, Shimada, et al. Expectations of next-generation power devices for home and consumer appliances[C]International Power Electronics Conference, Hiroshima, 2014:2058-2063.

[12] 严仰光,秦海鸿,龚春英,等. 多电飞机与电力电子[J]. 南京航空航天大学学报,2014,46(1):11-18.

[13] 漆宇,李彦涌,胡家喜,等. SiC功率器件应用现状及发展趋势[J]. 大功率变流技术,2016,2016(5):1-6.

[14] 盛况,郭清. 碳化硅电力电子器件在电网中的应用展望[J]. 南方电网技术,2016,10(3):87-90.

[15] 朱梓悦,秦海鸿,董耀文,等. 宽禁带半导体器件研究现状与展望[J]. 电气工程学报,2016,11(1):1-11.

[16] 董耀文,秦海鸿,付大丰,等. 宽禁带器件在电动汽车中的研究和应用[J]. 电源学报,14(4):119-127.

[17] 谢昊天,秦海鸿,董耀文等. 耐高温变换器研究进展及综述[J]. 电源学报,14(4):128-138.

[18] 沈征,何东,帅智康,等. 碳化硅电力半导体器件在现代电力系统中的应用前景[J]. 南方电网技术,2016,10(5):94-101.

[19] 秦海鸿,严仰光. 多电飞机的电气系统[M]. 北京:北京航空航天大学出版社,2016.

[20] 秦海鸿,荀倩,聂新,等. SiC器件在航空二次电源中的应用分析及展望[C]. 第七届中国高校电力电子与电力传动学术年会,上海,2013:815-819.

[21] 赵斌,秦海鸿,谢昊天,等. SiC器件在航空二次电源中的应用分析及展望[C]. 首届全国航空、机电、人体与环境工程学术会议,北京,2013: 504-508.

[22] 王学梅. 宽禁带碳化硅器件在电动汽车中的研究与应用[J]. 中国电机工程学报,2014,34(3):371-379.

[23] 盛况,郭清,张军明,等. 碳化硅电力电子器件在电力系统的应用展望[J]. 中国电机工程学报. 2012,32(30):1-7.

[24] 张雅静. 面向光伏逆变系统的氮化镓功率器件应用研究[D]. 北京:北京交通大学,2015.

[25] 孙彤. 氮化镓功率晶体管应用技术研究[D]. 南京:南京航空航天大学,2015.

[26] 崔梅婷. GaN 器件的特性及应用研究[D]. 北京:北京交通大学,2015.

[27] 何亮,刘扬. 第三代半导体 GaN 功率开关器件的发展现状及面临的挑战[J]. 电源学报,2016,14(4):1-13.

[28] 金海薇,秦利,张兰. 宽禁带半导体在雷达中的应用[J]. 航天电子对抗,2015,31(6):62-64.

[29] 秦海鸿,董耀文,张英,等. GaN 功率器件及其应用现状与发展[J]. 上海电机学院学报,2016,19(4):187-196.

[30] Kimimori Hamada, Masaru Nagao, Masaki Ajioka, et al. SiC Emerging Power Device Technology for Next-Generation Electrically Powered Environmentally Friendly Vehicles[J]. IEEE Transcations on Electron Devices, 2015, 62(2): 278-285.

[31] Zhiqiang Wang, Xiaojie Shi, Tolbert, et al. A High Temperature Silicon Carbide mosfet Power Module With Integrated Silicon-On-Insulator-Based Gate Drive[J]. Power Electronics, 2015, 30(3): 1432-1445.

[32] 赵斌,秦海鸿,文教普,等. 商用碳化硅电力电子器件及其应用研究进展[C]. 中国电工技术学会电力电子学会第十三届学术年会,合肥,2012: 889-894.

[33] D Jiang, R Burgos, F Wang, et al. Temperature-Dependent Characteristics of SiC Devices: Performance Evaluation and Loss Calculation[J]. IEEE Transactions on Power Electronics, 2012, 7(2): 1013-1024.

[34] Hiroki Miyake, Takafumi Okuda, Hiroki Niwa, et al. 21 kV SiC BJTs with space-modulated junction termination extension[J]. IEEE Electron Device Letters, 2012, 33(11):1598-1600.

[35] K Fukuda, D Okamoto, S Harada, et al. Development of ultrahigh voltage SiC power devices[C]. IEEE Internationa Power Electronics Conference, Hiroshima, Japan, 2014: 3440-3446.

[36] H Li, X Zhang, Z Zhang, et al. Design of a 10 kW GaN-based high power density three-phase inverter[C]. IEEE Energy Conversion Congress and Exposition, Milwaukee, USA, 2016: 1-8.

[37] He Li, Chengcheng Yao, Lixing Fu, et al. Evaluations and applications of GaN HEMTs for power electronics[C]. IEEE International Power Electronics and Motion Control Conference, Hefei, China, 2016: 563-569.

[38] E A Jones, F F Wang, D Costinett. Review of commercial GaN power devices and GaN-based converter design challenges[J]. IEEE Journal of Emerging and Selected Topics in Power Electronics, 2016, 4(3): 707-719.

[39] Chinthavali M, Tolbert L M, Zhang H, et al. High power SiC modules for HEVs and PHEVs[C]. Power Electronics Conference, Sapporo, Japan, 2010: 1842-1848.

[40] 李迪,贾利芳,何志,等. GaN 基 SBD 功率器件研究进展[J]. 微纳电子技术,2014,51

(5):277-285+296.

[41] Alquier D, Cayrel F, Menard O, et al. Recent progress in GaN power rectifiers[J]. Japanese Journal of Applied Physics, 2012, 51(1): 42-45.

[42] M Acanski, J Popovic-Gerber, J A Ferreira. Comparison of Si and GaN power devices used in PV module integrated converters[C]. Energy Conversion Congress and Exposition. Phoenix, AZ, 2011: 1217-1223.

[43] Ishibashi T, Okamoto M, Hiraki E, et al. Experimental validation of normally-on GaN HEMT and its gate drive circuit[J]. IEEE Transactions on Industry Applications, 2015, 51(3): 2415 -2422.

[44] Hasan M, Kojima T, Tokuda H, et al. Effect of sputtered SiN passivation on current collapse of AlGaN/GaN HEMTs[C]. CS MANTECH Conference, New Orleans, USA, 2013: 131-134.

[45] Liu S C, Wong Y Y, Lin Y C, et al. Low current collapse and low leakage GaN MIS-HEMT using AlN/SiN as gate dielectric and passivation layer[J]. ECS Transactions, 2014, 61(4):211-214.

[46] Hasan M T, Asano T, Tokuda H, et al. Current collapse suppression by gate field-plate in AlGaN/GaN HEMTs[J]. IEEE Electron Device Letters, 2013, 34(11): 1379-1381.

[47] Katsuno T, Kanechika M, Itoh K, et al. Improvement of current collapse by surface treatment and passivation layer in p-GaN gate GaN high-electron-mobility transistors [J]. Japanese Journal of Applied Physics, 2013, 52(04CF08): 1-5.

[48] Rice J, Mookken J. SiC MOSFET gate drive design considerations[C]. IEEE International Workshop on Integrated Power Packaging, Chicago, USA, 2015: 24-27.

第 2 章　碳化硅器件的基本特性及驱动电路设计考虑

功率器件的实际性能与驱动电路有着密切的关系，同样的功率器件，采用不同的驱动电路会获得不同的性能，设计优良的驱动电路既可以保证功率器件安全工作，又可以最大化的发挥其性能优势。SiC 器件与 Si 器件相比，不但在材料、结构等方面有所不同，而且器件特性上也存在一些差异，因此不能用现有 Si 基功率器件的驱动电路来直接驱动 SiC 器件，需要专门设计 SiC 器件的驱动电路。本章在扼要介绍 SiC 器件基本特性的基础上，分析了 SiC 器件驱动电路的设计要求，给出了 SiC 器件常用电压型驱动电路的一般性设计方法。

2.1　SiC 器件的基本特性与参数

目前，已有额定电压为 650 V、900 V、1 000 V、1 200 V、1 700 V 的 SiC MOSFET 商业化产品。在多种电压等级的 SiC MOSFET 中，1 200 V 电压等级的器件产品相对成熟，本节以这一等级的器件产品（Cree 公司 C2M0160120D，1 200 V/19 A@T_c = 25 ℃）为例，对 SiC MOSFET 的基本特性与参数进行阐述。

2.1.1　通态特性及其参数

1. SiC MOSFET 输出特性

SiC MOSFET 的典型输出特性如图 2.1 所示。由于跨导值较小且具有短沟道效应，因此，其特性曲线在栅极电压达到 18 V 时仍会有明显的变化，不存在明显的线性区和恒流区。为保证器件能够充分导通，在驱动电路设计中要保证栅极电压足够大。

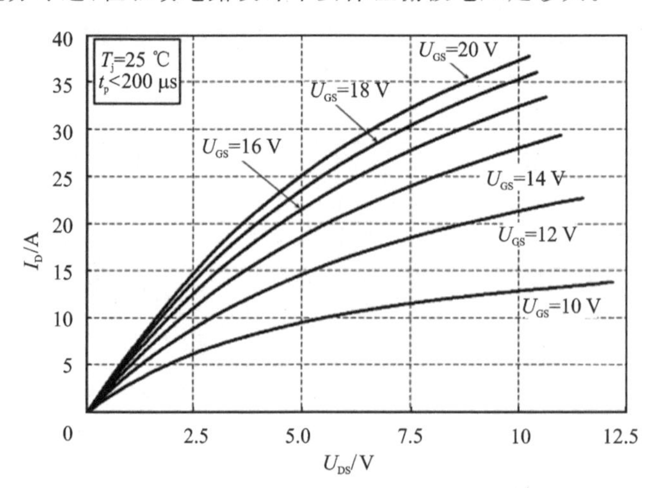

图 2.1　SiC MOSFET 的输出特性曲线

2. SiC MOSFET 主要通态参数

(1) 开启电压

图 2.2 所示为 SiC MOSFET 的转移特性曲线。常温时，SiC MOSFET 的开启电压为 2.6 V 左右。结温升高时，开启电压略有下降，表现为较小的负温度系数。其栅极易受到电压振铃的影响而出现误导通现象。SiC MOSFET 栅极开启电压低这一特点要求在驱动电路的设计中需要特别考虑增加防止误导通措施以提高栅极的安全裕量，保证可靠工作。

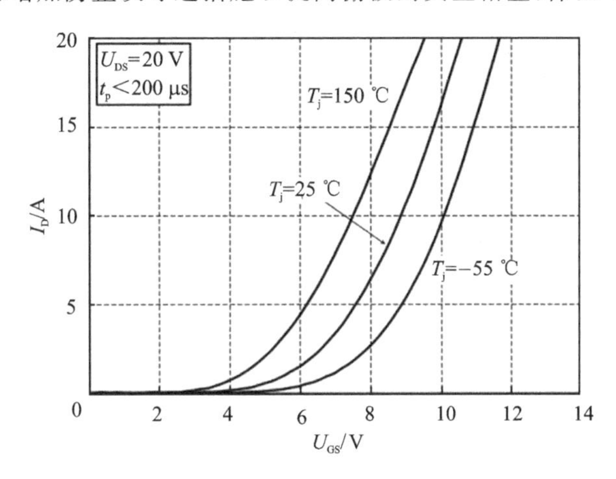

图 2.2　SiC MOSFET 的转移特性曲线

(2) 跨　导

功率 MOSFET 的跨导 g_s 定义为漏极电流对栅源极电压的变化率，是栅源极电压的线性函数。图 2.3 所示对比了 SiC MOSFET、Si CoolMOS 和 Si IGBT 的转移特性，可以看到 Si IGBT 的跨导最高，其次是 Si CoolMOS，SiC MOSFET 的跨导最低。低跨导意味着处理相同的电流时需要更高的栅极驱动电压。SiC MOSFET 较小的跨导使得线性区到恒流区的过渡出现在一个很宽的漏极电流范围内；同时，短沟道效应使得输出阻抗减小，增加了恒流区漏极

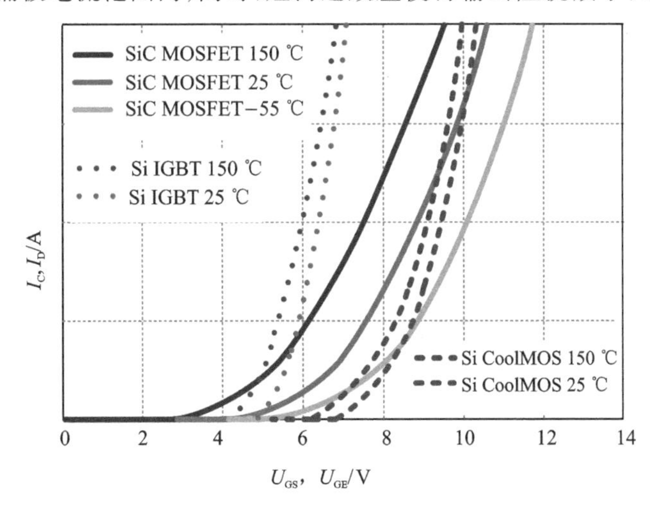

图 2.3　SiC MOSFET、Si CoolMOS 和 Si IGBT 的转移特性对比

电流 I_D 的斜率。

(3) 通态电阻

功率 MOSFET 的通态电阻 $R_{DS(on)}$ 是决定其稳态特性的重要参数。对于高压 Si 基功率 MOSFET,根据其器件结构,可以将功率 MOSFET 的通态电阻 $R_{DS(on)}$ 表示成漏源极击穿电压 $U_{(BR)DSS}$ 的函数:

$$R_{DS(on)} = 8.3 \times 10^{-7} \cdot U^{a}_{(BR)DSS} / A_{chip} \tag{2-1}$$

式中,A_{chip} 为芯片面积(mm^2),a 为漏源极击穿电压系数,通常取值为 2~3。由式(2-1)可知 Si 基功率 MOSFET 的通态电阻由漏源极击穿电压和芯片面积共同决定,当芯片面积不变时,MOSFET 的通态电阻随漏源极击穿电压呈指数规律增长。因此 Si 基功率 MOSFET 通常应用于 1 kV 电压等级内,以避免过大的器件通态损耗。

SiC MOSFET 通态特性的突出优势之一就是在实现较高阻断电压的同时仍具有较低的通态电阻 $R_{DS(on)}$。以 C2M0160120D(SiC MOSFET)为例,其器件手册中给出的通态电阻典型值为 160 mΩ,与之具有相近定额的 IPW90R120C3(900 V/15 A Si CoolMOS),其通态电阻典型值为 280 mΩ 尽管两者有定额的差异,SiC MOSFET 的通态电阻也仍具有明显的优势。SPW20N60S5(Si CoolMOS,600 V/20 A@T_c=25 ℃)的电流定额与 C2M0160120D 相近,漏源极击穿电压仅有后者的一半,其通态电阻典型值为 160 mΩ,与 SiC MOSFET 相同,而漏源极击穿电压的差异会使通态电阻的差异进一步呈指数增大。SiC MOSFET 的这一优势使得制造高压大功率的 MOSFET 成为可能。

对于功率 MOSFET,栅极驱动电压越高,通态电阻越低。一般而言,Si CoolMOS 在栅极驱动电压达到 10 V 以上时通态电阻的变化已经很小。因此在实际应用中,考虑栅极极限电压的限制,通常栅极驱动电压设置为 12~15 V,而 SiC MOSFET 的栅极电压即使达到16 V,继续增大栅极驱动电压仍能显著减小通态电阻值,因而在不超过栅极极限电压的情况下,应尽可能设置更高的驱动电压以获得更低的通态电阻值,充分发挥 SiC MOSFET 的优势。

图 2.4 所示为 SiC MOSFET 通态电阻与温度的关系曲线,通态电阻表现出正温度系数,有助于实现并联器件自动均流,因而易于并联应用。同时,由于 SiC 半导体材料的热稳定性,当温度从 25 ℃增加到 125 ℃时,SiC MOSFET 的导通电阻增加了 64%。而对于相近电压和

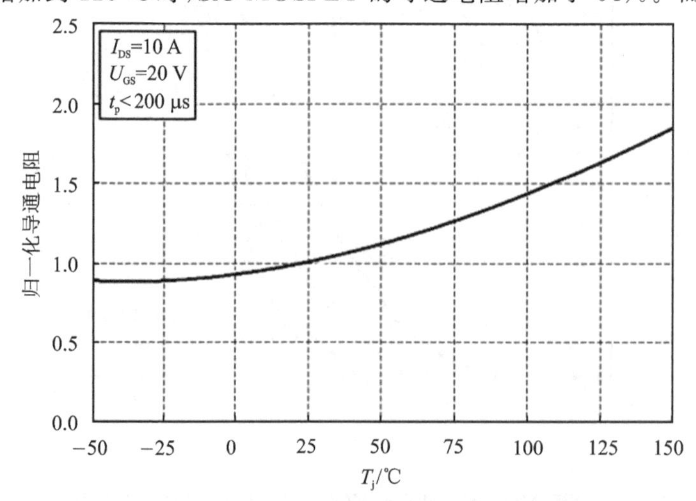

图 2.4 SiC MOSFET 的通态电阻与温度关系曲线

电流等级的 Si CoolMOS，其导通电阻增大近 120%，高温下的通态损耗大大增加，系统的效率明显降低。不仅如此，SiC MOSFET 通态电阻的低正温度系数特性还对变换器系统的热设计过程有着显著的影响，比 Si CoolMOS 尺寸更小的 SiC MOSFET 可以工作在更高的环境温度下，从而降低了器件对散热的要求。

3. SiC MOSFET 反向导通特性

与 Si CoolMOS 相似，SiC MOSFET 也存在寄生体二极管。由于 SiC 的带隙是 Si 的 3 倍，所以 SiC MOSFET 的寄生体二极管开启电压高，为 3 V 左右，正向压降也较高。SiC MOSFET 的寄生体二极管虽然是 PN 二极管，但是少数载流子寿命较短，所以基本上没有出现少数载流子的积聚效果。与 Si IGBT 反并的 Si FRD 相比，其反向恢复损耗可以减少到 Si FRD 的几分之一到几十分之一。表 2.1 所列为 SiC MOSFET、Si CoolMOS 的体二极管和 Si IGBT 反并的 Si FRD 的特性对比。常温下，SiC MOSFET 体二极管的正向导通压降为 3.3 V，比 Si CoolMOS 的体二极管的正向导通压降高 2 倍以上，其体二极管反向恢复时间和反向电荷均远小于 Si CoolMOS 的体二极管，反向恢复电流尖峰小，但相对于 SiC 肖特基二极管，其反向恢复特性仍有些差异。

表 2.1　SiC MOSFET、Si CoolMOS 和 Si IGBT 体二极管特性对比(@25 ℃)

器件型号	U_f/V	t_{rr}/ns	Q_{rr}/nC	I_{rr}/A
C2M0160120D (SiC MOSFET)	3.3	23	105	9
IPW90R120C3 (Si CoolMOS)	0.85	510	11 000	41
IRG4PH30KDPbF * (Si IGBT)	3.4	50	130	4.4

注*：Si IGBT 的反并联二极管 Si FRD 的特性。

Si IGBT 自身沟道并无反向导通电流能力，其反向导通特性即为反并联 Si FRD 的导通特性。Si CoolMOS 和 SiC MOSFET 的沟道存在反向导通电流能力，因此对于这两种器件，其反向导通特性并不等同于体二极管导通特性，根据栅极驱动电压的不同，其反向导通特性也存在区别。

图 2.5 所示为 SiC MOSFET 在不同驱动负压($U_{GS} \leqslant 0$ V)下的反向导通特性，此时对应 SiC MOSFET 体二极管反向导通。当栅极驱动电压 U_{GS} 分别为 −5 V、−2 V、0 V 时，SiC MOSFET 的反向导通特性略有不同。导通相同的反向电流时，栅极驱动负压绝对值越大，反向导通压降越大，同时意味着损耗更大。随着温度的升高，相同的栅极驱动电压下，导通相同的电流，反向导通压降有所下降，且不同栅极负压下反向导通压降的差别变小。

图 2.6 所示为 SiC MOSFET 在不同驱动正压($U_{GS} \geqslant 0$ V)下的反向导通特性，此时为 SiC MOSFET 的沟道和体二极管同时导通。当栅极驱动电压 U_{GS} 分别为 0 V、5 V、10 V、15 V、20 V 时，SiC MOSFET 的反向导通特性有着明显的不同：栅极驱动电压越大，导通相同的反向电流时，反向压降越小，导通损耗更小。在相同的栅极驱动电压下，随着温度的升高，导通相同的电流，反向压降逐渐升高。

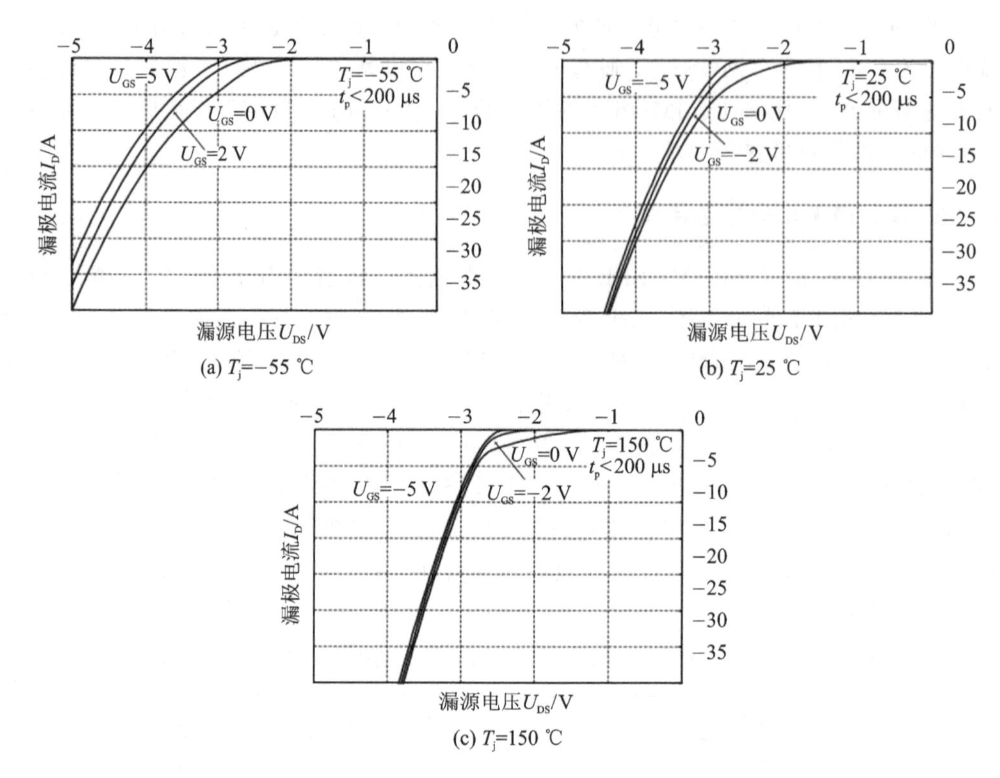

(a) T_j=−55 ℃

(b) T_j=25 ℃

(c) T_j=150 ℃

图 2.5 SiC MOSFET 在不同驱动负压($U_{GS} \leqslant 0$ V)下的反向导通曲线

在 SiC MOSFET 应用于一些感性负载电路中时，会出现体二极管续流导通的现象，体二极管过高的导通压降会带来额外的续流损耗；不仅如此，桥臂电路中体二极管电流换流到互补导通 MOSFET 中时，体二极管产生较大的反向恢复电流尖峰，这一电流尖峰与负载电流叠加共同组成互补导通 MOSFET 的开通电流尖峰，降低了 MOSFET 工作的可靠性，同时大幅增加了 MOSFET 的开通损耗。

较高的正向导通电压和较差的反向恢复特性都会大幅降低变换器的效率和可靠性。因此，SiC MOSFET 需要反向续流时，可以不使用内部寄生的体二极管，而在器件外部反并联 SiC SBD 以实现更高的效率和可靠性。在 SiC MOSFET 漏源极间直接反并联 SiC SBD 后，因为体二极管的正向导通电压相对较高，在反并联 SiC SBD 布局紧凑情况下体二极管一般不会导通。然而外并二极管会增加元件数和变换器复杂性，对功率密度和可靠性不利。特别是对于三相电机驱动器常用的三相逆变桥，要额外增加六只功率二极管。此时可考虑利用 SiC MOSFET 的沟道可以双向流通电流的特点，只在很短的桥臂上下管死区时间内，让体二极管导通续流，而在剩余时间内采用类似同步整流的控制方式，栅极施加正压使得沟道导通续流，因沟道压降远小于体二极管压降，绝大部分电流从沟道流过，从而减小续流导通损耗，有利于提高系统效率。

在使用 SiC MOSFET 时，对于体二极管导通问题的处理，要根据不同应用场合的要求合理选择，使得体二极管导通时间最短，降低电路功耗，最大限度的保证系统性能。

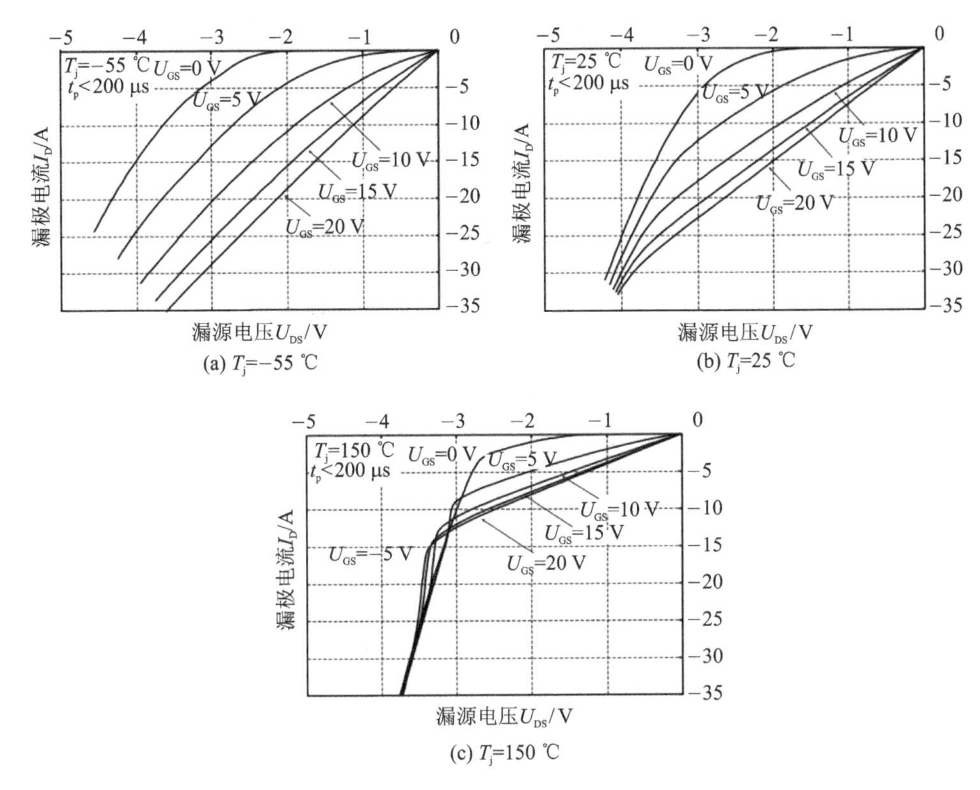

图 2.6　SiC MOSFET 在不同驱动正压($U_{GS}\geqslant 0$ V)下的反向导通曲线

2.1.2　阻态特性及其参数

漏源击穿电压 $U_{(BR)DSS}$ 是 MOSFET 重要的阻态特性参数。对于 Si 基功率 MOSFET，其通态电阻随击穿电压的增大而迅速增大，MOSFET 的通态损耗显著增加，因而 Si 基功率 MOSFET 的漏源极击穿电压通常在 1 kV 以下，以保持良好的器件特性。SiC 半导体材料的临界雪崩击穿电场强度比 Si 材料高 10 倍，因而能够制造出通态电阻低但耐压值更高的 SiC MOSFET。目前商业化的 SiC MOSFET 产品的耐压值已经达到了 1 700 V，而相关文献报道 15 kV 电压等级的 SiC MOSFET 也正在工程样品试验阶段。一旦研制成功，将成为目前广泛采用 Si IGBT 和 Si SCR 等器件的中高压大功率应用场合，如电力系统中的高压直流输电系统、静止无功补偿系统和中高压电机驱动中的有力竞争器件。

2.1.3　开关特性及其参数

SiC MOSFET 的开关特性主要与非线性寄生电容有关，同时，栅极驱动电路的性能也对 MOSFET 的开关过程起着关键性的作用。功率 MOSFET 存在多种寄生电容：栅源极电容 C_{GS} 和栅漏极电容 C_{GD} 是与 MOSFET 结构有关的电容，漏源极电容 C_{DS} 是与 PN 结有关的电容。这些电容对功率 MOSFET 开关动作瞬态过程具有明显的影响。通常将上述电容换算成更能体现 MOSFET 特性的输入电容 C_{iss}、输出电容 C_{oss} 和密勒电容 C_{rss}，如表 2.2 所列。从表 2.2 中列出的数据可以看出，SiC MOSFET 的寄生电容容值均远小于相近电压和电流等级的 Si CoolMOS 和 Si IGBT。根据 MOSFET 的开关过程可知，寄生电容值越小，MOSFET 的开关速度可以越快,开关转换过程的时间可以越短,从而缩减开关过程中漏极电流与漏源极电压的交叠区域,即减小 MOSFET 的开关损耗。表 2.3 列出了 SiC MOSFET、Si CoolMOS 和 Si IGBT 的典型开关时间,其中 C2M0160120D 的测试条件为 $U_{DD}=800$ V,$I_D=10$ A,$U_{GS}=-5/20$ V, $R_{G(ext)}=2.5$ Ω,$R_L=80$ Ω;IPW90R120C3 的测试条件为 $U_{DD}=400$ V,$I_D=9.2$ A,$U_{GS}=10$ V,$R_G=23.1$ Ω;IRG4PH30KDPbF 的测试条件为 $U_{DD}=800$ V,$I_C=10$ A,$U_{GE}=15$ V,$R_G=23$ Ω。可见 SiC MOSFET 具有更短的开关时间和更快的开关速度。

在使用 SiC MOSFET 时,也需要注意到其栅极存在一定的内阻,选取栅极驱动电阻要考虑栅极内阻的影响。

表 2.2 SiC MOSFET、Si CoolMOS 和 Si IGBT 寄生电容比较

器件类型	器件型号	C_{iss}/pF	C_{oss}/pF	C_{rss}/pF
SiC MOSFET	C2M0160120D	525	47	4
Si CoolMOS	IPW90R120C3	2 400	120	71
Si IGBT	IRG4PH30KDPbF	800	60	14

表 2.3 SiC MOSFET、Si CoolMOS 和 Si IGBT 典型开关时间比较

器件类型	器件型号	$t_{d(on)}$/ns	t_r/ns	$t_{d(off)}$/ns	t_f/ns
SiC MOSFET	C2M0160120D	9	11	16	10
Si CoolMOS	IPW90R120C3	70	20	400	25
Si IGBT	IRG4PH30KDPbF	39	84	220	90

SiC MOSFET 的快速开关特性也带来一些实际设计中需要考虑的问题。由于 Si IGBT 存在拖尾电流,提供了一定程度的关断缓冲,减轻了电压过冲和振荡。作为单极型器件,SiC MOSFET 没有拖尾电流,所以不可避免的会产生一定的漏源电压过冲和寄生振荡。不仅如此,SiC MOSFET 的低跨导和低开启电压使得栅极对噪声电压的抗扰能力降低。SiC MOSFET 的高速开关动作使得漏极电压变化率 du/dt 很大,而较大的漏极电压变化会通过电路中栅漏极寄生电容耦合至栅极,并通过栅极电阻和寄生电感连接至源极形成回路。这一过程将在栅极产生电压尖峰,干扰正常的栅极驱动电压。由于 SiC MOSFET 的开启电压更低,因此更容易被误触发导通。若为了抑制栅极电压变化率,人为降低 SiC MOSFET 的开关速度,则不利于 SiC MOSFET 发挥其高开关速度、利于高频工作的优势。在实际电路中必须采取相关措施妥善解决这一问题,保证电路可靠工作。

2.1.4 栅极驱动特性及其参数

图 2.7 所示为 SiC MOSFET 的典型栅极充电特性曲线,可以看出 SiC MOSFET 因密勒电容 C_{rss} 较小,并不像 Si CoolMOS 那样存在明显的密勒平台。由于 SiC MOSFET 的通态电阻与驱动电压的关系与 Si CoolMOS 有较大不同,因此 SiC MOSFET 需要设置较高的驱动正压以获得较低的通态电阻。同时,由于栅极开启电压较低,需要增加防止误触发导通的措施来增加栅极的安全裕量,通常采用负压关断的方法,但对于桥臂电路,由于上、下管在开关动作期间存在较强耦合关系会产生串扰问题,因此在选择驱动方案时,需注意抑制寄生参数引起的桥臂串扰问题。

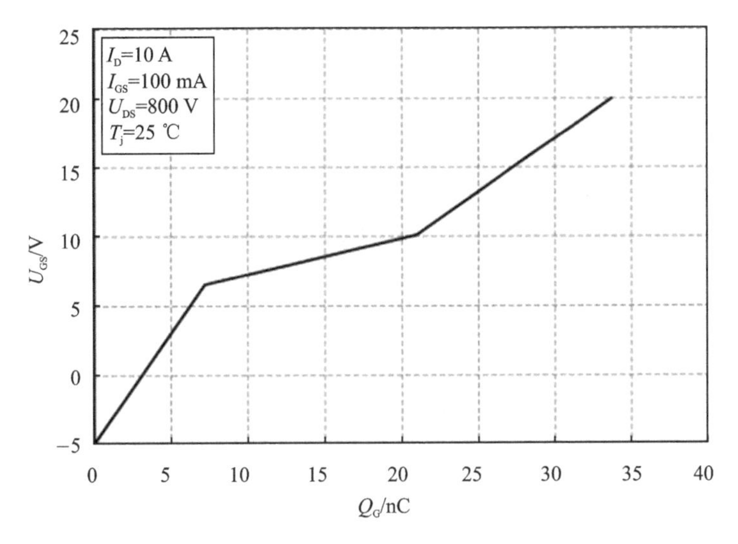

图 2.7　SiC MOSFET 的典型栅极充电曲线(25 ℃)

在给 SiC MOSFET 的栅极长时间施加直流负偏压时，SiC MOSFET 会发生开启电压阈值降低的情况。为避免开启电压阈值出现明显降低，目前商业化 SiC MOSFET 的栅极极限电压普遍限制在－10 V/＋25 V 范围以内。折衷考虑 SiC MOSFET 的导通电阻和栅极可靠性，数据手册中推荐的驱动电压电平典型值为－2 V/＋20 V，而 Si CoolMOS 的常用驱动电压电平为 0 V/＋15 V，Si IGBT 的常用驱动电压电平为 0 V/＋15 V。栅极电压摆幅 U_{gpp} 的平方与栅极输入电容 C_{iss} 的乘积能够反映栅极驱动损耗的大小，其计算结果如表 2.4 所列。虽然 SiC MOSFET 的栅极电压摆幅更大，但由于其输入电容要小得多，因此其栅极驱动损耗并未增大。

表 2.4　栅极充电能量对比

参　数	C2M0160120D (SiC MOSFET)	IPW90R120C3 (Si CoolMOS)	RG4PH30KDPbF (Si IGBT)
C_{iss}/pF	525	2 400	800
U_{gpp}/V	22	15	15
$U_{gpp}^2 \times C_{iss}$/uJ	0.254	0.54	0.18

除了 Cree 公司外，Rohm 公司也是商用 SiC MOSFET 器件的主要生产商之一。与 Cree 公司所采用的平面结构 SiC MOSFET 不同，Rohm 公司推出了双沟槽结构的 SiC MOSFET。双沟槽结构 SiC MOSFET 可以在很大程度上避免栅极沟槽底部电场集中这一缺陷的影响，确保器件长期工作的可靠性，且其导通电阻和结电容都明显减小，降低了器件功率损耗。

此外，Infineon 公司也推出采用沟槽结构的 CoolSiC MOSFET，其具有栅氧层稳定性强、跨导高、栅极门槛电压高(典型值为 4 V)，短路承受能力强等特点，在 15 V 驱动电压下即可使得沟道完全导通，从而可与现有高速 Si IGBT 常用的＋15/－5 V 驱动电压相兼容，便于用户使用。目前已有一些产品投放商用市场。

实际选用 SiC MOSFET 器件时仍需注意的是，不同厂家的 SiC MOSFET 虽然器件特性大体相似，但在一些细节参数，如最大栅压、栅源阈值电压、栅极内阻等方面仍有些差别，在选型或替代中要正确选用。

除了 SiC MOSFET 外,目前 SiC 器件中还有 SiC JFET 和 SiC BJT 商用产品。根据栅压为 0 时的沟道状态,SiC JFET 分为耗尽型(常通型)和增强型(常断型)两大类。耗尽型 SiC JFET 器件在不加栅压时处于常通状态,容易造成桥臂直通危险,不便于在电压源型变换器中使用,因此产品类型较少。把耗尽型 SiC JFET 与低压 Si MOSFET 级联可组成 Cascode SiC JFET,这是目前市场上 SiC JFET 的主流产品。通过控制低压 Si MOSFET 的开关状态即可控制整个 Cascode SiC JFET 器件的通/断。Cascode SiC JFET 器件的稳态工作状态可分为正向导通模态、反向导通模态、反向恢复模态和正向阻断模态,Cascode SiC JFET 器件的动态特性与 SiC MOSFET 较为相似,这里不再赘述。

因 SiC BJT 的电流增益高于 Si BJT,所以不存在传统 Si BJT 的二次击穿问题。随着 SiC 器件研究热潮的掀起,很多研究工作者也对 SiC BJT 的特性和驱动进行了充分的研究。与 SiC MOSFET 不同的是,SiC BJT 在稳态导通时需要基极提供一定的驱动维持电流,因此明显增加了驱动损耗。同功率等级下用 SiC BJT 制作的样机并不比 SiC MOSFET 有明显优势,因此,逐渐淡出研究工作者的视野。

2.2 SiC 器件对驱动电路的设计要求

如图 2.8 所示,驱动电路的基本功能电路包括三部分:信号传输电路、核心驱动电路和驱动电路供电电源。信号传输电路将来自控制电路的控制信号传递至核心驱动电路,信号传输电路主要起隔离、放大的作用,由于控制电路的工作电压比较低,易受到干扰,为防止功率电路对其产生干扰,需要信号传输电路具备隔离功能。核心驱动电路直接与功率器件相连,有多种线路形式,不同线路具有不同特点,需要根据驱动要求进行选取。驱动电路供电电源为信号传输电路和核心驱动电路供电,在主功率电路电压等级较高时需要采用隔离式电源。

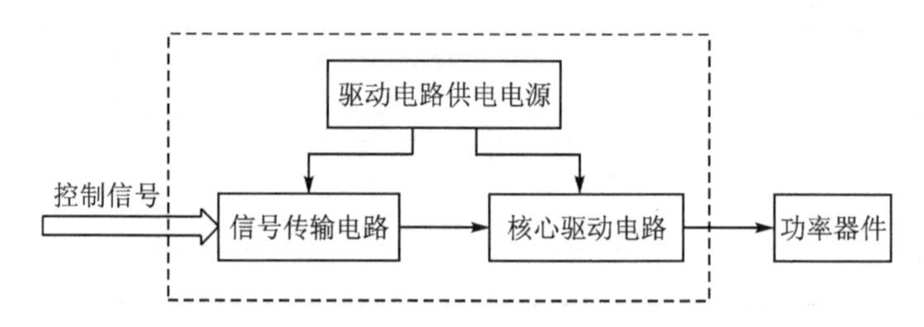

图 2.8 驱动电路的基本组成

SiC 器件的驱动电路设计要考虑驱动电压设置、栅极寄生电阻、栅极寄生电感,驱动芯片的输出电压上升/下降时间、驱动电流能力、传输延时、瞬态共模抑制能力,桥臂串扰抑制能力,驱动电路元件的 du/dt 限制,外部驱动电阻对开关特性的影响,保护以及 PCB 设计等诸多因素。目前 SiC 器件有多种类型,其驱动电路设计具有一定的共性,但不同 SiC 器件的驱动电路也会有所差别。这里先以 SiC MOSFET 为例,深入剖析了 SiC MOSFET 驱动电路的设计挑战与要求,再扼要阐述其他类型 SiC 器件的驱动要求。

2.2.1 SiC MOSFET 对驱动电路的要求

SiC MOSFET 是采用 SiC 材料制成的功率场效应晶体管,图 2.9 所示是考虑了其寄生电容的等效电路。由此可见，驱动 SiC MOSFET 实际上等同于驱动一个容性网络。驱动电路的等效电路如图 2.10 所示，U_{DRV} 是驱动电压，R_G 是栅极等效电阻，C_{iss} 是 SiC MOSFET 的输入电容。

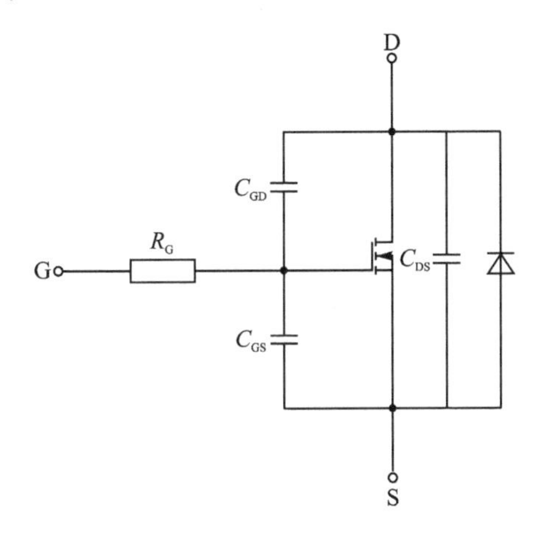

图 2.9　考虑极间寄生电容的等效电路

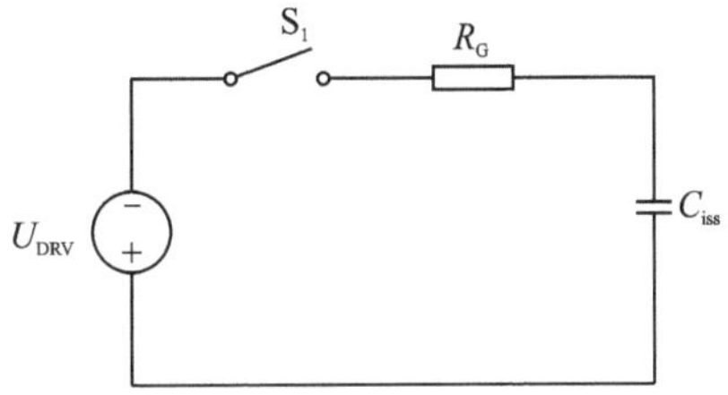

S₁
R_G
U_DRV
C_iss

图 2.10　驱动电路的等效电路

SiC MOSFET 的典型开关过程如图 2.11 所示，图中给出了开关过程中驱动电压 U_{GS}、漏源电压 U_{DS}、漏极电流 I_D 的波形图。

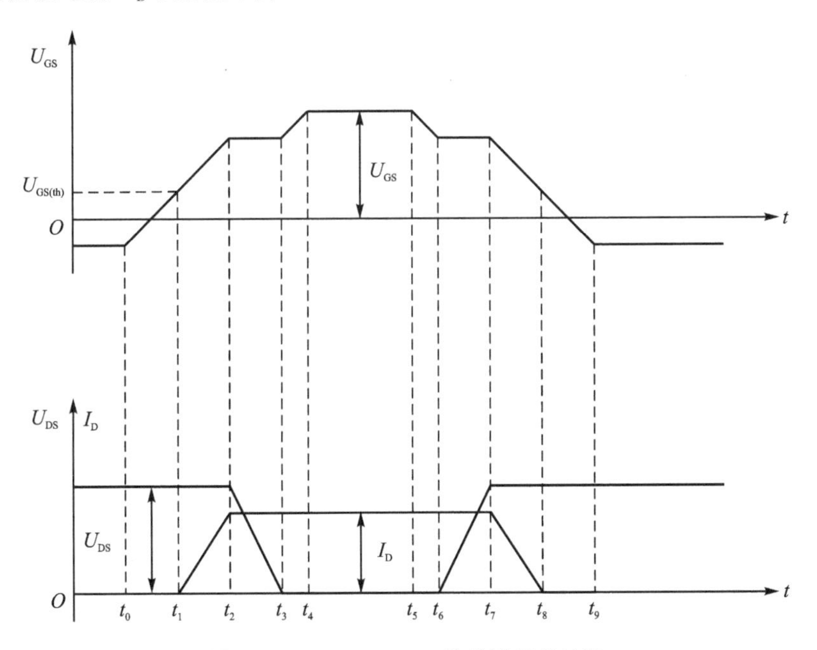

图 2.11　SiC MOSFET 的典型开关过程

表 2.5 所示列出了几种典型的 Si MOSFET 和 SiC MOSFET 的主要电气参数对比情况。由表 2.5 可见，在电气性能方面，SiC MOSFET 比 Si MOSFET 具有更小的通态电阻和极间电容，开关过程中栅极电容的充放电速度更快。但前者的栅极阈值电压却较低，使其更容易受到干扰发生误导通，而且其正/负向栅极电压极限值也相对较低，开关管工作时的栅极电压尖峰更容易使器件损坏，这些基本特性使 SiC MOSFET 的高频应用受到影响，因此需要根据具体

器件特性对其驱动电路设计要求进行全面分析。

表 2.5 Si 与 SiC MOSFET 主要参数对比

型　号	U_{DS}/V	I_D/A	U_{GS}/V	$U_{GS(th)}$/V	$R_{DS(on)}$/Ω	C_{GS}/nF	C_{GD}/nF	C_{DS}/nF
IXTH26N60P (Si MOSFET)	600	26	±30	3.5	0.27	4 123	27	373
IPW90R340C (Si MOSFET)	900	15	±30	3.0	0.34	2 329	71	49
IXTH12N120 (Si MOSFET)	1 200	12	±30	4.0	1.40	3 295	105	175
CMF10120 (SiC MOSFET)	1 200	24	+25/−5	2.4	0.16	0.920 5	0.007 5	0.055 5
C2M0080120 (SiC MOSFET)	1 200	31	+25/−10	2.2	0.08	0.942 4	0.007 6	0.074 4

SiC MOSFET 驱动电路设计要考虑以下因素。

1. 驱动电压

SiC MOSFET 是压控型器件，在驱动电路设计时需要选择合适的驱动电压。

图 2.12 所示以意法半导体公司的 SCT30N120(1 200 V/45 A)为例，给出了 SiC MOSFET 的输出特性(T_j=25 ℃)。SiC MOSFET 与 Si MOSFET 输出特性的主要区别在于，驱动电压达到 20 V 左右时，其导通电阻 $R_{DS(on)}$ 才基本趋于稳定。因此为减小导通电阻，SiC MOSFET 的驱动电压应尽可能高。但由于 SiC MOSFET 能承受的最高栅源电压只有 25 V，因此其栅源驱动正压一般取为 20 V 左右。有些保守设计留了更大裕量，设置驱动正压为 18 V，但这会使导通电阻略有增加。如图 2.12 所示，U_{GS}=18 V 时的导通电阻会比 U_{GS}=20 V 时的大 25%左右。SiC MOSFET 能承受的驱动负压最大值与驱动正压最大值不对称，第一代 SiC MOSFET 能承受的最大负压只有−5～−6 V，第二代 SiC MOSFET 可承受−10 V 左右的最大负压，但该值和最大正压值仍存在较大差距。驱动 SiC MOSFET 单管时，驱动电

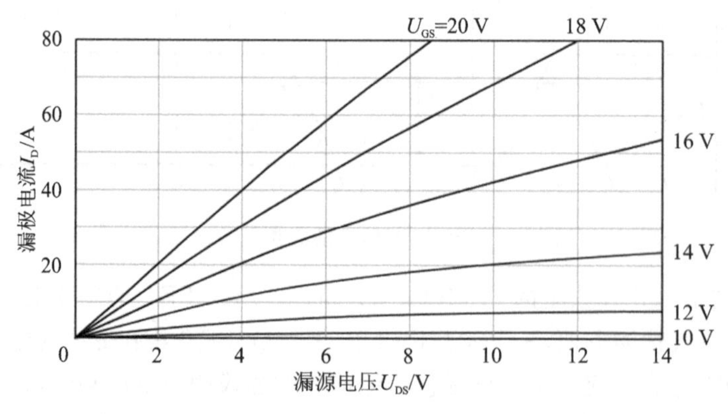

图 2.12 SiC MOSFET 的输出特性(T_j=25 ℃)

路并不一定需要设置关断负压，但从减小关断损耗或抑制桥臂电路串扰的角度出发，驱动电压设置关断负压还是有必要的。

SiC MOSFET 正负驱动电压的摆幅值约在 22 V～28 V 之间。由于驱动 SiC MOSFET 开关工作所需的栅极电荷较低，因此虽然其驱动电压摆幅值比 Si MOSFET 稍大，但并不会对驱动损耗有较大影响。

需要注意的是，不同半导体器件公司所生产的 SiC MOSFET 的驱动电压设置并不完全相同，且同一公司不同代 SiC MOSFET 产品的驱动电压也不相同。图 2.12 所对应的意法半导体公司 SiC MOSFET 只是一个典型个例，其驱动电压设置不能代表其他型号的 SiC MOSFET。表 2.6 所示列出目前几个典型半导体器件厂家所生产的 SiC MOSFET 的驱动电压典型值。

表 2.6　几个典型半导体器件厂家 SiC MOSFET 的驱动电压典型值

公　司	典型产品		最大栅压/V	推荐栅压/V
Cree	第一代	CMF10120	−5/+25	−3/+20
	第二代	C2M0025120D	−10/+25	−5/+20
	第三代	C3M0016120K	−8/+19	−4/+15
Rohm	SCT2080KE		−6/+22	0/+18
	SCT3017AL		−4/+22	0/+18
ST	SCT10N120		−10/+25	−5/+20
	SCTH35N65G2V-7		−10/+22	−5/+20
Infineon	IMW120R045M1		−10/+20	0/+15
	IMW65R028M1H		−5/+23	0/+18

2. 栅极回路寄生电感

为了尽可能降低 SiC MOSFET 的导通电阻，器件厂家几乎把栅氧层的场强增大到极限值，这种设计理念造成的后果是 SiC MOSFET 栅压裕量系数（栅氧层击穿电压与标称栅压最大值之比）较低，表 2.7 所列为 Si 器件与 SiC MOSFET 的栅氧击穿电压对比情况。对于 Si 器件，栅极电压裕量系数为 3 左右，而对于 SiC MOSFET，栅极电压裕量系数均小于 2，最低只有 1.4 左右。

表 2.7　Si 器件与 SiC MOSFET 的栅氧击穿电压对比

参　量 / 器　件	$U_{GS,max}$（额定）	$U_{GS,breakthrough}$（测试）	栅压裕量系数
Si MOSFET（公司 1）	+30 V	+87 V	2.9
Si IGBT（公司 2）	+20 V	+71 V	3.6
Si MOSFET（公司 3）	+20 V	+60 V	3.0
SiC MOSFET（公司 4 第 1 代）	+22 V	+32 V	1.5
SiC MOSFET（公司 5 第 1 代）	+25 V	+48 V	1.9
SiC MOSFET（公司 5 第 2 代）	+25 V	+34 V	1.4

当 Si IGBT 或 Si MOSFET 栅极电压产生振荡时，仅会导致开关性能的恶化，影响开关管

的长期工作寿命，而当 SiC MOSFET 栅极电压产生振荡时，则可能超过 SiC MOSFET 栅源击穿电压，使栅氧层永久损坏。

如图 2.13 所示，考虑栅极寄生电感与栅极电容、驱动电阻后构成的驱动回路是典型二阶电路，满足

$$L_{G}=\frac{R_{G}^{2}\cdot C_{GS}}{4\cdot \xi^{2}} \tag{2-2}$$

式中，ξ 为栅极回路的阻尼系数，L_G 为栅极寄生电感，C_{GS} 为栅极电容，R_G 为驱动电阻。在驱动电路参数设计时若保证栅极电压安全裕量系数为 1.4，则对应阻尼系数为 0.3，同时考虑到 SiC MOSFET 器件的参数、公差及长期工作寿命，阻尼系数一般至少要大于 0.75。因此必须满足

$$L_{G,\max}\leqslant\frac{R_{G}^{2}\cdot C_{GS}}{2.25} \tag{2-3}$$

为保证 SiC MOSFET 的高开关速度，R_G 一般取得较小，这就要求栅极回路寄生电感尽可能小。

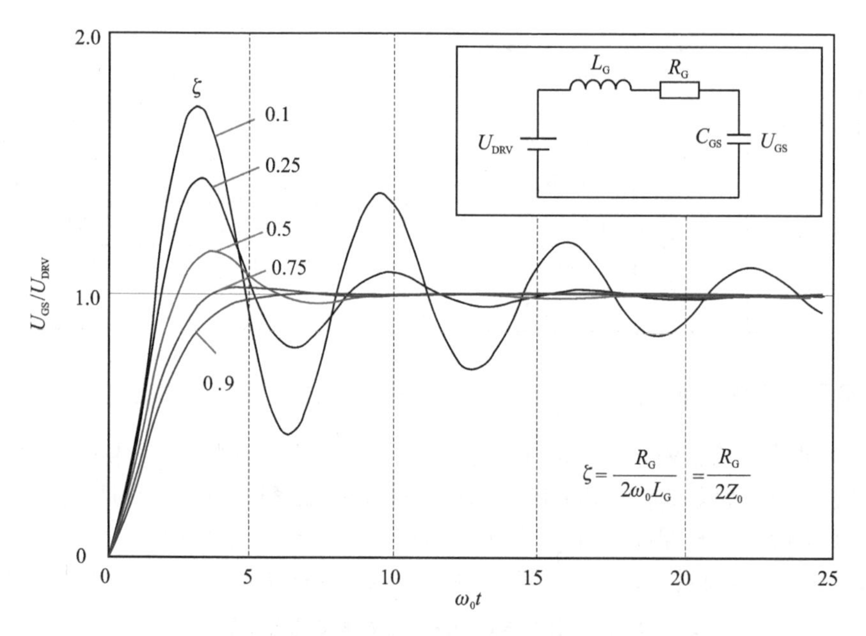

图 2.13 栅极驱动电路等效示意图和栅极电压波形分析

3. 栅极寄生内阻

SiC MOSFET 的开关速度主要受到其栅-漏电容（密勒电容）大小及驱动电路可提供的充/放电电流大小限制。充/放电电流大小与驱动电压 U_{Drive}、密勒平台电压 U_{Miller} 以及栅极电阻 R_G 有关。当开关管型号及驱动电压确定后，驱动电阻成为影响开关时间的关键因素。

当不外加驱动电阻时，栅极电阻只有栅极寄生内阻，此时 SiC MOSFET 可获得的最短开通时间和关断时间为

$$t_{on(min)}=\frac{R_{G(int)}\cdot Q_{GD}}{U_{Drive+}-U_{Miller}} \tag{2-4}$$

$$t_{\mathrm{off(min)}} = \frac{R_{\mathrm{G(int)}} \cdot Q_{\mathrm{GD}}}{U_{\mathrm{Miller}} - U_{\mathrm{Drive-}}} \tag{2-5}$$

式中，$R_{\mathrm{G(int)}}$ 为栅极内阻，Q_{GD} 为栅漏电容，U_{Miller} 为密勒平台电压，$U_{\mathrm{Drive+}}$ 为驱动正压，$U_{\mathrm{Drive-}}$ 为驱动负压。

以几家典型 SiC MOSFET 生产商为例，表 2.8 列出其商用产品可获得的最短开关时间数据。

表 2.8　几种典型 SiC MOSFET 的最短开关时间对比

公　司	型　号	$R_{\mathrm{G(int)}}/\Omega$	Q_{GD}/nC	$U_{\mathrm{GS(max)}}$/V	U_{Miller}/V	t_{on}/ns	t_{off}/ns
Cree	CPM2-1200-0025B	1.1	50	−10/+25	～9	3.4	2.9
Cree	CPM2-1200-0160B	6.5	14	−10/+25	～9	5.7	4.8
Rohm	SCT2080KE	6.3	31	−6/+22	9.7	15.9	12.4
Rohm	SCT2450KE	25	9	−6/+22	10.5	19.6	13.6
ST	SCT30N120	5	40	−10/+25	～9	12.5	10.5
ST	SCT20N120	7	12	−10/+25	～9	5.1	4.3

4. 驱动芯片输出电压的上升/下降时间

栅极驱动芯片输出电压的上升/下降时间必须小于栅极电压到达密勒平台的时间，才能在密勒平台过程中给 SiC MOSFET 的栅漏极电容及时充/放电，使 SiC MOSFET 沟道可以正常开通或关断。驱动芯片的上升时间 t_{rise} 应满足关系式

$$\frac{U_{\mathrm{Miller}} - U_{\mathrm{Drive-}}}{U_{\mathrm{Drive+}}} = \frac{1}{Y} \cdot (\mathrm{e}^{-Y} + Y - 1) \tag{2-6}$$

$$Y = \frac{t_{\mathrm{rise}} \cdot (U_{\mathrm{Miller}} - U_{\mathrm{Drive-}})}{R_{\mathrm{G}} \cdot Q_{\mathrm{DS}}} \tag{2-7}$$

式中，Q_{DS} 为漏源电容电荷。式(2-6)、式(2-7)构成超越方程，需迭代求解。

以 Wolfspeed 公司型号为 CPM2-1200-0025B 的 SiC MOSFET 为例，经计算可得，驱动芯片输出电压上升时间不宜超过 6.4 ns。在选择驱动芯片时，可考虑例如 IXYS 公司的驱动芯片 IXDD614，其上升/下降时间只有 2.5 ns，能满足这一要求。

在为 SiC MOSFET 选择驱动芯片时，应尽量选择输出电压上升/下降时间短的驱动芯片。

5. 桥臂串扰抑制

桥臂电路中功率开关管在高速开关动作时，上下管之间的串扰会变得比较严重。当功率开关管栅极串扰电压超过栅极阈值电压时，就会使本应处于关断状态的功率开关管误导通，引发桥臂直通问题。

以桥臂电路下管开通瞬间为例，下管开通时，上管栅极电压为低电平或负压，上管漏源极间电压迅速上升，产生很高的 $\mathrm{d}U_{\mathrm{DS}}/\mathrm{d}t$，此电压变化率会与栅漏电容 C_{GD} 相互作用形成密勒电流，该电流通过栅极电阻与栅源极寄生电容分流，在栅源极间引起正向串扰电压。如果上管栅源极串扰电压超过其栅极阈值电压，上管将会发生误导通，瞬间会有较大电流流过桥臂上下管，两只功率开关管的损耗显著增加，严重时会损坏功率管。

相似地，在下管关断瞬态过程中，上管的栅源极会感应出负向串扰电压，负向串扰电压不会导致直通问题，但如果它的幅值超过了器件允许的最大负栅极偏压，同样会导致功率开关管失效。在上管开通和关断瞬态过程中，下管也会产生类似的串扰问题。

Si基高速开关器件，如Si CoolMOS、Si IGBT，在用于桥臂电路时，均存在不同程度的桥臂串扰问题。SiC MOSFET由于栅极阈值电压和负压承受能力均较低、开关速度更快，因而更易受到桥臂串扰的影响。如图2.14所示，为密勒电容引起误导通的等效电路示意图。当上管漏源极电压迅速上升时，栅漏电容 C_{GD} 上流过的密勒电流大小为

$$i_t = C_{GD} \cdot dU_{DS}/dt \tag{2-8}$$

此密勒电流通过栅极电阻与栅源极寄生电容 C_{GS} 分流，其中，流过栅极电阻的电流为 i_1，流过栅源极寄生电容 C_{GS} 的电流为 i_2。电流满足

$$i_t = i_1 + i_2 \tag{2-9}$$

因此，上管栅源极间串扰电压的大小可根据 i_1 和栅极电阻计算得到

$$\Delta U_{GS} = (R_{DRV} + R_{off\_HS} + R_{G(int)}) \cdot i_1 \tag{2-10}$$

式中，R_{DRV} 是驱动芯片内阻，R_{off_HS} 是上管驱动关断回路电阻，$R_{G(int)}$ 是功率管栅极寄生内阻。当上管栅源极间电压的大小超过其栅极阈值电压时，上管会发生误导通，产生桥臂直通现象。因此，在SiC MOSFET构成的桥臂电路中，要采取有效措施抑制桥臂串扰，以保证器件和电路可靠工作。

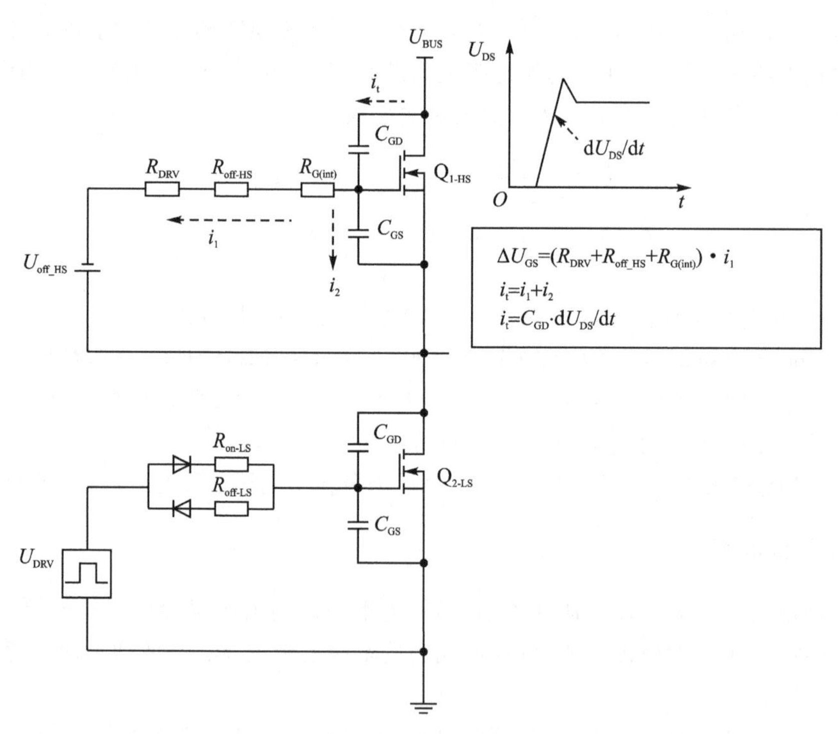

图2.14 密勒电容引起桥臂串扰的等效电路示意图

6. 驱动电路元件的 d*u*/d*t* 限制

在高速开关驱动电路中，无论是驱动芯片、驱动电路隔离供电电源，还是散热器，均存在寄

生耦合电容。这些寄生电容与快速变化的电压(SiC MOSFET 漏源电压变化率 du/dt 可达 ±50 V/ns)相互作用,会产生干扰电流,在低功率控制和逻辑电路中产生不希望出现的电压降,影响电路性能,引起逻辑电路的误动作,造成电路故障。在高速 SiC MOSFET 的驱动电路设计中,要特别注意这一问题。

图 2.15 所示为桥臂电路中存在的主要寄生耦合电容,包括驱动电路中的信号耦合电容、驱动隔离变压器原副边耦合电容,以及散热器与底板间的电容等。

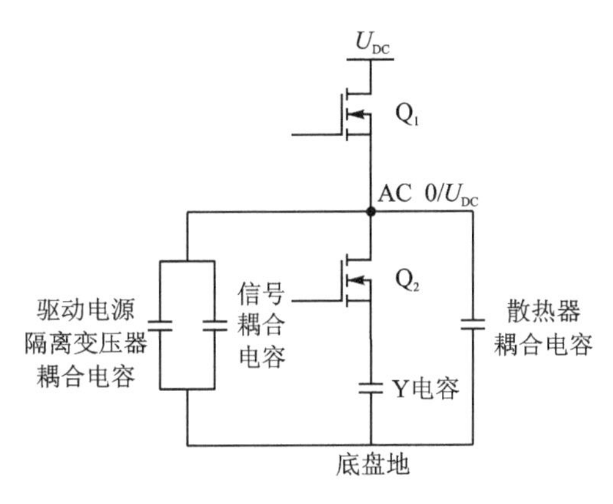

图 2.15　桥臂电路中的寄生耦合电容示意图

对于 SiC MOSFET 桥臂来说,桥臂中点的电压在母线电压与地之间高频切换,开关周期最短只有 4 ns,相当于开关频率为 250 MHz。这一高频交流信号会在图 2.15 中的这些耦合电容上产生较大的共模电流,因此必须通过 Y 电容来提供较小的阻抗回路,分流这样的共模电流,以避免产生严重的 EMI 问题。在这些耦合电容中,容易被忽略的是散热器与底板间的耦合电容 C_{cooler}。C_{cooler} 的大小为

$$C_{cooler}=\varepsilon_0 \cdot \varepsilon_r \cdot \frac{A}{d} \tag{2-11}$$

式中,ε_0 为空气介电常数,$\varepsilon_0=8.85\times10^{-12}$ F/m,ε_r 为相对介电常数。A 为高频交流区域相对的面积,d 为 DCB 板的厚度。

散热器与底板间的寄生电流必须尽可能小,电流路径必须尽可能短,但这一寄生电流基本上可以通过 Y 电容短路,对开关过程的影响可以忽略。但驱动回路寄生电容产生的电流会在信号隔离单元和信号输入部分产生干扰,因此需要特别注意。

7. 外部驱动电阻的合理选择

驱动电阻是驱动电路中的关键参数之一,驱动电阻的影响贯穿于开关过程的每一个阶段,对栅源电压变化速率及其振荡超调量,漏极电流和漏源电压变化速率及其振荡超调量和由此引起的 EMI、EMC 问题,开关时间和开关能量损耗都有影响。在实际驱动电路设计中往往先确定驱动电路拓扑、驱动芯片、驱动电压等,最后确定驱动电阻的取值,通过驱动电阻的取值,获得较好的整机效果。因此驱动电阻的取值至关重要,需要综合考虑多方面因素。

在驱动电路验证和特性测试阶段选择栅极驱动电阻时,往往要同时兼顾开关过程中的电压、电流尖峰以及开关能量损耗等因素,折衷考虑。为便于说明,这里先阐述关断过程,再讨论开通过程。

(1) 关断过程

SiC MOSFET 没有拖尾电流,因此关断能量损耗 E_{off} 主要是由漏源电压在上升过程中和漏极电流在下降过程中的交叠引起的。

与开通损耗不同(开通损耗与拓扑结构和所用二极管有关,例如,在 CCM 工作模式下的 Boost 变换器中,采用肖特基二极管或快恢复二极管时,SiC MOSFET 的开通损耗会有较大差异),SiC MOSFET 的关断损耗仅取决于器件本身和驱动电路。

降低关断能量损耗 E_{off} 一般可采用两种方法:减小栅极驱动电阻 R_G;关断时采用负向驱动电压。

图 2.16 所示是驱动电阻 R_G 分别为 1 Ω 和 10 Ω 时的典型关断波形。当驱动电阻较小时,漏源电压过冲(漏源峰值电压超过 U_{DC})会有所增大。对于 SCT30N120 而言,栅极驱动电阻变化时电压过冲的变化并不明显。当栅极驱动电阻从 10 Ω 降低到 1 Ω 时,SiC MOSFET 的漏源电压过冲仅增加 50 V,因此即使栅极驱动电阻 R_G 取 1 Ω 时,仍能保证 20% 的电压裕量。

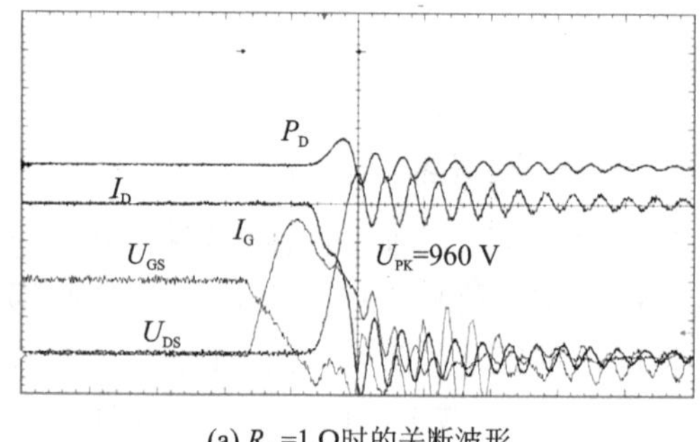

(a) R_G=1 Ω时的关断波形

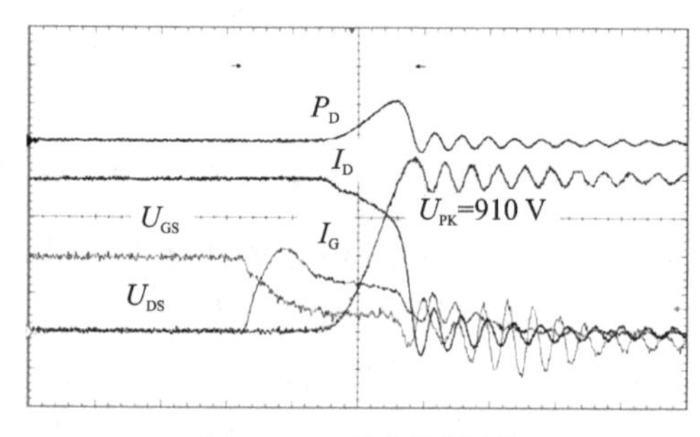

(b) R_G=10 Ω时的关断波形

图 2.16 驱动电阻取不同值时的关断波形(U_{DC}=800 V,I_D=20 A,U_{GS}=−2~20 V,T_j=25 ℃)

图 2.17 所示为 SiC MOSFET(SCT30N120)的关断能量损耗 E_{off} 与栅极驱动电阻 R_G 的关系曲线,关断能量损耗随驱动电阻值的增大呈线性规律增大。图 2.18 所示为关断能量损耗与驱动负压的关系曲线。由图 2.18 所示可以看出,采用负向驱动电压关断 SiC MOSFET 能够降低关断能量损耗,其原因主要是采用驱动负压后,增大了栅极驱动电阻 R_G 上的压降,也即增大了关断时的驱动电流,因而加快了栅极电荷的抽离速度。栅极电阻取 1~10 Ω 之间的典型值,当驱动电压从 0 V 下降到 −5 V 时,关断损耗降低 35%~40%左右。

(2) 开通过程

降低栅极驱动电阻 R_G 同样可以加快 SiC MOSFET 的开通速度,但其改善效果没有关断特性明显。图 2.19 所示为 SiC MOSFET 的开通能量损耗 E_{on} 与栅极驱动电阻 R_G 的关系曲线,当栅极驱动电阻 R_G 从 10 Ω 降低到 1 Ω 时,其开通能量损耗约降低 40%。但在选择驱动电阻时,应注意到随着驱动电阻阻值的降低,di/dt 会越来越高,造成严重的电磁干扰。因此,栅极驱动电阻的大小需要合理选择。

驱动电阻对 SiC MOSFET 关断过程和开通过程的影响规律不同,因而在设计驱动电路时应区分驱动开通回路和驱动关断回路,分别设置相应的驱动电阻,其设置方式可参照图 2.14 中的下桥臂驱动电路。

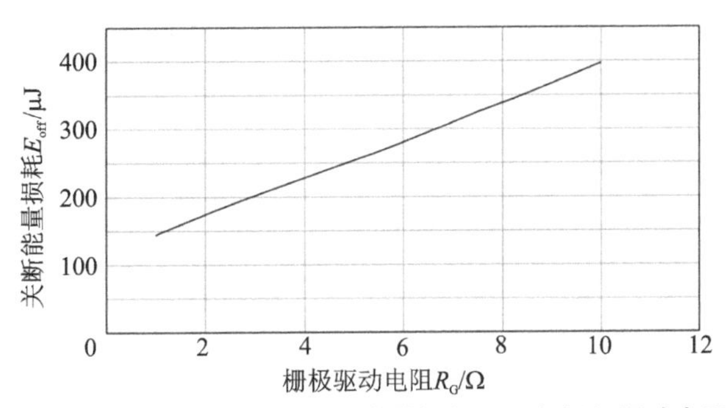

图 2.17　SiC MOSFET(SCT30N120)的关断能量损耗 E_{off} 与栅极驱动电阻 R_G 的关系曲线

(U_{DC}=800 V,I_D=20 A,U_{GS}=−2～20 V,T_j=25 ℃)

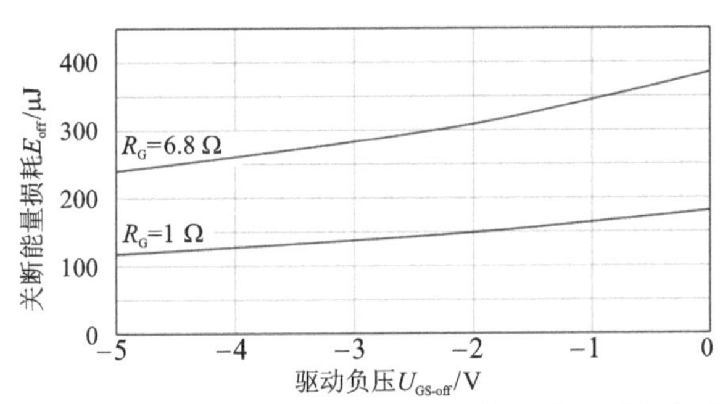

图 2.18　SiC MOSFET(SCT30N120)的关断能量损耗与驱动负电压的关系曲线

(U_{DC}=800 V,I_D=20 A,T_j=25 ℃)

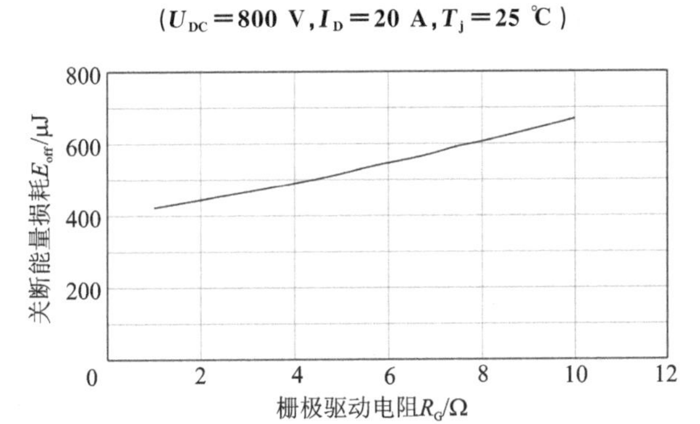

图 2.19　开通能量损耗 E_{on} 与栅极驱动电阻 R_G 的关系曲线

(U_{DC}=800 V,I_D=20 A,U_{GS}=−2～20 V,T_j=25 ℃)

8. 可靠保护

用 SiC MOSFET 作为功率器件制作的功率变换器在工作过程中,可能会发生过流或短路故障,具有可靠保护功能的驱动电路设计对于模块工作非常关键。而快速、可靠的短路检测则是 SiC MOSFET 安全关断短路电流的前提。目前,针对 SiC MOSFET 的短路检测方法主要有去饱和检测、寄生电感电压检测、电流传感器法、分流器检测、镜像电流检测和栅极电荷检测六种,各种方法的特点归纳如表 2.9 所列。

表 2.9 SiC MOSFET 短路检测方法

序号	短路检测方法		优势	劣势
1	去饱和检测	电阻分压式	简单、成本低	存在盲区、FUL[①]故障反应慢
		二极管式	简单、成本低	存在盲区、易误触发
2	寄生电感电压检测	di/dt 检测	无盲区	HSF[②]故障易误触发
		电流评估法	无盲区、可靠	FUL 故障电流峰值较高
		两级 RC 型电流评估法	无盲区、可靠	成本高
		RCD 型电流评估法	无盲区、可靠	FUL 故障电流峰值较高
3	电流传感器	霍尔器件	方便、无盲区	精度低
		PCB 型罗氏线圈	精度高	电路复杂
4	分流器检测	同轴分流器	精度高	损耗大、成本高
		非线性元件	可变保护阈值	成本高、安装不便
5	镜像电流检测	三菱模块	精度高、响应快	成本高、需要特定模块
6	栅极电荷检测		HSF 故障响应快	电路复杂、FUL 故障不适用

注:① 负载故障(Fault Under Load,FUL)
② 硬开关故障(Hard Switching Falut,HSF)

除了过流/短路保护外,仍应设置关断过压保护和过温保护等功能,确保功率器件和电路安全可靠工作。

简要归纳下,SiC MOSFET 的驱动电路需满足以下基本要求:

① 驱动脉冲的上升沿和下降沿要陡峭,有较快的上升、下降速度。

② 驱动电路能够提供比较大的驱动电流,可以对栅极电容快速充放电。

③ 设置合适的驱动电压。大多数型号的 SiC MOSFET 需要较高的正向驱动电压(典型值为+18~+20 V)以保证较低的导通电阻,其负向驱动电压的大小需要根据应用需求来选择,选择范围一般为-2~-6 V。

④ 在 SiC MOSFET 桥臂电路中,为了防止器件关断时出现误导通,需采用合适的抗串扰/干扰电压措施。

⑤ 驱动电路的元件需有足够高的 du/dt 承受能力,寄生耦合电容应尽可能小,必要时可采用相关抑制措施。

⑥ 驱动回路要尽量靠近主回路,并且所包围的面积要尽可能小,减小回路引起的寄生效应,降低干扰。

⑦ 驱动电路应能具有适当的保护功能,如欠压锁存保护、过流/短路保护、过温保护及驱动电压箝位保护等,保证 SiC MOSFET 功率器件及相关电路可靠工作。

需要注意的是,SiC MOSFET 功率器件技术仍在不断地发展和成熟。不同厂家所推出的 SiC MOSFET 产品的特性参数会有所差异,同一厂家推出的不同代 SiC MOSFET 产品的驱动电压和短路承受能力等参数也会存在差异。在针对具体型号的 SiC 功率器件设计驱动电路时,要充分了解器件参数差异,以免以偏概全。

2.2.2 其他 SiC 器件对驱动电路的要求

其他 SiC 器件与 SiC MOSFET 类似,均为高速开关器件,因此在驱动要求上有很多相似之处，但不同器件之间也有所差别。表 2.10 列出 SiC 器件的主要驱动要求。

表 2.10　SiC 器件主要驱动要求

器件类型	典型公司及产品		栅极维持电流需求	最大栅压/V	推荐栅压/V	阈值电压/V	串扰抑制需求
SiC MOSFET	Cree 第一代	CMF10120	不需要	−5/+25	−3/+20	2.4	需要
	Cree 第二代	C2M0025120D	不需要	−10/+25	−5/+20	2.6	需要
	Cree 第三代	C3M0016120K	不需要	−8/+19	−4/+15	2.5	需要
	Rohm	SCT2080KE	不需要	−6/+22	0/+18	2.8	需要
	ST	SCT10N120	不需要	−10/+25	−5/+20	3.5	需要
		SCTH35N65G2V-7	不需要	−10/+22	−5/+20	3.2	需要
	Infineon	IMW120R045M1	不需要	−10/+20	0/+15	4.5	不必须
		IMW65R028M1H	不需要	−5/+23	0/+18	4.5	不必须
Cascode SiC JFET	UnitedSiC	UJ3C120080K3S	不需要	−25/+25	−5/+12	5	不需要
SiC BJT	GeneSiC	GA50JT12-247	需要	30 V	−5/+18	3.4	不必须

2.3　SiC MOSFET 的电压型驱动电路设计方法

2.3.1　单管驱动电路

SiC MOSFET 单管的驱动板目前较多采用独立驱动板设计，可采用两种基本架构：第一种结构将信号传输隔离功能和驱动功能分离，分别由信号隔离芯片和驱动芯片实现，第二种结构将信号传输隔离功能和驱动功能集合在一起，由隔离驱动芯片同时实现。两种结构的原理框图如图 2.20 所示。

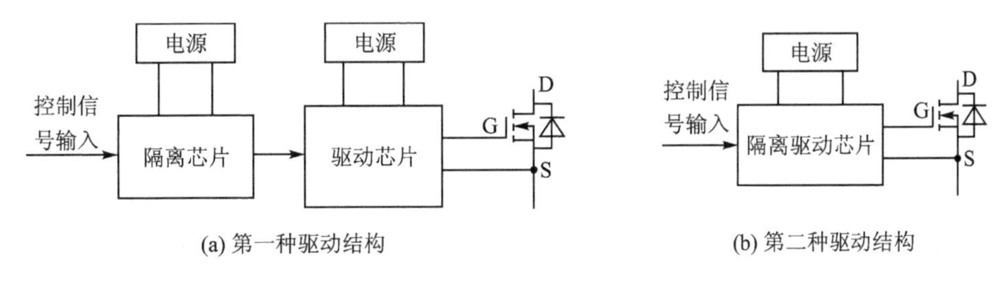

图 2.20　两种驱动电路典型结构框图

为充分发挥 SiC MOSFET 的优势，隔离芯片、驱动芯片宜选择隔离电压高、开通/关断延迟时间短、上升/下降时间短、共模抑制比高的芯片。表 2.11 为常用隔离芯片和驱动芯片关键参数对比，研究人员需要定期更新驱动电路相关芯片备选库，尽可能选用性能优越和技术成熟度均佳的芯片，匹配 SiC MOSFET 驱动电路设计。

表 2.11　常用隔离芯片和驱动芯片关键参数对比

芯片类型 \ 关键参数		峰值驱动电流(A)	隔离电压(kV)	开通/关断延迟时间(ns)	上升/下降时间(ns)	共模抑制比(kV/μs)	备注
隔离芯片	ISO7710	/	3	16/16	3.9/3.9	100	电容隔离
	ADuM210N	/	5	13/13	2.5/2.5	100	磁隔离
	SI8261BCD-C-IS	/	6.5	40/30	5.5/8.5	50	光耦隔离
非隔离驱动芯片	IXD_614	14	/	50/50	25/18	/	
隔离驱动芯片	UCC21750-Q1	10/10	5.7	90/90	28/24	150	
	NCD57000	7.1/7.8	5.0	60/66	10/15	100	
	ADuM4135	4.0/4.0	5.0	55/55	16/16	100	
	STGAP1AS	5/5	4.0	100/100	25/25	50	

在单管驱动电路设计中，要注意驱动电路参数的优化选择。首先，驱动电压不能超过栅源最大电压。然而，由于栅极回路等效为一个典型的 RLC 电路，因此在选取驱动电压时，要结合布线寄生电感大小，选择合适的阻尼比，综合匹配驱动电压以及驱动电阻的取值。一般会基于图 2.21 所示的设计流程，按照“总损耗最小原则”来选取合适的驱动电路参数。

美国 Cree 公司和日本 Rohm 公司均推出针对 SiC MOSFET 的驱动电路样板设计。如图 2.22 所示，为 Cree 公司针对 SiC MOSFET 单管提供的典型驱动电路样板。其中，ACPL-4800 为光耦芯片，IXDN409SI 为驱动芯片，RP-1212D 和 RP1205C 是模块电源。

Cree 公司推出的这款驱动电路板采用的驱动芯片是 IXYS 公司的 IXDN409SI，可提供 9 A 的峰值驱动电流。正向驱动电压($+U_{CC}$)设置为 20 V，关断负压($-U_{EE}$)设置为 −2 V，该驱动电路板适合单管变换器使用。相关文献也给出一些参考驱动电路，均是基于这一基本驱动电路设计思想进行变形或改进而得的。

Cree 公司、Rohm 公司和相关文献给出的 SiC MOSFET 单管驱动电路因不具备桥臂串扰抑制等功能，因此不能直接用于桥臂电路。

2.3.2　桥臂驱动电路

为了保证 SiC MOSFET 安全可靠工作，需要对桥臂上下管之间的串扰进行抑制。目前常用的串扰抑制方法是有源抑制方法。有源抑制方法的传统电路如图 2.23 所示，主要是通过在栅极增加辅助三极管或 MOSFET，在主功率开关管关断时将栅极电压箝位到地或者某一负压值，从而在不影响开关性能的前提下，实现对串扰电压的抑制。但由于三极管存在存储时间，不能适应 SiC MOSFET 的快速性，因而一般选择在栅源极间并接 SiC MOSFET，进行串扰抑制。

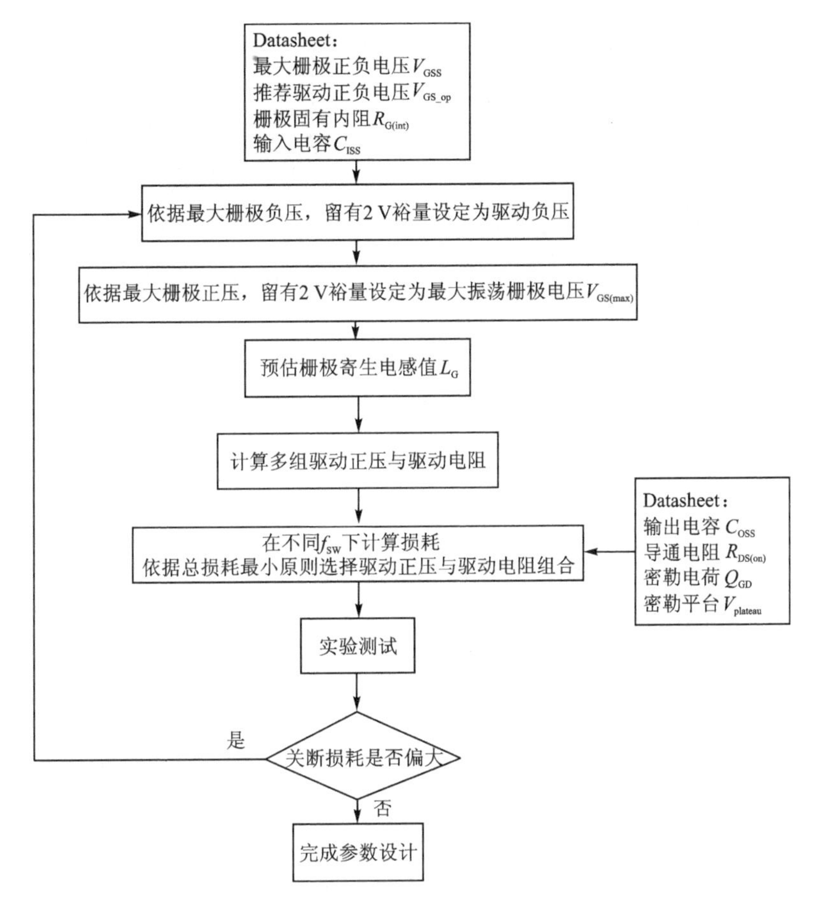

图 2.21　SiC MOSFET 单管驱动电路的设计流程

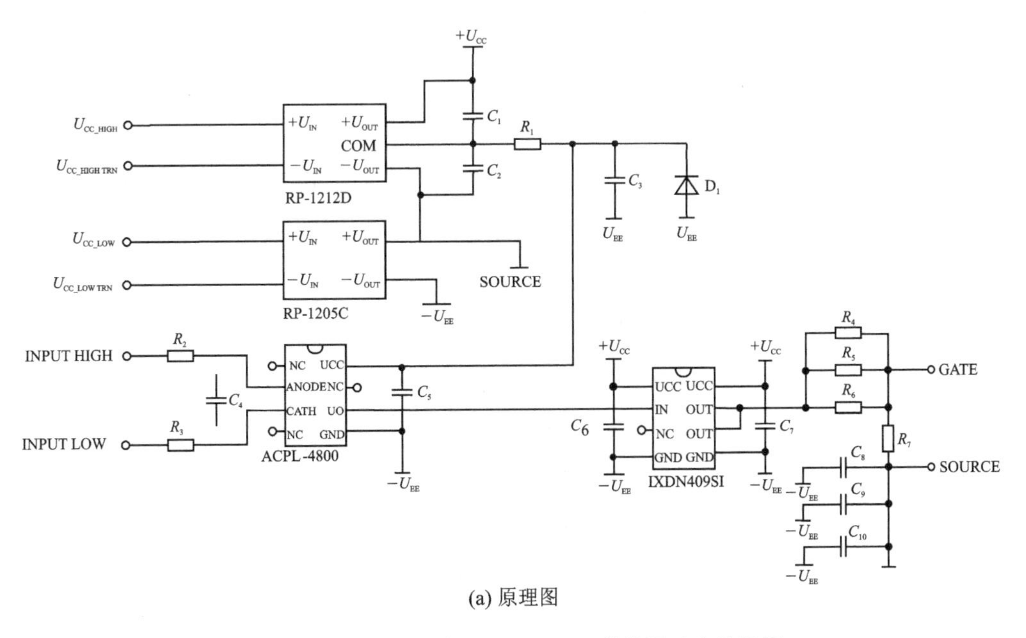

(a) 原理图

图 2.22　Cree 公司的 SiC MOSFET 单管驱动电路样板

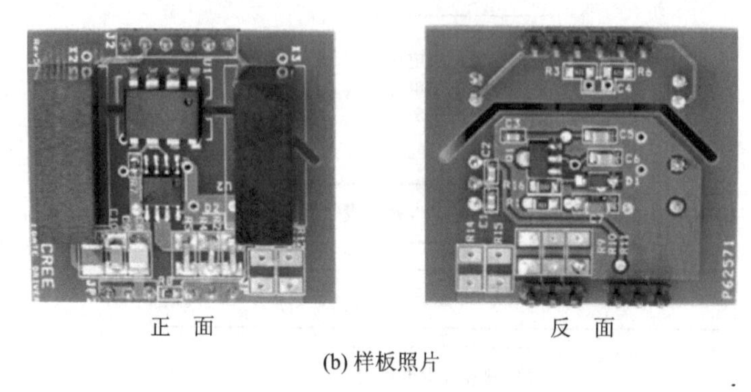

(b) 样板照片

图 2.22 Cree 公司的 SiC MOSFET 单管驱动电路样板(续)

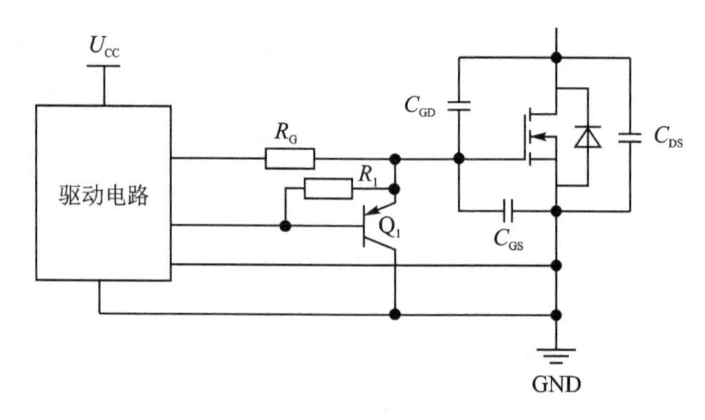

图 2.23 有源抑制方法的传统电路

除了采用有源抑制方法的传统电路外，国外学者还提出如图 2.24 所示的新型有源串扰抑制驱动电路。该驱动电路与传统驱动电路的区别是在栅源极两端并接了由辅助开关管 S_a 和

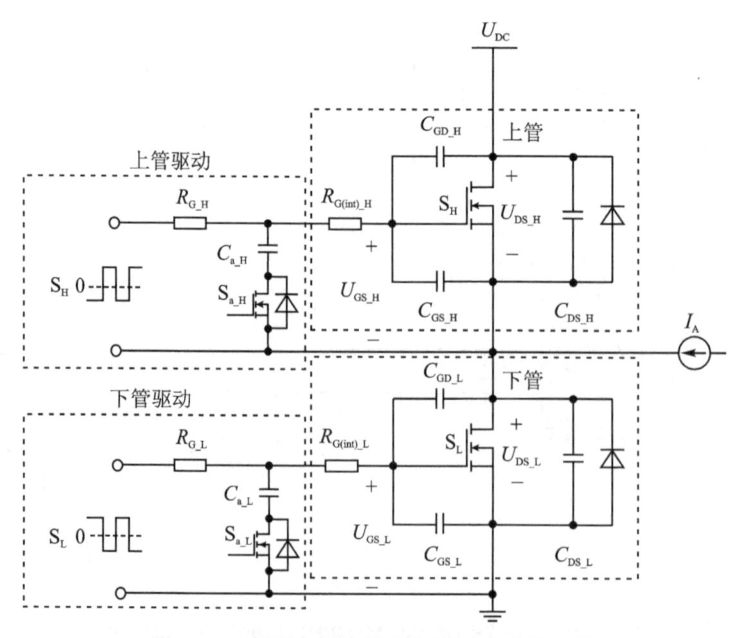

图 2.24 新型有源串扰抑制驱动电路原理图

辅助电容 C_{a} 串联而成的辅助支路，S_{a_H}、S_{a_L} 分别是桥臂上管、下管的辅助开关管，C_{a_H}、C_{a_L} 分别是桥臂上管、下管的辅助电容。在主功率开关管关断之后开通辅助开关管，使辅助电容并联到主功率开关管的栅源极之间，为漏源极电压变化产生的密勒电流提供一个低阻抗回路，从而抑制串扰电压，电路工作模态如图 2.25 所示，主管和辅管的开关时序如图 2.26 所示。

各模态的工作情况如下。

模态 1[$t_0 \sim t_1$]：t_0 时刻，上、下管都处于关断状态。如图 2.25(a)所示，上、下管驱动电路的负电压通过辅助开关管 S_{a_L} 和 S_{a_H} 的体二极管和驱动电阻 R_{G_H} 和 R_{G_L} 给辅助电容 C_{a_H} 和 C_{a_L} 进行充电，在 t_1 时刻两辅助电容电压达到稳定。充电时间常数取决于驱动电阻值和辅助电容值的乘积。

模态 2 [$t_1 \sim t_2$]：t_1 时刻，辅助开关管 S_{a_L} 和 S_{a_H} 仍保持关断，等待主电路上电，如图 2.25(b)所示。在 t_2 时刻，下管开始开通。

模态 3 [$t_2 \sim t_3$]：t_2 时刻，下管开通，如图 2.25(c)所示。因为辅助开关管的寄生电容值比其串联的电容值小几个数量级，所以可以忽略辅助 MOS 管的寄生电容的影响。在下管 S_L 开通瞬间，S_{a_H} 开通，辅助电容 C_{a_H} 直接连接到了上管的栅源极之间。这个辅助电容值相比开关管 S_H 寄生电容值大得多，给下管开通瞬间因串扰产生的上管密勒电流提供了低阻抗回路，从而使上管栅源极串扰电压大大降低，抑制了串扰。t_3 时刻下管开通过程完成。

模态 4 [$t_3 \sim t_4$]：t_3 时刻，所有开关管的开关状态保持不变，上管 S_H 的驱动负压通过驱动电阻给辅助电容 C_{a_H} 和 C_{GS_H} 进行放电使其保持驱动负压，如图 2.25(d)所示。在 t_4 时刻，下管 S_L 开始关断。

模态 5 [$t_4 \sim t_5$]：t_4 时刻，下管 S_L 关断。由于辅助开关管 S_{a_L} 仍然保持关断，所以下管 S_L 关断时不会产生影响。与此同时，密勒电流将从上管辅助开关管寄生二极管和电容形成的低阻抗回路流过，上管栅源极产生负压将会降至最小，抑制了下管关断时负向串扰电压对上管的损害，如图 2.25(e)所示。

模态 6 [$t_5 \sim t_6$]：t_5 时刻，上管辅助开关管关断，C_{a_H} 与上管栅源极断开，驱动负压通过驱动电阻给 C_{GS_H} 充电，使其维持在驱动负压阶段，如图 2.25(f)所示。

上管开通、关断瞬态的串扰电压抑制原理与下管分析类似，这里不再赘述。

在基本驱动电路的基础上增加了辅助开关管和辅助电容后，可以得出此时上管栅极串扰电压 ΔU_{GS_H} 的表达式为

$$\Delta U_{GS\_H} = \frac{C_{GD\_H} U_{DC}}{A} + a \cdot \left(\frac{C_{a\_H}}{A}\right)^2 \cdot R_{G(int)\_H} \cdot C_{GD\_H} \left(1 - e^{\frac{-AU_{DC}}{a \times C_{a\_H} R_{G(int)\_H} C_{iss\_H}}}\right) \tag{2-12}$$

式中，a 是开关管的漏源极间电压变化率；A 为辅助电容 C_a 和 SiC MOSFET 输入电容 C_{iss} 之和。

在下管开通瞬间，上管栅源极产生正向串扰电压；在下管关断瞬间，上管栅源极产生负向串扰电压，其波形如图 2.27 所示。图中，$U_{GS(th)}$ 为功率管栅极阈值电压，$U_{GS(+)\_H}$ 为正向串扰电压峰值，U_{2_H} 为驱动负偏置电压，$U_{GS(-)\_H}$ 为产生的负向串扰电压峰值，$U_{GSmax(-)}$ 为开关管允许的最大负向栅源电压值。

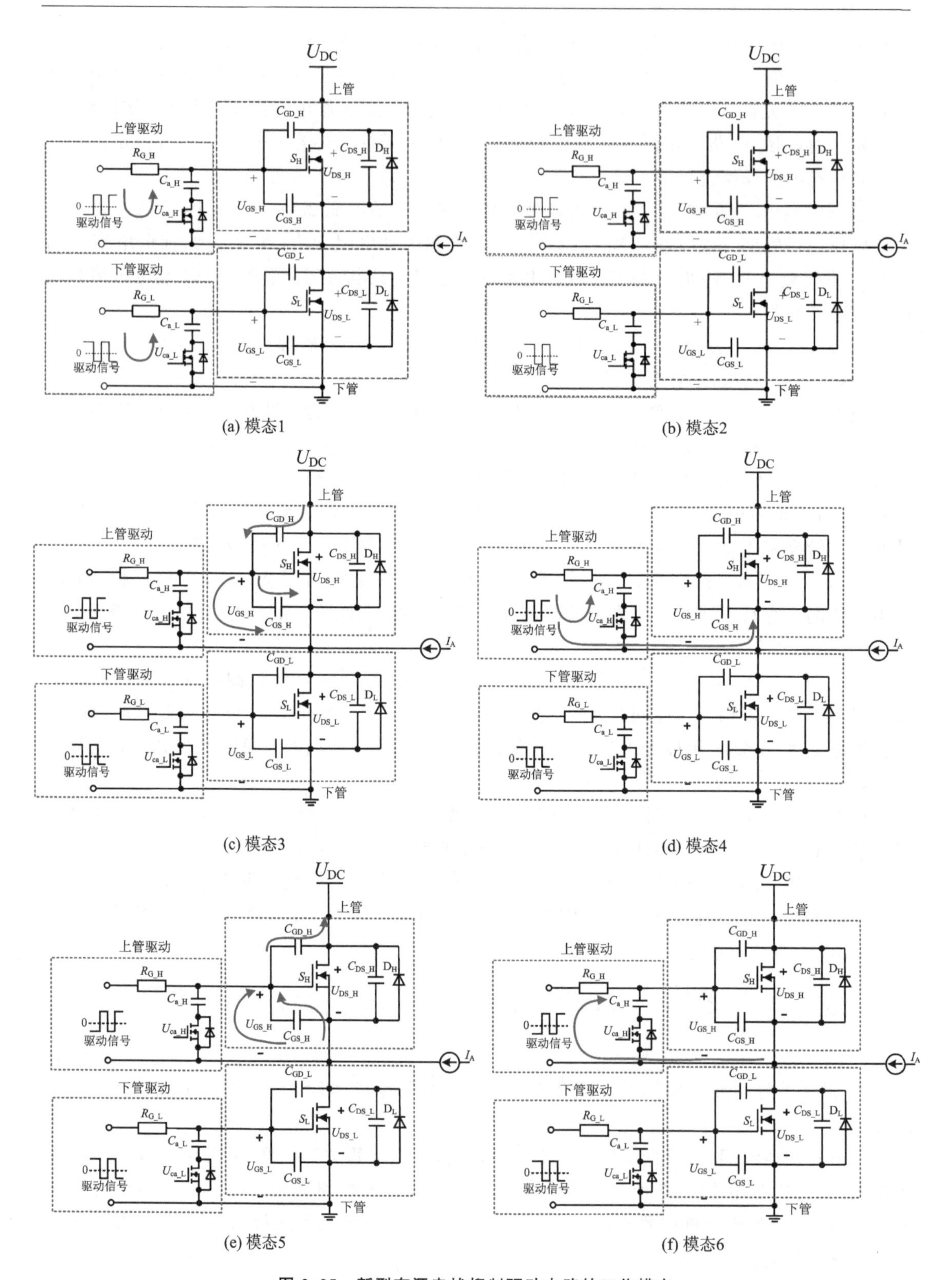

图 2.25 新型有源串扰抑制驱动电路的工作模态

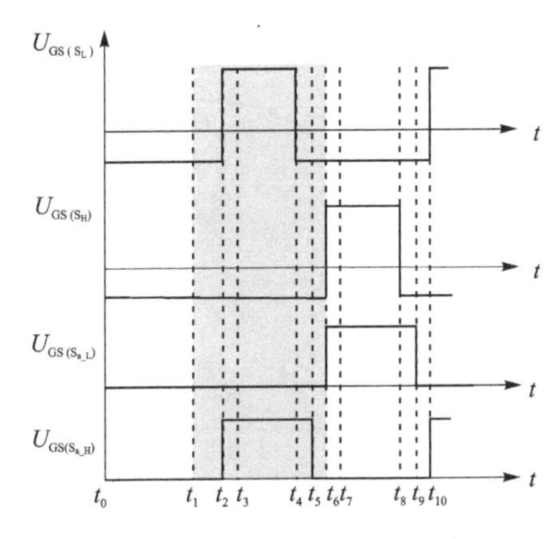

图 2.26　主管和辅管的开关时序图

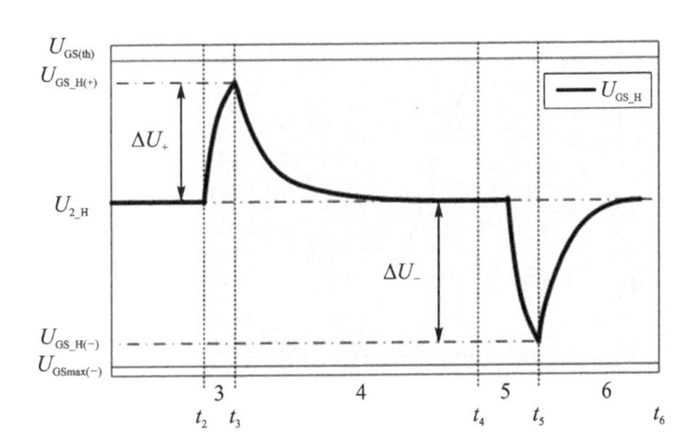

图 2.27　开关瞬态串扰电压示意图

下管开通和关断瞬间分别会对上管产生正向和负向串扰电压，在上管关断电压基础上形成电压峰值，其幅值分别为

$$U_{GS\_H(+)} = U_{2\_H} + \Delta U_{GS\_H(+)} = U_{2\_H} + \frac{C_{GD\_H}U_{DC}}{A} + a_r \cdot \left(\frac{C_{a\_H}}{A}\right)^2 \cdot R_{G(int)\_H} \cdot C_{GD\_H}\left(1 - e^{\frac{-AU_{DC}}{a_r C_{a\_H} R_{G(int)\_H} C_{iss\_H}}}\right) \tag{2-13}$$

$$U_{GS\_H(-)} = U_{2\_H} - \Delta U_{GS\_H(-)} = U_{2\_H} - \frac{C_{GD\_H}U_{DC}}{A} - a_f \cdot \left(\frac{C_{a\_H}}{A}\right)^2 \cdot R_{G(int)\_H} \cdot C_{GD\_H}\left(1 - e^{\frac{-AU_{DC}}{a_f C_{a\_H} R_{G(int)\_H} C_{iss\_H}}}\right) \tag{2-14}$$

式中，U_{2_H} 为上管关断时的驱动负偏置电压。

为了保证功率开关管可靠工作，正向串扰电压的峰值不能超过功率开关管的栅极阈值电压，负向串扰电压峰值不能超过栅极负向电压极限值，因此正负向串扰电压和栅极驱动关断负向偏置电压需要满足以下关系：

$$\Delta U_{GS\_H(+)} + \Delta U_{GS\_H(-)} \leqslant U_{GS(th)\_H} - U_{GS\_max(-)} \tag{2-15}$$

$$U_{2\_H} \leqslant U_{GS(th)\_H} - \Delta U_{GS\_H(+)} \tag{2-16}$$

$$U_{2\_H} \geqslant U_{GS\_max(-)} + \Delta U_{GS\_H(-)} \tag{2-17}$$

以 Cree 公司型号为 CMF10120 的 SiC MOSFET 为例，在输入电压为 500 V、驱动电阻为 10 Ω 的情况下，正负向串扰电压之和与辅助电容的关系曲线如图 2.28 所示。由于常温下 CMF10120 的栅极阈值电压为 2.4 V，栅极能承受的最大负向电压为−5 V，因此正向、负向串扰电压之和应小于 7.4 V，即辅助电容值应大于 58 pF。同时从图 2.28 中可看出当辅助电容超过 10 nF 之后，串扰电压曲线趋于平缓，再继续增大辅助电容对串扰电压的抑制作用已较微弱，所以辅助电容宜选择为 58 pF～10 nF 之间。

栅极关断负向偏置电压与辅助电容的关系曲线如图 2.29 所示，图中实线为其上限值，虚线为其下限值，负向偏置电压取值应该小于其上限值，大于其下限值，所以栅极负向偏置电压的选择范围为 0～−3 V。

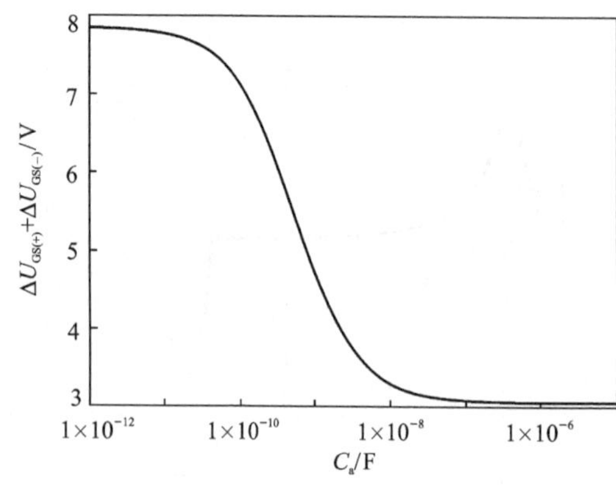

图 2.28　正负向串扰电压之和与辅助电容的关系曲线

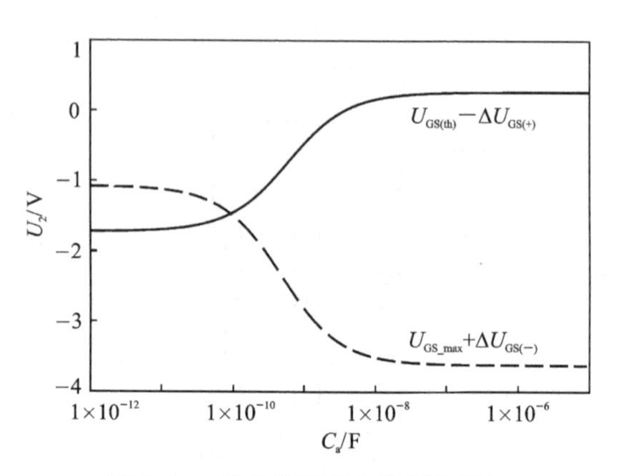

图 2.29　栅极关断负向偏置电压与辅助电容的关系曲线

在 SiC MOSFET 桥臂驱动电路设计中，除了要考虑桥臂串扰抑制外，也要注意驱动电路参数的优化选择。需要结合布局布线寄生电感大小，选择合适的阻尼比，综合匹配驱动电压以及驱动电阻的取值。一般会基于图 2.30 所示的参数优化设计流程，按照“损耗最小原则”来选取合适的驱动电路参数。

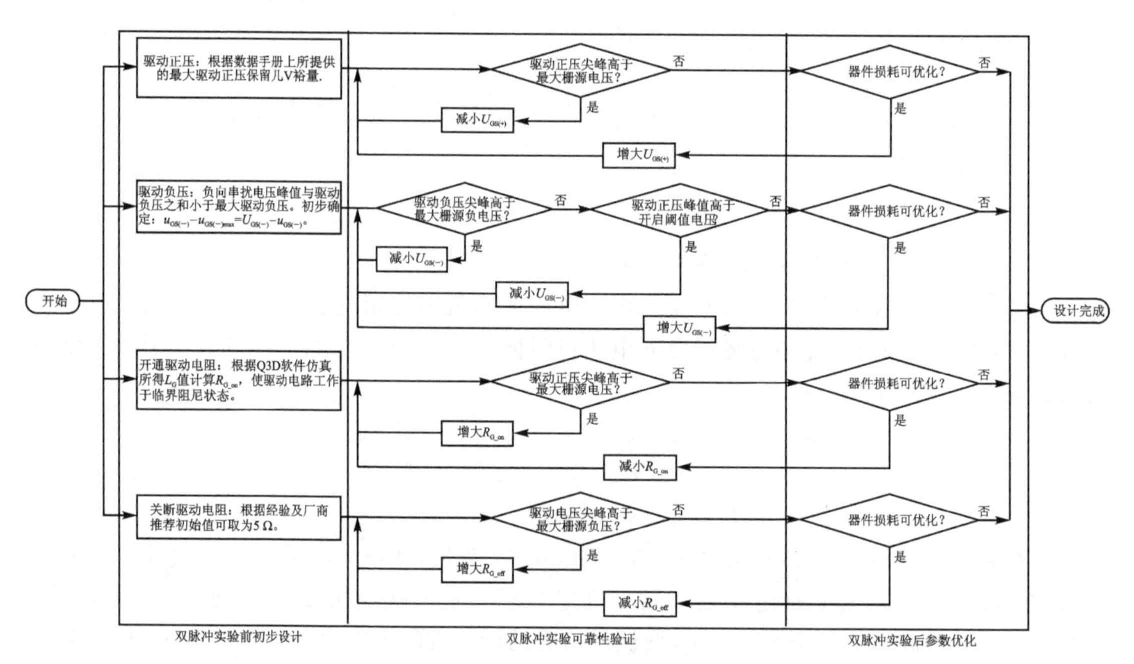

图 2.30　SiC MOSFET 桥臂驱动电路关键参数设计流程图

基于以上原理分析和参数优化设计方法，设计制作了带桥臂串扰抑制功能的 SiC MOSFET 驱动电路。实际驱动电路以 Rohm 公司专用集成驱动芯片 BM6104FV 为核心，图 2.31 所示为其原理框图和实物照片。

2.3.3　模块驱动电路

对于 SiC MOSFET 模块，除了要考虑桥臂驱动的一般问题外，仍需考虑可靠的保护措施，

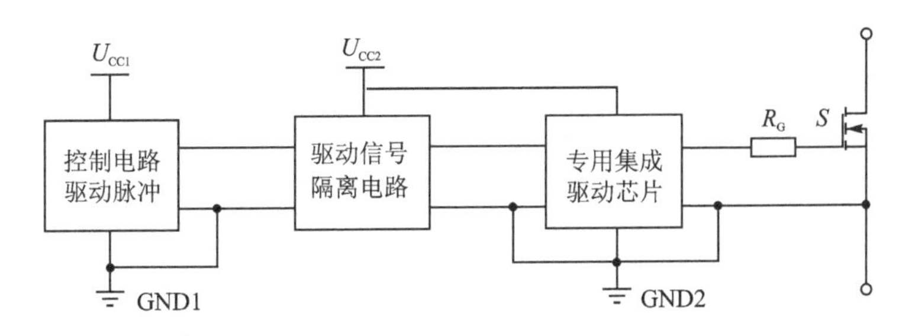

(a) 原理图

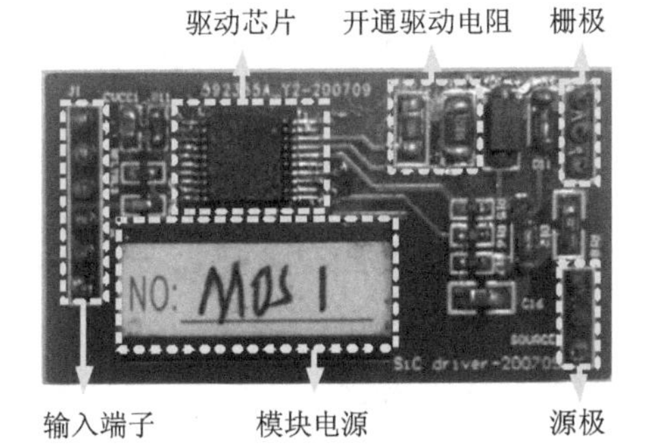

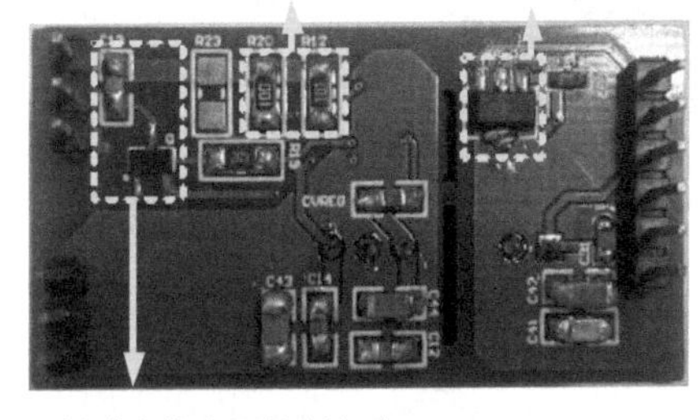

(b) 实物照片

图 2.31　SiC MOSFET 串扰抑制驱动电路

尤其是过流/短路保护措施。通过对 SiC 模块的短路特性与机理分析，为确保 SiC 模块能够安全可靠工作，其短路保护方法应满足以下要求：

① 短路故障发生时，必须在 SiC 模块安全工作区范围内关断器件，以避免器件损坏；

② 动态响应快，尽可能快的检测并关断故障回路；

③ 具有抗干扰能力，避免保护电路误触发；

④ 短路保护动作值可任意设置，具有一定的灵活性；

⑤ 保护电路对 SiC 器件的性能无明显影响；

⑥ 具有限流功能，以降低 SiC 器件及电路中其他器件的电流应力；

⑦ 短路检测电路易于与常用的驱动电路兼容；

⑧ 电路结构应尽可能简单，具有较好的性价比。

对短路故障进行快速可靠的检测是保护电路的关键。目前，短路检测的方法主要有去饱和检测、寄生电感电压检测、电流传感器检测、分流器检测、镜像电流检测和栅极电荷检测。在这些短路检测方法中，去饱和检测方法最为常用。该方法主要用于 Si IGBT，其理论基础是集射极/漏源极电压大小可以反映出集电极/漏极电流大小。通过检测集射极/漏源极电压大小可以间接判断出功率器件是否存在过流/短路故障。目前，多家 SiC MOSFET 模块生产商均推荐采用去饱和检测方法。然而，在同等额定电压和电流条件下，SiC MOSFET 的去饱和保护效果不如 Si IGBT 有效，主要有以下两个原因：

① 当 Si IGBT 发生短路时，会从饱和区漂移并进入电流上升斜率变小的线性区，而线性区和饱和区无法在 SiC MOSFET 输出特性曲线中完全区分开来，短路电流上升速率不会变

慢，如图 2.32 所示；

② Si IGBT 到达线性区域时的 I_C，比 SiC MOSFET 进入饱和区时对应的 I_D 电压低得多。退出饱和区后，IGBT 电流基本停止增加，限制了 IGBT 的耗散功率。而 SiC MOSFET 电流会持续增大，同时 U_{DS} 也增大，高耗散功率会产生大量热量，导致器件以更快的速度发生故障。

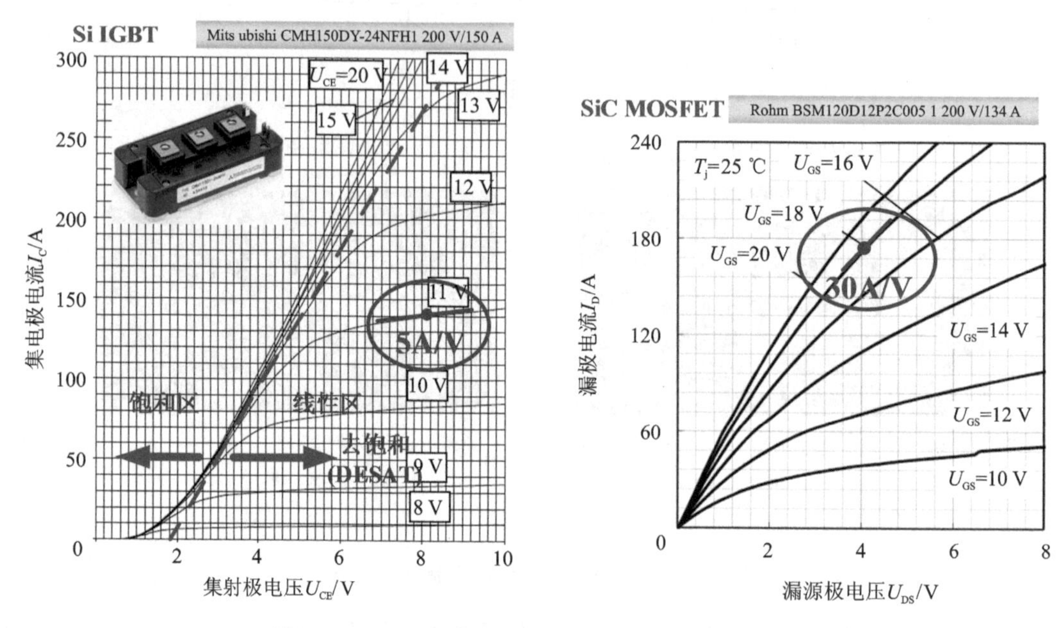

图 2.32 Si IGBT 与 SiC MOSFET 输出特性曲线对比

一般来说，SiC MOSFET 的短路电流比 Si IGBT 高 5～10 倍，短路耐受时间则比后者短得多。通常将最恶劣情况下的 Si IGBT 短路耐受时间定义为 10 μs，而 SiC MOSFET 定义为 2 μs 左右。因此，对于 SiC MOSFET，其短路保护响应时间越短越好。为此，在使用去饱和检测方法时，不宜直接移植 Si IGBT 的检测方案，应根据 SiC MOSFET 可以承受短路事件的允许电流水平和时长对保护电路设计进行适当改进。

去饱和保护电路工作时的典型波形如图 2.33 所示。为了避免 SiC MOSFET 开通过程中，漏源电压 U_{DS} 还未完全降下来的时候误触发去饱和保护，因此，需要设置足够长的消隐时间 t_{BLK}，以保证漏源电压 U_{DS} 降至正常的导通电压。若 SiC MOSFET 发生硬开关故障，则短路电流会上升到非常高的值。硬开关短路故障响应时间取决于消隐时间 t_{BLK} 和响应延迟时间 t_{FILTER} 之和，因此消隐时间也不能设置过长。

目前驱动 IC 为 C_{BLK} 充电的电流 I_{CHG} 典型值仅有 250 μA 左右，使得 C_{BLK} 充电速度时间过慢，不能适应 SiC MOSFET 对短路保护的快速需求。为了加快充电速度，可以直接从驱动输出端通过一个电阻 R_{CHG} 为 C_{BLK} 提供另一条充电路径，加快短路故障响应速度，如图 2.34 所示。

U_{OUT} 通过 R_{CHG} 给 C_{BLK} 充电，C_{BLK} 上的电压为

$$U_{CBLK}(t)=U_{CBLK}(\infty)+[U_{CBLK}(0+)-U_{CBLK}(\infty)]\cdot e^{-t/(R_{CHG}\cdot C_{BLK})} \tag{2-18}$$

其中，$U_{CBLK}(0+)$为 C_{BLK} 的初始电压，在关断时，驱动 IC 输出为$-U_{EE}$，电容电压会通过 R_{CHG}

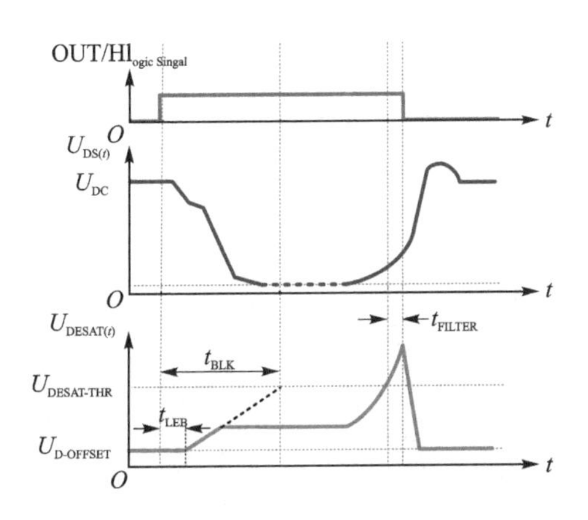

图 2.33　去饱和保护电路响应波形图

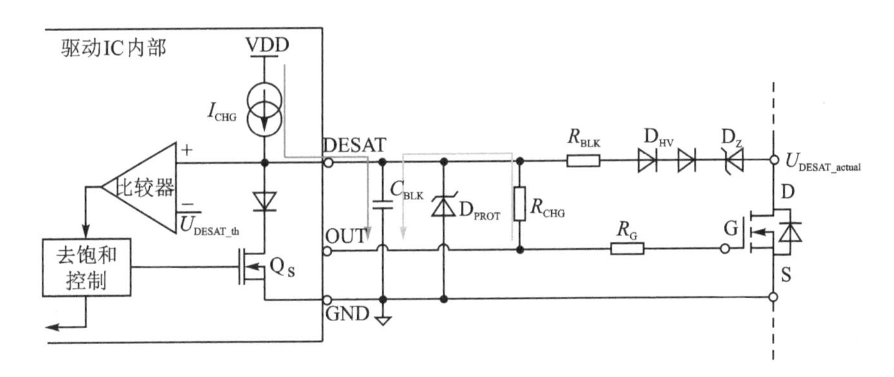

图 2.34　增加充电回路后的改进型去饱和保护电路示意图

泄放，D_{PROT} 正向偏置续流，C_{BLK} 被箝位至－0.8 V 左右。$U_{CBLK}(\infty)$为 C_{BLK} 的终值，故障发生时 D_{PROT} 将其稳压在 10 V。

给 C_{BLK} 设置合适的值，模拟硬开关故障，可得改进前后短路保护的测试波形如图 2.35 所示。可以发现相比于改进前的 2.06 μs，改进后的短路保护动作时长只有 1.01 μs，减少了将近 50%。

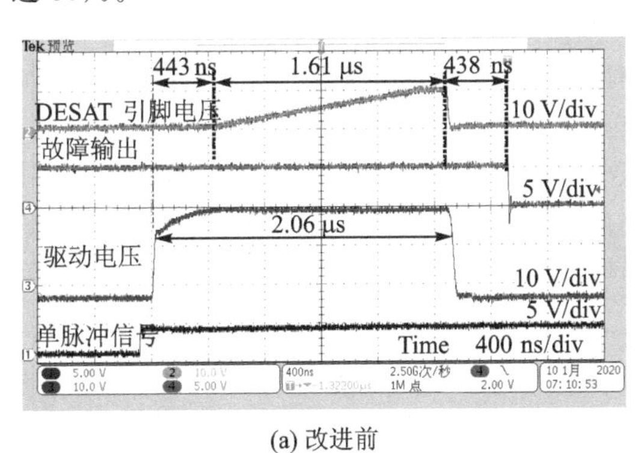

(a) 改进前

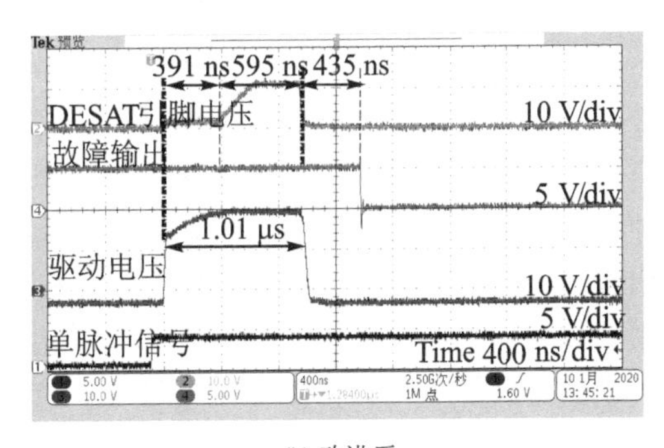

(b) 改进后

图 2.35　改进前后短路保护方法对比

采用加速充电方法改进设计完成的 SiC 模块驱动板如图 2.36 所示。在母线电压设置为

400 V 时，进行了硬开关故障(HSF)和负载故障(FUL)典型短路实验，测试结果如图 2.37 所示。HSF 故障实验中，短路发生 940 ns 后，保护电路动作，短路能量为 27.77 mJ；FUL 故障实验中，短路发生 374 ns 后，保护电路动作，短路能量为 11.76 mJ。两种故障下均没有发生 SiC MOSFET 失效、无法关断的现象，短路保护电路可以满足保护需求。

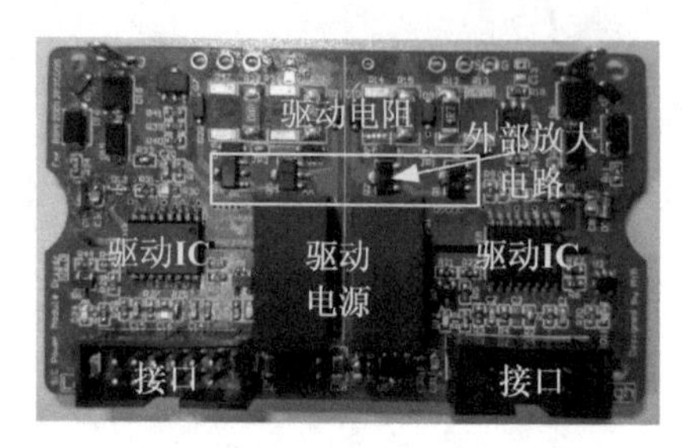

(a) 正　面

(b) 底　面

图 2.36　SiC 模块驱动板实物图

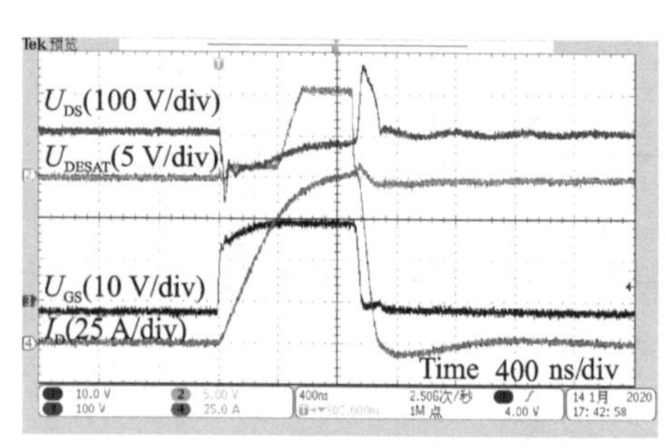

(a) HSF故障实验

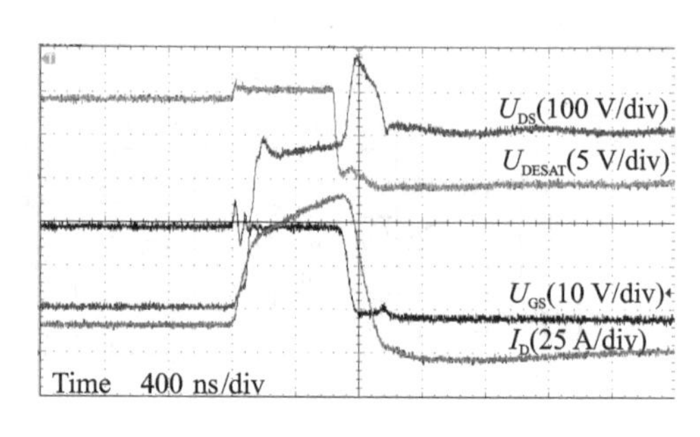

(b) FUL故障实验

图 2.37　短路测试实验波形

2.4　小　结

SiC 器件特性与 Si 器件特性有较大不同，两者对驱动电路的要求也有所不同。SiC 器件的驱动电路设计要从驱动电压设置、栅极寄生电阻、栅极寄生电感，驱动芯片的输出电压上升/下降时间、驱动电流能力、传输延时、瞬态共模抑制能力，桥臂串扰抑制能力，驱动电路相关元件的 du/dt 限制，外部驱动电阻选择、可靠保护措施以及 PCB 设计等方面综合考虑。

SiC MOSFET 目前一般均采用电压型驱动方式。单管驱动可以采用两种基本架构：第一种结构将信号传输隔离功能和驱动功能分离，分别由信号隔离芯片和驱动芯片实现；第二种结构将信号传输隔离功能和驱动功能集合在一起，由隔离驱动芯片同时实现。桥臂驱动需要采用有效的串扰抑制措施，抑制正向和负向串扰电压，保证桥臂电路可靠工作。对于 SiC 模块，其驱动电路除了具有桥臂串扰功能，并完成基本的功率放大和驱动开关管完成开通/关断功能外，仍需结合实际应用场合的需要，集成过流/短路保护、过压保护和过温保护等功能，确保功率模块和整机安全可靠工作。

随着 SiC 器件应用场合的不断拓展，对更快开关速度、更高功率等级、更恶劣环境耐受能力和更高可靠性的需求不断出现，SiC 器件驱动电路面临更大的设计挑战，需要研制具有大电流驱动能力和智能保护功能的高速耐高温驱动电路。

参考文献

[1] 赵斌. SiC 功率器件特性及其在 Buck 变换器中的应用研究[D]. 南京:南京航空航天大学,2014.

[2] C2M0160120D, 1200V/160mΩ SiC MOSFET datasheet[EB/OL]. (2021-03). http://www.cree.com.

[3] IPW90R120C3, CoolMOS power transistor product datasheet[EB/OL]. http://www.infineon.com.

[4] 杨媛,文阳. 大功率 IGBT 驱动与保护技术[M]. 北京:科学出版社,2018.

[5] 李宏. MOSFET、IGBT 驱动集成电路及应用[M]. 北京:科学出版社,2013.

[6] 周志敏,纪爱华. IGBT 驱动与保护电路设计及应用电路实例[M]. 北京:机械工业出版社,2014.

[7] 赵斌,秦海鸿,马策宇,等. SiC 功率器件的开关特性探究[J]. 电工电能新技术,2014,33(3):18-22.

[8] 秦海鸿,谢昊天,袁源,等. 碳化硅 MOSFET 的特性与参数研究[C]. 第八届中国高校电力电子与电力传动学术年会论文集,武汉,2014:35-41.

[9] 钟志远,秦海鸿,朱梓悦,等. 碳化硅 MOSFET 器件特性的研究[J]. 电气自动化,2015,37(3):44-45.

[10] 曾正,邵伟华,陈昊,等. 基于栅极驱动回路的 SiC MOSFET 开关行为调控[J]. 中国电机工程学报,2018,38(4):1165-1176+1294.

[11] 肖剑波,邓林峰,等. 一种应用于 SiC BJT 脉冲放电的快速驱动电路[J]. 中国科技论文,2017,12(02):214-219.

[12] 唐赛,王俊,沈征,等. 新型碳化硅双极结型晶体管自适应驱动电路[J]. 电力电子技术,2016,50(06):105-108.

[13] 冯超,李虹,蒋艳锋,等. 抑制瞬态电压电流尖峰和振荡的电流注入型 SiC MOSFET 有源驱动方法研究[J]. 中国电机工程学报,2019,39(19):5666-5673+5894.

[14] 王旭东,朱义诚,赵争鸣,等. 驱动回路参数对碳化硅 MOSFET 开关瞬态过程的影响[J]. 电工技术学报,2017,32(13):23-30.

[15] Z. Zhang et al. SiC MOSFETs Gate Driver With Minimum Propagation Delay Time and Auxiliary Power Supply With Wide Input Voltage Range for High-TemperatureApplications[J]. IEEE Journal of Emerging and Selected Topics in Power Electronics, 2020, 8(1): 417-428.

[16] DiMarino C, Zheng Chen, Boroyevich, et al. Characterization and comparison of 1.2 kV SiC power semiconductor devices[C]. International Conference on Electric Power and Energy Conversion Systems, Istanbul, Turkey, 2013:1-10.

[17] Palmour J W, L Cheng, V Pala,et al. Silicon carbide power MOSFETs: breakthrough performance from 900 V up to 15 kV. IEEE International Symposium on Power Semi-

conductor Devices & IC's, Hawaii, USA, 2014: 79-82.

[18] John W, Palmour. Silicon carbide power device development for industrial markets [C]. IEEE International Electron Devices Meeting, San Francisco, USA, 2014: 1. 1. 1-1. 1. 8.

[19] 张旭. 三相 PWM 整流器效率提升探讨[D]. 杭州:浙江大学,2013.

[20] 陆珏晶. 碳化硅 MOSFET 应用技术研究[D]. 南京:南京航空航天大学,2013.

[21] L Abbatelli, C Brusca, G Catalisano. How to fine tune your SiC MOSFET gate driver to minimize losses[Z]. www. st. com.

[22] Rice J, Mookken J. SiC MOSFET gate drive design considerations[C]. IEEE International Workshop on Integrated Power Packaging, Chicago, USA, 2015: 24-27.

[23] Zheyu Zhang, Wang F, Tolbert L M, et al. Active gate driver for crosstalk suppression of SiC devices in a phase-leg configuration[J]. IEEE Transactions on Power Electronics, 2014, 29(4): 1986-1997.

[24] Zheyu Zhang, Wang F, Tolbert L M, et al. Active gate driver for fast switching and cross-talk suppression of SiC devices in a phase-leg configuration[C]. IEEE Applied Power Electronics Conference and Exposition, Charlotte, USA, 2015: 774-781.

[25] 胡光斌. SiC 单相光伏逆变器效率分析[D]. 杭州:浙江大学,2014.

[26] Zhao Bin, Qin Haihong, Nie Xin, et al. Evaluation of Isolated Gate Driver for SiC MOSFETs[C]. Proceedings of IEEEConference on Industrial Electronics and Applications, Melbourne, Australia, 2013: 1208-1212.

[27] 秦海鸿,朱梓悦,王丹,等. 一种适用于 SiC 基变换器的桥臂串扰抑制方法[J]. 南京航空航天大学学报,2017,49(6):872-882.

[28] 钟志远,秦海鸿,袁源,等. 碳化硅 MOSFET 桥臂电路串扰抑制方法[J]. 电工电能新术,2015,34(5):8-12.

[29] 秦海鸿,朱梓悦,戴卫力,等. 寄生电感对 SiC MOSFET 开关特性的影响[J]. 南京航空航天大学学报,2017,49(4):531-539.

[30] 秦海鸿,张英,朱梓悦,等. 寄生电容对 SiC MOSFET 开关特性的影响[J]. 中国科技论文,2017,12(23):2708-2714.

[31] 莫玉斌,秦海鸿,修强,等. 基于 SiC BJT 典型双电源阻容驱动电路的开关过程分析及损耗最优的实现[J]. 电工电能新技术,2020,39(02):30-39.

[32] Haihong Qin, Ceyu Ma, Ziyue Zhu, et al. Influence of Parasitic Parameters on Switching Characteristics and Layout Design Considerations of SiCMOSFETs[J]. Journal of Power Electronics, 18(4):1255-1267.

[33] 谢昊天,秦海鸿,聂新,等. 一种 SiC MOSFET 管的驱动电路,2018. 08. 28,中国,ZL201610327230. 8.

[34] 朱梓悦,秦海鸿,聂新,等. 一种适用于直流固态功率控制器的 SiC MOSFET 渐变电平驱动电路及方法,2018. 12. 07,中国,ZL201610551724. 4.

[35] 谢昊天,秦海鸿,朱梓悦,等. 驱动电平组合优化的桥臂串扰抑制驱动电路及其控制方法,2018. 12. 11,中国,ZL201610459751. 9

[36] N. Boughrara, et al. Robustness of SiC JFET in short-circuit Modes[J]. IEEE Electron Device Letters, 2009, 30(1): 51-53.

[37] Z. Wang, et al. Design and performance evaluation of overcurrent protection schemes for silicon carbide (SiC) power MOSFETs[J]. IEEE Transactions on Industrial Electronics, 2014, 61(10): 5570-5581.

[38] Eugen Wiesner, Eckhard Thal, Andreas Volke, et al. Advanced protection for large current full SiC -modules[C]. International Exhibition and Conference for Power Electronics, Intelligent Motion, Renewable Energy and Energy Management, Nuremberg, Germany, 2016: 1-5.

第3章　SiC MOSFET用栅极驱动集成电路

为充分发挥SiC器件的优势，其驱动电路一般不会采用分立元件构成，通常采用具有一定电流能力的高速驱动集成电路。在设计SiC MOSFET驱动电路时，一方面要熟悉所用的器件特性参数，另一方面要熟悉目前的高速驱动集成电路，从而进行合理选择，设计出能够匹配SiC器件特点的驱动电路。本章对目前SiC器件常用的高速驱动集成电路进行了阐述，详细介绍了各种驱动集成电路的引脚排列、名称、功能、用法、内部结构、工作原理、参数限制及应用技术等内容。

3.1　IXYS公司栅极驱动集成电路

3.1.1　IXDN609SI单通道高速驱动芯片

IXDN609SI是IXYS公司的一款单通道高速驱动芯片，适用于驱动MOSFET和IGBT。IXDN609SI芯片的峰值驱动电流可达9 A，具有上升和下降时间短、输出阻抗低、延时短的特点，适用于高频大功率场合。

1. 引脚排列、名称、功能和用法

IXDN609SI采用典型的双列表贴式8引脚(SOP－8)封装，其封装形式与各引脚的排列如图3.1所示，各引脚的名称、功能及用法如表3.1所列。

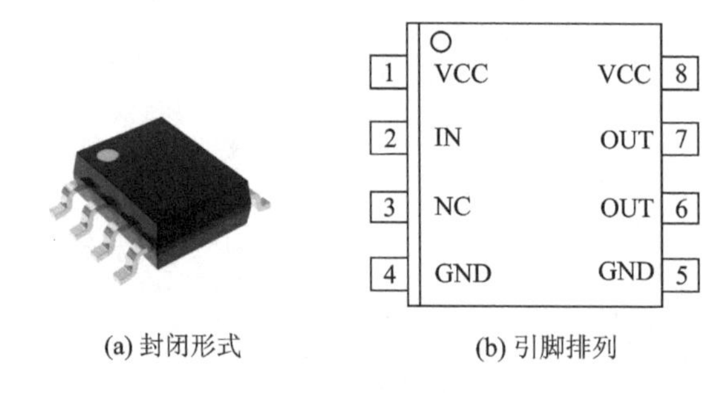

(a) 封闭形式　　(b) 引脚排列

图3.1　IXDN609SI的封装形式与引脚排列

表3.1　IXDN609SI的引脚名称、功能和用法

引脚号	符　号	名　称	功能和用法
1,8	VCC	芯片电源端	接用户为该芯片提供的工作电源
2	IN	逻辑输入端	接控制脉冲形成电路的输出，控制输出端的高低电平
3	NC	未使用端	该端口悬空
4,5	GND	芯片参考地端	芯片电位的参考地
6,7	OUT	驱动输出端	同相输出驱动信号，经驱动电阻R_G后连接被驱动功率管的栅极

2. 内部结构和工作原理

IXDN609SI 的内部结构及工作原理如图 3.2 所示。由图可知，IXDN609SI 的内部集成有延迟器、非门、图腾柱等环节。

其主要构成单元的工作原理如下。

(1) 非　门

由于图腾柱的输出逻辑是反逻辑输出，因此，为了得到正逻辑输出信号，先用非门将输入逻辑信号取反。

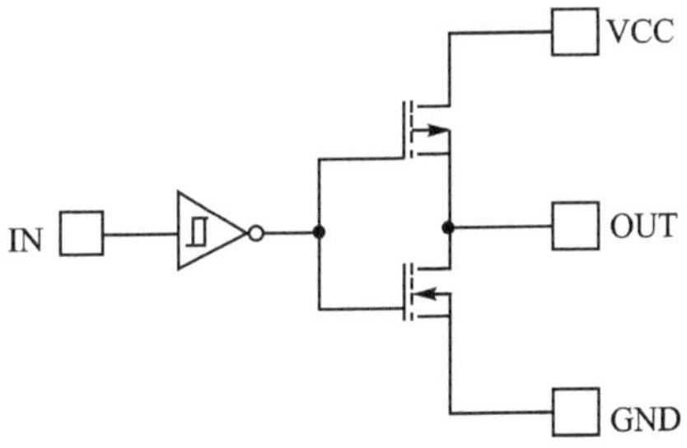

VCC
IN
OUT
GND

图 3.2　IXDN609SI 的内部结构及工作原理

(2) 图腾柱输出

为了增强驱动能力，使用图腾柱进行功率放大。当图腾柱的输入信号为低电平时，图腾柱的上管导通，输出高电平；当图腾柱的输入信号为高电平时，图腾柱的下管导通，输出低电平。图腾柱中的开关管选用 MOSFET，可加快开关速度，实现高速驱动。图腾柱的电源电压可以根据功率管的使用需求进行选择。

3. 主要设计特点、参数限制和推荐工作条件

(1) 主要设计特点

① 拉电流或灌电流的最大值可达 9 A；

② 在 4.5～35 V 宽电压范围内均可运行；

③ 工作温度范围是－40～＋125 ℃；

④ 逻辑输入可承受负向电压振荡高达 5 V；

⑤ 上升时间和下降时间短；

⑥ 传播延时时间短；

⑦ 供电电流低，最大仅 10 μA；

⑧ 输出阻抗小。

(2) 主要参数和限制

表 3.2 所列为 IXDN609SI 的极限绝对值参数，极限绝对值参数意味着超过该值后，驱动芯片有可能损坏。

表 3.2　IXDN609SI 的极限绝对值参数

符　号	定　义	最小值	最大值	单　位
U_{VCC}	芯片供电电压	－0.3	40	V
U_{IN}	输入端电压	－5	$U_{CC}+0.3$	V
I_{OUT}	驱动芯片输出最大电流	－	±9	A
T_j	允许结温	－55	＋150	℃
T_{stg}	允许存储温度	－65	＋150	℃

(3) 推荐工作条件

表 3.3 所列为 IXDN609SI 的推荐工作条件，该芯片在推荐条件下能够可靠地工作。

表 3.3　IXDN609SI 的推荐工作条件

符　号	定　义	范　围	单　位
U_{VCC}	芯片供电电压	4.5～35	V
T_A	工作温度范围	－40～＋125	℃

4. 应用技术

(1) 典型应用接线

图 3.3 所示为 IXDN609SI 应用中的典型接线原理图。

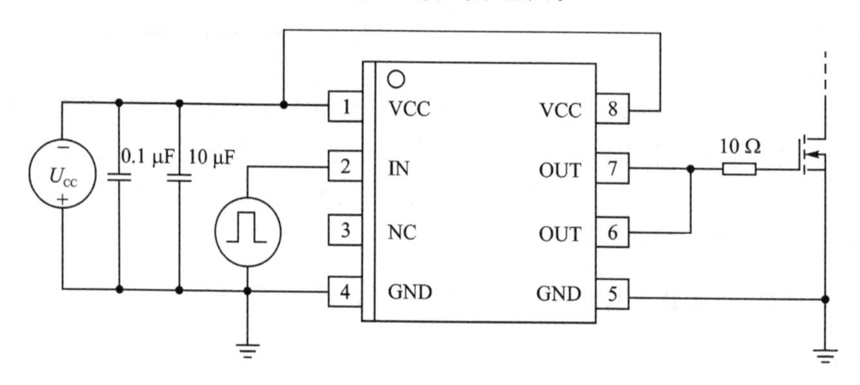

图 3.3　IXDN609SI 应用中的典型接线

(2) 典型工作波形

图 3.4 所示为 IXDN609SI 工作时的典型工作波形，正确分析和理解这些波形的对应关系对应用好 IXDN609SI 是极为关键的。

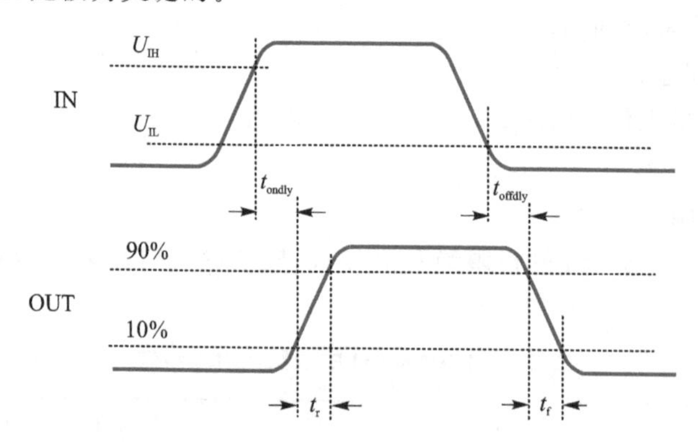

图 3.4　IXDN609SI 工作波形

3.1.2　IXDD614YI 单通道高速驱动芯片

IXDD614YI 是 IXYS 公司的一款单通道高速驱动芯片，适用于驱动 MOSFET 和 IGBT。IXDD614YI 芯片的峰值驱动电流可达 14 A，具有上升和下降时间短、输出阻抗低、延时短的特点，适用于高频大功率场合。

1. 引脚排列、名称、功能和用法

IXDD614YI 采用 TO－263 封装，其封装形式、引脚排列如图 3.5 所示。各引脚的名称、功能及用法如表 3.4 所列。

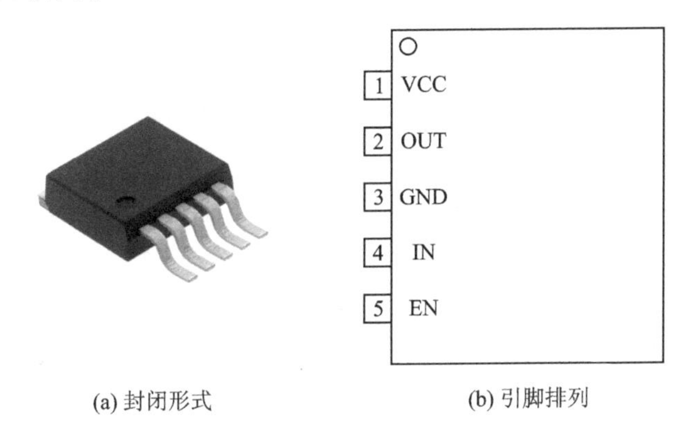

(a) 封闭形式　　(b) 引脚排列

图 3.5　IXDD614YI 的封装形式与引脚排列

表 3.4　IXDD614YI 的引脚名称、功能和用法

引脚号	符　号	名　称	功能及用法
1	VCC	芯片电源端	接用户为该芯片提供的工作电源
2	OUT	驱动输出端	同相输出驱动信号，经驱动电阻后连接被驱动功率管的栅极
3	GND	参考地端	芯片电位的参考地
4	IN	逻辑输入端	接控制脉冲形成电路的输出，控制输出端高低电平
5	EN	使能端	该引脚为低电平时芯片为高阻态

2. 内部结构和工作原理

IXDD614YI 的内部结构和工作原理如图 3.6 所示。由图可知，IXDD614YI 内部集成了延迟器、图腾柱、非门、与门、与非门等环节。

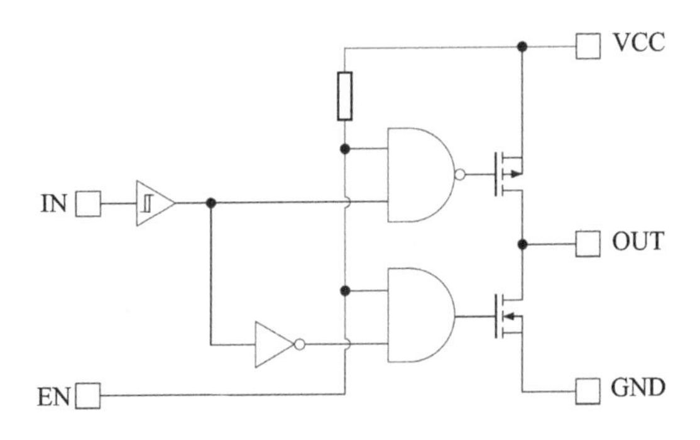

图 3.6　IXDD614YI 的内部结构及工作原理

其主要构成单元的工作原理和作用如下。

(1) 门电路

由于图腾柱为反逻辑输出，因此，为使输入信号 IN 与输出 OUT 满足正逻辑关系，设置了非门、与非门、与门电路。使能信号 EN 输给与非门和与门电路。使能信号 EN 为低电平时，驱动芯片进入高阻态。

(2) 图腾柱输出

为了增强驱动能力，使用图腾柱进行功率放大。在使能信号 EN 为高电平情况下，若输入信号 IN 为低电平，则图腾柱的下管导通，驱动输出低电平；若输入信号为高电平，则图腾柱的上管导通，输出高电平。图腾柱中的开关管选用 MOSFET，可加快开关速度，实现高速驱动。图腾柱的电源电压可以根据功率管的使用需求进行适当选择。

3. 主要设计特点、参数限制和推荐工作条件

(1) 主要设计特点

① 拉电流或灌电流最大值可达 14 A；

② 在 4.5～35 V 宽电压范围内均可运行；

③ 工作温度范围是－40～125 ℃；

④ 逻辑输入可承受 5 V 的负向电压振荡；

⑤ 传播延时时间短；

⑥ 供电电流低，最大仅 10 μA；

⑦ 输出阻抗小。

(2) 主要参数和限制

表 3.5 所列为 IXDD614YI 的极限绝对值参数，当超过该值后，芯片可能损坏。

表 3.5 IXDD614YI 极限绝对值参数

符 号	定 义	最小值	最大值	单 位
U_{VCC}	芯片供电电压	－0.3	40	V
U_{IN}	输入端电压	－5	U_{VCC}＋0.3	V
I_{OUT}	输出电流	—	±14	A
T_j	允许结温	－55	＋150	℃
T_{stg}	允许储存温度	－65	＋150	℃

(3) 推荐工作条件

表 3.6 所列为 IXDD614YI 的推荐工作条件，该芯片在推荐条件下能够可靠地工作。

表 3.6 IXDD614YI 的推荐工作条件

符 号	定 义	范 围	单 位
U_{CC}	芯片供电电压	4.5～35	V
T_A	工作温度范围	－40～＋125	℃

4. 应用技术

(1) 典型应用接线

图 3.7 所示为 IXDD614YI 应用中的典型接线原理图。

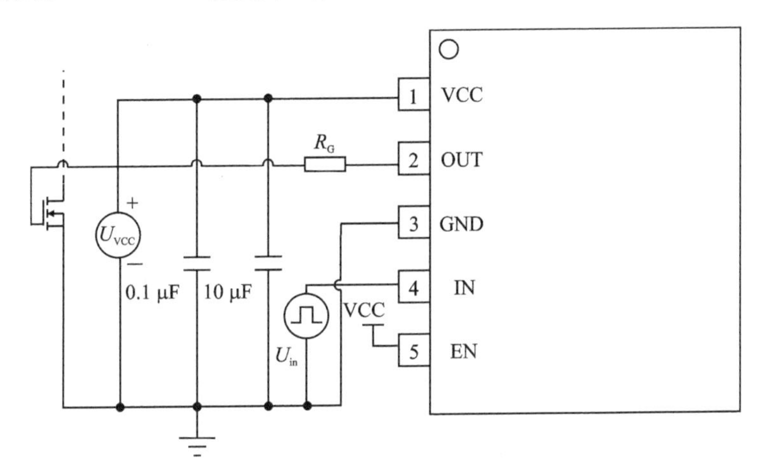

图 3.7　IXDD614YI 典型接线原理图

(2) 典型工作波形

图 3.8 所示为 IXDD614YI 正常工作时的典型波形，正确分析和理解这些波形的对应关系对应用好 IXDD614YI 是极为关键的。

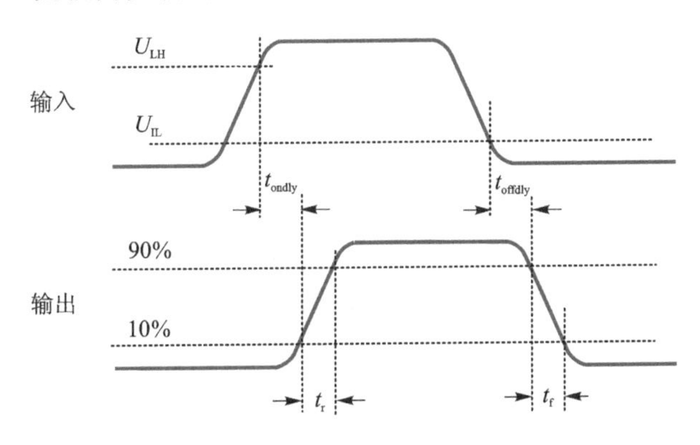

图 3.8　IXDD614YI 工作波形

3.1.3　IXDN630YI 单通道高速驱动芯片

IXDN630YI 是 IXYS 公司的一款单通道高速驱动芯片，适用于驱动 MOSFET 和 IGBT。IXDN630YI 芯片的峰值驱动电流可达 30 A。该芯片内部集成有欠压闭锁保护(UVLO)，具有上升和下降时间短(电压上升与下降时间均小于 20 ns)、输出阻抗低、延时短等特点，适用于高频大功率场合。

1. 引脚排列、名称、功能和用法

IXDN630YI采用5引脚TO-263封装，其封装形式、引脚排列如图3.9所示，各引脚的名称、功能及用法如表3.7所列。

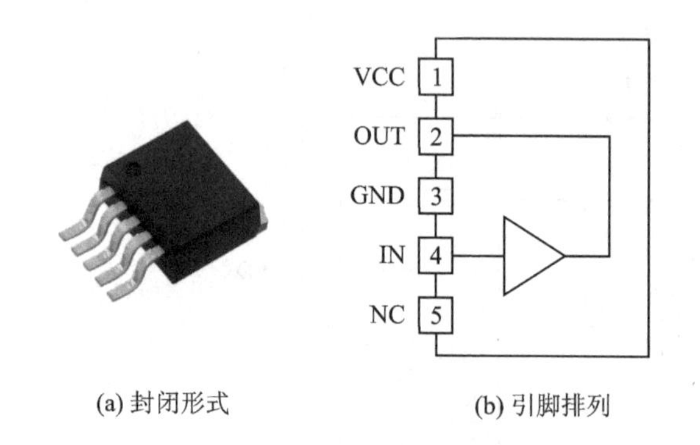

图3.9 IXDN630YI的封装形式与引脚排列

表3.7 IXDN630YI的引脚名称、功能和用法

引脚号	符　号	名　称	功能和用法
1	VCC	芯片电源端	接用户为该芯片提供的工作电源
2	OUT	驱动输出端	同相输出驱动信号，经驱动电阻后连接被驱动功率管的栅极
3	GND	参考地端	芯片电位的参考地
4	IN	逻辑输入端	接控制脉冲形成电路的输出，控制输出端的高低电平
5	NC	未使用端	该端口悬空

2. 内部结构和工作原理

IXDN630YI的内部结构及工作原理如图3.10所示。由图可知，IXDN630YI的内部集成有欠压闭锁保护、延迟器、与门、非门、与非门和图腾柱等环节。

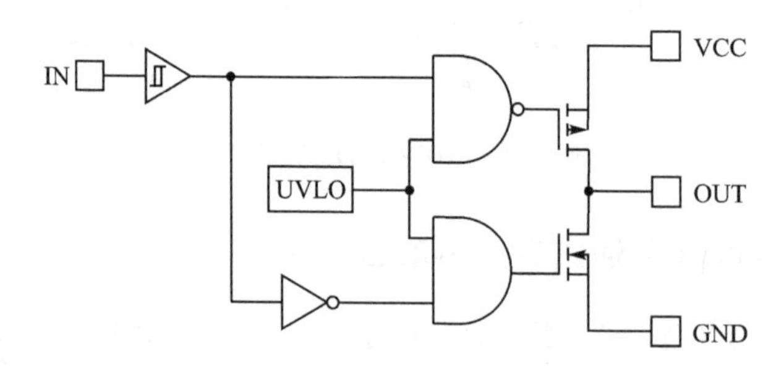

图3.10 IXDN630YI的内部结构及工作原理

其主要构成单元的工作原理或功能如下。

(1) 欠压闭锁

当电源电压低于芯片的UVLO阈值(12.5 V)时，驱动输出端被禁用，输出保持为低电平，

直至电源电压高于 12.5 V，UVLO 才能被消除。

(2) 图腾柱输出

为了增强驱动能力，使用图腾柱进行功率放大。当图腾柱的输入信号为低电平时，图腾柱的上管导通，输出高电平；当图腾柱的输入信号为高电平时，图腾柱的下管导通，输出低电平。图腾柱中的开关管选用 MOSFET，可加快开关速度，实现高速驱动。图腾柱的电源电压可以根据功率管的使用需求进行设计选择。

(3) 与非门

由于图腾柱的输出逻辑为反逻辑输出，因此，为了得到正逻辑输出信号，当输入信号 IN 为高电平时且欠压闭锁的逻辑信号 ULVO 为高电平时，采用与非门得到低电平使图腾柱上管导通，输出高电平。

(4) 与门和非门

为了得到负逻辑输出信号，当输入信号为低电平时，先通过非门使输入信号 IN 变为高电平，欠压闭锁保护的逻辑信号 ULVO 也为高电平，采用与门得到高电平使图腾柱下管导通，输出低电平。

3. 主要设计特点、参数限制和推荐工作条件

(1) 主要设计特点

① 拉电流或灌电流的最大值可达 30 A；

② 工作电压可高达 35 V；

③ 具有欠压闭锁保护功能；

④ 逻辑输入可承受高达 5 V 的负向电压振荡；

⑤ 上升时间和下降时间低于 20 ns；

⑥ 传播延时短；

⑦ 供电电流低于 10 μA；

⑧ 输出阻抗小。

(2) 主要参数和限制

表 3.8 所列为 IXDN630YI 的极限绝对值参数，极限绝对值参数意味着超过该值后，驱动芯片有可能损坏。

表 3.8　IXDN630YI 的极限绝对值参数

符　号	定　义	最小值	最大值	单　位
U_{VCC}	芯片供电电压	−0.3	40	V
U_{IN}	输入端电压	−5	U_{CC}+0.3	V
I_{OUT}	驱动芯片输出最大电流	—	±30	A
T_j	允许结温	−55	+150	℃
T_{stg}	允许存储温度	−65	+150	℃

(3) 推荐工作条件

表 3.9 所列为 IXDN630YI 的推荐工作条件，该芯片在推荐条件下能够可靠地工作。

表 3.9 IXDN630YI 的推荐工作条件

符 号	定 义	范 围	单 位
U_{VCC}	芯片供电电压	12.5～35	V
T_A	工作温度范围	−40～+125	℃

4. 应用技术

图 3.11 所示为 IXDN630YI 应用中的典型接线原理图。

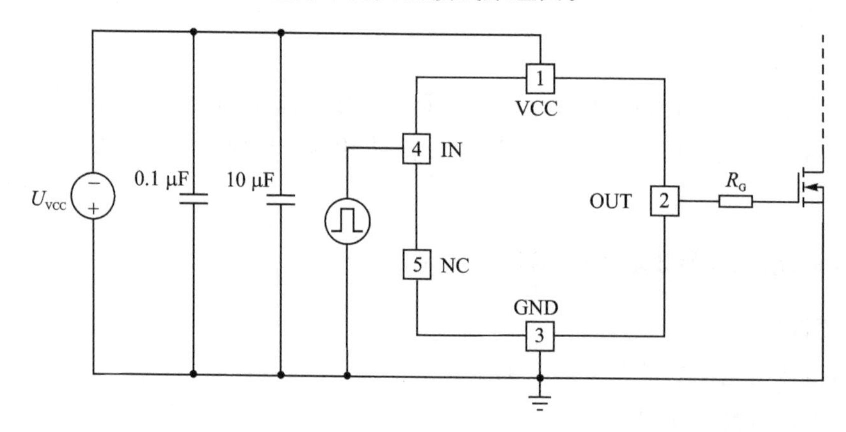

图 3.11 IXDN630YI 应用中的典型接线

3.2 Infineon 公司栅极驱动集成电路

3.2.1 1ED020I12－F2 集成保护功能的单通道高速驱动芯片

1ED020I12－F2 是英飞凌公司推出的一款隔离型单通道驱动芯片，典型输出电流为 2 A。1ED020I12－F2 采用特有的无铁芯变压器隔离技术，能够驱动耐压 600 V/1 200 V 的 IGBT 或 MOSFET。1ED020I12－F2 内部集成多种保护功能，包括去饱和保护，有源密勒箝位保护和欠压闭锁保护等。

Cree 公司对 1ED020I12－F2 的电平设置进行适当调整后，用于制作 SiC MOSFET 的驱动板。以下在介绍该驱动芯片时，以 Si IGBT 作为被驱动功率器件进行阐述，相关论述也可适用于 SiC MOSFET。

1. 引脚排列、名称、功能和用法

1ED020I12－F2 采用典型的双列表贴式 16 引脚(SOP－16)封装，其封装形式与各引脚的排列如图 3.12 所示，各引脚的名称、功能及用法如表 3.10 所列。

(a) 封闭形式

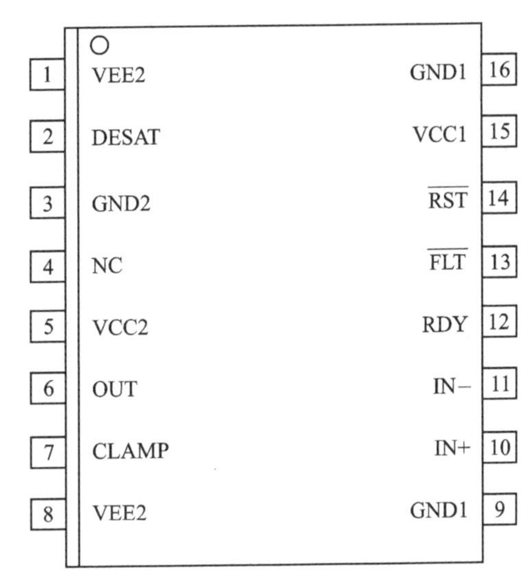

(b) 引脚排列

图 3.12　1ED020I12 - F2 的引脚排列

表 3.10　1ED020I12 - F2 的引脚名称、功能和用法

引脚号	符　号	名　称	功能和用法
1	VEE2	驱动输出级负电源端	接被驱动 IGBT 的发射极
2	DESAT	去饱和电压检测输入端	使用中，将该引脚与一个稳压管的阴极相连，并与一个快恢复二极管的阳极相连，然后把快恢复二极管的阴极接被驱动 IGBT 的集电极。稳压管的阴极接引脚 3
3	GND2	驱动输出级参考地端	接用户为输出级提供的正电源参考地端
4	NC	空脚	使用中悬空
5	VCC2	驱动输出级正电源端	接用户为输出级提供的正电源
6	OUT	驱动输出端	经驱动电阻 R_G 后连接被驱动 IGBT 的栅极，驱动电阻 R_G 的取值依据被驱动 IGBT 的定额而定
7	CLAMP	有源密勒箝位端	当 IGBT 关断时，将 IGBT 的栅极电压接地，避免 IGBT 产生误导通。在关断期间，IGBT 的栅极电压被监控，当栅极电压低于 2 V（与 VEE2 有关）时，CLAMP 脚输出启动
8	VEE2	驱动输出级负电源端	接被驱动 IGBT 的发射极
9	GND1	驱动输入级参考地端	接用户为输入级提供的参考地端
10	IN+	非反相驱动输入端	当 IN+ 作为驱动 PWM 脉冲输入端时，仅在 IN− 为低电平时输出驱动信号控制 IGBT，形成桥臂互锁
11	IN−	反相驱动输入端	当 IN− 作为驱动 PWM 脉冲输入端时，仅在 IN+ 为高电平时输出驱动信号控制 IGBT，形成桥臂互锁
12	RDY	准备信号输出端	开漏输出报告芯片正常工作，当芯片未出现欠压锁定，内部无故障时输出高电平

续表 3.10

引脚号	符　号	名　称	功能和用法
13	$\overline{\text{FLT}}$	故障信号输出端	开漏输出报告 IGBT 出现去饱和故障，当去饱和保护发生时输出低电平
14	$\overline{\text{RST}}$	复位信号输入端	使能驱动芯片。当 $\overline{\text{RST}}$ 为低电平时，驱动芯片被关断，只有当 $\overline{\text{RST}}$ 为高电平时，驱动芯片才正常工作； 复位因去饱和保护产生的 $\overline{\text{FLT}}$ 的状态。当 $\overline{\text{RST}}$ 保持 T_{RST} 时间的低电平时，经过内部上拉电阻复位 $\overline{\text{FLT}}$ 的状态
15	VCC1	驱动输入级正电源端	接用户为输入级提供的＋5 V 电源
16	GND1	驱动输入级参考地端	接用户为输入级提供的参考地端

2. 内部结构和工作原理

1ED020I12－F2 的内部结构及工作原理框图如图 3.13 所示，内部集成有欠压锁定、延迟器、比较器、RS 触发器、无铁芯变压器、解码器、与门、或门、非门、MOSFET 等环节。

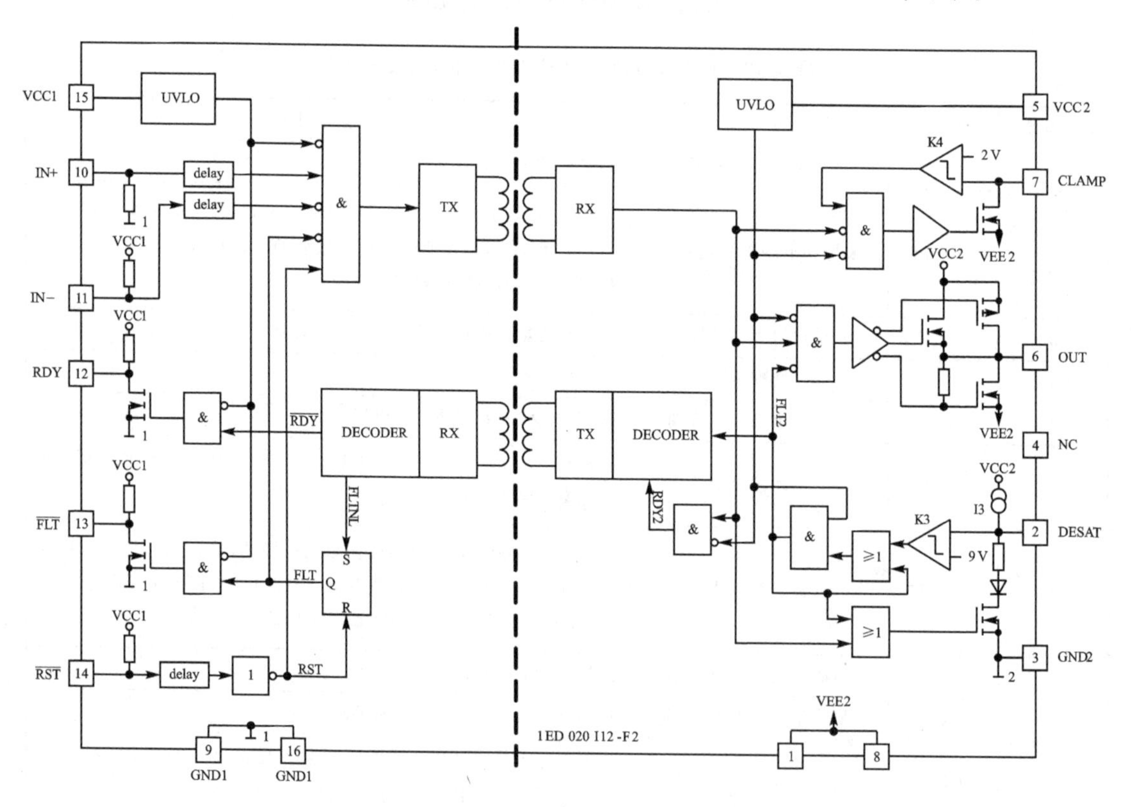

图 3.13　1ED020I12－F2 的内部结构及工作原理

其主要构成单元的工作原理或功能如下。

(1) 欠压锁定

当芯片 VCC1 端的供电电压低于 U_{UVLO1} 或者 VCC2 端的供电电压低于 U_{UVLO2} 时，芯片内部将自动产生关断信号来关闭 IGBT，此时驱动输出不受 IN＋、IN－的输入状态影响。欠压锁定保护功能可防止高端或低端用低电压驱动 IGBT，进而防止功率半导体器件工作在高损耗模式。

(2) 准备状态输出

准备状态输出功能通过 RDY 引脚反映了驱动芯片是否处于正常工作状态。只有在芯片未处于欠压状态且芯片内部信号传送无误时，RDY 才为高电平。所以在给定 PWM 信号前有必要通过 RDY 来判断芯片是否处于正常的工作状态。

(3) 主动闭锁

主动闭锁功能用于当 VCC2 未供电或者供电异常时，芯片主动产生关断信号，OUT 端输出的栅极驱动电压被箝位至 VEE2，确保 IGBT 可靠关断。

(4) 互　锁

1ED020I12 - F2 有两种输入模式，其一是驱动信号由 IN＋输入并控制 IGBT，则 IN－应为低电平，否则驱动芯片输出闭锁；其二是驱动信号由 IN－输入并控制 IGBT，则 IN＋应为高电平，否则驱动芯片输出闭锁。由此特性可以构成桥臂互锁功能，即上、下桥臂均从 IN＋输入，上桥臂 IN－连接下桥臂的 IN＋，下桥臂 IN－连接上桥臂的 IN＋，则当上下桥臂均输入高电平时，上下桥臂驱动芯片输出闭锁，防止出现直通现象。

(5) 去饱和保护

1ED020I12 - F2 的去饱和保护可以在发生短路时保护 IGBT。当 DESAT 脚电压上升达到 9 V 时，驱动芯片的输出被箝位在低电平。同时，$\overline{\text{FLT}}$ 引脚输出故障信号。此外，DESAT 脚通过外部电容器和内部高精度电流源可以实现可编程消隐时间。消隐时间是用来保证 IGBT 有足够的时间开通的，从而使基射两端电压降低到正常工作时的导通压降，避免误触发去饱和保护。

(6) 有源密勒箝位

半桥电路中，当桥臂的一只开关管(IGBT 或 MOSFET)开通时，由于桥臂中点电位迅速变化，通过密勒电容会影响桥臂的另一只处于关断状态的开关管，可能会使本应处于关断状态的开关管误导通。因此 1ED020I12 - F2 集成了有源密勒箝位保护，通过一个低阻抗回路泄放因 du/dt 产生的密勒电流，即在关断状态下，驱动芯片监测栅极电压，当栅极电压低于 2 V 左右(与 VEE2 有关)时，有源密勒箝位功能启动。

(7) 短路箝位

在功率电路发生短路过程中，由于密勒电容的反馈作用，IGBT 的栅极电压会升高。因此 1ED020I12 - F2 集成了短路箝位功能，在 OUT 脚和 CLAMP 脚之间增加了额外的保护电路，将栅极电压的大小限制在略高于供电电压的大小。这一保护电路可以承受 10 μs 最大 500 mA 的反馈电流，如果所要承受的电流更大或需要更可靠的箝位，可以外并肖特基二极管。

(8) 复　位

复位输入 $\overline{\text{RST}}$ 主要有两个功能。一是复位 $\overline{\text{FLT}}$ 的输出，如果 $\overline{\text{RST}}$ 处于低电平的时间长于某一设定值，$\overline{\text{FLT}}$ 的输出会在 $\overline{\text{RST}}$ 的上升沿被清空，否则 $\overline{\text{FLT}}$ 的输出将一直保持不变。二是 $\overline{\text{RST}}$ 可控制输入信号的使能/闭锁，当 $\overline{\text{RST}}$ 处于低电平时，驱动信号闭锁，只有当 $\overline{\text{RST}}$ 为高电平时，驱动信号才能正常输出。

3. 主要设计特点、参数限制和推荐工作条件

(1) 主要设计特点

① 无铁芯变压器隔离驱动;

② 内置电气绝缘;

③ 集成多重保护功能;

④ 可工作于较高的环境温度。

(2) 主要参数和限制

表 3.11 列出了 1ED020I12 - F2 的极限绝对值参数,极限绝对值参数意味着超过该值后,驱动芯片有可能损坏。

表 3.11 1ED020I12 - F2 的极限绝对值参数

符 号	定 义	最小值	最大值	单 位	备 注
U_{VCC2}	输出端正供电电压	−0.3	20	V	
U_{VEE2}	输出端负供电电压	−12	0.3	V	
U_{max2}	输出端最大供电电压 ($U_{VCC2}-U_{VEE2}$)	—	28	V	
U_{OUT}	栅极驱动输出电压	$U_{VEE2}-0.3$	$U_{max2}+0.3$	V	
I_{OUT}	栅极驱动输出最大电流	—	2.4	A	$t=2\ \mu s$
t_{CLP}	最大短路箝位时间	—	10	μs	$I_{CLAMP/OUT}=500$ mA
U_{VCC1}	输入端正供电电压	−0.3	6.5	V	
$U_{LogicIN}$	逻辑输入电压 (IN+,IN−,$\overline{RST}$)	−0.3	6.5	V	
$U_{FLT\#}$	开漏逻辑输出电压($\overline{FLT}$)	−0.3	6.5	V	
U_{RDY}	开漏逻辑输出电压(RDY)	−0.3	6.5	V	
$I_{FLT\#}$	开漏逻辑输出电流($\overline{FLT}$)	—	10	mA	
I_{RDY}	开漏逻辑输出电流(RDY)	—	10	mA	
U_{DESAT}	DESAT 脚电压	−0.3	$U_{VCC2}+0.3$	V	
U_{CLAMP}	CLAMP 脚电压	−0.3	$U_{VCC2}+0.3$	V	
U_{ISO}	输入输出隔离电压	−1 200	1 200	V	
T_j	允许结温	−40	150	℃	
T_{stg}	允许存储温度	−55	150	℃	
$P_{D,IN}$	输入端功率损耗	—	100	mW	@$T_A=25$ ℃
$P_{D,OUT}$	输出端功率损耗	—	700	mW	@$T_A=25$ ℃
$R_{THJA,IN}$	输入端热阻	—	160	K/W	@$T_A=25$ ℃
$R_{THJA,OUT}$	输出端热阻	—	125	K/W	@$T_A=25$ ℃
U_{ESD}	防静电能力	—	1	kV	以人体为模型

(3) 推荐工作条件

表 3.12 列出了 1ED020I12 - F2 的推荐工作条件,该芯片在推荐条件下能够可靠地工作。

表 3.12　1ED020I12 - F2 的推荐工作条件

符　号	定　义	最小值	典型值	最大值	单　位	备　注
U_{VCC2}	输出端正供电电压	13	15	20	V	
U_{VEE2}	输出端负供电电压	−12	−8	0	V	
U_{max2}	输出端最大供电电压 ($U_{VCC2}-U_{VEE2}$)	—	—	28	V	
U_{VCC1}	输入端正供电电压	4.5	5	5.5	V	
$U_{LogicIN}$	逻辑输入电压 (IN+,IN−,$\overline{RST}$)	−0.3	—	5.5	V	
U_{DESAT}	DESAT 脚电压	$U_{VEE2}-0.3$	—	U_{VCC2}	V	
U_{CLAMP}	CLAMP 脚电压	−0.3	—	U_{VCC2}	V	
T_A	环境温度	−40	—	105	℃	
$\lvert dU_{IOS}/dt \rvert$	共模传输抑制	—	—	50	kV/μs	@500 V

4. 应用技术

(1) 典型应用接线

图 3.14 所示为 1ED020I12 - F2 应用中的典型接线原理图。

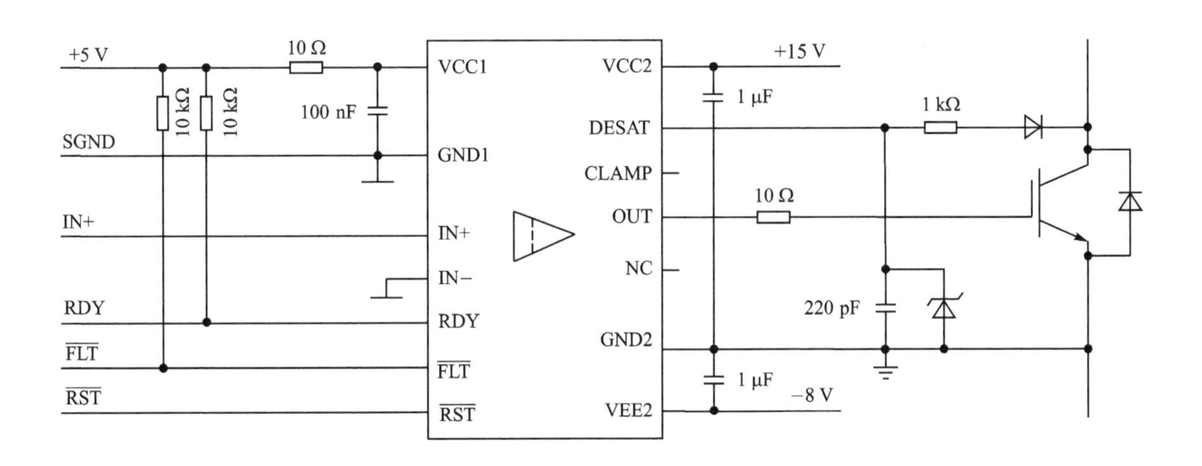

图 3.14　1ED020I12 - F2 应用中的典型接线

(2) 典型工作波形

图 3.15 所示为 1ED020I12 - F2 正常工作时的典型波形，正确分析和理解这些波形的对应关系对应用好 1ED020I12 - F2 是极为关键的。

(3) 典型应用举例

图 3.16 所示为 1ED020I12 - F2 用于驱动半桥 IGBT 的接线原理图。

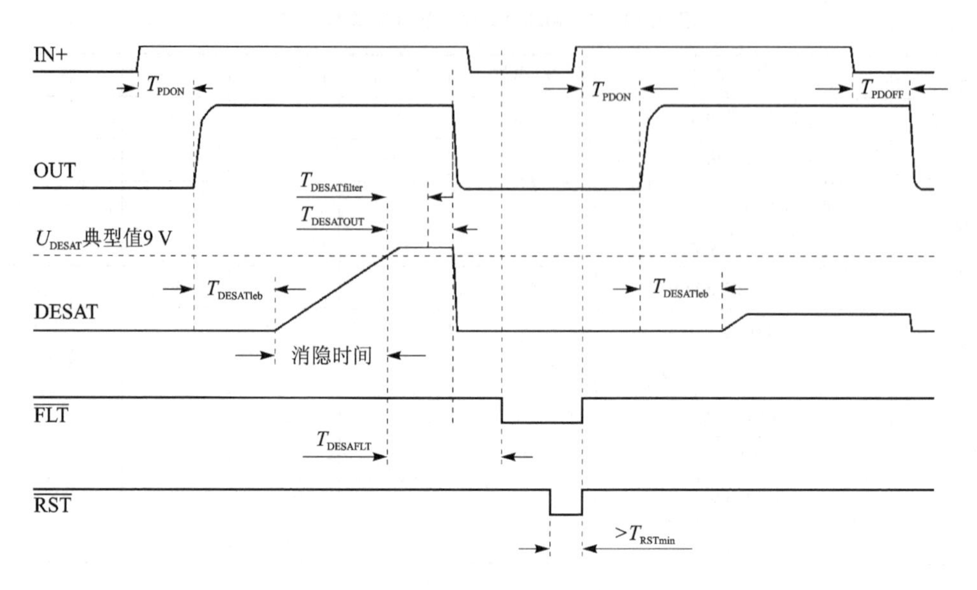

图 3.15 1ED020I12 - F2 正常工作典型波形

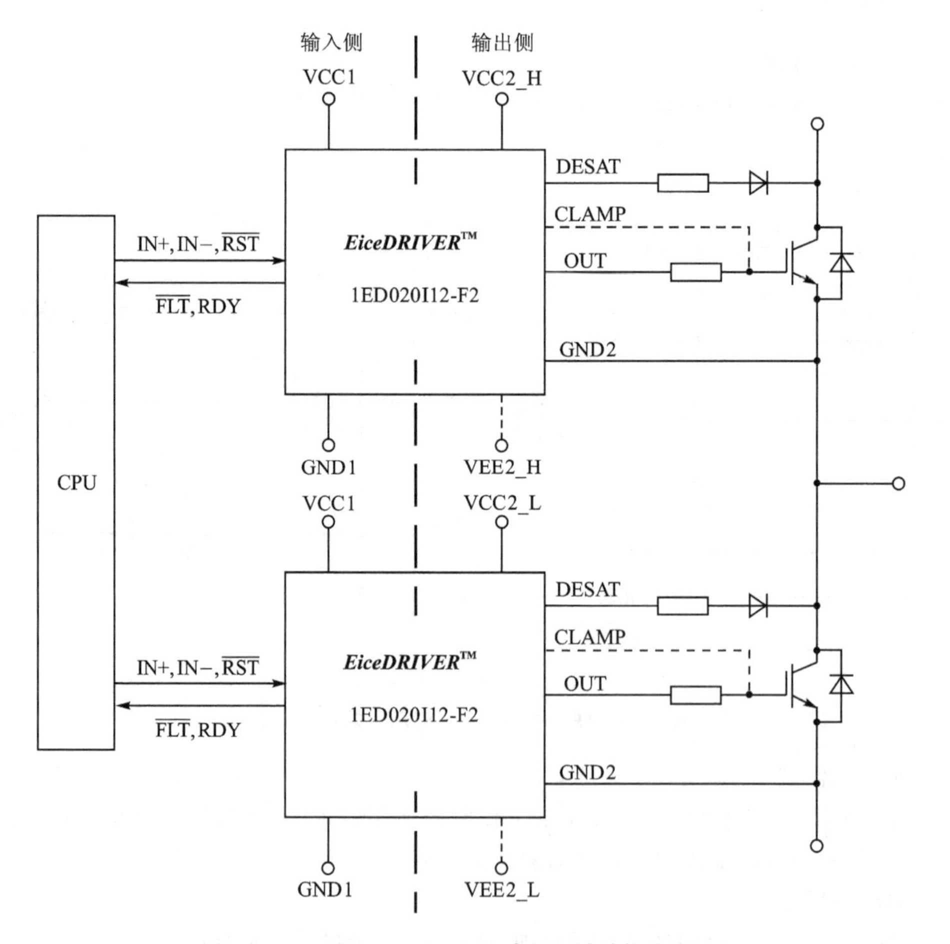

图 3.16 1ED020I12 - F2 用于半桥驱动的接线原理图

3.2.2　1EDI20H12AH 集成保护功能的单通道高速驱动芯片

1EDI20H12AH 是 Infineon 公司推出的一款隔离型单通道驱动芯片，典型峰值驱动电流为 10 A。该驱动芯片内部采用无铁芯变压器隔离技术，集成多种保护功能，包括短路箝位保护、主动闭锁和欠压闭锁等，能够驱动 600 V/650 V/1 200 V Si IGBT 和 SiC MOSFET。

1. 引脚排列、名称、功能和用法

1EDI20H12AH 驱动芯片采用典型的 PG - DSO - 8 - 59 封装，其封装形式与引脚的排列如图 3.17 所示，各引脚的名称、功能及用法如表 3.13 所列。

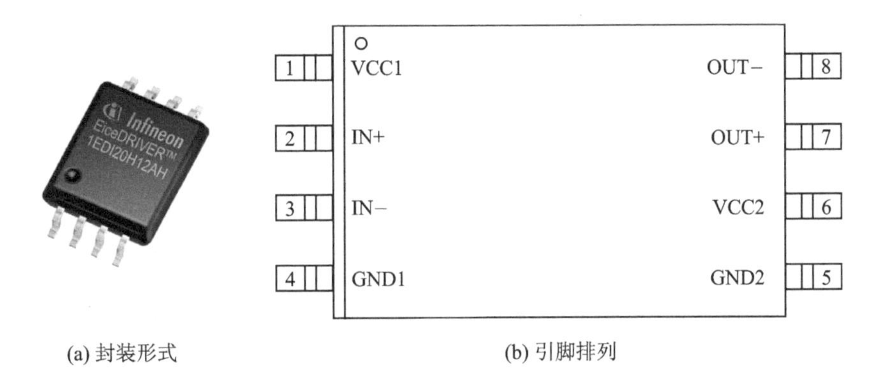

(a) 封装形式　　(b) 引脚排列

图 3.17　1EDI20H12AH 的封装形式与引脚排列

表 3.13　1EDI20H12AH 的引脚名称、功能和用法

引脚号	符　号	名　称	功能和用法
1	VCC1	输入电源正端	接电压范围为 3.3～15 V 的逻辑信号输入电源
2	IN+	非反相驱动输入端（高电平有效）	若 IN−为低电平，则 IN+用于控制驱动器输出（在 IN+为高电平且 IN−为低电平时输出为高电平）。芯片内部输入滤波器可滤除信号噪声，但输入信号需满足最小脉冲宽度要求
3	IN−	反相驱动输入端（低电平有效）	若 IN+为高电平，则 IN−用于控制驱动器输出（在 IN +为高电平且 IN−为低电平时输出为高电平）。芯片内部输入滤波器可滤除信号噪声，但输入信号需满足最小脉冲宽度要求
4	GND1	输入电源参考地端	接用户为输入级提供的电源参考地端
5	GND2	驱动输出参考地端	接用户为输出级提供的电源参考地端。当驱动电路采用双电源供电时，该引脚连接驱动负电源端
6	VCC2	驱动输出供电电源端	接用户为驱动输出提供的正电源端。该端子到参考地之间必须连接合适的隔直电容
7	OUT+	驱动拉电流输出端	驱动芯片输出电流给开关管栅极充电以实现其开通。该端子工作时输出电压为 VCC2 电压值，其工作状态由 IN+和 IN−控制。当出现欠压锁定时，该端子无输出。若 OUT−未连接到开关管栅极，则开关管关断时该端子为灌电流提供通路，能承受的最大灌电流仅为 100 mA，致使关断速度变慢

续表 3.13

引脚号	符　号	名　称	功能和用法
8	OUT−	驱动灌电流输出端	向驱动芯片内部灌电流，给开关管栅极放电以实现其关断。该端子工作时输出电压为 GND2 对应的电压值，其工作状态由 IN＋和 IN－控制。当出现欠压锁定时，主动闭锁功能会将该端子输出维持在较低电压水平

2. 内部结构和工作原理

1EDI20H12AH 的内部结构及工作原理框图如图 3.18 所示，其内部集成有欠电压闭锁、主动闭锁、短路箝位保护、输入滤波器和有源滤波器等环节。

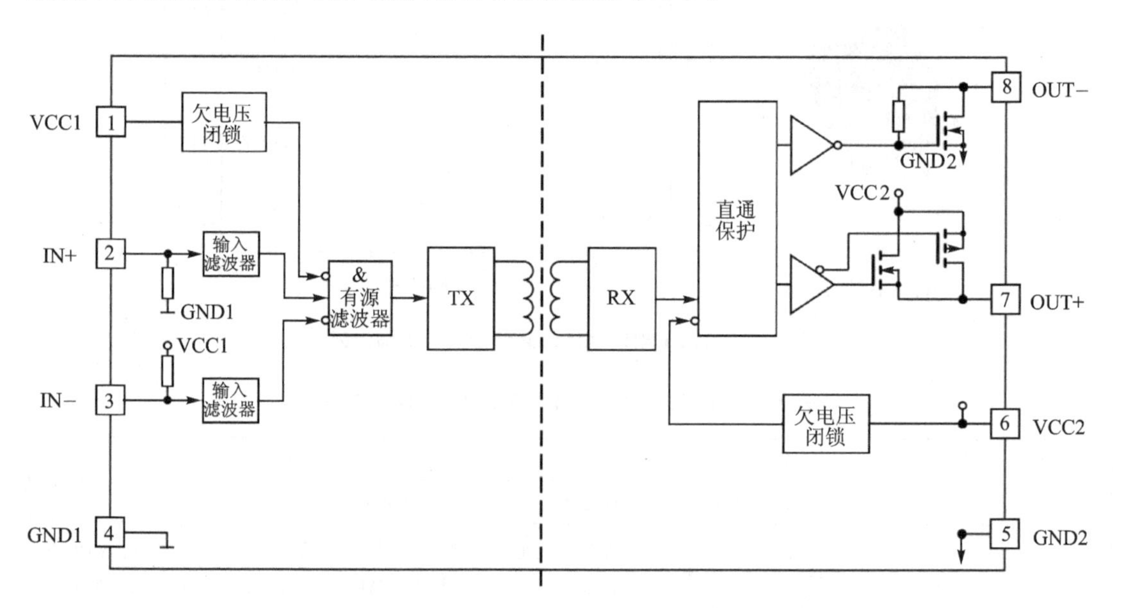

图 3.18　1EDI20H12AH 的内部结构及工作原理

其主要构成单元的工作原理或功能如下。

(1) 供电电源

该驱动芯片可由双电源或单电源供电。双电源供电时，VCC2 端子接＋15 V 电压，GND2 端子接－8 V 电压，接入负电源可防止桥臂串扰引起开关管误导通；单电源供电时，VCC2 端子接＋15 V 电压，GND2 端接地，此时需谨慎选择栅极关断电阻值，以避免开关管误导通。

(2) 保护功能

1) 欠压闭锁

1EDI20H12AH 内部同时包含一次侧和二次侧的欠压闭锁(UVLO)功能。UVLO 工作的时序图如图 3.19 所示。当 VCC1 和 VCC2 的电压均高于 U_{UVLOH} 时，芯片工作。当 VCC1 端子电压低于 U_{UVLOL1}，或 VCC2 端子电压低于 U_{UVLOL2} 时芯片均不工作，IGBT/MOSFET 被关断。

2) 主动闭锁

主动闭锁功能用于当驱动芯片输出未连接到电源或发生欠压时，芯片主动产生关断信号，

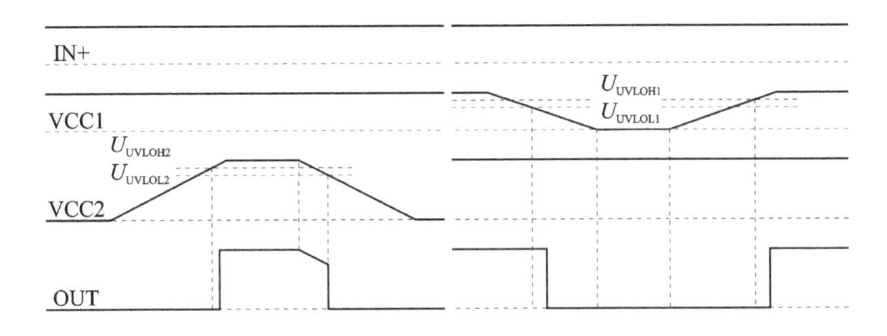

图 3.19　欠压闭锁工作波形图

OUT—端被箝位至 GND2，确保开关管可靠关断。

3）短路箝位保护

开关管发生短路时，由于通过密勒电容作用，开关管栅极电压会有所增大。采用附加保护电路连接到 OUT+可将栅极电压箝位于供电电源电压。

（3）非反相和反相输入

驱动芯片可采用非反相和反相两种模式输入控制信号，典型逻辑信号如图 3.20 所示。在非反相模式下，IN—设置为低电平，IN+控制驱动输出；在反相模式下，IN+设置为高电平，IN—控制驱动器输出。为滤除信号噪声，输入信号脉宽必须达到最小脉宽要求。

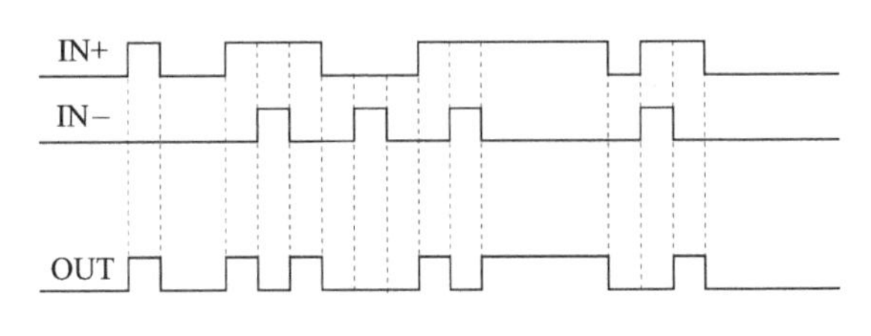

图 3.20　典型逻辑信号波形

3. 主要设计特点、参数限制和推荐工作条件

（1）主要设计特点

① 无铁芯变压器隔离驱动；

② 内置电气隔离；

③ 集成多种保护功能；

④ 独立的拉电流和灌电流支路设计；

⑤ 可工作于较高的环境温度。

（2）主要参数和限制

如表 3.14 所列为 1EDI20H12AH 的极限绝对值参数，极限绝对值参数意味着超过该值后，驱动芯片有可能损坏。

表 3.14　1EDI20H12AH 的极限绝对值参数

符　号	参　数	最小值	最大值	单　位	备　注
U_{VCC2}	输出侧电源电压	−0.3	40	V	以 GND2 为参考地
U_{OUT}	栅极驱动器输出电压	$U_{GND2}-0.3$	$U_{VCC2}+0.3$	V	以 GND2 为参考地
U_{VCC1}	输入侧电源电压	−0.3	18.0	V	以 GND1 为参考地
$U_{LogicIN}$	逻辑输入电压(IN+,IN−)	−0.3	18.0	V	

续表 3.14

符　号	参　数	最小值	最大值	单　位	备　注
U_{ISO}	输入与输出间隔离电压	−1 200	1 200	V	GND2 - GND1
T_j	结温	−40	150	℃	
T_{stg}	存储温度	−55	150	℃	
$P_{D,IN}$	耗散功率(输入侧)		25	mW	T_A=25 ℃
$P_{D,OUT}$	耗散功率(输出侧)		400	mW	T_A=25 ℃
$R_{THJA,IN}$	热阻(输入侧)		145	K/W	T_A=85 ℃
$R_{THJA,OUT}$	热阻(输出侧)		165	K/W	T_A=85 ℃
$U_{ESD,HBM}$	静电放电能力		2	kV	在人体模型下
$U_{ESD,CDM}$	静电放电能力		1	kV	在充电设备模型下

(3) 推荐工作条件

如表 3.15 所示为 1EDI20H12AH 的推荐工作条件，该芯片在推荐条件下能够可靠地工作。

表 3.15　1EDI20H12AH 的推荐工作条件

符　号	参　数	最小值	最大值	单　位	备　注
U_{VCC2}	输出侧电源电压	13	35	V	以 GND2 为参考地
U_{VCC1}	输入侧电源电压	3.1	17	V	以 GND1 为参考地
$U_{LogicIN}$	逻辑输入电压(IN+,IN−)	−0.3	17	V	
f_{sw}	开关频率		1	MHz	
T_A	环境温度	−40	125	℃	
$R_{TH,JT}$	结—顶热阻系数		4.8	K/W	T_A=85 ℃
$\|dU_{ISO}/dt\|$	瞬态共模抑制比		100	kV/μs	1 000 V

4. 典型应用接线

图 3.21 所示为 1EDI20H12AH 应用中的典型接线原理图。

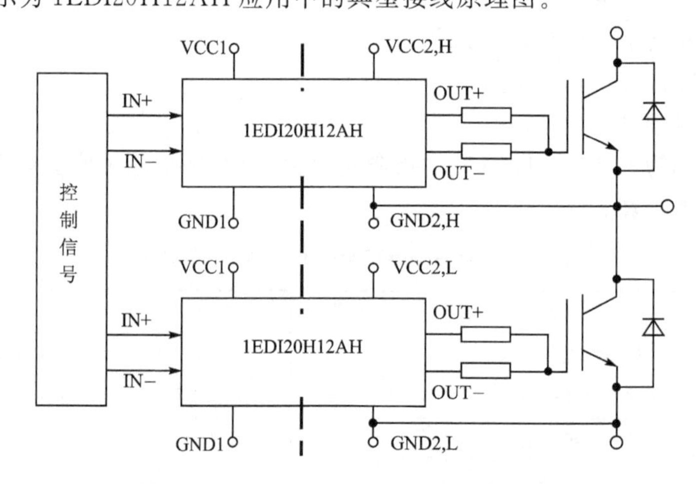

图 3.21　1EDI20H12AH 应用中的典型接线

3.3　Rohm 公司栅极驱动集成电路

3.3.1　BM6104FV－C 集成保护功能的单通道高速驱动芯片

BM6104FV－C 是 Rohm 公司的一款具有故障信号输出、欠压闭锁保护和短路保护(SCP)等功能的隔离单通道驱动芯片，其典型输出电流为 5 A，最大隔离电压为 2 500 V，信号传输延迟时间为 150 ns，最小输入脉冲宽度为 90 ns。

1. 引脚排列、名称、功能和用法

BM6104FV－C 采用典型的 SSOP－B20W 封装，其封装形式与各引脚的排列如图 3.22 所示，各引脚的名称、功能及用法如表 3.16 所列。

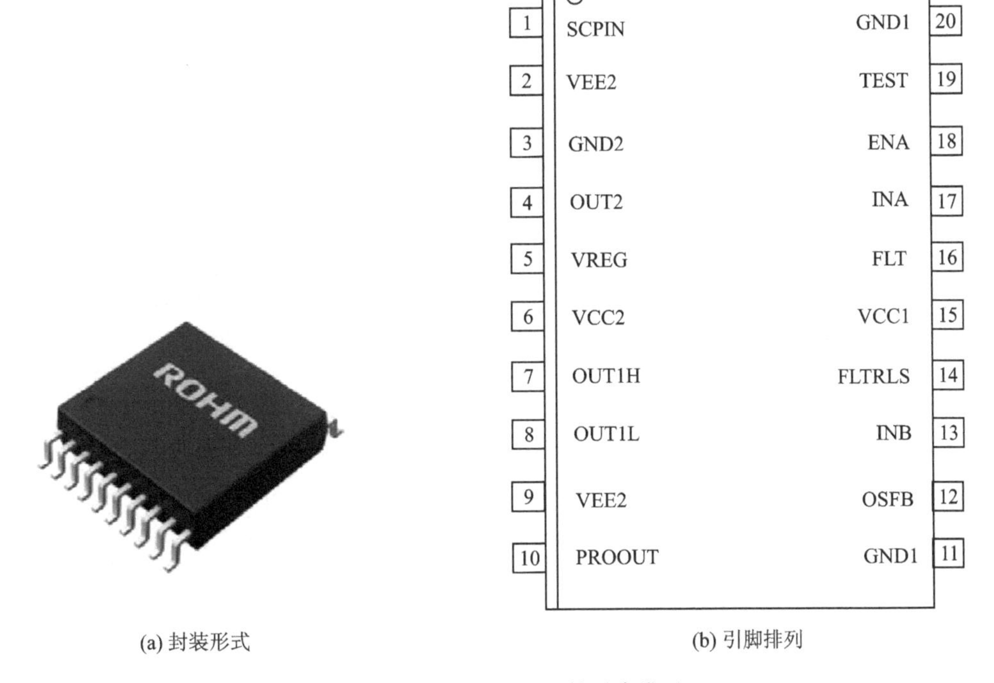

(a) 封装形式　　(b) 引脚排列

图 3.22　BM6104FV－C 的引脚排列

表 3.16　BM6104FV－C 的引脚名称、功能和用法

引脚号	符　号	名　称	功能和用法
1	SCPIN	短路电流检测端	当 SCPIN 引脚电压超过 U_{SCDET}(典型值为 0.7 V)时，SCP 功能将被激活。如果不使用短路电流保护，则将 SCPIN 引脚直接接到 GND2 引脚
2	VEE2	输出侧负电源端	关断采用驱动负压时，需在 VEE2 和 GND2 引脚之间连接旁路电容。若不采用负压关断，则将 VEE2 引脚直接连接到 GND2 引脚

续表 3.16

引脚号	符　号	名　称	功能和用法
3	GND2	输出侧参考地端	连接功率器件的发射极或源极
4	OUT2	MOSFET 的控制端	控制外部 MOS 开关防止由于密勒电容产生的栅极电压过高
5	VREG	密勒箝位供电电源端	VREG 引脚为密勒箝位提供电源(典型值为 10 V),在 VREG 与 VEE2 引脚之间必须连接电容以防止振荡和减小由于 OUT2 引脚输出电流引起的电压波动
6	VCC2	输出侧正电源端	为了抑制输出电压波动,需在 VCC2 和 GND2 引脚之间连接旁路电容
7	OUT1H	驱动正压输出端	与功率器件的栅极相连,为其提供正向驱动电压
8	OUT1L	驱动负压输出端	与功率器件的栅极相连,为其提供负向驱动电压
9	VEE2	输出侧负电源端	为了减小由于 OUT1H/L 引脚输出电流以及驱动内部变压器的电流引起的电压波动,在 VEE2 和 GND2 引脚之间需连接旁路电容器。不使用负电源时,将 VEE2 和 GND2 引脚直接连接
10	PROOUT	软关断端	当 SCP 功能被激活时,软关断引脚工作
11	GND1	输入侧参考地端	接输入侧供电电源 VCC 参考地
12	OSFB	输出状态反馈输出端	若 IN 和 OUT/L 引脚均处于高电平或低电平,OSFB 引脚输出为“高阻”态,否则 OSFB 引脚输出“低阻”态
13	INB	控制输入 B 端	确定输出逻辑信号
14	FLTRLS	故障输出保持时间设定端	在 FLTRLS 引脚与 GND1 引脚间连接电容,在 FLTRLS 引脚与 VCC1 引脚间连接电阻,故障信号被保持直到 FLTRLS 引脚电压超过设定电压。若设置故障保持时间为 0 ms,则无需设置电容。若将 FLTRLS 引脚与 VCC1 引脚直接相连会产生很大的短路电流,因而两引脚之间必须串入适当阻值的电阻
15	VCC1	输入侧电源端	为了抑制输入电压波动,需在 VCC1 和 GND1 引脚之间连接旁路电容
16	FLT	故障输出端	当欠压闭锁功能或短路保护功能被激活时,FLT 引脚在故障发生时发出故障信号
17	INA	控制输入 A 端	确定输出逻辑信号
18	ENA	输入使能信号端	给定输入使能信号
19	TEST	测试模式设定端	设定测试模式
20	GND1	输入侧参考地端	接输入侧供电电源 VCC 参考地

2. 内部结构和工作原理

BM6104FV－C 的内部结构及工作原理框图如图 3.23 所示。BM6104FV－C 的内部集成有欠压闭锁、短路保护、密勒箝位、比较器、MOSFET 等环节。

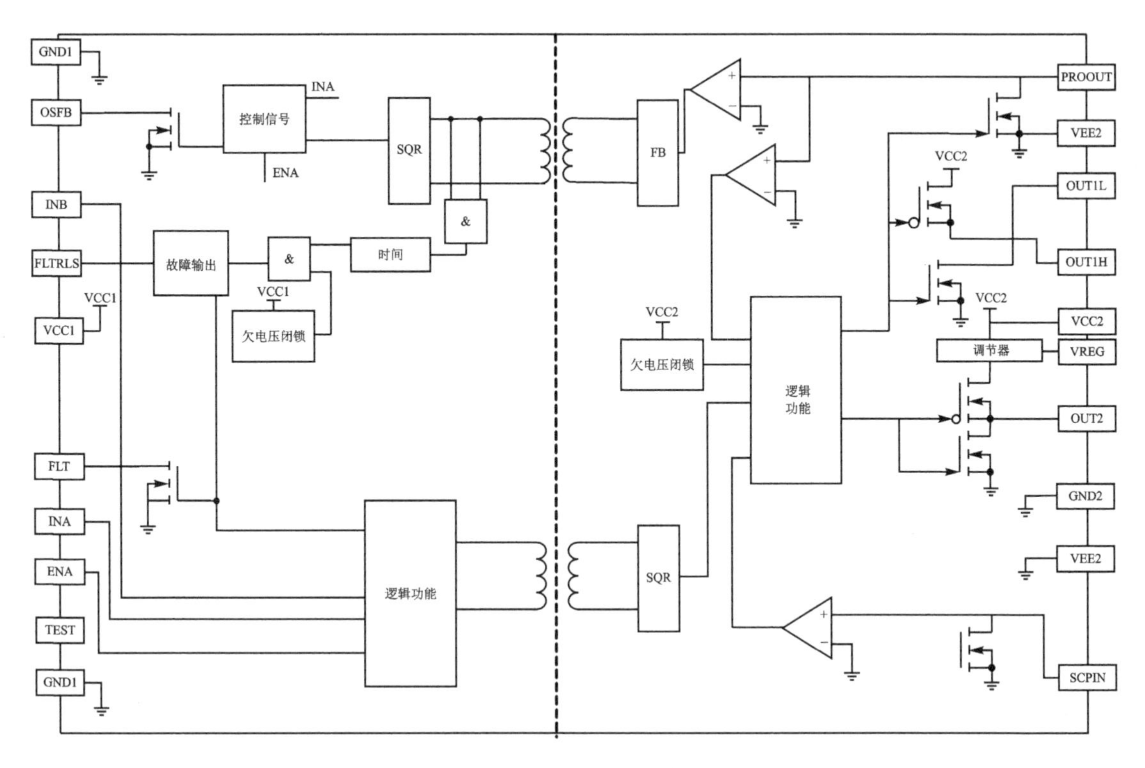

图 3.23 BM6104FV－C 的内部结构及工作原理

其主要构成单元的工作原理或功能如下：

(1) 密勒箝位

当 OUT1H 引脚呈现高阻态、OUT1L 引脚输出低电平且 PROOUT 引脚的电压 $<U_{OUT2ON}$(典型值为 2 V)时，OUT2 引脚输出高电压使连接的功率器件开通。当 OUT1H 引脚输出高电压、OUT1L 引脚呈现高阻态时，OUT2 引脚输出低电压使连接的功率器件关断。

(2) 故障输出

在发生故障时，FLT 引脚输出并保持故障信号。故障输出保持时间 t_{FLTRLS} 为

$$t_{FLTRLS}[\mathrm{ms}] = C_{FLTRLS}[\mu\mathrm{F}] \cdot R_{FLTRLS}[\mathrm{k\Omega}] \tag{3-1}$$

可以通过选取不同的电容 C_{FLTRLS} 和电阻 R_{FLTRLS} 值来设置不同的故障输出保持时间。若故障输出保持时间设置为 0 μs，则无需采用电容，只需选取电阻即可实现。

(3) 欠电压闭锁

BM6104FV－C 同时包含低压侧和高压侧的欠电压闭锁(UVLO)功能。当电源电压下降到一定值(低电压侧典型值为 3.4 V，高电压侧典型值为 9.05 V)时，OUT1 和 FLT 引脚都将输出低电平信号。当电源电压上升到一定值(低电压侧典型值为 3.5 V，高电压侧典型值为 9.55 V)，这些引脚将被复位。在故障输出保持时间内，OUT1 和 FLT 引脚持续保持低电平信号。此外，为防止由于噪声产生的误动作，同时在低压侧和高压侧设置了消隐时间(典型值为 10 μs)。

(4) 短路保护

当 SCPIN 引脚电压超过 U_{SCDET}(典型值为 0.7 V)时，SCP 功能将被激活。此时 OUT1H/

OUT1L 引脚设置为高阻态，PROOUT 引脚电压设置为低电平。当短路电流下降到其阈值电流且经过一定延时时间 T_{STO} 后（最小值为 30 μs，最大值为 110 μs），OUT1H 呈现高阻态，OUT1L 输出低电平，PROOUT 引脚输出低电平。

3. 主要设计特点、参数限制和推荐工作条件

（1）主要设计特点

① 无铁芯变压器隔离驱动；

② 内置电气绝缘；

③ 集成多重保护功能；

④ 具有密勒箝位功能；

⑤ 软关断功能；

⑥ 可工作于较高的环境温度。

（2）主要参数和限制

如表 3.17 所列为 BM6104FV－C 的极限绝对值参数，极限绝对值参数意味着超过该值后，驱动芯片有可能损坏。

表 3.17 BM6104FV－C 的极限绝对值参数

符 号	定 义	最小值	最大值	单 位	备 注
U_{VCC1}	输入侧电源	－0.3	＋7.0	V	
U_{VCC2}	输出侧正电源	－0.3	＋30.0	V	
U_{VEE2}	输出侧负电源	－15.0	＋0.3	V	
U_{MAX2}	输出侧正电压和负电压之间的最大差值		36.0	V	
U_{IN}	控制信号引脚、使能信号管脚输入电压	－0.3	U_{VCC1}＋0.3 或 7.0	V	
U_{FLT}	故障输出状态引脚输入电压	－0.3	U_{VCC1}＋0.3 或 7.0	V	
U_{FLTRLS}	故障输出保持时间设定引脚输入电压	－0.3	U_{VCC1}＋0.3 或 7.0	V	
U_{SCPIN}	短路电流检测引脚输入电压	－0.3	U_{VCC2}＋0.3	V	
I_{VRGE}	密勒箝位电源引脚输出电流		10	mA	
$I_{OUT1PEAK}$	源端输出引脚、漏端输出引脚、软关断引脚输出电流		5.0	A	不能超过功率损耗 P_D 以及结温 T_j＝150 ℃的限制
$I_{OUT2PEAK}$	MOSFET 控制引脚输出电流		1.0	A	不能超过功率损耗 P_D 以及结温 T_j＝150 ℃的限制
I_{OSFB}	输出状态反馈输出引脚的输出电流		10	mA	
I_{FLT}	故障输出引脚的输出电流		10	mA	
P_D	功率损耗		1.19	W	
T_{op}	工作温度范围	－40	＋125	℃	
T_{stg}	储藏温度范围	－55	＋150	℃	
T_j	允许结温		＋150	℃	

(3) 推荐工作条件

如表3.18所列为BM6104FV－C的推荐工作条件，该芯片在推荐条件下能够可靠地工作。

表3.18 BM6104FV－C的推荐工作条件

符 号	定 义	最小值	最大值	单 位
U_{VCC1}	输入侧电源	4.5	5.5	V
U_{VCC2}	输出侧正电源	10	24	V
U_{VEE2}	输出侧负电源	－12	0	V
U_{MAX2}	输出侧正电压和负电压之间的最大差值	10	32	V

4. 应用技术

(1) 典型应用接线

图3.24所示为BM6104FV－C应用中的典型接线原理图。

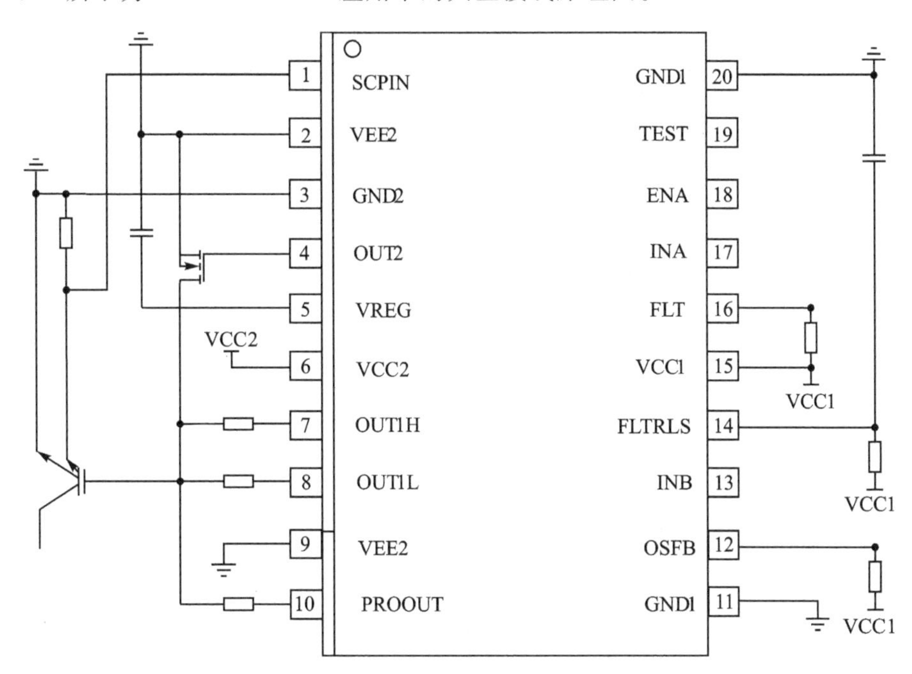

图3.24 BM6104FV－C应用中的典型接线

(2) 典型工作波形

图3.25所示为BM6104FV－C正常工作时的典型波形，正确分析和理解这些波形的对应关系对应用好BM6104FV－C是极为关键的。

当VCC2和VEE2两引脚间的电压差为低电平并且连接的外部MOS管不导通时，OUT2引脚输出高阻态；当VCC1输入引脚呈低电平并且与故障引脚FLT相连接的MOS管不导通时，FLT引脚输出高阻态。

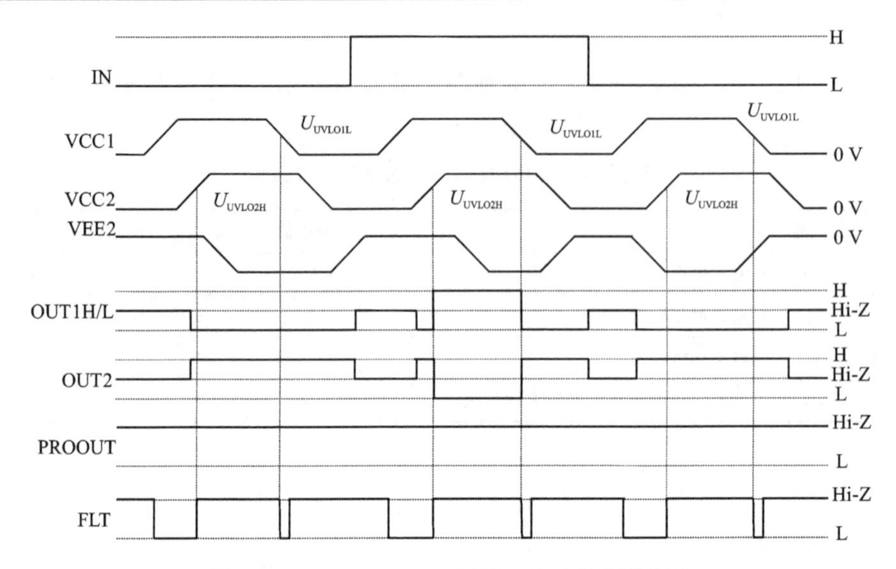

图 3.25 BM6104FV - C 正常工作时的典型波形

3.3.2 BM60051FV - C 集成保护功能的单通道高速驱动芯片

BM60051FV - C 是 Rohm 公司的一款具有故障信号输出、欠压闭锁和短路保护等功能的隔离单通道驱动芯片，其典型输出电流为 4.5 A，最大隔离电压为 2 500 V，信号传输延迟时间为 260 ns，最小输入脉冲宽度为 180 ns。

1. 引脚排列、名称、功能和用法

BM60051FV - C 采用典型的 SSOP - B28W 封装，其封装形式与各引脚的排列如图 3.26 所示，各引脚的名称、功能和用法如表 3.19 所列。

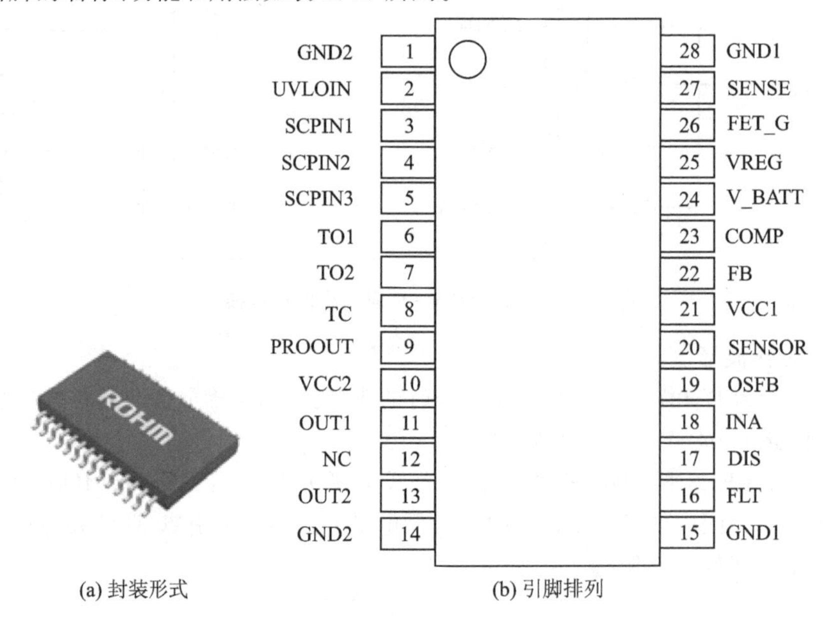

图 3.26 BM60051FV - C 的引脚排列

表 3.19　BM60051FV－C 的引脚名称、功能和用法

引脚号	符　号	名　称	功能和用法
1	GND2	输出侧参考接地端	接功率器件的发射极或源极
2	UVLOIN	输出侧 UVLO 设置端	UVLOIN 端是用于决定 VCC2 的 UVLO 设置值的引脚。可通过将 VCC2 的电压除以该引脚输入值来设定 UVLO 的阈值
3	SCPIN1	短路电流检测 1 端	这些是用于检测电流进行短路保护的引脚。当 SCPIN1 引脚，SCPIN2 引脚或 SCPIN3 引脚电压超过 U_{SCDET} 参数设置的电压时，短路保护功能将被开启。当不需使用短路保护功能时，在 SCPINX 和 GND2 之间接一个电阻或将 SCPIN 引脚直接连接到 GND2
4	SCPIN2	短路电流检测 2 端	
5	SCPIN3	短路电流检测 3 端	
6	TO1	恒流输出/传感器电压输入 1 端	TO1 引脚和 TO2 引脚是恒流输出/电压输入引脚。如果 TOx 引脚和 GND 之间连接任意阻抗的元件，它可以用作传感器输入引脚。此外，TOx 引脚断开检测功能是内置的
7	TO2	恒流输出/传感器电压输入 2 端	
8	TC	恒流设定电阻连接端	TC 引脚是一个电阻连接引脚，用于设置恒定电流输出。如果 TC 和 GND2 之间连接了任意阻值的电阻，则可以设置从 TO 输出的恒定电流值
9	PROOUT	软关断/栅极电压输入端	PROOUT 是用于在短路保护动作时输出软关断信号的引脚。它还作为监视栅极电压的引脚，用于密勒箝位和输出状态反馈
10	VCC2	输出侧电源端	VCC2 引脚是输出侧的正电源引脚。为减少由内部变压器的驱动电流和输出电流引起的电压波动，在 VCC2 和 GND2 引脚之间需连接旁路电容
11	OUT1	驱动输出端	接被驱动功率器件的栅极
12	NC	空脚	该接口用于芯片升级
13	OUT2	密勒箝位输出端	用于防止由于连接到 OUT1 的输出元件的密勒电流引起的栅极电压上升。当不使用密勒箝位功能时，OUT2 应断开
14	GND2	输出侧参考地端	连接功率器件的发射极或源极
15	GND1	输入侧参考地端	接输入侧供电电源 VCC1 参考地
16	FLT	故障输出端	FLT 是开漏输出引脚，当发生故障时，即当欠压闭锁功能或短路保护功能被激活时，输出故障信号
17	DIS	使能信号输入端	决定输出逻辑
18	INA	控制输入端	决定输出逻辑
19	OSFB	输出状态反馈输出端	OSFB 是开漏输出引脚，用于比较 PROOUT 引脚输出和 DIS / INA 引脚输入逻辑，当它们不相符时输出低电平
20	SENSOR	温度信息输出端	SENSOR 是输出 TO1 或 TO2 电压的引脚，以较低者为准，转换为占空比

续表 3.19

引脚号	符　号	名　称	功能和用法
21	VCC1	输入侧电源端	VCC1 引脚是输入侧的电源引脚。为了抑制由内部变压器的驱动电流引起的电压波动，在 VCC1 和 GND1 引脚之间需连接旁路电容
22	FB	误差放大器反馈输入端	FB 是开关控制器的误差放大器电压反馈引脚。不使用开关控制器时将其连接到 VCC1
23	COMP	误差放大器输出端	COMP 是开关控制器的增益控制引脚。连接相位补偿电容和电阻。不使用开关控制器时，将其连接到 GND1
24	V_BATT	主供电电源端	V_BATT 是主供电电源引脚。一般应在 V_BATT 和 GND1 之间连接旁路电容，以抑制电压波动。由于输入侧芯片的内部参考电压是由该电源产生的，因此务必保证此引脚始终连在供电电源上
25	VREG	驱动控制 MOSFET 的电源端	VREG 是开关控制器采用变压器驱动时，用于驱动 MOSFET 的电源引脚。即使不使用开关控制器，也要确保在 VREG 和 GND1 之间连接适当容值的电容，以防止振荡和抑制由于 FET_G 输出电流引起的电压变化
26	FET_G	MOSFET 控制端	FET_G 是开关控制器采用变压器驱动时 MOSFET 的控制引脚。不使用开关控制器时此脚不接
27	SENSE	电流反馈电阻连接端	该端是连接到开关控制器电流反馈电阻的引脚。FET_G 引脚输出占空比由该引脚的电压值控制。不使用开关控制器时将该引脚连接到 VCC1
28	GND1	输入侧参考地端	接输入侧供电电源参考地

2. 内部结构和工作原理

BM60051FV－C 的内部结构及工作原理框图如图 3.27 所示。BM60051FV－C 的内部集成有欠压闭锁、短路保护、密勒箝位、比较器、MOSFET 等环节。

其主要构成单元的工作原理或功能如下：

(1) 密勒箝位

当 OUT1 引脚输出低电平且 PROOUT 引脚的电压$<U_{OUT2ON}$时，OUT2 引脚输出高电压使连接的功率器件开通。当短路保护功能被激活时，在软关断释放时间t_{SCPOFF}后，密勒箝位功能起作用。

(2) 故障输出

在发生故障时，也即当欠压锁定功能(UVLO)或短路保护功能(SCP)被激活时，FLT 引脚输出并保持故障信号，直到达到故障保持时间t_{FLTRLS}。

(3) 欠电压闭锁

BM60051FV－C 同时包含引脚 V_BATT，VCC1 和 VCC2 的欠电压闭锁功能。当电源电压下降到一定电压值(典型值为 4.15 V)时，OUT 和 FLT 引脚都将输出低电平信号。当电源电压上升到一定电压(典型值为 4.25 V)时，这些引脚将被复位。在故障输出保持时间内，

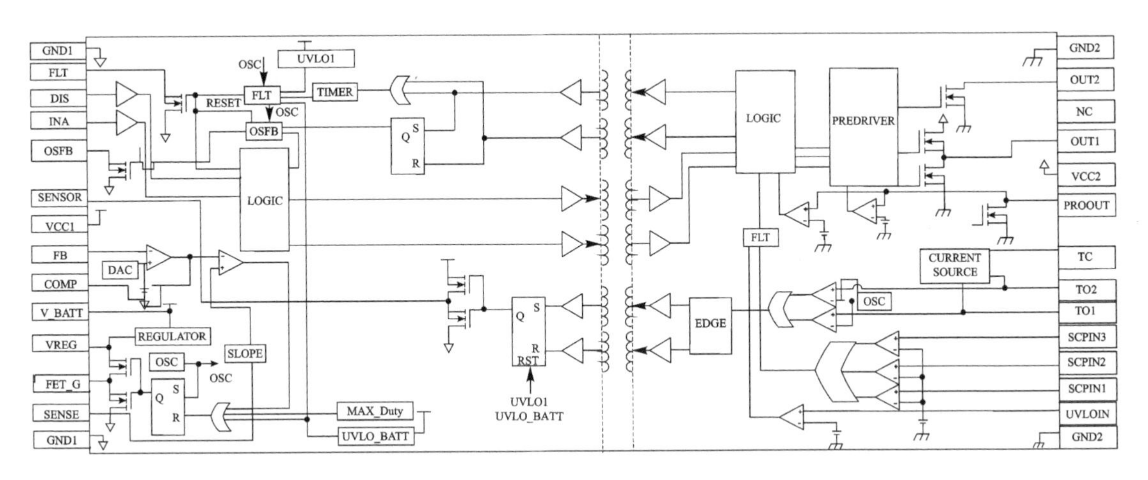

图3.27　BM60051FV-C的内部结构及工作原理

OUT和FLT引脚持续保持低电平信号。此外,为防止由于噪声产生的误动作,同时在低压侧和高压侧设置了消隐时间(典型值为10 μs)。

(4) 短路保护

当SCPIN引脚电压超过U_{SCDET}(典型值为0.7 V)时,SCP功能将被激活。此时OUT引脚设置为高阻态,PROOUT引脚电压设置为低电平。当短路电流下降到其阈值电流且经过一定延时时间t_{SCPOFF}后(最小值为30 μs,最大值为110 μs),OUT和PROOUT引脚均输出低电平。

(5) 温度监控

BM60051FV-C内置恒流电路从TO_X引脚提供恒定电流,并可以通过改变TC端和GND2引脚之间所连接电阻的阻值调整该电流值。此外,TO_X引脚还具有电压输入功能,可以将TOx引脚电压转换为SENSOR引脚输出的占空比信号。当任一TO_X引脚的电压不小于断开检测电压U_{TOH}时,SENSOR引脚输出低电平。当仅使用其中一个TO_X引脚时,需要在其他TO引脚和GND2之间连接电阻,以保持其他TO引脚的电压不超过U_{TOH}。

3. 主要设计特点、参数限制和推荐工作条件

(1) 主要设计特点

① 无铁芯变压器隔离驱动;

② 内置电气绝缘;

③ 集成多重保护功能;

④ 密勒箝位功能;

⑤ 具有软关断功能;

⑥ 可工作于较高的环境温度。

(2) 主要参数和限制

如表3.20所列为BM60051FV-C的极限绝对值参数,极限绝对值参数意味着超过该值后,驱动芯片有可能损坏。

表 3.20　BM60051FV－C 的极限绝对值参数

符　号	定　义	最小值	最大值	单　位	备　注
$U_{BATTMAX}$	主电源电压	－0.3	＋40.0	V	
$U_{VCC1MAX}$	输入侧控制模块电源电压	－0.3	＋7.0	V	
$U_{VCC2MAX}$	输出侧电源电压	－0.3	＋30.0	V	
U_{INMAX}	控制信号、使能信号引脚输入电压	－0.3	U_{CC1}＋0.3 或＋7.0	V	
U_{FLTMAX}	FLT，OSFB 引脚输入电压	－0.3	＋7.0	V	
I_{FLT}	反馈输出引脚的输出电流		10	mA	
I_{SENSOR}	引脚输出电流		10	mA	
U_{FBMAX}	误差放大器反相输入引脚的输入电压	－0.3	U_{VCC1}＋0.3 或＋7.0	V	
I_{FET_GPEAK}	MOSFET 控制引脚输出电流		1 000	mA	
$U_{SCPINMAX}$	短路电流检测引脚 1、2 和 3 的输入电压	－0.3	＋6.0	V	
$U_{UVLOINMAX}$	UVLOIN 引脚输入电压	－0.3	U_{CC2}＋0.3	V	
U_{TOMAX}	恒流输出/传感器电压输入引脚 1 和 2 的输入电压	－0.3	U_{CC2}＋0.3	V	
I_{TOMAX}	恒流输出/传感器电压输入引脚 1 和 2 的输出电流		8	mA	
$I_{OUT1PEAK}$	OUT1 引脚输出电流(最长不超过 5 μs)		5 000	mA	不能超过功率损耗 P_D 以及结温 T_j＝150 ℃的限制
$I_{OUT2PEAK}$	OUT2 引脚输出电流(最长不超过 5 μs)		5 000	mA	
$I_{PROOUTPEAK5}$	软关断/栅极电压输入端电流(时间最长不超过 5 μs)		2 500	mA	不能超过功率损耗 P_D 以及结温 T_j＝150 ℃的限制
$I_{PROOUTPEAK10}$	软关断/栅极电压输入端电流(时间最长不超过 5 μs)		1 000	mA	
P_D	功率损耗		1.12	W	T_a＞25 ℃时，P_D 以 9.0 mW /℃的速率降低。测试时以放置在尺寸为 114.3 mm×76.2 mm×1.6 mm 的玻璃环氧树脂上为参照
T_{op}	工作温度范围	－40	＋125	℃	
T_{stg}	储藏温度范围	－55	＋150	℃	
T_j	允许结温		＋150	℃	

(3) 推荐工作条件

如表 3.21 所列为 BM60051FV－C 的推荐工作条件，该芯片在推荐条件下能够可靠地工作。

表 3.21　BM60051FV－C 的推荐工作条件

符　号	定　义	最小值	最大值	单　位
U_{BATT}	主电源电压	4.5	24.0	V
U_{CC1}	输入侧控制模块电源电压	4.5	5.5	V
U_{CC2}	输出侧电源电压	9	24	V
U_{UV2TH}	输出侧 UVLO 电压	6	—	V

(4) 绝缘性能

如表 3.22 所列为 BM60051FV－C 的绝缘性能。

表 3.22　BM60051FV－C 的绝缘性能

符　号	定　义	数　值	单　位	备　注
R_S	绝缘电阻	$>10^9$	Ω	(U_{ISO}=500 V)
U_{ISO}	绝缘耐压	2 500	V	有效值，持续 1 分钟
U_{ISO}	绝缘测试电压	3 000	Vrms	有效值，持续 1 秒钟

4. 应用技术

(1) 典型应用接线

图 3.28 所示为 BM60051FV－C 应用中的典型接线原理图。

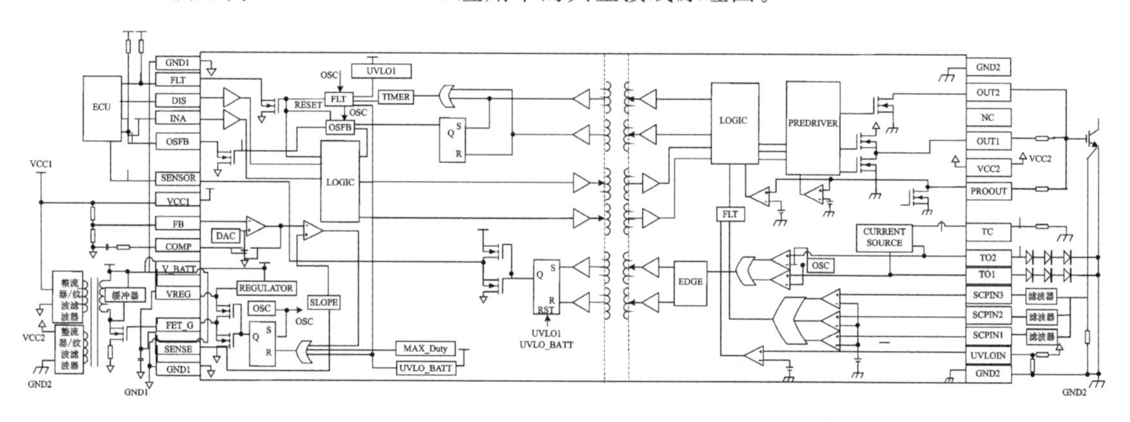

图 3.28　BM60051FV－C 的典型接线原理图

(2) 典型工作波形

图 3.29 所示为 BM60051FV－C 正常工作时的典型波形，正确分析和理解这些波形的对应关系对应用好 BM60051FV－C 是极为关键的。

当 VCC2 和 GND2 两引脚间的电压差为低电平并且连接的外部 MOS 管不导通时，OUT2 引脚输出高阻态；当 VCC1 输入引脚呈低电平并且与故障引脚 FLT 相连接的 MOS 管不导通时，FLT 引脚输出高阻态。

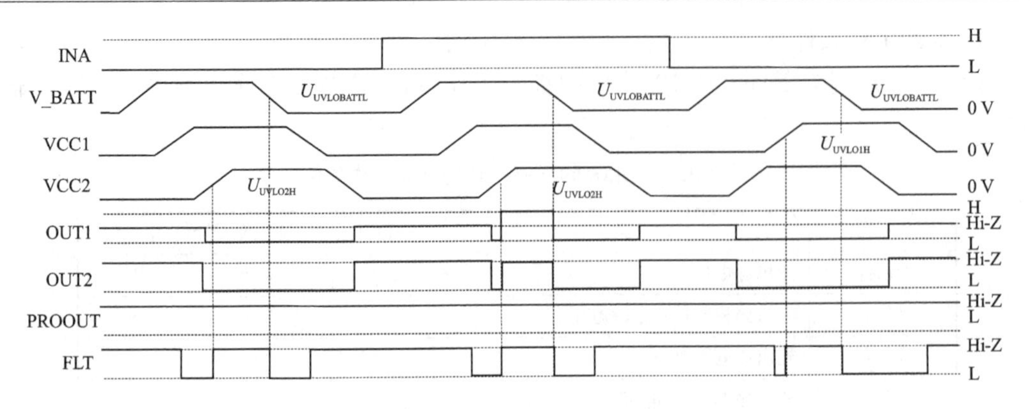

图 3.29　BM60051FV－C 的正常工作波形

3.4　ST 公司栅极驱动集成电路

3.4.1　STGAP1AS 集成保护功能的单通道高速驱动芯片

STGAP1AS 是 ST 公司的一款隔离型单通道驱动芯片，适用于驱动 MOSFET 和 IGBT。该驱动芯片峰值驱动电流为 5 A，输入输出信号传输延迟时间在 100 ns 以内，可以提供较高的 PWM 控制精度，具有密勒箝位、去饱和检测、过电流检测、两电平关断、漏源/集射过电压保护、UVLO 和 OVLO 等功能。该芯片具有自诊断输出引脚，可通过 SPI 串口监测芯片工作状态，也可通过 SPI 编程设定各辅助功能的参数，使用时非常灵活便捷。

1. 引脚排列、名称和功能

STGAP1AS 采用典型的 SO24W 封装，其封装形式与各引脚的排列如图 3.30 所示，各引脚的名称、功能及用法如表 3.23 所列。

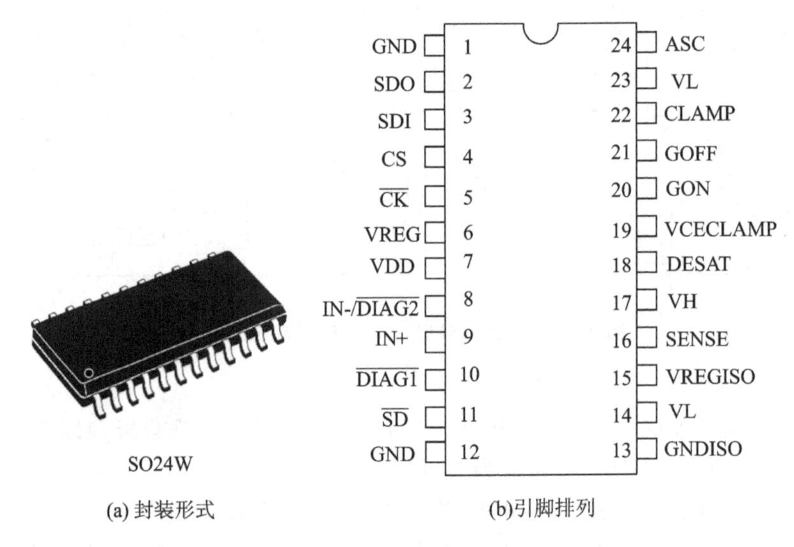

图 3.30　STGAP1AS 封装及引脚排列图

表3.23　STGAP1AS各引脚的名称及功能

引脚号		符　号	名　称	功能和用法
低电压侧	1,12	GND	低压侧参考地端	在低压侧接供电电源参考地
	2	SDO	SPI串行数据输出端	用于读取寄存器状态
	3	SDI	SPI串行数据输入端	用于改写寄存器状态
	4	CS	SPI芯片选择端	用于多个驱动芯片级联时选择有效SPI芯片,低电平有效
	5	CK	时钟信号端	SPI时钟输入
	6	VREG	内部3.3 V调压器输出端	为逻辑控制中心供电
	7	VDD	低压侧电源端	接内部3.3 V调压器,为驱动芯片供电
	8	IN－/$\overline{\text{DIAG2}}$	控制信号输入/漏极开路诊断输出端	由寄存器DIAG_EN状态决定该引脚功能,寄存器DIAG1CFG决定检测的故障类型
	9	IN＋	控制信号输入端	IN＋与IN－共同决定驱动芯片输出状态
	10	$\overline{\text{DIAG1}}$	漏极开路诊断输出端	与DIAG2功能相同
	11	$\overline{\text{SD}}$	关断输入控制信号端或清除状态寄存器端	低电平有效,是否清除状态寄存器由SD_FLAG位决定
高电压侧	13	GNDISO	输出侧参考地端	接输出侧供电参考地,与输入侧参考地要隔离
	14,23	VL	驱动负压供电端	为输出侧驱动负压供电
	15	VREGISO	输出侧内部调压器端	由线性稳压源产生3.3 V逻辑单元供电电压(过低导致逻辑复位,由寄存器位REGERRR标志)
	16	SENSE	过电流保护输入端	当该引脚对GNDISO的电位高于$U_{SENSEth}$时,关断功率开关管
	17	VH	驱动正压供电端	为输出侧驱动正压供电
	18	DESAT	去饱和保护端	过流/短路故障时触发去饱和保护
	19	VCECLAMP	过压箝位端	提供漏源(集射)电压箝位保护
	20	GON	驱动正压输出端	接功率器件的栅极,为栅极回路提供正向驱动电压和开通电流
	21	GOFF	驱动负压输出端	接功率器件的栅极,为栅极回路提供负向驱动电压和关断电流
	22	CLAMP	密勒箝位端	避免漏极电压尖峰由密勒电容耦合至栅极产生击穿或误触发
	24	ASC	异步停止端	高电平有效,用于开通正压输出(不管IN＋、IN－及$\overline{\text{SD}}$的状态如何);其优先级低于SENSE和DESAT,当发生过流和去饱和保护时,ASC管脚信号被忽略

2. 内部结构和工作原理

STGAP1AS的内部结构及工作原理框图如图3.31所示。STGAP1AS的内部集成有逻辑控制中心(配置寄存器和状态寄存器)、基本输入输出模块、漏源电压/集射电压箝位保护、去饱和保护、密勒箝位保护等环节。此外,STGAP1AS还可工作在低功耗模式下,此功能可以降低驱动芯片在空闲状态下的功耗。

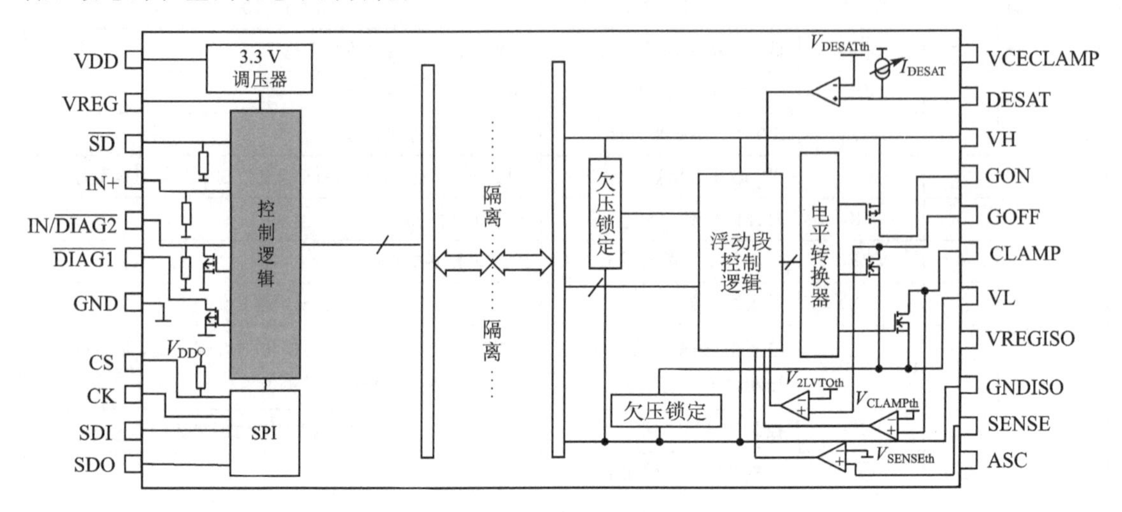

图 3.31 STGAP1AS内部结构及工作原理框图

其主要构成单元的工作原理或功能如下:

(1) 栅极驱动电压与欠压/过压锁定

栅极驱动可以采用零压关断或者负压关断,零压关断直接将VL端与GNDISO端连接即可,负压关断需要在VL端外接负压电源,其中负压关断可以降低功率开关管误开通的风险,电路接线示意图如图3.32所示。

欠压锁定设定了一定时间的动作延时,这样可以避免干扰信号所产生的间歇性动作。当供电电压VH/VL/VDD低于阈值电压VH_{OFF}/VL_{OFF}/VDD_{OFF}时,输出缓冲区进入安全状态(Safe State:G_{OFF}开通,G_{ON}进入高阻态,密勒箝位开通),同时UVLOH/UVLOL/UVLOD状态标志置高/高/低;类似地,当供电电压VH/VL/VDD高于阈值电压OV_{VHOFF}/OV_{VLOFF}/OV_{VDDOFF}时,输出缓冲区进入安全状态,同时OVLOH/OVLOL/OVLOD状态标志位置高/高/低;当VH/VL/VDD在安全工作电压下且状态标志位复位(高压侧欠压锁定是否自动复位由状态标志锁定位控制)时,芯片恢复正常工作。在电路设计时,需要在高压侧靠近供电电源引脚处并联电容,以增强瞬时供电能力和滤除高频干扰。

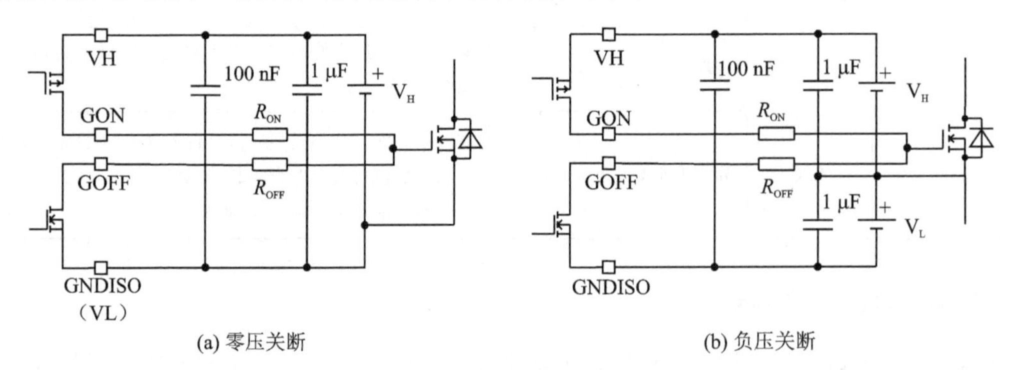

(a) 零压关断 (b) 负压关断

图 3.32 驱动供电模式

(2) 密勒箝位

桥臂电路中，在下管处于关断状态时，上管开通会使得下管漏源两端承受快速变化的电压，变化的电压会经过密勒电容 C_{GD} 耦合至栅极，带来下管误导通或氧化层击穿的风险。密勒箝位功能可在功率开关管关断期间对栅极电压进行监测，当栅极电压超出密勒箝位电压 $V_{CLAMPth}$ 时，在栅极与地之间产生一个低阻抗通道为栅极电荷提供泄放回路，从而避免功率开关管误导通或被击穿。

(3) 去饱和保护

当发生过流或者短路故障时，功率开关管进入饱和区，漏源极电压或集射极电压会显著上升，当其值超出 $V_{DESATth}$ 时，触发保护功能，驱动芯片输出进入安全状态，关断开关管。$V_{DESATth}$ 要根据功率开关管的输出特性确定并通过串口写入相应的寄存器。(注：$V_{DESATth}$ 与功率开关管的结温、负载电流和驱动电压相关)

(4) 死区时间与互锁

对于桥臂电路来说，为了避免桥臂上下两个开关管同时导通发生直通问题，两管的驱动信号之间需要留有一定的死区时间且实现互锁。如图 3.33 所示，STGAP1AS 控制信号输入端具有两个引脚，便于实现硬件电路互锁。此外，STGAP1AS 具有输入输出信号可编程延时功能，方便死区时间调节。

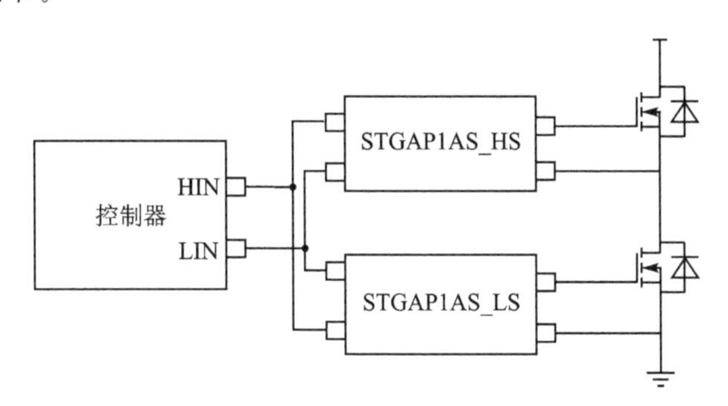

图 3.33 桥臂驱动框图

(5) 过温保护

当结温超出阈值结温 T_{SD} 时，芯片进入安全状态。当结温低于($T_{SD}-T_{hys}$)时，芯片恢复正常工作状态。

(6) 两电平关断

当过流保护动作时，需要快速地关断功率开关管。由于功率回路寄生电感的存在，会在功率开关管漏源极之间感应出很高的电压，甚至超出额定电压，因此有必要软化关断过程，常使用相对易于实现的两电平关断技术。STGAP1AS 也具备此项功能，关断时 GOFF 先输出可编程的电压 V_{2LTOth}，经过可编程的时间 $t_{2LTOtime}$ 后由 VL 端输出。两电平关断功能可以通过更改寄存器 2LTO_EN 的状态实现常态下执行两电平关断(2LTO_EN='0')或者故障下执行两电平关断(2LTO_EN='1')或者不执行两电平关断(2LTOtime=0x0)。

(7) 低功耗模式(休眠模式)

低功耗模式可以在驱动芯片长时间不工作时降低功耗，此状态下供电电源 VDD 和 VH 的静态电流被分别降低至 I_{QDDSBY} 和 I_{QHSBY}，输出处于安全状态。进入低功耗模式的条件为信号输入正负极引脚保持高电平状态且超出时间 t_{STBY}，进入备用工作模式后输入信号可改变。退出备用工作模式的条件：信号输入正负极引脚电平异于双高电平状态且超出时间 $t_{stbyfilt}$，紧接着保持双高电平状态达到时间 $t(t_{WUP}<t<t_{STBY})$，再经过时间 t_{awake} 即可退出备用工作模式。图 3.34 所示给出了工作模式切换过程示意图。

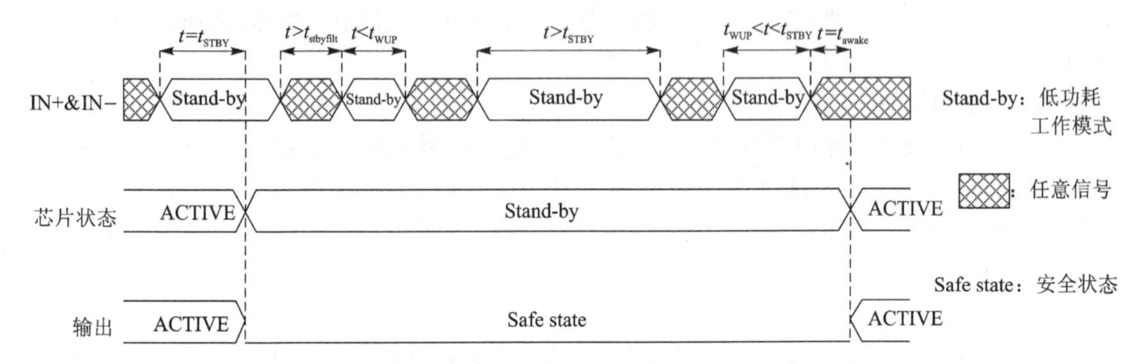

图 3.34　工作模式切换过程示意图

3. 主要设计特点、参数限制和推荐工作条件

(1) 主要设计特点

① 无铁芯变压器隔离驱动；

② 内置电气绝缘，最高可用于 1 500 V 电压场合；

③ 集成多重保护功能；

④ 通过 SPI 改写特定寄存器值实现各种保护功能的参数设定；

⑤ 具有故障诊断输出引脚，用于快速确定故障类型。

(2) 主要参数和限制

表 3.24 列出了 STGAP1AS 的极限绝对值参数限制，极限绝对值参数意味着超过该值后，驱动芯片有可能被损坏。

表 3.24　STGAP1AS 的极限绝对值参数

符　号	参　数	最小值	最大值	单　位	备　注
U_{VDD}	低压侧供电电压	−0.3	6.5	V	以 GND 为参考地
U_{LOGIC}	控制信号电压	−0.3	$U_{VDD}+0.3$	V	以 GND 为参考地
U_H	高压侧正极供电电压	−0.3	40	V	以 GNDISO 为参考地
U_L	低压侧负极供电电压	−15	0.3	V	以 GNDISO 为参考地
U_{OUT}	驱动输出电压	$U_L-0.3$	$V_H+0.3$	V	G_{ON}、G_{OFF} 管脚电压
U_{DESAT}	去饱和电压	−0.3	$V_H+0.3$	V	以 GNDISO 为参考地
I_{DIAGx}	漏极开路输出电流	—	20	mA	
U_{DIAGx}	漏极开路输出电压	−0.3	6.5	V	
T_j	结温	−40	150	℃	
T_{stg}	存储温度	−50	150	℃	
$P_{D(in)}$	芯片输入功耗	—	65	mW	

续表 3.24

符 号	参 数	最小值	最大值	单 位	备 注
$P_{D(out)}$	芯片输出功耗	—	$(T_{j(max)}-T_A)/(R_{th(TA)}-P_{D(in)})$	mW	取决于环境温度、散热设计及输入侧功耗
ESD	防静电	2	kV		

(3) 推荐工作条件

表 3.25 列出 STGAP1AS 的推荐工作条件,该芯片在推荐条件下能够可靠地工作。

表 3.25 STGAP1AS 的推荐工作条件

符 号	参 数	最小值	最大值	单 位	备 注
U_H	高压侧正极供电电压	4.5	36	V	以 GNDISO 为参考地
U_L	高压侧负极供电电压	GNDISO-10	GNDISO	V	以 GNDISO 为参考地
U_{HL}	高压侧正负极供电压差	—	36	V	
U_{DD}	低压侧正极供电电压	4.5	5.5	V	以 GND 为参考地
U_{REG}	低压侧内部调节器电压	3.3(1−5%)	3.3(1+5%)	V	以 GND 为参考地
U_{LOGIC}	低压侧逻辑信号电压	—	$(U_{DD},5)_{min}$	V	以 GND 为参考地
$U_{DESATth}$	去饱和阈值电压	—	$U_H-1.5$	V	以 GNDISO 为参考地
f_{SW}	最大开关频率	—	150	kHz	

4. STGAP1AS 应用技术

(1) 典型应用接线

图 3.35 所示为 STGAP1AS 应用中的典型接线原理图。

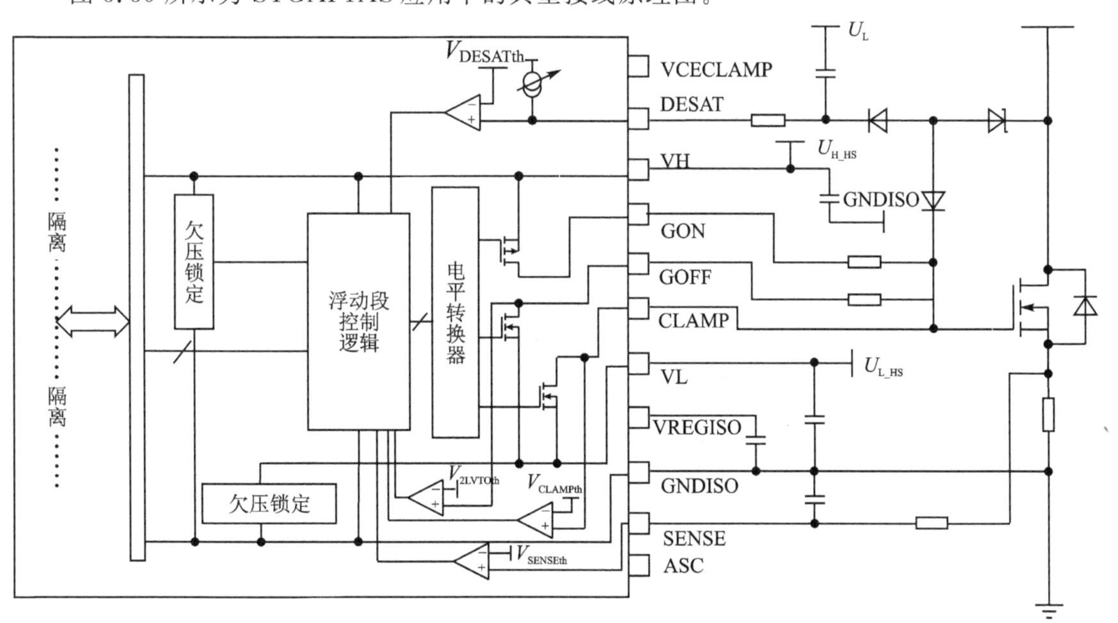

图 3.35 STGAP1AS 应用中的典型接线

（2）典型工作波形

图 3.36～图 3.40 所示为 STGAP1AS 工作在几种典型工况下的波形图，正确分析和理解这些波形的对应关系是使用好 STGAP1AS 的前提条件。

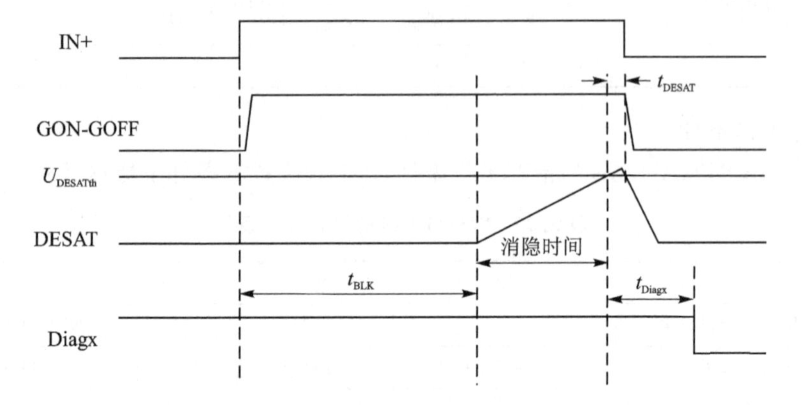

图 3.36　去饱和保护波形图

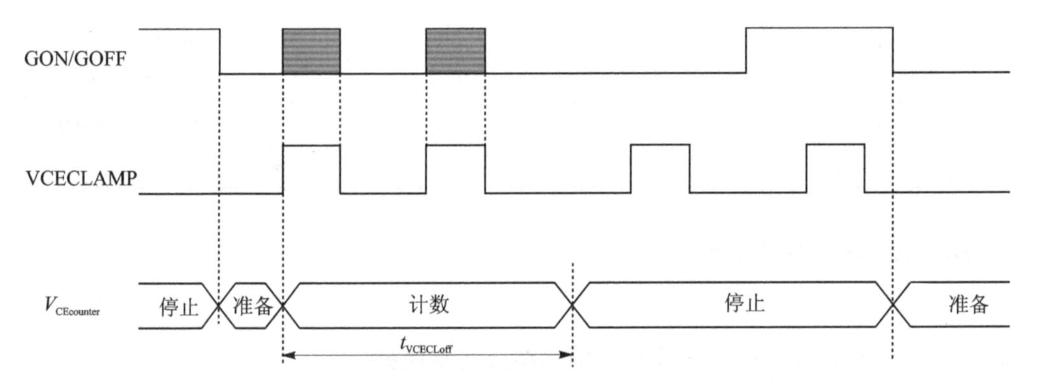

图 3.37　漏源极箝位保护波形图

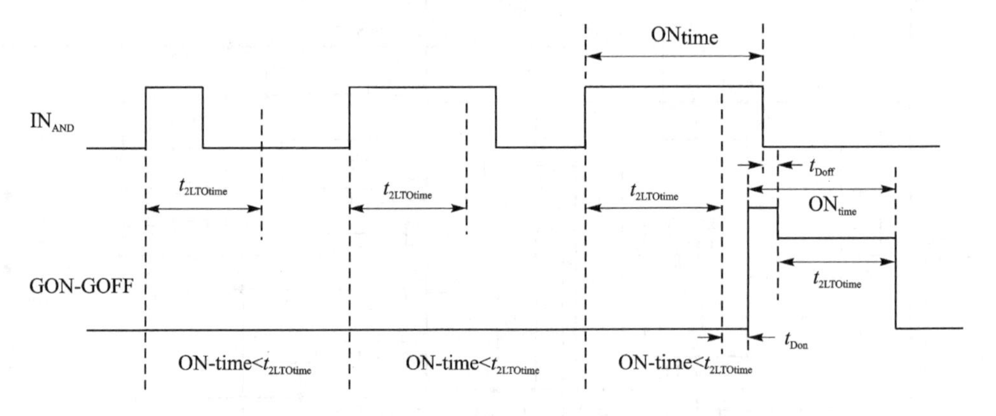

图 3.38　两电平关断状态下的窄开通脉冲波形图

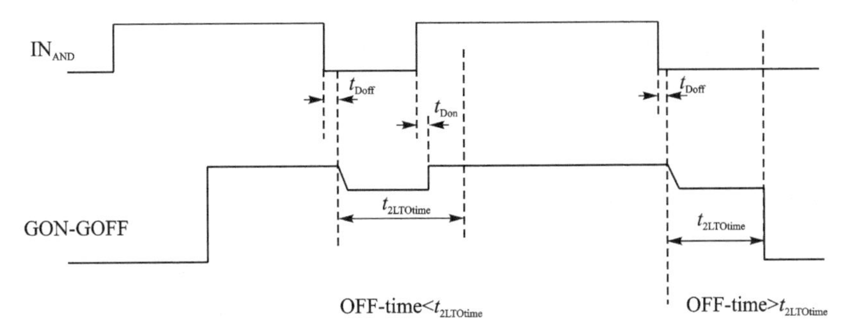

图 3.39　两电平关断状态下的窄关断脉冲波形图

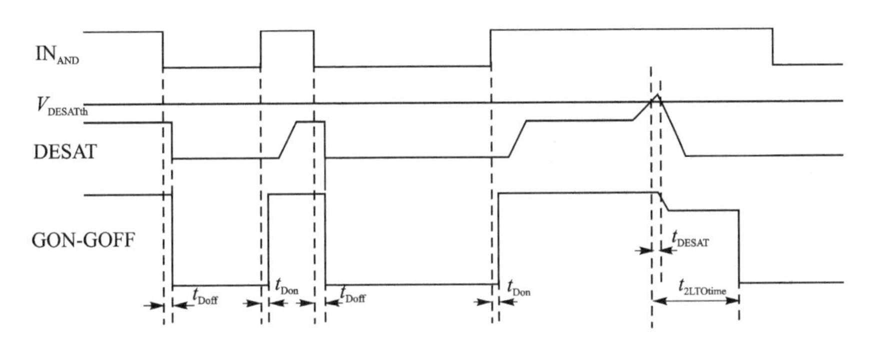

图 3.40　故障模式下的两电平关断波形图

(3) STGAP1AS 桥臂驱动典型电路

图 3.41 所示为 STGAP1AS 用于驱动 SiC MOSFET 桥臂的典型接线原理图。

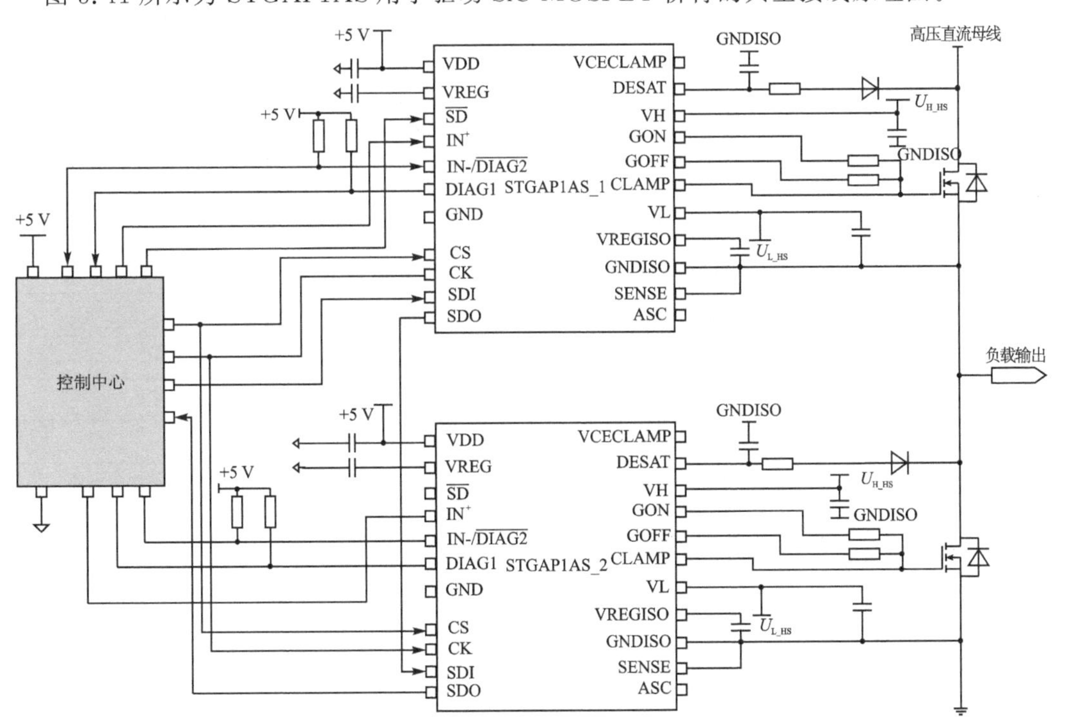

图 3.41　STGAP1AS 桥臂驱动应用电路

3.4.2　STGAP2D 集成保护功能的双通道高速驱动芯片

STGAP2D 是 ST 公司的一款隔离型双通道驱动芯片，适用于驱动 MOSFET 和 IGBT。该驱动芯片峰值驱动电流为 4 A，输入输出信号传输延迟时间在 80 ns 以内，可以提供较高的 PWM 控制精度。内部集成多种保护功能，包括欠压闭锁、输出信号互锁及过温保护等。

1. 引脚排列、名称和功能

STGAP2D 采用典型的 SO－16 封装，其封装形式与各引脚的排列如图 3.42 所示，各引脚的名称、功能及用法如表 3.26 所列。

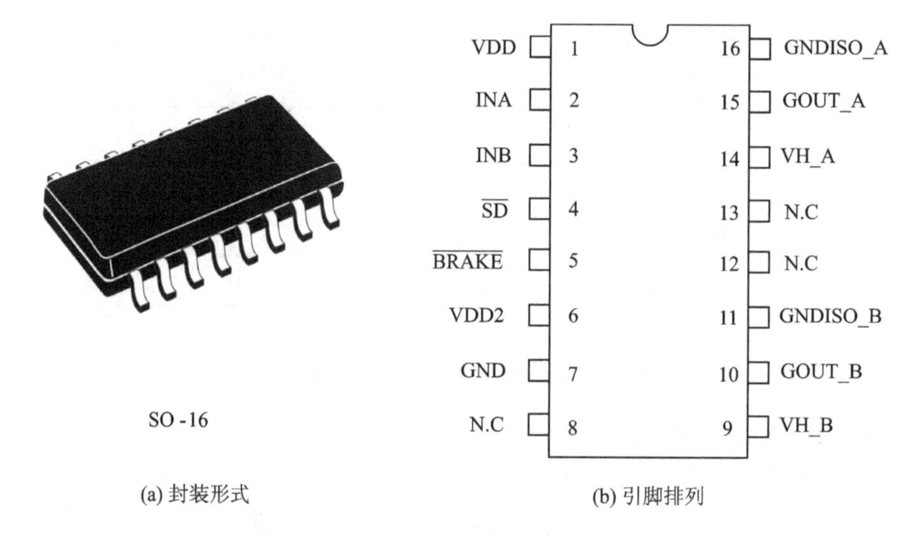

图 3.42　STGAP2D 封装及引脚排列图

表 3.26　STGAP2D 各引脚的名称及功能

引脚号		符　号	名　称	功能和用法
输入侧	1	VDD	输入侧的供电电源端	为驱动芯片供电
	2	INA	A 通道的控制信号输入端	高电平有效
	3	INB	B 通道的控制信号输入端	高电平有效
	4	$\overline{SD}$	关断输入控制信号端	低电平有效，正常工作时应为高电平
	5	$\overline{BRAKE}$	控制输出驱动端	低电平有效，A 通道关断，B 通道开通
	6	VDD2	输入侧供电端	必须与 VDD 相接
	7	GND	输入侧参考地端	在输入侧接供电电源参考地与控制信号参考地
	8	N. C	空脚	使用中悬空
输出侧	9	VH_B	B 通道驱动正压供电电源端	接隔离电源正极
	10	GOUT_B	B 通道驱动信号输出端	接被驱动的开关管的栅极
	11	GNDISO_B	B 通道驱动供电参考地端	必须与 A 通道输出侧供电参考地端隔离
	12	N. C	空脚	
	13	N. C	空脚	

续表 3.26

引脚号		符 号	名 称	功能和用法
输出侧	14	VH_A	A 通道驱动正压供电电源端	接隔离电源正极
	15	GOUT_A	A 通道驱动信号输出端	接被驱动的开关管的栅极
	16	GNDISO_A	A 通道驱动供电参考地端	必须与 B 通道输出侧供电参考地端隔离

2. 内部结构和工作原理

STGAP2D 的内部结构及工作原理框图如图 3.43 所示。STGAP2D 的内部集成有逻辑控制中心、欠压闭锁及图腾柱式驱动放大等环节。此外，STGAP2D 还可工作在低功耗模式下，此功能可以降低驱动芯片在空闲状态下的功耗。

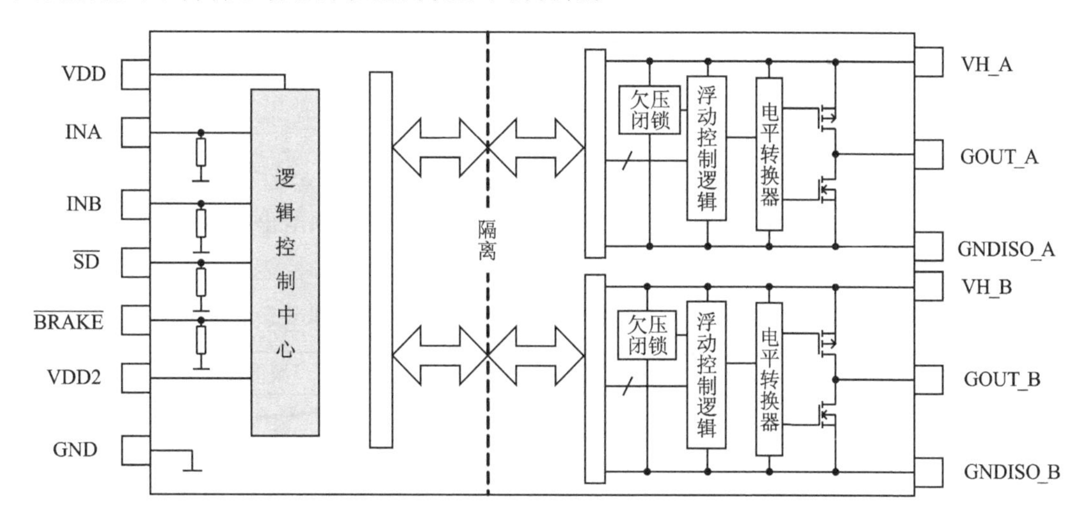

图 3.43 STGAP2D 内部结构及工作原理框图

其主要构成单元的工作原理或功能如下：

(1) 栅极驱动电压与欠压锁定

栅极驱动可以采用零压关断或者负压关断，零压关断直接将 VL_X 端与 GNDISO_X 端连接即可，负压关断需要在 VL_X 端外接负压电源，其中负压关断可以降低功率开关管误开通的风险，电路接线示意图如图 3.44 所示。

欠压锁定设定了一定时间的动作延时，这样可以避免干扰信号所产生的间歇性动作。当供电电压 VH/VL/VDD 低于阈值电压 $VH_{OFF}/VL_{OFF}/VDD_{OFF}$ 时，输出缓冲区进入安全状态(Safe State：G_{OFF} 开通，G_{ON} 进入高阻态，密勒箝位开通)；当 VH/VL/VDD 恢复至安全工作电压范围时，芯片恢复正常工作。在电路设计时，需要在高压侧靠近供电电源引脚处并联电容，以增强瞬时供电和滤除高频干扰的能力。

(2) 驱动互锁功能

对于桥臂电路来说，为了避免桥臂上下两个开关管同时导通发生直通问题，两管的驱动信号之间需要留有一定死区时间且实现互锁。当 INA 与 INB 同时输入高电平时，互锁功能可保证输出侧两通道将同时输出关断信号。

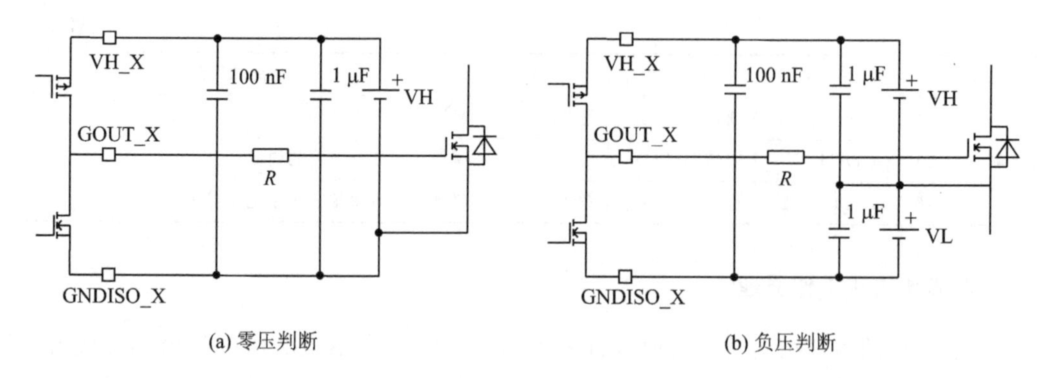

(a) 零压判断　　(b) 负压判断

图 3.44　驱动供电模式

(3) 过温保护

当结温超出阈值结温 T_{SD} 时,芯片进入安全状态。当结温低于($T_{SD}-T_{hys}$)时,芯片恢复正常工作状态。

(4) 输入信号的多重控制

STGAP2D 芯片的输入侧具有多个控制引脚,通过对其施加特定的有效电平组合可以实现特定的驱动输出模式,以满足某些特殊的驱动需求。表 3.27 所列给出了 STGAP2D 输入侧真值表对应的输出状态。

表 3.27　输入侧真值表与输出驱动模式(不考虑欠压闭锁和处于安全状态)

输入侧				输出侧	
$\overline{SD}$	$\overline{BRAKE}$	INA	INB	GOUT_A	GOUT_B
L	×	×	×	低	低
H	L	×	×	低	高
H	H	L	L	低	低
H	H	H	L	高	低
H	H	L	H	低	高
H	H	H	H	低	低

(5) 看门狗功能

在 STGAP2D 的输出侧集成了看门狗电路,当驱动芯片的输入侧发生断电或者控制信号丢失等故障时,看门狗电路立即关断输出驱动信号使芯片进入安全状态,故障消失后驱动芯片会自动恢复工作。

(6) 低功耗模式(休眠模式)

低功耗模式可以在驱动芯片长时间不工作时降低功耗,此状态下供电电源 VDD 和 VH 的静态电流被分别降低至 I_{QDDSBY} 和 I_{QHSBY},输出处于安全状态。进入低功耗模式的条件:信号输入正负极引脚保持高电平状态且超出时间 t_{STBY},进入备用工作模式后输入信号可改变。退出备用工作模式的条件:信号输入正负极引脚电平异于双高电平状态且超出时间 $t_{stbyfilt}$,紧接着保持双高电平状态达到时间 t($t_{WUP}<t<t_{STBY}$),再经过时间 t_{awake} 即可退出备用工作模式。图 3.45 所示给出了工作模式切换过程示意图。

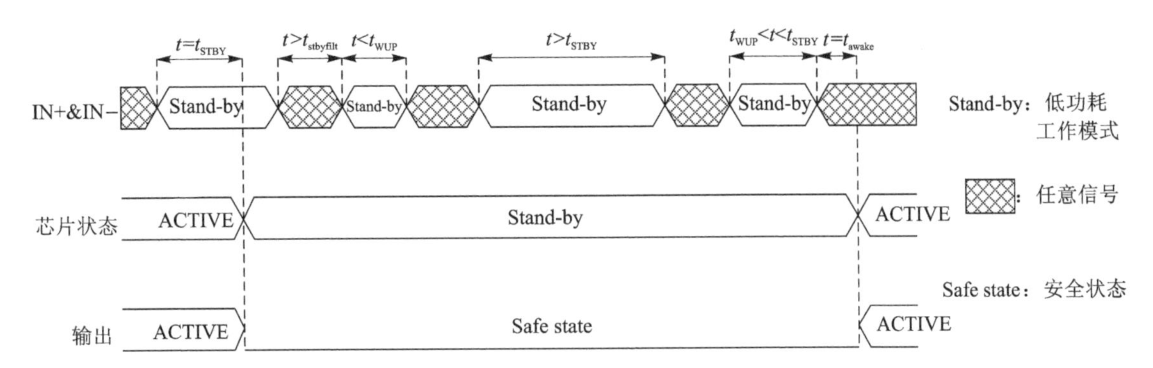

图 3.45 工作模式切换过程

3. 主要设计特点、参数限制和推荐工作条件

（1）主要设计特点

STGAP2D 具有以下特点：

① 无铁芯变压器隔离驱动；

② 内置电气绝缘，最高可用于 1 700 V 电压场合；

③ 集成多重保护功能；

④ 可工作在休眠模式下，降低功耗。

（2）参数限制

表 3.28 列出 STGAP2D 的极限绝对值参数限制，极限绝对值参数意味着超过该值后，驱动芯片有可能被损坏。

表 3.28 STGAP2D 的极限绝对值参数

符 号	参 数	最小值	最大值	单 位	备 注
U_{VDD}/U_{VDD2}	输入侧供电电压	−0.3	6.5	V	以 GND 为参考地
U_{LOGIC}	控制信号电压	−0.3	6.5	V	以 GND 为参考地
U_{H-X}	输出侧正供电电压	−0.3	28	V	以 GNDISO_X 为参考地
U_{OUT}	驱动输出电压	−0.3	$U_{H-X}+0.3$	V	以 GNDISO_X 为参考地
U_{SO}	输入-输出隔离电压	−1 700	1 700	V	
T_j	结温	−40	150	℃	
T_{stg}	存储温度	−50	150	℃	
$P_{D(in)}$	芯片输入功耗	—	10	mW	
$P_{D(out)}$	芯片输出功耗	—	1.6	W	$T_A=25$ ℃
ESD	防静电	2		kV	

（3）推荐工作条件

表 3.29 列出了 STGAP2D 的推荐工作条件，该芯片在推荐条件下能够可靠地工作。

表 3.29 STGAP2D 的推荐工作条件

符　号	参　数	最小值	最大值	单　位	备　注
U_{H_X}	高压侧正极供电电压	4.5	36	V	以 GNDISO_X 为参考地
U_{DD}/U_{DD2}	低压侧正极供电电压	4.5	5.5	V	以 GND 为参考地
U_{LOGIC}	低压侧逻辑信号电压	—	$(U_{DD},5)_{min}$	V	以 GND 为参考地
t_{OUT}	输出脉冲宽度	100		ns	
T_j	工作结温	−40	125	℃	
f_{SW}	最大开关频率	—	150	kHz	

4. STGAP2D 应用技术

(1) 典型应用接线

图 3.46 所示为 STGAP2D 应用在桥臂驱动中的典型接线原理图。

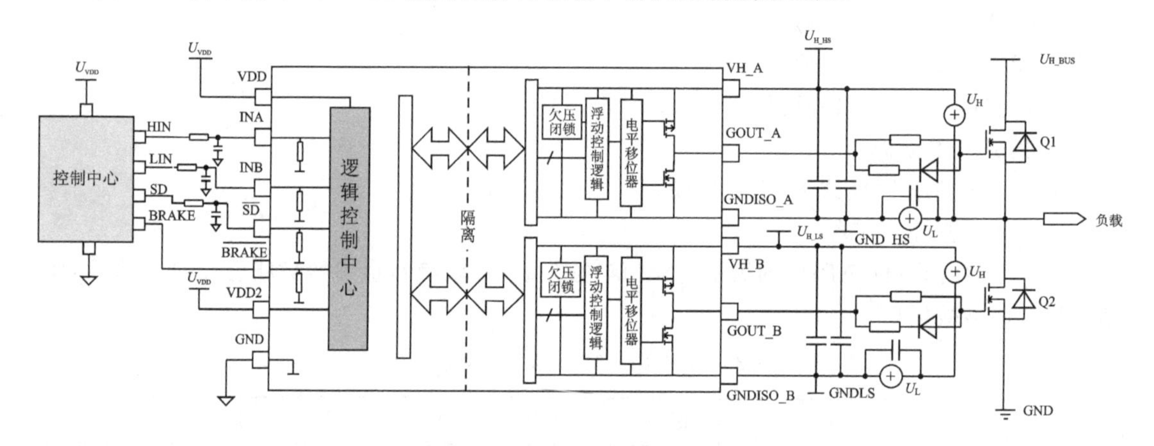

图 3.46 STGAP2D 应用中的典型接线

(2) 工作波形

图 3.47 所示为 STGAP2D 的典型工作波形图,其中两路输入 PWM 控制信号之间应当留有一定的死区时间,当 PWM 信号被干扰或者控制器逻辑错乱时,芯片的互锁功能被触发,以

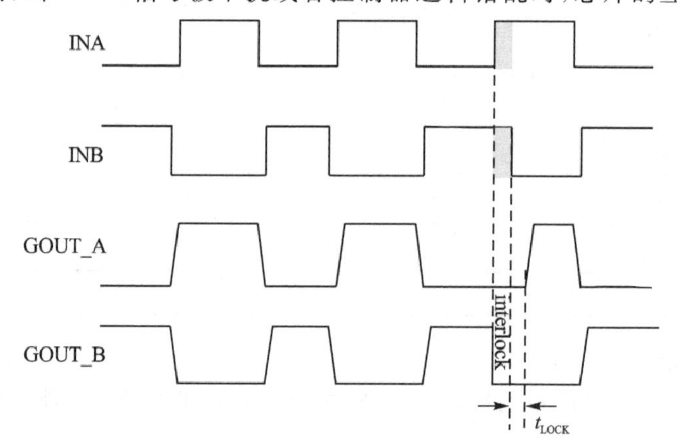

图 3.47 STGAP2D 工作波形图

避免桥臂上下功率开关管发生直通。

3.5　Analog Devices 公司栅极驱动集成电路

ADuM4135 是 Analog Devices 公司推出的一款隔离型单通道驱动芯片，典型输出电流峰值为 4 A。该驱动芯片集成多种保护功能，包括去饱和检测短路保护、密勒箝位和欠压闭锁等，信号传输延迟时间典型值为 55 ns，最小输入脉冲宽度为 50 ns，能够驱动耐压 600 V/1 200 V 的 Si IGBT 或 SiC MOSFET。

1. 引脚排列、名称、功能和用法

ADuM4135 采用典型的 SOIC - W 封装，其封装形式与各引脚的排列如图 3.48 所示，各引脚的名称、功能及用法如表 3.30 所列。

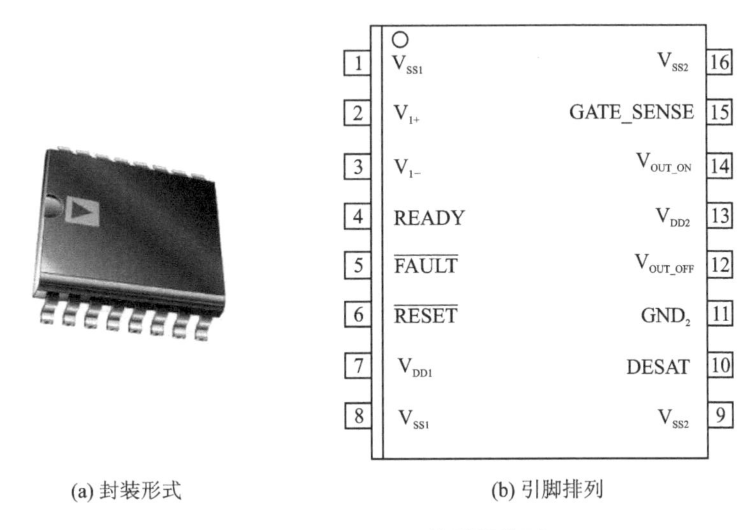

(a) 封装形式　(b) 引脚排列

图 3.48　ADuM4135 的引脚排列

表 3.30　ADuM4135 的引脚名称、功能和用法

引脚号	符　号	名　称	功能和用法
1、8	V_{SS1}	驱动输入级参考地端	芯片原边的参考地
2	V_{1+}	非反相驱动输入端	正逻辑 CMOS 输入驱动信号
3	V_{1-}	反相驱动输入端	负逻辑 CMOS 输入驱动信号
4	READY	准备信号输出端	开漏逻辑输出。该引脚连接一个上拉电阻以读取信号。此引脚为高电平表示该器件正常工作，并准备好提供栅极驱动；此引脚为低电平会禁止栅极驱动输出变为高电平
5	$\overline{\text{FAULT}}$	故障信号输出端	开漏逻辑输出。该引脚连接到一个上拉电阻以读取信号。此引脚为低电平状态表示器件发生了去饱和故障，故障条件会禁止栅极驱动输出变为高电平

续表 3.30

引脚号	符　号	名　称	功能和用法
6	$\overline{\text{RESET}}$	复位信号输入端	CMOS 输入。故障存在时，将该引脚置为低电平可清除故障
7	V_{DD1}	驱动输入级正电源端	接原边输入电源，电压范围为 2.3～5.5 V，以 V_{SS1} 为参考地
9、16	V_{SS2}	驱动输出级负电源端	接副边负供电电源，电压范围为 −15～0 V，以 GND_2 为参考地
10	DESAT	去饱和检测输入端	该引脚需连接一个外部电流源或上拉电阻。该引脚支持 NTC 温度检测或其他故障条件检测。检测到的故障会在原边的 $\overline{\text{FAULT}}$ 引脚上复位。在原边故障清除之前，栅极驱动无输出
11	GND_2	驱动输出级参考地端	接被驱动的 IGBT 的发射极或 MOSFET 的源极
12	V_{OUT_OFF}	关断驱动信号输出端	接被驱动的 IGBT/MOSFET 的栅极
13	V_{DD2}	驱动输出级正电源端	接副边正供电电源，电压范围为 12～30 V，以 GND_2 为参考地
14	V_{OUT_ON}	开通驱动信号输出端	接被驱动的 IGBT/MOSFET 的栅极
15	GATE_SENSE	栅极电压检测输入和密勒箝位输出端	该引脚连接到功率器件的栅极，通过检测栅极电压实现密勒箝位功能。不使用密勒箝位时，应将该引脚连接至 V_{SS2}

2. 内部结构和工作原理

ADuM4135 的内部结构及工作原理框图如图 3.49 所示。ADuM4135 的内部集成有欠压锁定、短路保护、密勒箝位、比较器、MOSFET 等环节。

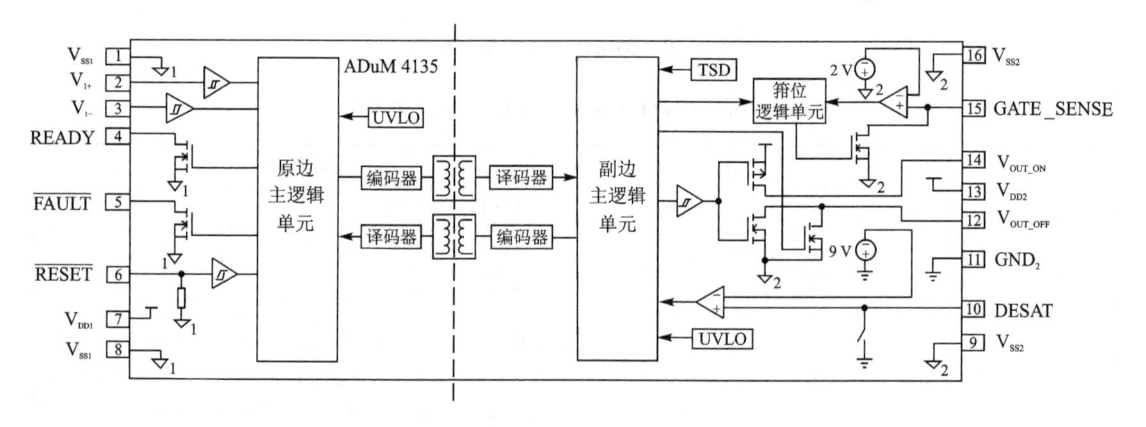

图 3.49 ADuM4135 的内部结构及工作原理

其主要构成单元的工作原理或功能如下：

(1) 故障报告

ADuM4135 在检测到开关管进入饱和区工作时会报告故障，若检测到饱和故障，ADuM4135 栅极驱动输出端停止工作并将 $\overline{\text{FAULT}}$ 置位为低电平，输出端被禁用直至 $\overline{\text{FAULT}}$ 端保持低电平至少 500 ns，然后被拉为高电平。$\overline{\text{FAULT}}$ 引脚内有 300 kΩ 的内部下拉电阻。

(2) 去饱和检测

当 DESAT 引脚的电压超过 9 V 的去饱和阈值电压($U_{DESATth}$)时，ADuM4135 进入故障状态并关断 MOSFET。此时，$\overline{\text{FAULT}}$ 引脚变为低电平。芯片内具有内置消隐时间，以防止 MOSFET 开通时发生短路保护误触发。将 RESET 引脚置为低电平后经过 500 ns 的去抖时间(t_{DEB_RESET})即可清除故障。

(3) 欠压闭锁

当电源电压低于指定的 UVLO 阈值时，即发生 UVLO 故障。无论原边还是副边发生 UVLO 故障，READY 引脚都会变为低电平，栅极驱动输出端被禁用。UVLO 故障消除后，芯片恢复工作，READY 引脚变为高电平。

(4) 密勒箝位

ADuM4135 集成了密勒箝位功能，在 MOSFET 关断期间，它可以降低密勒电容引起的 MOSFET 栅极电压峰值。当输入栅极信号要求 MOSFET 关断时(驱动电压值为负)，芯片内部用于实现密勒箝位的辅助 MOSFET 最初是关断的，直至 GATE_SENSE 引脚电压高于芯片内部 2 V 基准电压时，辅助 MOSFET 开通，为栅极电流创建低阻抗路径。当输入驱动信号从低电平变为高电平时，密勒箝位关闭。

(5) 热关断

如果 ADuM4135 的内部温度超过 155 ℃，芯片便进入热关断(TSD)状态。在热关断期间，READY 引脚电位被拉低，栅极驱动被禁用。当器件内部温度降至 125 ℃后，驱动芯片会退出 TSD 状态，此时 READY 引脚电压回到高电平，芯片退出关断状态。

3. 主要设计特点、参数限制和推荐工作条件

(1) 主要设计特点

① 采用 i - Coupler 数字隔离技术；

② 集成多重保护功能；

③ 带栅极检测输入和密勒箝位输出；

④ 信号传输延迟时间短；

⑤ 可工作于较宽的环境温度。

(2) 主要参数和限制

如表 3.31 所列为 ADuM4135 的极限绝对值参数，极限绝对值参数意味着超过该值后，驱动芯片有可能损坏。

表 3.31　ADuM4135 的极限绝对值参数

符　号	定　义	最小额定值	最大额定值	单　位	备　注
U_{VDD1}	一次侧输入正压	−0.3	+6.5	V	以 U_{SS1} 为参考地
U_{VDD2}	二次侧输入正压	−0.3	+40	V	以 GND_2 为参考地
U_{SS2}	二次侧输入负压	−20	+0.3	V	以 GND_2 为参考地
$U_{VDD2}-U_{SS2}$	二次侧输入电压范围		35	V	

续表 3.31

符　号	定　义	最小额定值	最大额定值	单　位	备　注
U_{1+}、U_{1-}、$\overline{RESET}$	逻辑输入信号	−0.3	+6.5	V	以 U_{SS1} 为参考地
U_{DESAT}	DESAT 端子输入电压	−0.3	U_{DD2}+0.3	V	以 GND_2 为参考地
U_{GATE_SENSE}	GATE_SENSE 端子输入电压	−0.3	U_{DD2}+0.3	V	以 U_{SS2} 为参考地
U_{OUT_ON}	开通驱动信号	−0.3	U_{DD2}+0.3	V	以 U_{SS2} 为参考地
U_{OUT_OFF}	关断驱动信号	−0.3	U_{DD2}+0.3	V	以 U_{SS2} 为参考地
| CM |	瞬态共模抑制比	−150	+150	kV/μs	
T_{stg}	存储温度	−55	+150	℃	
T_A	工作环境温度	−40	+120	℃	

(3) 主要参数和限制

如表 3.32 所列为 ADu4135 的推荐工作条件，该芯片在推荐工作条件下能够可靠地工作。

表 3.32　ADuM4135 的推荐工作条件

符　号	定　义	最小值	典型值	最大值	单　位	备　注
U_{VDD1}	一次侧输入正压	2.3		6	V	
I_{VDD1}	输出低电平时输入电流		1.78	2.17	mA	输出信号低电平
	输出高电平时输入电流		4.78	5.89	mA	输出信号高电平
I_I	逻辑输入电流	−1	+0.01	+1	μA	
U_{IH}	逻辑高电平输入电压	$0.7U_{DD1}$			V	2.3 V≤$U_{VDD1}-U_{SS1}$≤5 V
		3.5				$U_{VDD1}-U_{SS1}$>5 V
U_{IL}	逻辑低电平输入电压			$0.29U_{VDD1}$	V	2.3 V≤$U_{VDD1}-U_{SS1}$≤5 V
				1.5		$U_{VDD1}-U_{SS1}$>5 V
U_{VDD2}	二次侧输入正压	12		30	V	$U_{VDD2}-U_{SS2}$≤30 V
U_{SS2}	二次侧输入负压	−15		0	V	
$I_{VDD2(Q)}$	V_{DD2} 引脚输入电流		3.62	4.37	mA	READY 为高电平
$I_{SS2(Q)}$	V_{SS2} 引脚输入电流		4.82	6.21	mA	READY 为高电平
$U_{DESAT,TH}$	去饱和检测器比较电压	8.73	9.2	9.61	V	
I_{DESAT_SRC}	内部电流源	481	537	593	μA	
T_{TSD_POS}	TSD 正边沿热关断温度		155		℃	
T_{TSD_HYST}	TSD 热关断温度滞环		20		℃	
U_{CLP_TH}	密勒箝位电压阈值	1.75	2	2.25	V	以 U_{SS2} 为参考地

4. 应用技术

图 3.50 所示为 ADuM4135 应用中的典型接线原理图。该电路为带有外部电阻 R_{BLANK} 的双极性驱动电路，R_{BLANK} 可用来改变消隐电容的充电电流，进而改变去饱和检测时间。如需单极性工作，可移除 U_{SS2} 电源，并将 V_{SS2} 端子与 GND_2 端子相连。

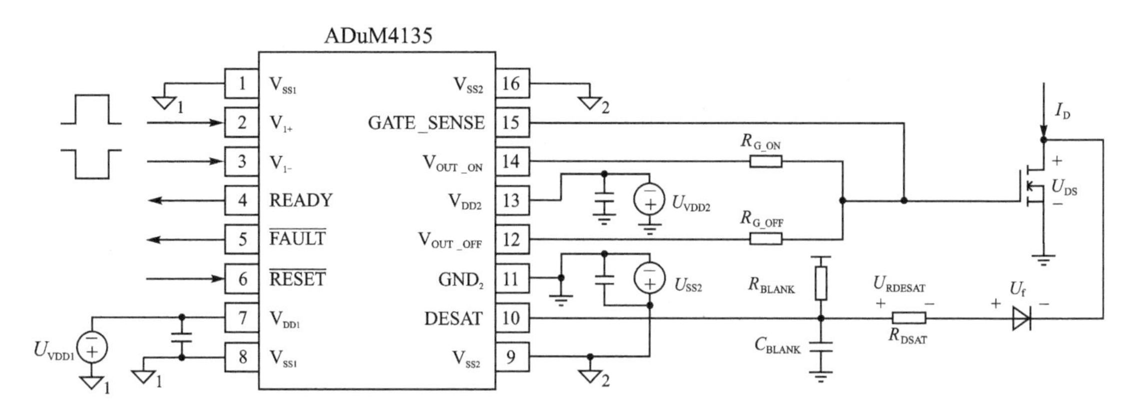

图 3.50　ADuM4135 应用中的典型接线

3.6　ON Semiconductor 公司栅极驱动集成电路

NCP51705 是 ON Semiconductor 公司推出的单通道驱动芯片，典型输出电流为 6 A，用于驱动 SiC MOSFET。NCP51705 可拓展其驱动正压，以尽可能地降低 SiC MOSFET 导通电阻。并采用电荷泵技术使得驱动负压可调，在提高开关速度的同时防止关断误导通。NCP51705 内部集成了多种保护功能，包括欠压锁定，去饱和保护和热关断等功能。

1. 引脚排列、名称、功能和用法

NCP51705 采用典型的 QFN24 封装，其封装形式与各引脚的排列如图 3.51 所示，各引脚的名称、功能及用法如表 3.33 所列。

表 3.33　NCP51705 的引脚名称、功能和用法

引脚号	符　号	名　称	功能和用法
1	IN+	同相驱动输入端	给定输入逻辑信号。当 IN+ 作为驱动 PWM 脉冲输入端时，仅在 IN− 为低电平时输出驱动信号控制 SiC MOSFET
2	IN−	反相驱动输入端	给定输入逻辑信号。当 IN− 作为驱动 PWM 脉冲输入端时，仅在 IN+ 为高电平时输出驱动信号控制 SiC MOSFET
3	XEN	状态反馈输出端	反映驱动正常与否的状态反馈引脚，正常输出为“高阻”态，否则输出“低阻”态
4	SGND	驱动输入级参考地端	接用户为输入级提供的电源地端
5	VEESET	驱动负压选择控制端	驱动负压电平设置端口
6	VCH	内部偏置电压输出端	内部电荷泵的稳定偏置电压
7	C+	电荷泵电容器正端	内部电荷泵电容器的正节点
8	C−	电荷泵电容器负端	内部电荷泵电容器的负节点
9,10,15,16	PGND	驱动输出级参考地端	接用户为输出级提供的正电源参考地端
11,12	VEE	输出侧负电源端	驱动负压供电端，可由内部电荷泵产生该负偏置电压

续表 3.33

引脚号	符　号	名　称	功能和用法
13,14	OUTSNK	负驱动电压输出端	经关断电阻 R_{SNK} 后接被驱动 SiC MOSFET 的栅极，关断电阻 R_{SNK} 的取值随被驱动 SiC MOSFET 型号不同而不同
17,18	OUTSRC	正驱动电压输出端	经开通电阻 R_{SRC} 后接被驱动 SiC MOSFET 的栅极，开通电阻 R_{SRC} 的取值随被驱动 SiC MOSFET 型号不同而不同
19,20	VDD	驱动输出级正电源端	接用户为驱动输出级提供的正电源。为了抑制输出电压波动，需在 VDD 和 PGND 引脚之间连接旁路电容
21	SVDD	驱动控制电源端	驱动输入级正电源端和驱动控制电源端之间通过电阻相连，同时，为了抑制输出电压波动，需在 SVDD 和 SGND 引脚之间连接旁路电容
22	DESAT	去饱和电压检测输入端	在使用中，通过一个阴极接该端的稳压管与一个快恢复二极管的阳极相连，然后把快恢复二极管的阴极接被驱动 MOSFET 的漏极
23	V5V	5 V 参考电源输出端	接用户控制电路等所需的＋5 V 电源端
24	UVSET	欠压锁定阈值控制端	该端子用于设置欠压锁定阈值，可通过调整接在 UVSET 引脚和 SGND 引脚之间的电阻的阻值来设定

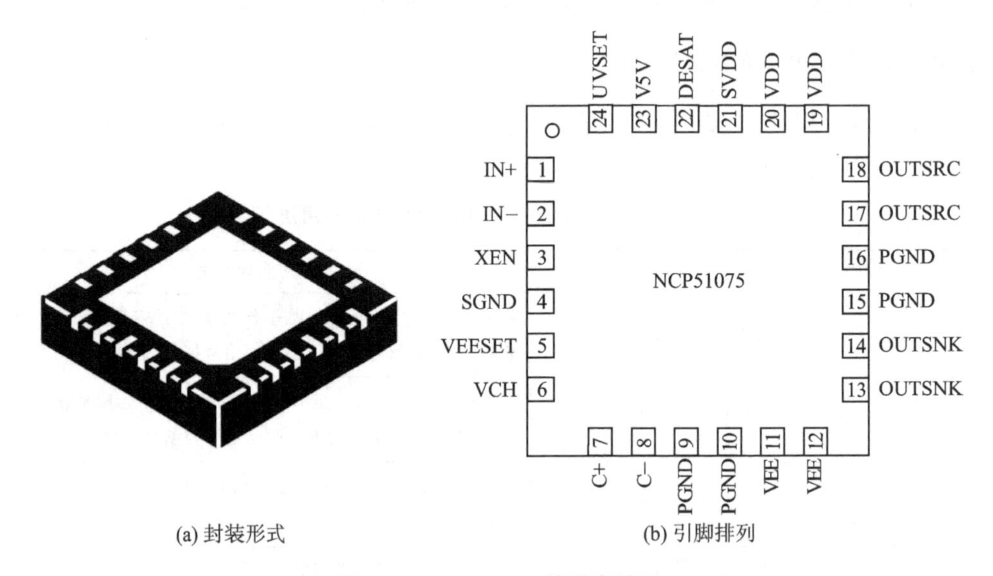

(a) 封装形式　　(b) 引脚排列

图 3.51　NCP51705 的引脚排列

2. 内部结构和工作原理

NCP51705 的内部结构及工作原理如图 3.52 所示，内部集成有欠压锁定、保护逻辑处理器、电荷泵、驱动逻辑及电平转换部分、去饱和电流检测、推挽输出等环节。

其主要构成单元的工作原理或功能如下。

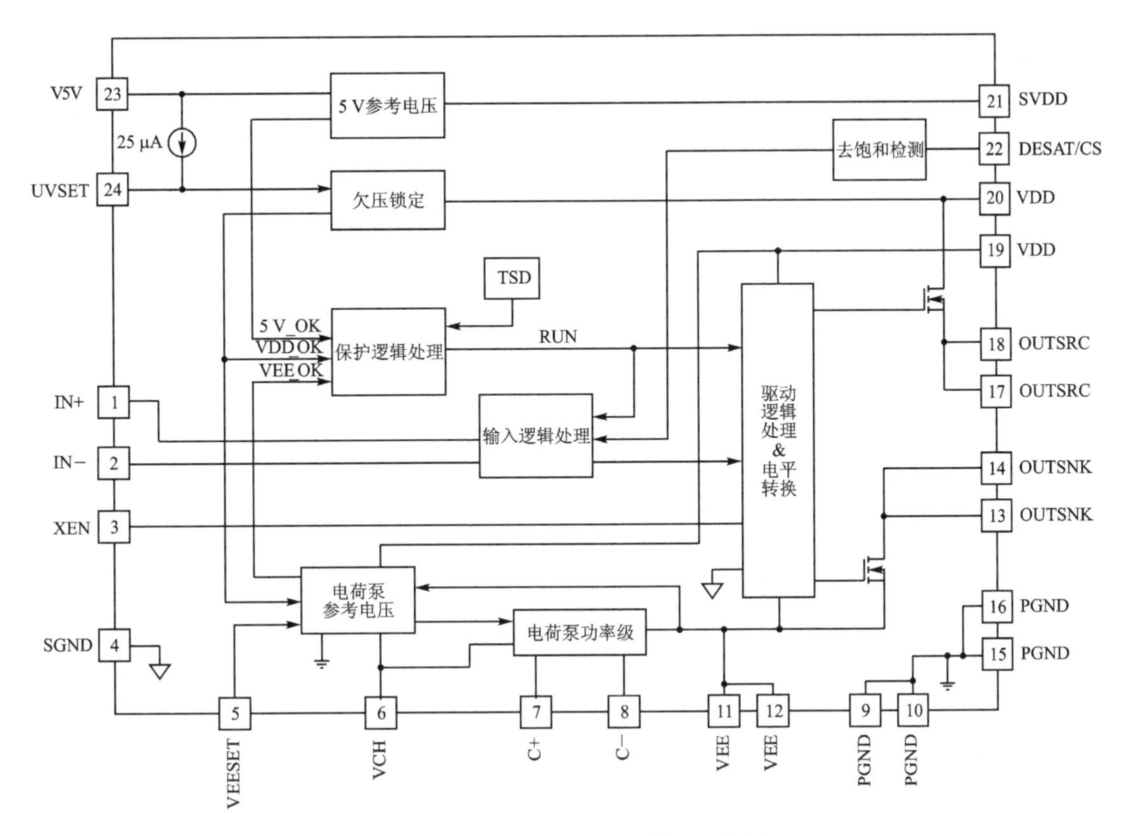

图 3.52　NCP51705 的内部结构及工作原理

(1) 输入逻辑处理

NCP51705 两路独立的 PWM 输入端均提供了逻辑输入缓冲和电平转换功能，与 TTL 电平相兼容，电平值高于 2 V 视为高电平信号。对于同相输入逻辑，PWM 输入信号被施加到 IN＋，此时 IN－输入用作使能功能。如果将 IN－置为高电平，则无论 IN＋的状态如何，驱动器输出均保持低电平。为了使驱动器正常输出，IN－应通过一个下拉电阻连接到 SGND。

(2) 驱动状态输出反馈

驱动状态输出反馈功能通过 XEN 引脚输出反映驱动芯片工作状态。XEN 的输出信号与驱动芯片的输入信号无关，只反映驱动芯片工作状态。当 XEN 为高电平时，驱动电压为低电平，SiC MOSFET 处于关断状态。当 XEN 和两路 PWM 信号均为高电平时，说明出现了故障情况。此外，XEN 还可用作控制信号，以防止桥臂电路中的上管和下管之间发生直通。

(3) 可编程欠压锁定

由于 SiC MOSFET 的导通电阻 $R_{DS(on)}$ 与栅源电压 U_{GS} 有很大关系，而 U_{GS} 的供电电压取自 VDD 引脚，因此 VDD 电压不能过低。采用欠压锁定保护后，当供电电压低于阈值电压 U_{UVLO} 时，芯片的 UVLO 功能动作，断开驱动输出以保护 SiC MOSFET。欠压锁定可防止 SiC MOSFET 工作在高损耗模式，同时可以向控制器端反映供电电压是否处于正常工作范围内。

NCP51705 的 UVLO 阈值电压值可以通过调整接在 UVSET 引脚和 SGND 引脚之间的电阻 R_{UVSET} 的阻值来设定，从而实现可编程欠压锁定功能。

(4) 可编程驱动负压

驱动芯片内部带有电荷泵功能,通过外接电容器可建立驱动负压 VEE。驱动负压 VEE 的大小可通过改变 VEESET 引脚的连接状态来调整,从而实现可编程驱动负压设置,具体关系如表 3.34 所列。

表 3.34 驱动负压 VEE 与 VEESET 引脚状态的关系

VEESET 引脚连接状态	驱动负压 VEE/V	备 注
连接至 VDD 引脚	−8	VEESET 电压范围:10.5~VDD
连接至 V5V 引脚	−5	
悬空	−3.4	在 VEESET 引脚与 SGND 引脚间连接一个容值小于 100 pF 的电容
SGND	0	把电容 C_{VEE} 去掉,连接 VEE 引脚至 PGND 端
SGND	$-U_{EXT}$	连接 VEE 引脚至外部负压供电电源
分压器	−3.4~−7.6	把 VEE 引脚连接到接于 VDD 端与 SGND 端之间的分压电阻节点

(5) 去饱和保护

NCP51705 的去饱和保护可以在电路发生短路时保护 SiC MOSFET。在 SiC MOSFET 导通期间,如果 DESAT 引脚上电压上升到典型值 7.5 V 以上,则芯片内部 DESAT 比较器判断出现短路故障,其输出变为高电平,从而触发 RS 锁存器的时钟输入。DESAT 引脚通过外部电容器和内部高精度电流源可以实现可编程消隐时间。消隐时间是用来保证 SiC MOSFET 在关断到正常开通期间不会误触发去饱和保护。

3. 主要设计特点、参数限制和推荐工作条件

(1) 主要设计特点

① 高峰值输出电流,拉/灌电流峰值均达到 6 A;

② 具有分离的驱动输出级,可对 SiC MOSFET 的开通/关断过程分别进行调节控制;

③ 驱动正压可根据需要扩展范围;

④ 驱动负压可根据需要调节其大小;

⑤ 集成多重保护功能。

(2) 主要参数和限制

表 3.35 所列为 NCP51705 的极限绝对值参数,极限绝对值参数意味着超过该值后,驱动芯片有可能损坏。

表 3.35 NCP51705 的极限绝对值参数

符 号	定 义	最小值	最大值	单 位	备 注
U_{VDD}	输出端正供电电压	−0.3	28	V	
U_{VEE}	输出端负供电电压	−9	+0.3	V	
U_{VCH}	电荷泵供电电压	−0.3	10	V	
U_{V5V}	5V 低电压偏置电源	−0.3	5.5	V	
U_{VEESET}	电荷泵输出电压	−0.3	28	V	

续表 3.35

符　号	定　义	最小值	最大值	单　位	备　注
U_{IN+}；U_{IN-}	输入逻辑电压	−0.3	0.3+U_{V5V}	V	U_{V5V} 为芯片上 V5V 引脚电压
U_{UVSET}	欠压锁定阈值电压	−0.3	0.3+U_{V5V}	V	
U_{XEN}	驱动状态输出电压	−0.3	0.3+U_{V5V}	V	
U_{DESAT}	DESAT 去饱和电压	−0.3	12	V	
U_{C+}	电荷泵飞跨电容正极	−0.3	U_{VCH}+0.3	V	U_{VCH} 为芯片上 VCH 引脚电压
U_{C-}	电荷泵飞跨电容负极	+0.3	U_{VEE}−0.3	V	U_{VEE} 为芯片上 VEE 引脚电压
U_{OUTSRC}	正驱动输出电压	U_{VEE}−0.3	U_{VDD}+0.3	V	U_{VEE}：芯片上 VEE 引脚电压；U_{VDD}：芯片上 VDD 引脚电压
U_{OUTSNK}	负驱动输出电压	U_{VEE}−0.3	U_{VDD}+0.3	V	
f_{max}	最高工作频率	—	500	kHz	
T_j	允许结温	−55	150	℃	
T_{stg}	允许存储温度	−55	150	℃	
P_D	功率损耗	—	0.98	W	
R_{THJA}	结到环境热阻	—	127	℃/W	
U_{ESD}	防静电能力	—	2	kV	以人体为模型

(3) 推荐工作条件

表 3.36 所列为 NCP51705 的推荐工作条件，该芯片在推荐条件下能够可靠地工作。

表 3.36　NCP51705 的推荐工作条件

符　号	定　义	最小值	最大值	单　位
U_{VDD}	输出端正供电电压	10	22	V
U_{VEE}	输出端负供电电压	−8	0	V
U_{VCH}	电荷泵供电电压	0	8	V
U_{V5V}	5 V 低电压偏置电源	0	5.5	V
U_{ENA}	逻辑使能电压	0	5.5	V
U_{IN}	逻辑输入电压	0	5.5	V
U_{XEN}	驱动状态输出电压	0	5.5	V
U_{VEESET}	电荷泵输出电压	0	22	V
U_{UVSET}	欠压锁定阈值电压	2	3.5	V
U_{DESAT}	DESAT 去饱和电压	0	10	V
f_{SW}	工作频率	—	500	kHz
T_A	环境温度	−40	125	℃

4. 应用技术

(1) 典型应用接线

图 3.53 所示为 NCP51705 应用中的典型接线原理图。

(2) 典型应用举例

图 3.54 所示为 NCP51705 用于半桥 SiC MOSFET 驱动的接线原理图。

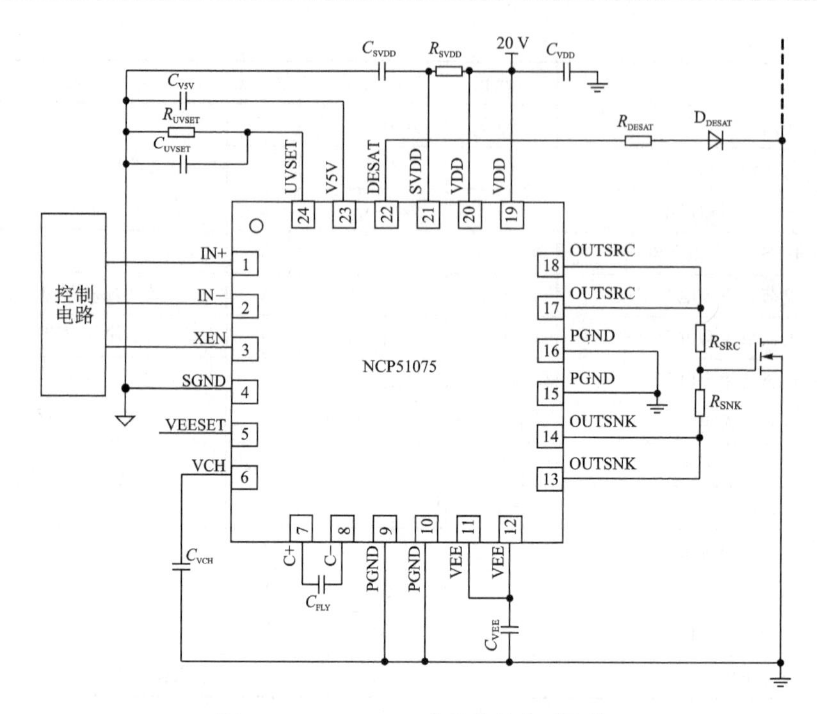

图 3.53 NCP51705 应用中的典型接线

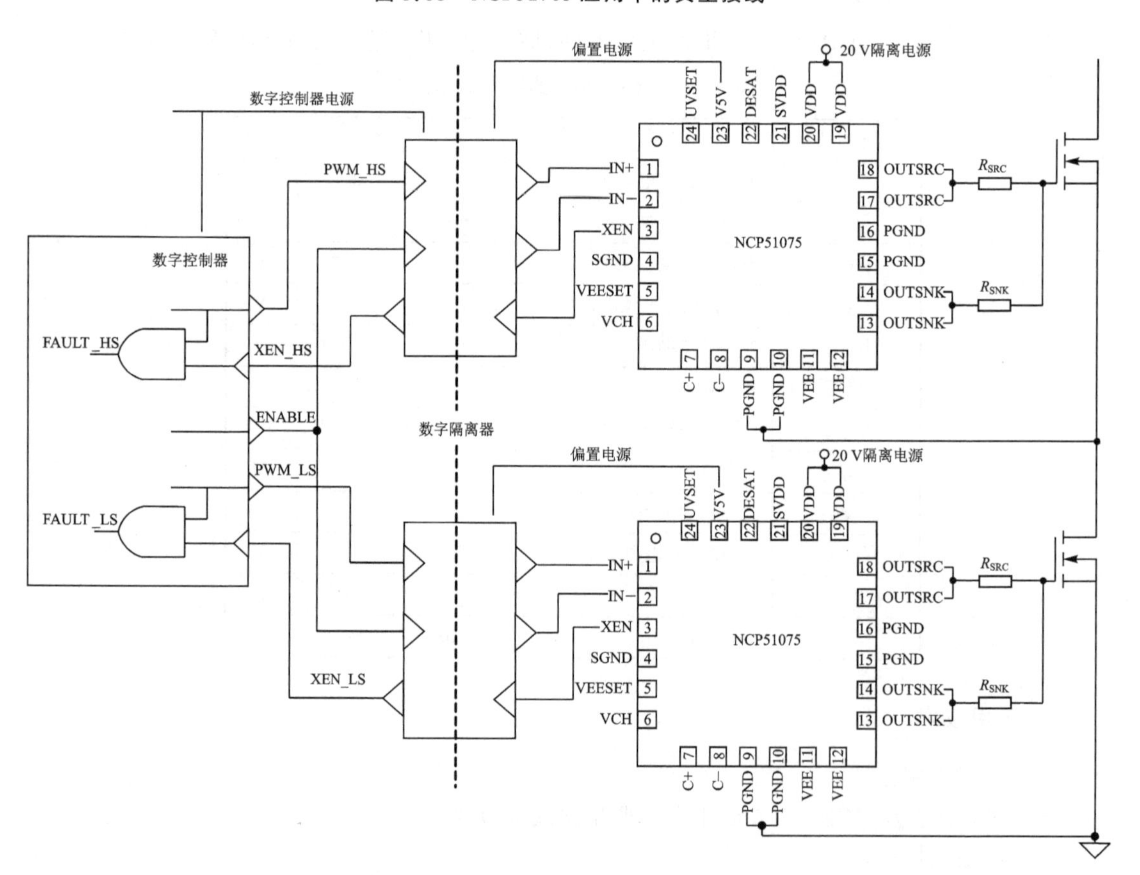

图 3.54 NCP51705 用于半桥驱动的接线原理图

3.7 NXP公司栅极驱动集成电路

MC33GD3100是NXP公司的一款隔离单通道栅极驱动芯片，适用于驱动Si IGBT和SiC MOSFET功率器件。该驱动芯片峰值驱动电流为15 A，输入输出信号传输延迟时间较短，可以提供较高的PWM控制精度。具有密勒箝位、去饱和检测、过电流检测、过温检测、两电平关断、漏源/集射过电压保护、UVLO和OVLO等功能。该芯片能够自动管理故障，可通过SPI接口监测芯片工作状态，也可通过SPI编程设定各辅助功能的参数，节省了硬件成本，适应于多种应用场合。

1. 引脚排列、名称、功能和用法

MC33GD3100采用典型的双列表贴式32引脚(SOIC32)封装，其封装形式与各引脚的排列如图3.55所示，各引脚的名称、功能及用法如表3.37所列。

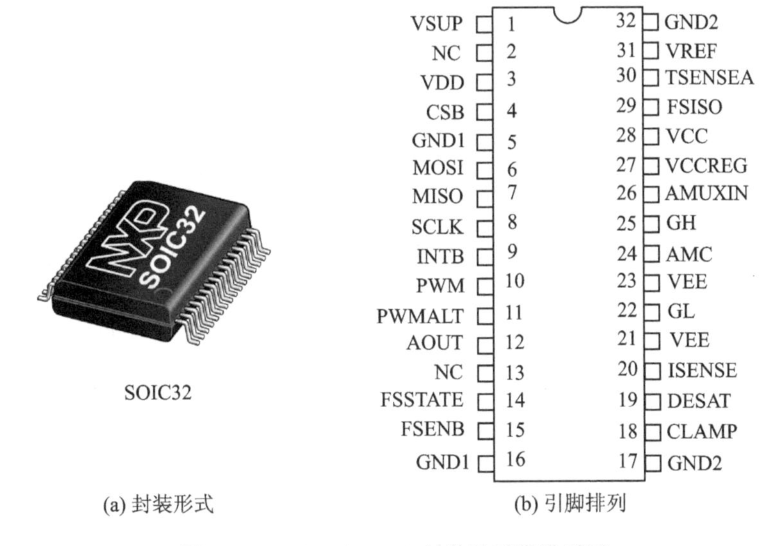

图3.55 MC33GD3100封装及引脚排列图

表3.37 MC33GD3100各引脚的名称及功能

引脚号		符号	引脚类型		名称	功能和用法
			信号性质	信号流向		
低压侧	1	VSUP	功率	输入	外部供电电源端；非隔离电路的供电电源端	通常由电池供电
	2,13	NC2,NC13	—	—	空脚	实际使用时，NC2、NC13必须连到GND1，良好接地

续表 3.37

引脚号		符 号	引脚类型		名 称	功能和用法
			信号性质	信号流向		
低压侧	3	VDD	功率	输入	芯片内部电源端	接芯片内部调压器电源，为AOUT、MISO和INTB等低压侧逻辑电路供电，该引脚外部应接上适当容量的电容。该引脚电源也可以由外部提供
	4	CSB	数字	输入	SPI片选信号端	CSB生成SPI命令并启用SPI端口
	5,16	GND1	参考地	参考地	输入侧低压电路的参考地端	与高压侧以GND2为参考地的所有电路都要相互隔离
	6	MOSI	数字	输入	主芯片输出、从芯片输入的SPI端	该引脚是SPI的数据输入端口。MC33GD3100在SCLK的上升沿锁存MOSI，MSB优先
	7	MISO	数字	输出	主芯片输入、从芯片输出的SPI端	该引脚是SPI的数据输出端口。MC33GD3100在SCLK的下降沿输出MISO
	8	SCLK	数字	输入	SPI时钟端	为SPI提供时钟信号
	9	INTB	数字	输出	中断/故障状态输出端	中断输出引脚，通过有效下拉(低电平)报告故障，未使用时保持开路状态
	10	PWM	数字	输入	功率开关的开通控制信号端	该引脚为输入逻辑信号，高电平有效，使IGBT/MOSFET开通
	11	PWMALT	数字	输入	功率开关的关断控制信号端	该引脚为输入逻辑信号，高电平有效，使IGBT/MOSFET关断，未使用时接GND1
	12	AOUT	模拟	输出	占空比编码的温度或电压模拟信号端	所需的模拟信号由SPI选择，未使用时保持开路状态
	14	FSSTATE	数字	输入	故障-安全状态端	在故障-安全条件期间指定输出的故障，允许故障-安全逻辑控制，未使用时连接GND1，良好接地
	15	FSENB	数字	输入	启用故障-安全状态端	允许故障-安全逻辑控制，未使用时连接VDD端子

续表 3.37

引脚号		符　号	引脚类型		名　称	功能和用法
			信号性质	信号流向		
高压侧	17,32	GND2	参考地	参考地	高压输出侧电路的参考地端	连接 IGBT 的发射极或 MOSFET 的源极
	18	CLAMP	模拟	输入	集电极/漏极电压箝位端	监测集射电压或漏源电压，开关管关断时主动箝位集电极/漏极电压。不使用时连接至 VEE
	19	DESAT	模拟	输出	集射/漏源电压去饱和检测端	不使用时连接至 GND2
	20	ISENSE	模拟	输入	电流检测输入端	接收来自 IGBT/MOSFET 的电流检测反馈信号，不使用时连接至 GND2
	21,23	VEE	功率	输入	负压驱动供电电源端	一般为－8～－5 V，不使用负压关断时该引脚连接至 GND2
	22	GL	模拟	输出	栅极放电端	该引脚上的下拉晶体 IGBT/MOSFET 的关断提供栅极放电通道
	24	AMC	模拟	输入	有源密勒箝位端	监测 IGBT/MOSFET 的栅极电压，触发有源密勒箝位
	25	GH	模拟	输出	栅极充电端	该引脚上的上拉晶体管为 IGBT/MOSFET 的开通提供充电通道
	26	AMUXIN	模拟	输入	模拟信号输入端	用于读取系统中其他重要的电压信号；不使用时连接至 GND2
	27	VCCREG	功率	输入/输出	栅极稳压供电电源端	从 VCC 经内部稳压器后得到 15 V 稳压电源。该端子需外接电容。若不使用内部稳压器，则该端子连接到 VCC 端
	28	VCC	功率	输入	输出侧供电电源端	为输出侧电路提供电源，其典型值为 15～18 V
	29	FSISO	数字	输入	三态栅极控制晶体管端	用于故障-安全状态的高压侧管理，可从外部控制功率器件栅极。未使用时该引脚连接至 GND2

续表 3.37

引脚号		符　号	引脚类型		名　称	功能和用法
			信号性质	信号流向		
高压侧	30	TSENSEA	模拟	输入	温敏二极管的阳极端	通过温敏二极管检测通过功率器件的电流，并转换为电压信号。未使用时该引脚连接至 VREF
	31	VREF	模拟	输出	输出侧 5 V 参考电压端	为输出侧提供 5 V 参考电压，具有 20 mA 的电流能力

2. 内部结构和工作原理

MC33GD3100 的内部结构及工作原理框图如图 3.56 所示。MC33GD3100 的内部集成有稳压电源模块、逻辑控制中心(用于电路参数配置、死区时间调节、故障处理以及故障报告等)、

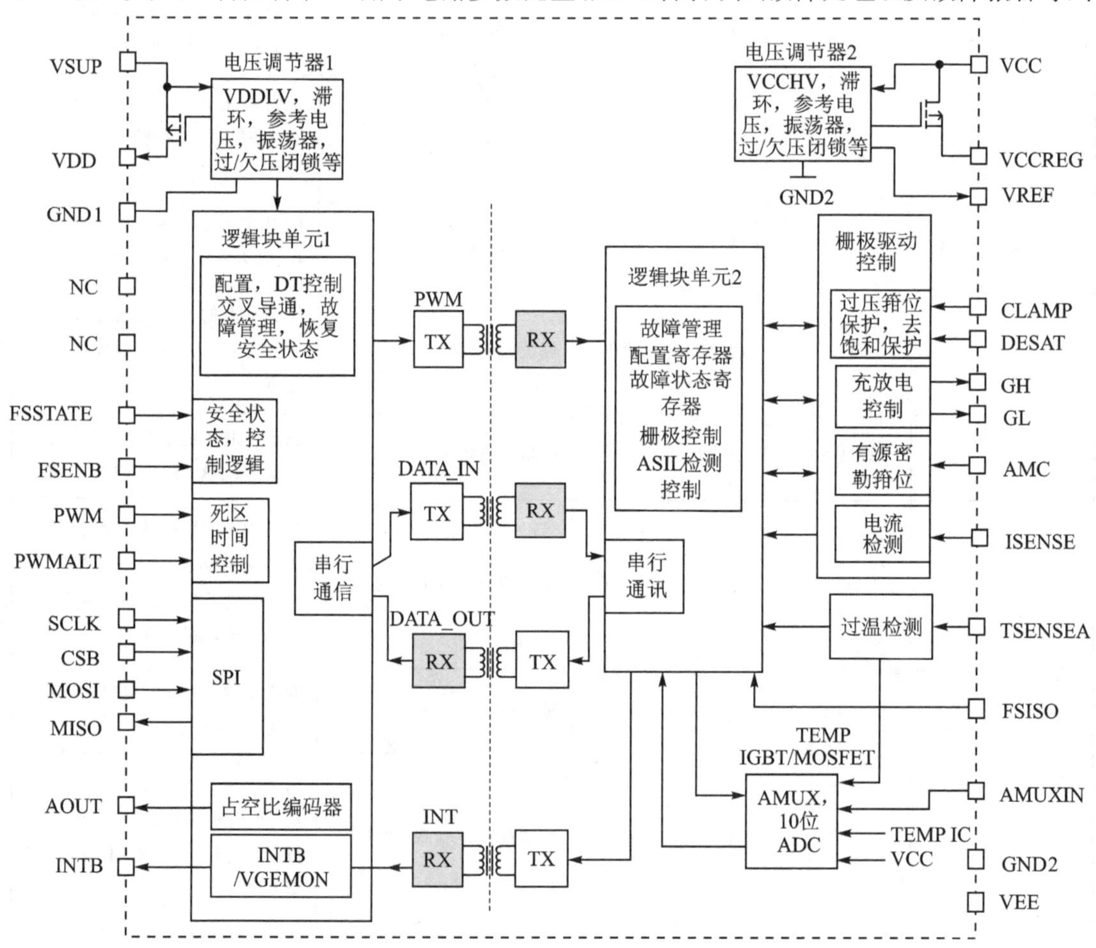

图 3.56　MC33GD3100 内部结构及工作原理框图

栅极驱动控制模块(包括漏源电压/集射电压箝位保护、去饱和保护、密勒箝位保护等环节)。

其主要构成单元的工作原理或功能如下:

(1) 栅极驱动电压与欠压/过压锁定

栅极驱动可以采用零压关断或者负压关断,零压关断直接将 VEE 端与 GND2 端连接即可,负压关断需要在 VEE 端外接负压电源,其中负压关断可以降低功率开关误开通的风险,电路接线示意图如图 3.57 所示。

欠/过压锁定是指当芯片供电电源电压波动且超出设定阈值时,芯片自动触发保护功能,关断输出驱动信号,避免产生错误的触发信号或使功率电路发生故障。该功能通常设定了一定时间的动作延时,这样可以避免因干扰信号所产生的驱动芯片间歇性动作。

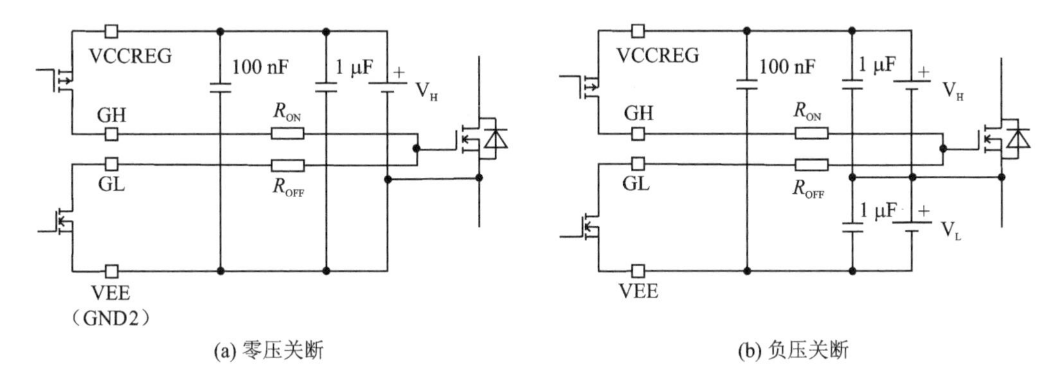

图 3.57　驱动供电模式

(2) 密勒箝位

桥臂电路中,在下管处于关断状态时,上管开通会使得下管漏源两端承受快速变化的电压,变化的电压会经过密勒电容 C_{GD} 耦合至栅极,带来下管误导通或氧化层击穿的风险。密勒箝位功能实现在开关关断期间对栅极电压进行监测,当栅极电压超出密勒箝位电压 $U_{CLAMPth}$ 时,在栅极与地之间产生一个低阻抗通道对栅极电荷进行泄放,从而避免功率开关管误导通或被击穿。

(3) 去饱和保护

当发生过流或者短路故障时,功率开关管进入饱和区,漏源极或集射极电压会显著上升,当其电压值超出 $U_{DESATth}$ 时,触发保护功能,驱动芯片输出进入安全状态,关断功率开关管。$U_{DESATth}$ 要根据功率开关管的输出特性确定并通过 SPI 串口写入相应的寄存器。

(4) 死区时间与互锁

对于桥臂驱动来说,为了避免桥臂上下两个开关管同时导通发生直通问题,两管的驱动信号之间需要留有死区时间且实现互锁。MC33GD3100 的输出同时受 PWM 引脚与 PWMALT 引脚控制,且二者控制效果相反,PWMALT 引脚的优先级更高。两块 MC33GD3100 通过 PWM 引脚与 PWMALT 引脚交叉连接的方式可实现两者输出驱动信号互锁。

(5) 过温保护

MC33GD3100 具有 TSENSEA 引脚,连接 IGBT/MOSFET 的热敏二极管的阳极,当 IGBT/MOSFET 发生过温故障时,TSENSEA 引脚的电位升高,芯片接受到过温故障信号并产生保护动作。

（6）两电平关断

当过流保护动作时，需要快速地关断功率开关管，由于功率回路寄生电感的存在，会在漏源极之间感应出很高的电压，甚至超出额定电压，因此有必要软化关断过程，常使用相对容易实现的两电平关断技术。MC33GD3100 也具备此项功能，关断时 GL 先输出可编程的电压 V_{2LTOth}，经过可编程的时间 $t_{2LTOtime}$ 后由 VL 端输出。

3. 主要设计特点、参数限制和推荐工作条件

（1）主要设计特点

MC33GD3100 具有以下特点：

① 内置模拟、数字电路自检功能；

② 内置电气绝缘，最高可用于 8 kV 电压场合；

③ 集成多重保护功能，包括过压、过流和过温保护等；

④ 通过 SPI 编程实现参数设定，由 INTB 和 SPI 报告故障状态；

⑤ 驱动能力强，提供 15 A 的驱动峰值电流能力。

（2）参数限制

表 3.38 列出 MC33GD3100 的极限绝对值参数限制，极限绝对值参数意味着超过该值后，驱动芯片有可能被损坏。芯片在任何情况下不能超出极限绝对值参数。

表 3.38　MC33GD3100 的极限绝对值参数

	符　号	参　数	最小值	最大值	单　位	备　注
电源引脚	U_{VSUP}	低压侧供电电压	−0.3	40	V	以 GND1 为参考地
	$U_{VDD3.3}$	低压侧逻辑电路供电（3.3 V）	−0.3	6.0	V	以 GND1 为参考地
	$U_{VDD5.0}$	低压侧逻辑电路供电（5.0 V）	−0.3	6.0	V	以 GND1 为参考地
	U_{VCC}	高压侧正极供电电压	−0.3	25	V	以 GND2 为参考地
	U_{VEE}	高压侧负极供电电压	−12	0.3	V	以 GND2 为参考地
	$U_{VCC-VEE}$	高压侧供电电压范围	−0.3	37	V	以 GND2 为参考地
	U_{VCCREG}	高压侧稳压输出	−0.3	25	V	以 GND2 为参考地
	I_{VCCREG}	U_{VCCREG} 输出电流	—	100	mA	
	U_{VREF}	高压侧电压调节器输出电压	−0.3	6	V	以 GND2 为参考地
	I_{VREF}	U_{VREF} 输出电流	—	20	mA	
数字量输入输出引脚	U_N	逻辑输入引脚电压	−0.3	18	V	提供 FSSTATE、FSENB、PWM、PWMALT、SCLK、CSB、MOSI 等引脚的供电电压，以 GND1 为参考地

续表 3.38

	符　号	参　数	最小值	最大值	单　位	备　注
数字量输入输出引脚	U_{OUT}	逻辑输出引脚电压	−0.3	U_{VDD_MAX} +0.3	V	提供 MISO、INTB、AOUT 等引脚的供电电压，以 GND1 为参考地
	U_{FSISO}	逻辑输入引脚电压	−0.3	12	V	以 GND2 为参考地
模拟量输入输出引脚	U_{GH}	输出驱动正压	U_{VEE}−0.3	U_{VCCREG_MAX} +0.3	V	以 GND2 为参考地
	U_{GL}	输出驱动负压	U_{VEE}−0.3	U_{VCCREG_MAX} +0.3	V	以 GND2 为参考地
	U_{AMC}	密勒箝位引脚电压	U_{VEE}−0.3	U_{VCCREG_MAX} +0.3	V	以 GND2 为参考地
	$I_{SOURCE(max)}$	U_{GH} 输出电流	—	15	A	
	$I_{SINK(max)}$	U_{GL} 输出电流	—	−15	A	
	U_{CLAMP}	集电极电压钳位引脚电压	U_{VEE}−0.3	U_{VCCREG_MAX} +0.3	V	以 GND2 为参考地
	U_{DESAT}	去饱和保护引脚电压	−0.3	U_{VCCREG_MAX} +0.3	V	以 GND2 为参考地
	$U_{TSENSEA}$	IGBT/MOSFET 温度监测引脚	−0.3	6	V	以 GND2 为参考地
	I_{INTB}	漏极开路输出电流	—	20	mA	
	U_{ISENSE}	IGBT/MOSFET 电流检测引脚电压	−2.0	U_{VCCREG_MAX} +0.3	V	以 GND2 为参考地
	U_{AMUXIN}	模拟信号监测引脚电压	−0.3	6	V	以 GND2 为参考地
防静电	U_{ESD}	防静电电压	−8	8	kV	
抗干扰	dU_{ISO}/dt	共模瞬态抑制比	—	100	V/ns	
频率	$f_{PWM(max)}$	开关频率	0	40	kHZ	

4. MC33GD3100 应用技术

(1) 典型应用接线

图 3.58 所示为 MC33GD3100 应用于桥臂驱动时的典型接线原理图。

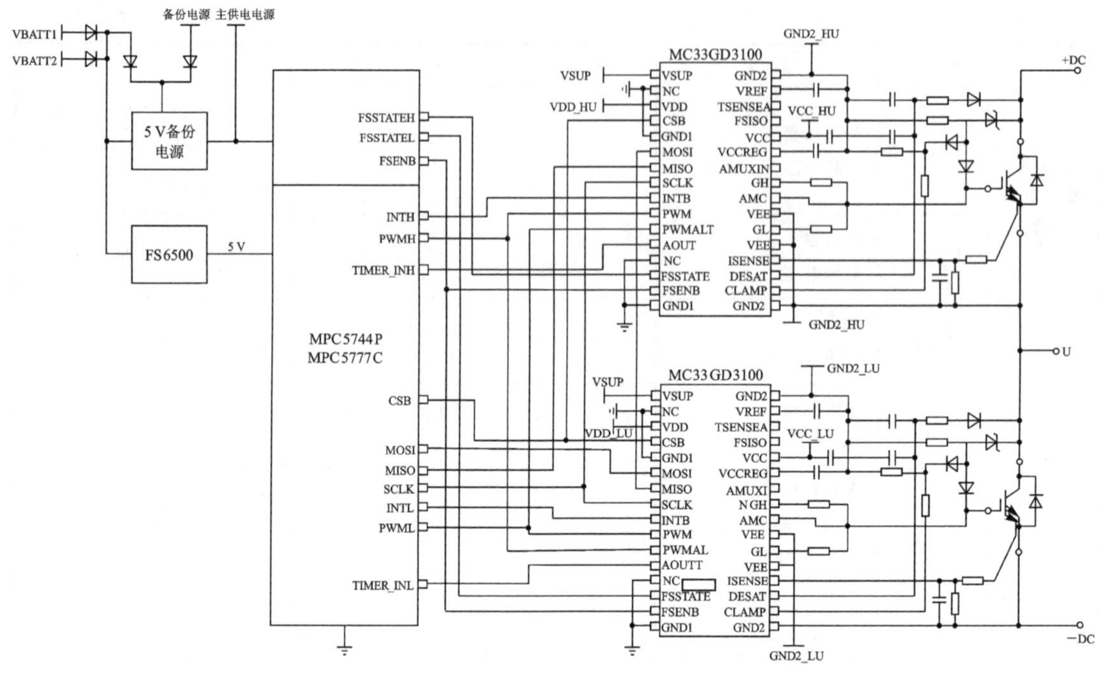

图 3.58 MC33GD3100 典型接线原理图

3.8 小　结

本章针对 SiC MOSFET 阐述了目前常用的高速驱动集成电路，详细介绍了每种高速驱动集成电路的引脚排列、名称、功能、用法、内部结构、工作原理、参数限制及应用技术，从而便于设计人员对比选择使用。随着技术的不断发展，具有更高瞬态共模抑制比、更小隔离电容、更大驱动电流能力的高速驱动集成电路将会不断出现，从而进一步推动 SiC MOSFET 的普及使用。

参考文献

[1] 杨媛，文阳. 大功率 IGBT 驱动与保护技术[M]. 北京：科学出版社，2018.

[2] 李宏. MOSFET、IGBT 驱动集成电路及应用[M]. 北京：科学出版社，2013.

[3] 周志敏，纪爱华. IGBT 驱动与保护电路设计及应用电路实例[M]. 北京：机械工业出版社，2014.

[4] 1ED020I12 - F2, 1200 V single high - side isolated gate driver IC datasheet[EB/OL]. https://www.infineon.com/cms/cn/product/power/gate - driver - ics/1ed020i12 - f2/.

[5] 1EDI20H12AH, 1200 V single high - side gate driver IC datasheet[EB/OL]. https://www.infineon.com/cms/en/product/power/gate - driver - ics/1edi20h12ah/.

[6] STGAP1AS, Automotive galvanically isolated single gate driver datasheet[EB/OL]. https://www.st.com/en/power - management/stgap1as.html.

[7] ADuM4135, Single/Dual - Supply High - Voltage Isolated IGBT Gate Driver datasheet[EB/OL]. https://www.analog.com/en/products/adum4135.html#product - overview.

[8] NCP51705, SiC MOSFET Driver, Low - Side, Single 6 A High - Speed datasheet[EB/OL]. https://www.onsemi.com/products/discretes - drivers/gate - drivers/ncp51705.

第 4 章　SiC MOSFET 集成驱动板应用举例

为了更方便地使用 SiC 器件，相关器件和芯片公司针对不同规格的 SiC MOSFET 单管或模块推出了不同型号的集成驱动器。SiC MOSFET 集成驱动器是高度集成化的模块驱动器，一般包含隔离、驱动、保护、显示、故障信号输出等功能，便于用户使用，从而更快的开展基于 SiC MOSFET 的实验研究和样机制作。本章对目前 SiC 器件常用的集成驱动器进行了阐述，详细介绍了各种集成驱动器的引脚排列、名称、功能、用法、内部结构、工作原理及应用技术。

4.1　Cree 公司栅极驱动板

4.1.1　CRD－001 型 SiC MOSFET 单管栅极驱动板

1. 对外引线的排列、名称、功能与用法

CRD－001 是 Cree 公司针对第一代和第二代 SiC MOSFET 开发的单管栅极驱动板，其结构如图 4.1 所示，各引脚名称、功能及用法如表 4.1 所列。

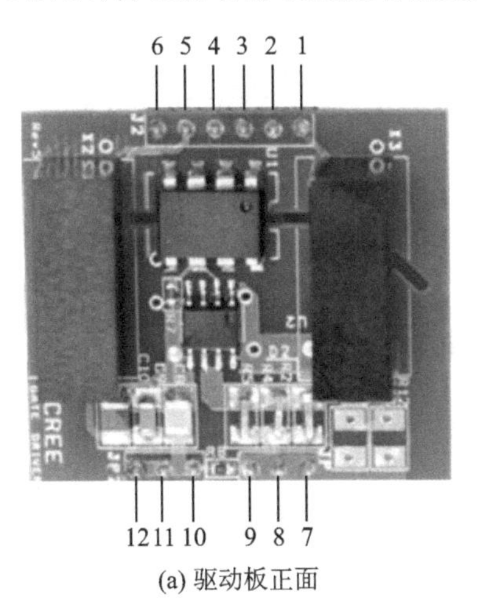

(a) 驱动板正面

(b) 驱动板反面

图 4.1　CRD－001 正反面及对外引脚排列

表 4.1　CRD－001 栅极驱动器各引脚名称、功能和用法

引脚号	名　称	功能和用法
1	VCC HIGH	正向供电电源输入引脚
2	VCC HIGH RTN	正向供电电源地
3	INPUT HIGH	光耦输入信号正端引脚
4	INPUT LOW	光耦输入信号参考地端引脚

续表 4.1

引脚号	名　称	功能和用法
5	VCC LOW	负向供电电源输入引脚
6	VCC LOW RTN	负向供电电源地
7/8/9	GATE	输出驱动信号正端引脚,连接 MOSFET 栅极
10/11/12	SOURCE	输出驱动信号参考地端引脚,连接 MOSFET 源极

2. 电路构成及工作原理

CRD－001 的内部结构及工作原理如图 4.2 所示。由图可知,CRD－001 的内部集成有信号隔离、功率放大和驱动等功能。

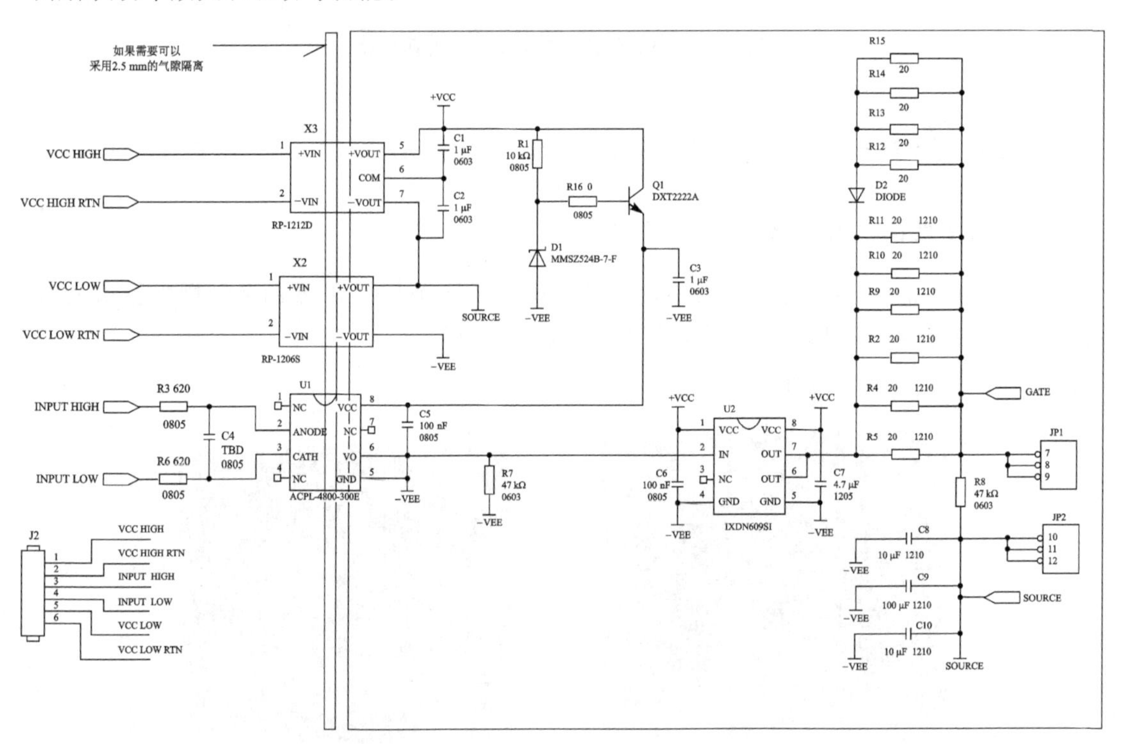

图 4.2　CRD－001 的内部结构及工作原理

其主要构成单元的工作原理或功能如下。

(1) 信号隔离

输入的 PWM 信号经过光耦隔离芯片 ACPL－4800－300E 之后到达驱动芯片,实现了信号的隔离功能。

(2) 功率放大

光耦芯片输出信号经过驱动芯片 IXDN609SI,实现了驱动信号功率放大功能,从而驱动 SiC MOSFET。

3. 主要设计特点和参数限制

(1) 主要设计特点

① 可驱动大功率或高频 MOSFET；

② 增大了爬电距离；

③ 可实现隔离或者非隔离两种状态；

④ 可在开通、关断时设置不同的驱动电阻。

(2) 主要参数限制

表 4.2 所列为 CRD-001 的主要参数和限制。主要由光耦芯片 ACPL-4800-300E 和驱动芯片 IXDN609SI 的相关参数限制决定。

表 4.2 CRD-001 的主要参数和限制(T_A=25 ℃)

符 号	定 义	最小值	参考值	最大值	单 位	测试条件
U_{CC}	供电电压	−0.3	—	40	V	
U_{IN}, U_{EN}	输入电压	−5	—	U_{CC}+0.3	V	
I_{OUT}	输出电流	—	—	±9	A	
T_j	结温	−55	—	+150	℃	
T_{stg}	存储温度	−65	—	+150	℃	
T_{op}	工作温度	−40	—	+125	℃	
U_{IH}	输入高电平电压	3.0	—	—	V	4.5 V≤U_{CC}≤18 V
U_{IL}	输入低电平电压	—	—	0.8	V	
I_{IN}	输入电流	—	—	±10	μA	0 V≤U_{IN}≤U_{CC}
U_{OH}	输出高电平电压	U_{CC}−0.025	—	—	V	
U_{OL}	输出低电平电压	—	—	0.025	V	

4.1.2 CGD15SG00D2 型 SiC MOSFET 单管栅极驱动板

1. 对外引线的排列、名称、功能与用法

CGD15SG00D2 是 Cree 公司针对第三代 SiC MOSFET 开发的集成栅极驱动板，其结构如图 4.3 所示，各引脚名称、功能及用法如表 4.3 所列。

表 4.3 CGD15SG00D2 栅极驱动器各引脚名称、功能和用法

引脚号	名 称	功能和用法
1	VCC_IN	供电电源输入引脚
2	RTN_IN	供电电源地
3	INPUT−	PWM 输入信号地
4	INPUT+	PWM 输入信号正端引脚
5,7	SOURCE	输出驱动信号参考地端引脚，连接 MOSFET 源极
6	GATE	输出驱动信号正端引脚，连接 MOSFET 栅极

(a) 驱动板正面

(b) 驱动板反面

图 4.3　CGD15SG00D2 正反面及对外引脚排列

2. 电路构成及工作原理

CGD15SG00D2 的内部结构及工作原理如图 4.4 所示。由图可知，CGD15SG00D2 的内部集成有信号隔离、功率放大和驱动等功能。

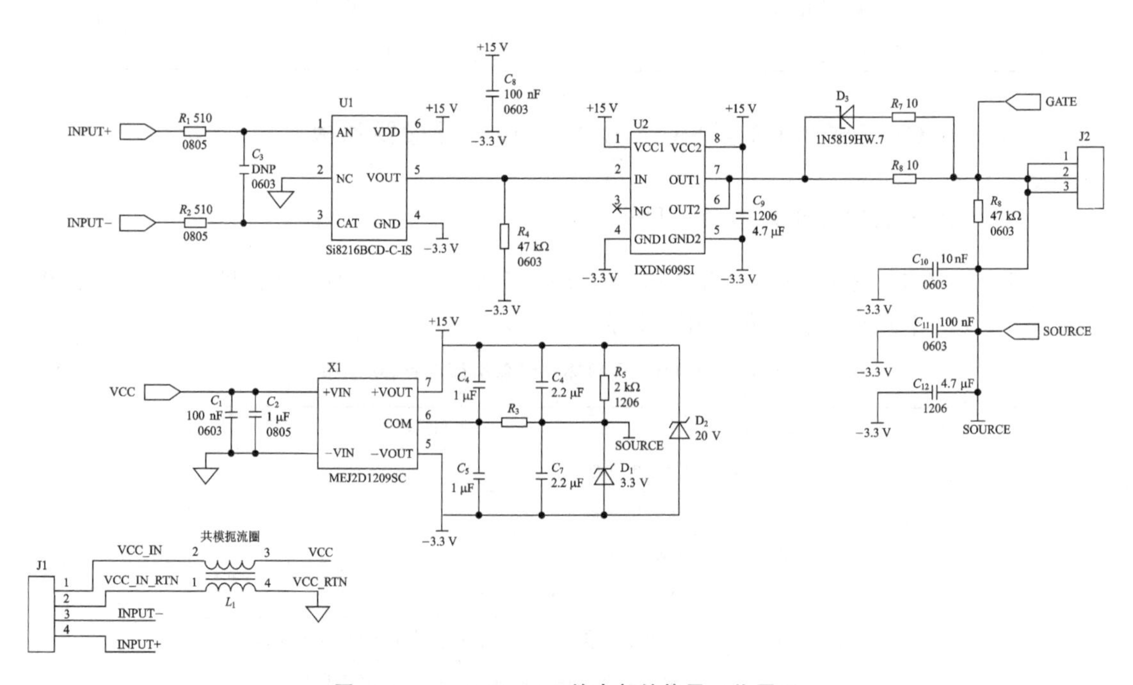

图 4.4　CGD15SG00D2 的内部结构及工作原理

其主要构成单元的工作原理或功能如下。

(1) 光耦合器

输入的 PWM 信号经过光耦隔离芯片 Si8261BCD 之后到达驱动芯片，实现了信号的隔离。该光耦合器具有较高的共模抑制比(最小值 35 kV/μs，典型值 50 kV/μs)。

(2) 功率放大

光耦芯片输出信号经过驱动芯片 IXDN609SI，驱动信号功率放大，从而驱动 SiC MOSFET。

(3) 隔离电源

光耦合器和驱动芯片均采用由 DC/DC 变换器构成的隔离电源进行供电，隔离电压额定值为 5.2 kV，隔离电容值非常低，仅为 4 pF。

3. 主要设计特点和参数限制

(1) 主要设计特点

① 可驱动大功率或高频 MOSFET；

② 增大了爬电距离；

③ 可实现隔离或者非隔离两种状态；

④ 可在开通、关断时设置不同的驱动电阻。

(2) 额定工作参数

表 4.4 所列为 CGD15SG00D2 的主要参数和限制。主要由光耦芯片 Si8261BCD 和驱动芯片 IXDN609SI 的相关参数限制决定。

表 4.4　CGD15SG00D2 的主要参数和限制

符　号	定　义	最小值	典型值	最大值	单　位
U_S	供电电压	11	12	12.5	V
U_{iH}	高电平输入阈值电压	10		15	V
U_{iL}	低电平输入阈值电压	0		1	V
I_{o_pk}	输出峰值电流			±9	A
P_{o_AVG}	驱动单管时的平均输出功率		1		W
U_{ISO}	输入输出间隔离电压		±1 700		V
du/dt	输出电压变化率		50		kV/μs
W	重量		9		g
T_{op}	工作温度		−35～85		℃
T_{stg}	存储温度		−40～85		℃

4.1.3　PT62SCMD12 型 SiC MOSFET 桥臂栅极驱动板

1. 对外引线的排列、名称、功能与用法

PT62SCMD12 是 Cree 公司针对 SiC MOSFET 模块 CAS300M12BM2 开发的集成栅极驱动板，其结构如图 4.5 所示，对外引脚 X10 中各引脚名称、功能及用法如表 4.5 所列，其余对外引脚的标号、名称及功能如表 4.6 所列。

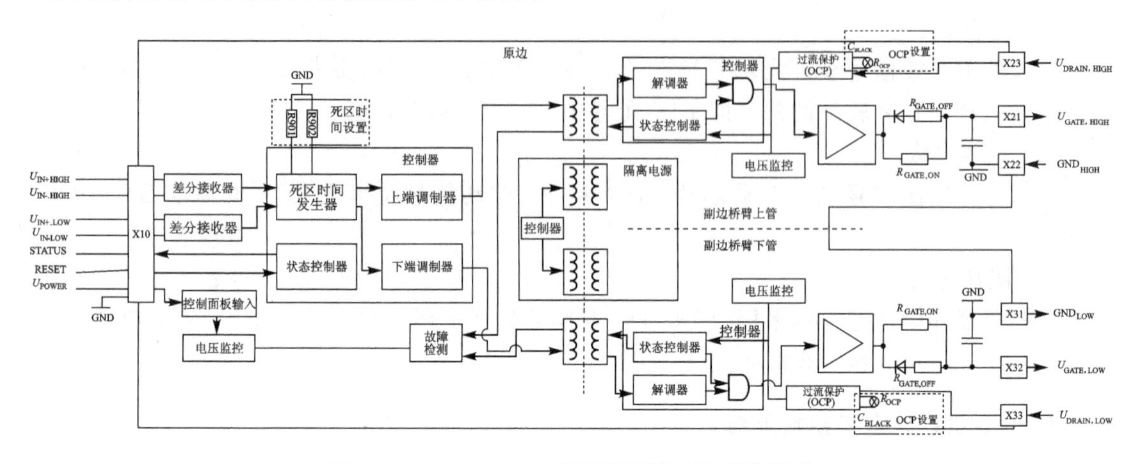

图 4.5　PT62SCMD12 的正视图及对外引脚排列

表 4.5　PT62SCMD12 栅极驱动器 X10 连接器中各引脚名称、功能和用法

引脚号	名　称	功能和用法
1	$U_{\mathrm{IN+,\ HIGH}}$	上桥臂栅极驱动信号输入引脚(正端)
2	$U_{\mathrm{IN\ \ ,\ HIGH}}$	上桥臂栅极驱动信号输入引脚(负端)
3	RESET	复位引脚
4	GND	电源地引脚
5	$U_{\mathrm{IN+,\ LOW}}$	下桥臂栅极驱动信号输入引脚(正端)
6	$U_{\mathrm{IN-,\ LOW}}$	下桥臂栅极驱动信号输入引脚(负端)
7	STATUS	状态信号引脚
8	U_{POWER}	驱动供电电源引脚

表 4.6　PT62SCMD12 栅极驱动器其余对外引脚标号、名称和功能

标　号	名　称	功　能
X21	$U_{\mathrm{GATE,\ HIGH}}$	连接上桥臂开关管栅极,输出驱动信号
X22	$\mathrm{GND}_{\mathrm{HIGH}}$	连接上桥臂开关管源极
X23	$U_{\mathrm{DRAIN,\ HIGH}}$	连接上桥臂开关管漏极,检测漏极电压,进行去饱和保护
X31	$\mathrm{GND}_{\mathrm{LOW}}$	连接下桥臂开关管源极,输出驱动信号
X32	$U_{\mathrm{GATE,\ LOW}}$	连接下桥臂开关管栅极,输出驱动信号
X33	$U_{\mathrm{DRAIN,\ LOW}}$	连接下桥臂开关管源极,输出驱动信号

2. 主要设计特点和参数限制

(1) 主要设计特点

① 该驱动板为 Cree 公司的 SiC MOSFET 模块 CAS300M12BM2 设计;

② 磁耦隔离;

③ +20 V/−6 V 的栅极驱动电压;

④ 板上集成过电流保护、过电压和欠电压闭锁；
⑤ 死区时间和消隐时间可调；
⑥ 低抖动：典型值为 1 ns；
⑦ 开关频率可达 125 kHz，输出电流峰值可达+/−20 A，可承受高 du/dt；
⑧ 供电电源电压范围宽：15～24 V；
⑨ 配有 RS422 输入接口。

(2) 主要参数和限制

表 4.7 列出了 PT62SCMD12 的主要参数和限制。

表 4.7　PT62SCMD12 的主要参数和限制

符　号	定　义	最小值	典型值	最大值	单　位	备　注
U_{POWER}	供电电源	14.5		26	V	
$U_{D,HIGH}$ $U_{D,LOW}$	过流保护输入电压	0		1 700	V	分别以 GND_{HIGH} 和 GND_{LOW} 为参考地
$dU_{GND,HIGH}/dt$ $dU_{GND,LOW}/dt$	电压变化率			100	kV/μs	
T_A	工作温度范围	−40		85	℃	无冷凝
$P_{IN,OPERATIONAL}$	功率损耗		12		W	f_S=100 kHz
$P_{IN,IDLE}$	闲置功耗		3.5	4	W	
$U_{INX,X}$	单端输入电平	−7		12	V	
$\Delta U_{IN,X}$	差动输入电平差值	−0.2		0.7	V	$\Delta U_{IN,X}=\Delta U_{IN+,X}-\Delta U_{IN-,X}$
R_{ID}	差动输入阻抗		120		Ω	
U_{STATUS}= OK	驱动器正常时状态输出电压	4.7			V	
U_{STATUS}= NOK	驱动器不正常时状态输出电压			0.8	V	
$U_{GATE,HIGH}$= HIGH $U_{GATE,LOW}$= HIGH	高电平输出电压（U_{POWER}=24V）	18	20	22	V	分别以 GND_{HIGH} 和 GND_{LOW} 为参考地
$U_{GATE,HIGH}$= LOW $U_{GATE,LOW}$= LOW	低电平输出电压（U_{POWER}=24V）	−8	−6	−4	V	
$I_{GATE,HIGH}$ $I_{GATE,LOW}$	驱动器峰值输出电流	20			A	
U_{RESET}	复位输入的输入电压范围	−0.3		6	V	
U_{RESET}=HIGH	复位输入的高输入电压	3.5			V	
U_{RESET}=LOW	复位输入的低输入电压			1.5	V	
t_{RESET}	清除错误的复位脉冲宽度	10			μs	

续表 4.7

符　号	定　义	最小值	典型值	最大值	单　位	备　注
$t_{\mathrm{ON,PROP}}$	开通传输延迟		100	125	ns	
$t_{\mathrm{OFF,PROP}}$	关断传输延迟		100	125	ns	
$t_{\mathrm{ON,RISE}}$	开通上升时间		400	500	ns	
$t_{\mathrm{OFF,FALL}}$	关断下降时间		250	300	ns	
Δt	延迟失配（上端/下端开通、关断）		0.25	2.5	ns	
$\lvert t_{\mathrm{JITTER}}\rvert$	关闭和开启延迟抖动的绝对值		1	2.5	ns	
f_{S}	开关频率	DC		125	kHz	受 $P_{\mathrm{OUT,AVG}}$ 限制
$t_{\mathrm{DEAD,PROG}}$	可编程死区时间	0		1 000	ns	
t_{BLANKING}	消隐时间，即开通 SiC MOSFET 与开始监控 U_{DS} 之间的时间	1			μs	
t_{STARTUP}	启动时间		75	100	ms	

3. 应用技术

如图 4.6 所示为 PT62SCMD12 应用于三相逆变器中的原理电路。由于每个 PT62SCMD12 驱动板仅能驱动一个桥臂，因此需要三个 PT62SCMD12 驱动板来驱动三相逆变器。逆变器控制用脉冲通过 DSP 产生。

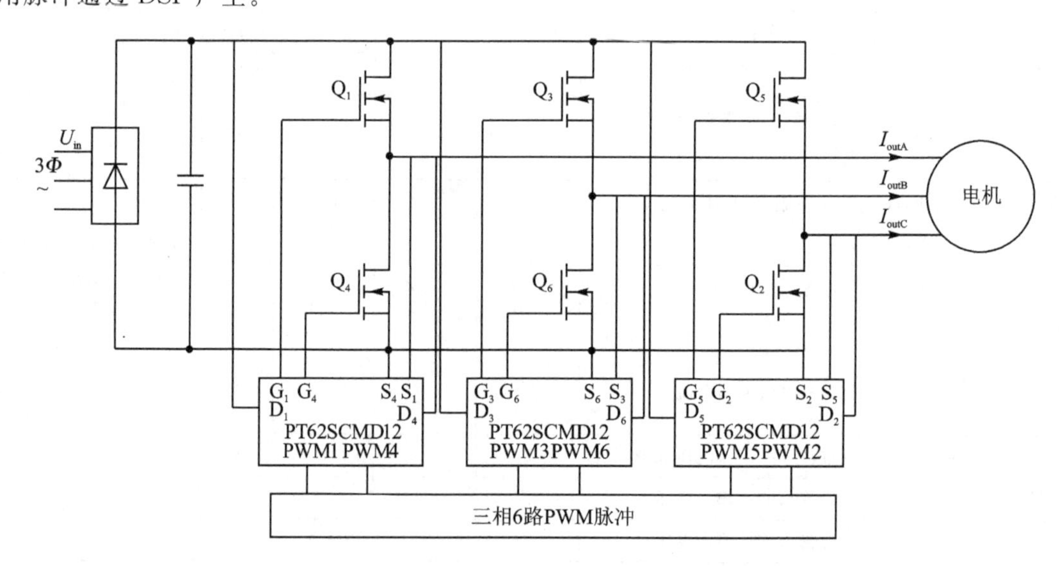

图 4.6　PT62SCMD12 应用于三相逆变器系统

4.1.4　CGD15HB62P1型SiC MOSFET桥臂栅极驱动板

1. 对外引线的排列、名称、功能与用法

CGD15HB62P1是Cree公司针对SiC MOSFET模块CAS120M12HM2、CAS300M12HM2开发的集成栅极驱动板，其结构如图4.7所示，连接器X1中各引脚名称、功能及用法如表4.8所列，其余对外引脚的标号、名称及功能如表4.9所列，状态显示器名称、功能如表4.10所列。

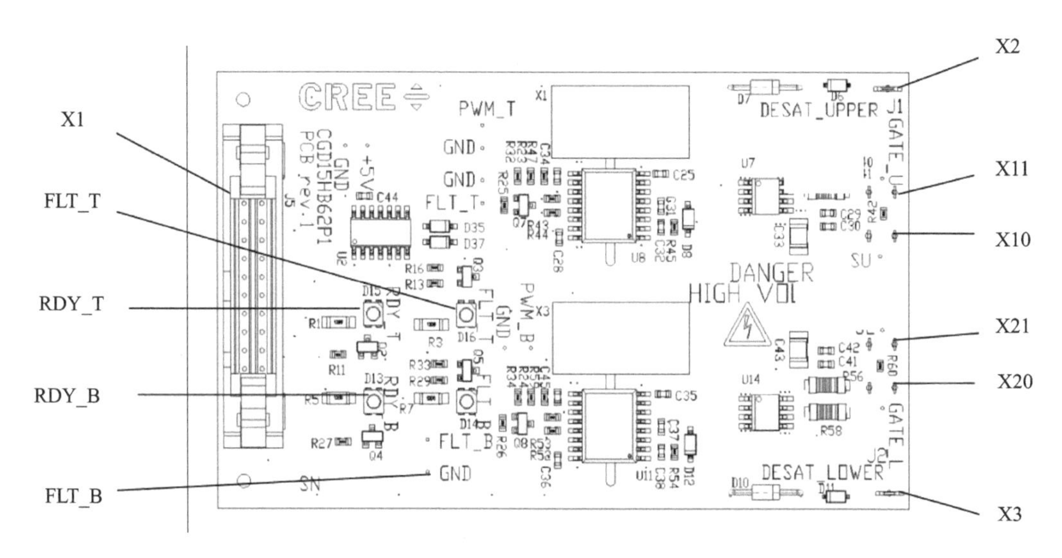

图4.7　CGD15HB62P1的正视图及对外引脚排列

表4.8　CGD15HB62P1栅极驱动器X1连接器中各引脚名称、功能和用法

引脚号	名　称	功能和用法
1,3,5,7,9,11,13,15,17,19	Common	共地引脚
2	Gate Upper	上桥臂栅极驱动信号输入引脚
4	RESET Upper	上桥臂复位信号输入引脚
6	READY Upper	上桥臂准备信号输入引脚
8	FAULT Upper	上桥臂故障信号输入引脚
10	Gate Lower	下桥臂栅极驱动信号输入引脚
12	RESET Lower	下桥臂复位信号输入引脚
14	READY Lower	下桥臂准备信号输入引脚
16	FAULT Lower	下桥臂故障信号输入引脚
18,20	VCC IN	供电电源输入引脚

表 4.9 CGD15HB62P1 栅极驱动器其余对外引脚标号、名称和功能

标　号	名　称	功　能
X2	上管去饱和保护连接端子	连接上桥臂开关管漏极，检测漏极电压，进行去饱和保护
X3	下管去饱和保护连接端子	连接下桥臂开关管漏极，检测漏极电压，进行去饱和保护
X11	上管栅极输出	连接上桥臂开关管栅极，输出驱动信号
X10	上管源极输出	连接上桥臂开关管源极，输出驱动信号
X21	下管源极输出	连接下桥臂开关管源极，输出驱动信号
X20	下管栅极输出	连接下桥臂开关管栅极，输出驱动信号

表 4.10 CGD15HB62P1 栅极驱动器状态显示器标号、名称和功能

标　号	名　称	功　能
FLT_T	上桥臂故障信号显示	红色 LED 灯亮表示上桥臂出现故障
FLT_B	下桥臂故障信号显示	红色 LED 灯亮表示下桥臂出现故障
RDY_T	上桥臂准备信号显示	绿色 LED 灯亮表示上桥臂供电正常、准备工作
RDY_B	下桥臂准备信号显示	绿色 LED 灯亮表示下桥臂供电正常、准备工作

2. 电路构成及工作原理

CGD15HB62P1 的内部结构及工作原理如图 4.8 所示。由图可知，CGD15HB62P1 的内部集成有欠压锁定、短路保护、辅助电源、信号隔离、功率放大、驱动和状态显示等功能。

其主要构成单元的工作原理或功能如下。

(1) PWM 信号

上下桥臂的 PWM 信号必须互补。驱动板内置上下桥臂互锁保护，避免上下桥臂出现直通。但互锁不应作为死区时间调节器。

(2) 故障信号

故障信号输出低电平表示没有故障，如果输出为高电平，则说明上下桥臂中出现欠压闭锁或短路故障。对于具体故障原因需要进一步确认。

(3) 欠压闭锁故障

欠压闭锁电路检测 DC/DC 变换器输出电压，当其降至栅极驱动的安全工作条件以下时，触发欠压闭锁，无论 PWM 输入信号电平是高电平还是低电平，欠压闭锁发生的一侧桥臂驱动输出会通过栅极电阻被箝位至低电平。当输出电压高于阈值电压时，欠压闭锁自动解除。

(4) 过流故障

过流保护电路会检测 SiC MOSFET 的栅源电压，当 SiC MOSFET 模块发生过流/短路故障时，栅源电压会增加，当到达安全阈值电压时，过流保护触发，FAULT 脚输出过流故障信息，栅极驱动输出闭锁，栅极电压会通过软关断电阻被箝位至低电平。过流保护阈值电流所对应的保护电压可通过驱动板上的电阻进行调节。

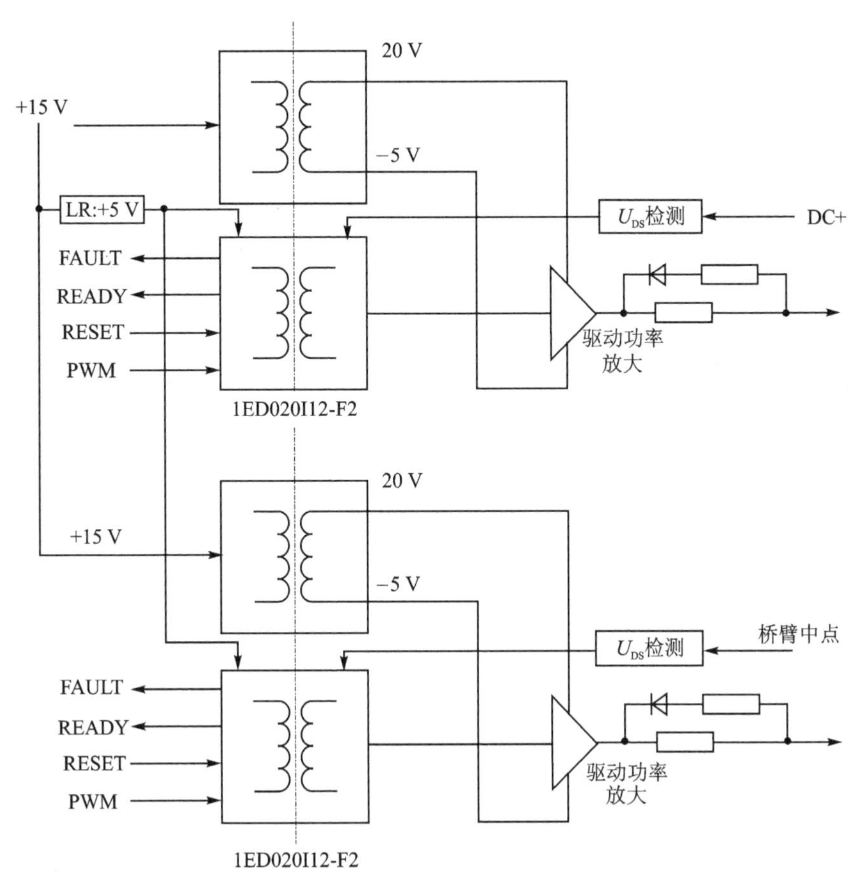

图4.8 CGD15HB62P1的内部结构及工作原理

3. 主要设计特点和参数限制

(1) 主要设计特点

① 该驱动板为Cree公司的半桥SiC MOSFET模块CAS120M12HM2和CAS300M12HM2设计；

② 双通道输出；

③ 集成隔离供电电源；

④ 可通过插件直接安装在模块上，尽量缩短驱动输出与模块间的引线长度，实现低寄生电感驱动回路；

⑤ 板上集成过流、欠压保护。

(2) 主要参数和限制

CGD15HB62P1的主要参数和限制如表4.11所列。

表 4.11　CGD15HB62P1 的主要参数和限制

符　号	定　义	最小值	参考值	最大值	单　位	测试条件
U_S	供电电压	14	15	16	V	
U_{IH}	高电平逻辑输入电压	3.5	5		V	
U_{IL}	低电平逻辑输入电压		0	1.5	V	
I_{SO}	供电电流(空载)		72		mA	@25 ℃
	供电电流(满载)		300	360	mA	f=64 kHz@25 ℃
R_{in}	输入电阻		48		kΩ	
C_{ISO}	耦合电容		10		pF	
t_{don}	开通延迟时间		300		ns	从输入驱动信号上升沿到输出驱动信号上升沿
t_{doff}	关断延迟时间		300		ns	从输入驱动信号下降沿到输出驱动信号下降沿
t_r	开通上升时间		65		ns	U_{OUT} 从 10%上升到 90%的时间 R_G=0 Ω,C_{LOAD}=40 000 pF
t_f	关断下降时间		50		ns	U_{OUT} 从 90%下降到 10%的时间 R_G=0 Ω,C_{LOAD}=40 000 pF
R_{GON}	开通栅极电阻		10		Ω	
R_{GOFF}	关断栅极电阻		10		Ω	
U_{GON}	开通栅极电压		20		V	
U_{GOFF}	关断栅极电压		−5		V	
t_{SC}	短路响应时间		1.5		μs	从短路故障发生到故障响应所用时间
$U_{DS,TRIP}$	去饱和阈值电压		4.7		V	触发短路保护响应的 U_{DS} 电压
t_{FLT_DLY}	故障响应延迟时间		425		ns	从去饱和引脚电压到达 9 V 到栅极输出关断所用时间
t_{FLT_SIG}	故障信号传输延迟时间		2.25		μs	从去饱和引脚电压到达 9 V 到故障状态信号输出所用延时
t_{err}	复位脉冲宽度	800			ns	为了复位驱动器,复位引脚必须维持低电平的时间

4. 应用技术

如图 4.9 所示为 CGD15HB62P1 应用于三相逆变器中的原理电路。由于每个 CGD15HB62P1 驱动板仅能驱动一个桥臂,因此需要三个 CGD15HB62P1 驱动板来驱动三相逆变器。逆变器控制用脉冲通过数字信号处理器产生。

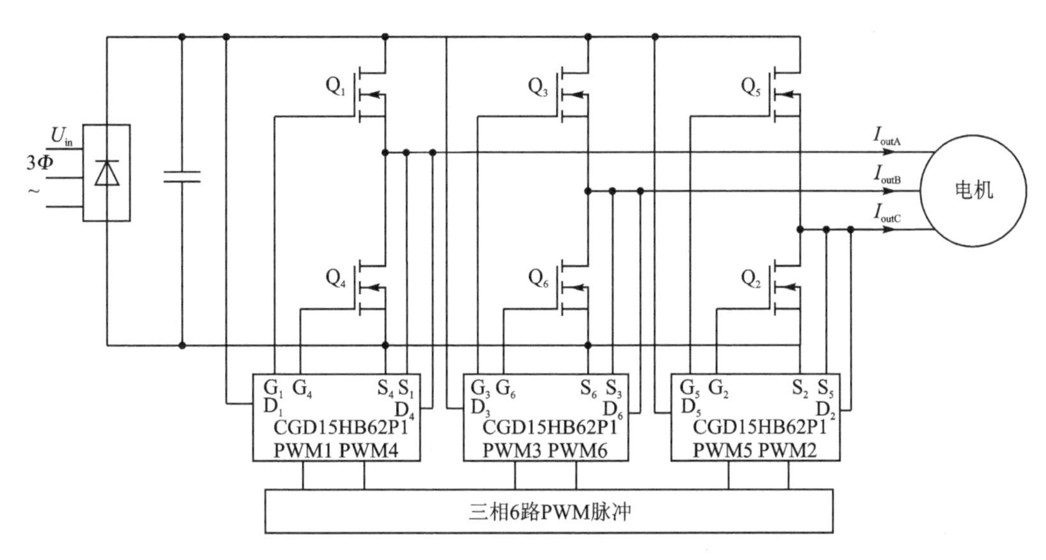

图 4.9　CGD15HB62P1 应用于三相逆变器系统

4.1.5　CGD15HB62LP 型 SiC MOSFET 栅极驱动板

1. 对外引线的排列、名称、功能与用法

CGD15HB62LP 是 Cree 公司针对 SiC MOSFET 模块 CAS325M12HM2 开发的集成栅极驱动板，其结构如图 4.10 所示，连接器 JT2 中各引脚名称、功能及用法如表 4.12 所列，其余对外引脚的标号、名称及功能如表 4.13 所列。

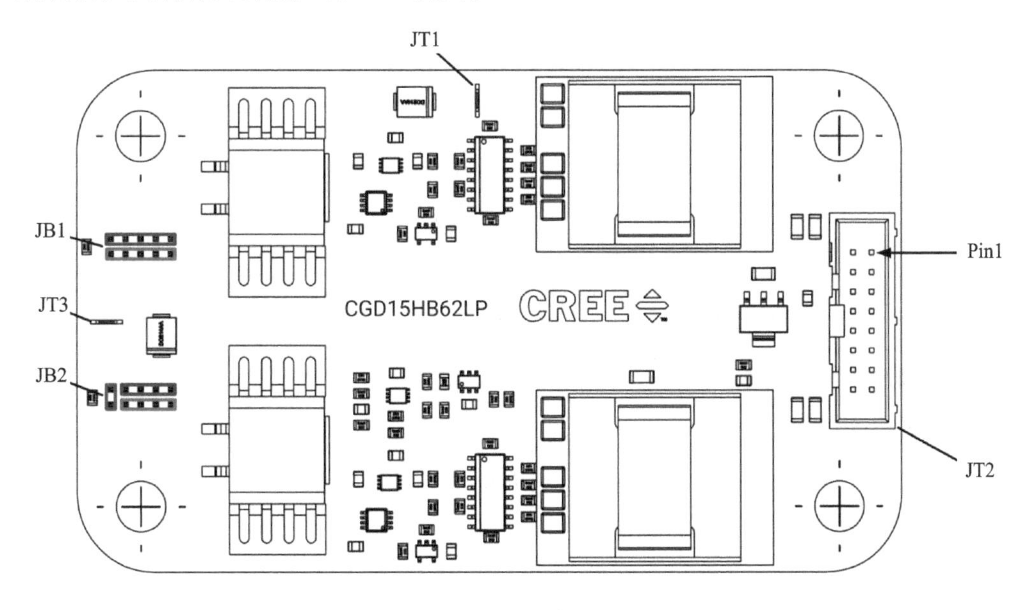

图 4.10　CGD15HB62LP 的正视图及对外引脚排列

表 4.12 CGD15HB62LP 栅极驱动器 JT2 连接器中各引脚名称、功能和用法

引脚号	名称	功能和用法
1	U_{DC}	供电电源输入引脚
2,12,14,16	Common	共地引脚
3	HS-P	上桥臂 5 V 差动 PWM 信号正向输入引脚,后接阻值为 250 Ω 的电阻
4	HS-N	上桥臂 5 V 差动 PWM 信号负向输入引脚,后接阻值为 250 Ω 的电阻
5	LS-P	下桥臂 5 V 差动 PWM 信号正向输入引脚,后接阻值为 250 Ω 的电阻
6	LS-N	下桥臂 5 V 差动 PWM 信号负向输入引脚,后接阻值为 250 Ω 的电阻
7	$\overline{\text{FAULT}}$-T	5 V 差动故障状态信号正输出引脚,驱动能力 20 mA
8	$\overline{\text{FAULT}}$-N	5 V 差动故障状态信号负输出引脚,驱动能力 20 mA
9	RTD-P	5 V 差动温敏电阻输出信号正端,驱动能力为 20 mA,温度测量通过 PWM 编程控制
10	RTD-N	5 V 差动温敏电阻输出信号负端,驱动能力为 20 mA,温度测量通过 PWM 编程控制
11	$\overline{\text{PS-Dis}}$	使能端,接低电平闭锁供电电源,接高电平或浮地使能供电电源。当闭锁供电时,栅源极间会连接 10 kΩ 电阻
13	PWM-EN	PWM 信号使能引脚,接低电平时闭锁 PWM 信号输入,接高电平或浮地使能 PWM 信号输入。当供电电源使能,PWM 信号闭锁时,栅源电压会通过栅极电阻被箝位至低电平
15	OC-EN	过流保护使能引脚,接低电平时会停止过流故障检测,PWM 和 UVLO 会继续正常工作。接高电平或浮地会启动过流故障检测

表 4.13 CGD15HB62LP 栅极驱动器对外引脚标号、名称和功能

标号	名称	功能
JT1	上桥臂漏极检测端子	上桥臂过流保护检测端,检测上桥臂漏极,接 DC+
JT3	下桥臂漏极检测端子	下桥臂过流保护检测端,检测下桥臂漏极电流,接桥臂中点
JB1	上桥臂栅-源端子	上桥臂驱动信号输出端:红色-栅极,绿色-源极
JB2	下桥臂栅-源端子	下桥臂驱动信号输出端:红色-栅极,绿色-源极,蓝色-温敏电阻

2. 电路构成及工作原理

CGD15HB62LP 的内部结构及工作原理如图 4.11 所示。由图可知,CGD15HB62LP 的内部集成有欠压锁定、DC/DC 变换器、隔离、功率放大和驱动等功能。

其主要构成单元的工作原理或功能如下。

(1) PWM 信号

上下桥臂的 PWM 信号必须互补,PWM 信号输入阻抗为 250 Ω。驱动板内置上下桥臂互锁保护,避免上下桥臂出现直通。但互锁不应作为死区时间调节器。

(2) 故障信号

故障信号是差动输出,最大驱动能力为 20 mA,输出为高电平表示没有故障,输出为低电

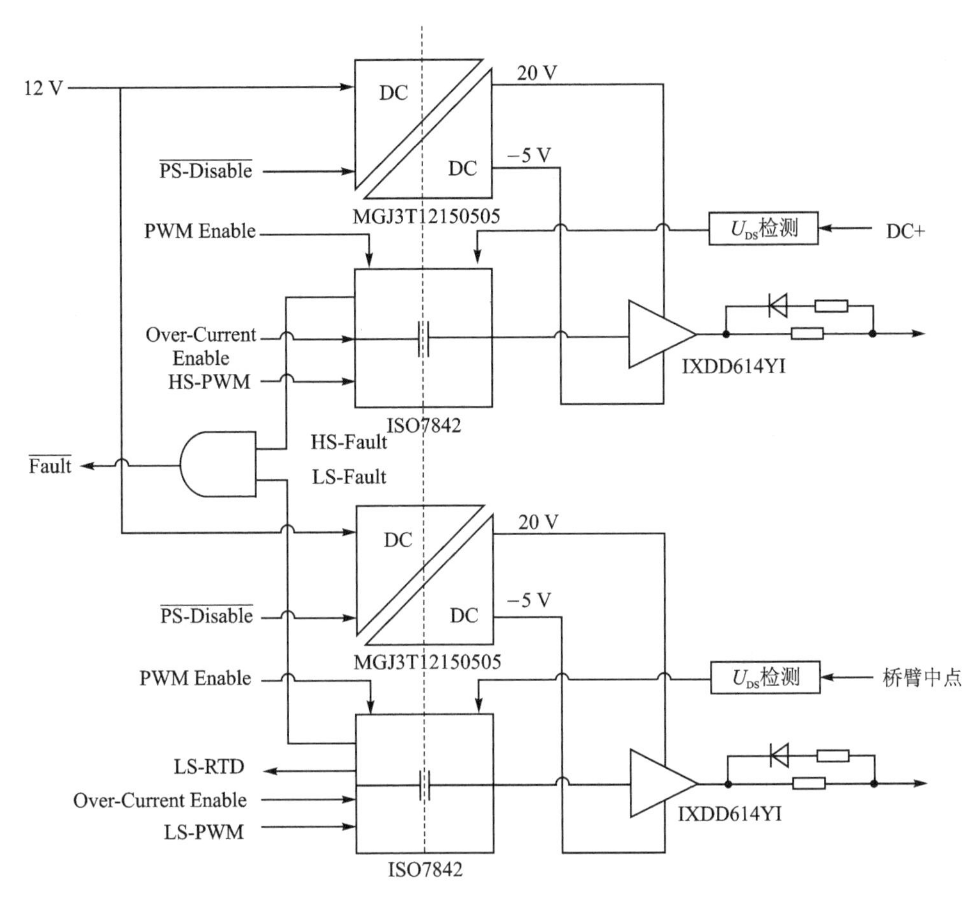

图 4.11　CGD15HB62LP 的内部结构及工作原理

平则说明上下桥臂中出现欠压闭锁或过流故障。对于具体故障原因需要进一步确认。

(3) 欠压闭锁故障

欠压闭锁电路检测 DC/DC 变换器输出电压，当其降至栅极驱动的安全工作条件以下时，触发欠压闭锁。欠压闭锁发生时，无论 PWM 输入信号电平是高或低，对应桥臂的驱动输出会通过栅极电阻被箝位至低电平。当输出电压高于设定的阈值电压值时，欠压闭锁自动解除。阈值电压值可通过改变驱动板上的电阻进行调整。

(4) 过流故障

过流保护电路会检测 SiC MOSFET 的栅源电压，当 SiC MOSFET 模块发生过流/短路故障时，漏源电压会增加，当到达安全阈值电压时，过流保护触发，$\overline{\text{FAULT}}$ 引脚输出过流故障信息，栅极驱动输出闭锁，栅极电压会通过软关断电阻被箝位至低电平。短路阈值电压可通过驱动板上的电阻进行调节。短路保护默认启用，必须通过给 OC - EN 端输入至少持续 2.5 ns 的低电平来关闭。

(5) 温敏电阻信号

温度检测电阻 RTD 的输出是差动信号，通过检测集成于 SiC MOSFET 模块内部的温敏电阻的阻值，可间接得出模块的温度。

(6) 供电电源禁用信号

输入低电平给 $\overline{\text{PS-Dis}}$ 端会禁用上下桥臂 DC/DC 隔离变换器的输出，这个引脚可用来设置启动顺序。

(7) PWM 使能信号

PWM 使能信号是单端输入信号，输入高电平给 PWM-EN 端可以使能上下桥臂的 PWM 信号输入。输入低电平会使上下桥臂的 PWM 信号接收器均被禁用，栅极电压会通过栅极电阻被箝位至低电平。其余所有保护电路和供电电源均正常工作，包括故障输出和 RTD 输出。

(8) 过压和反极性保护

JT2 端子的引脚 1 是电源输入端，连接有齐纳二极管以保护栅极驱动板，避免出现电源过压故障。当过压故障发生时，必须切除电源使 PTC 保险丝复位。同时，还有一个二极管与输入电源串联，避免出现电源极性接反导致驱动板损坏。

3. 主要设计特点和参数限制

(1) 主要设计特点

① 该驱动板为 Cree 公司的高性能半桥 SiC MOSFET 模块 CAS325M12HM2 设计；

② 可工作在高开关频率，超快开关速度；

③ 集成 3 W 或 6 W 板上隔离电源；

④ 具有迟滞环宽可调的 UVLO 保护；

⑤ 可直接安装在模块上，保证低寄生电感设计；

⑥ 板上集成过流、过压和反极性保护。

(2) 主要参数和限制

表 4.14 列出了 CGD15HB62LP 的极限绝对值参数，超过这些极限值，驱动芯片有可能发生损坏。

表 4.14 CGD15HB62LP 的极限绝对值参数

符　号	定　义	最小值	参考值	最大值	单　位
U_{DC}	供电电压	9	12	18	V
U_{UVLO}	DC/DC 变换器副边欠压闭锁阈值电压		18(无源) 16(有源) 2(迟滞)		V
U_{IH}	高电平逻辑输入电压	3.5		5.5	V
U_{IL}	低电平逻辑输入电压	0		1.5	V
U_{IDCM}	差动输入共模电压范围	−7	—	+12	V
U_{IDTH}	差动输入阈值电压	−200	−125	−50	mV
U_{ODH}	高电平差动输出电压	2.2	3.4		V
U_{ODL}	低电平差动输出电压		0.2	0.4	V
U_{OD}	差动输出电压幅度	2	3.1		
$U_{GATE,HIGH}$	高电平驱动输出电压		+18		V
$U_{GATE,LOW}$	低电平驱动输出电压		−5		V

续表 4.14

符　号	定　义	最小值	参考值	最大值	单　位
U_{IOWM}	工作隔离电压		1 500		V
C_{ISO}	隔离电容		17		pF
CMTI	瞬态共模抑制比	100			kV/μs
$R_{GIC\text{-}ON}$	内部图腾柱 开通输出电阻		0.4	1.5	Ω
$R_{GIC\text{-}OFF}$	内部图腾柱 关断输出电阻		0.3	1.2	Ω
$R_{GEXT\text{-}ON}$	外部开通驱动电阻		4.99		Ω
$R_{GEXT\text{-}OFF}$	外部关断驱动电阻		4.99		Ω
$D_{VF\text{-}OFF}$	关断二极管正向压降	0.62	0.67	0.82	V
t_{ON}	输出上升时间		250		ns
t_{OFF}	输出下降时间		140		ns
$t_{PHL/PLH}$	传输延迟		75		ns
t_{PD}	过流保护信号传输延迟		40		ns
R_{SS}	软关断电阻		30.1		Ω
$t_{OFF\text{-}SS}$	软关断下降时间		1.5		μs

4. 应用技术

如图 4.12 所示为 CGD15HB62LP 应用于三相逆变器中的原理电路。由于每个 CGD15HB62LP 驱动板仅能驱动一个桥臂，因此需要三个 CGD15HB62LP 驱动板来驱动三相逆变器。逆变器控制用脉冲通过数字信号处理器产生。

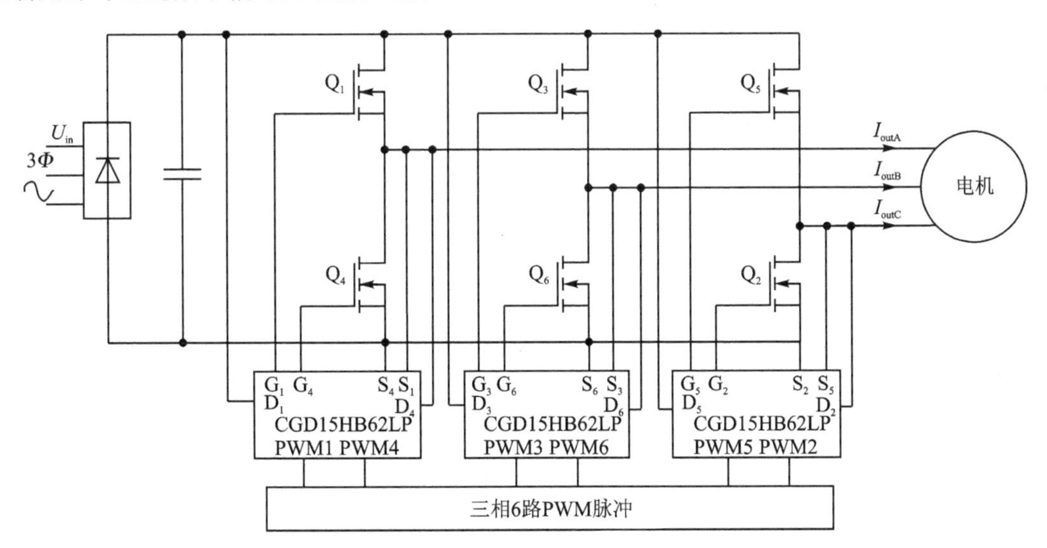

图 4.12　CGD15HB62LP 应用于三相逆变器系统

4.1.6 Cree公司CGD12HBXMP型SiC MOSFET桥臂栅极驱动板

1. 对外引线的排列、名称、功能与用法

CGD12HBXMP是Cree公司针对高性能XM3型SiC MOSFET模块开发的集成栅极驱动器，其结构正视图如图4.13所示，驱动器中各引脚名称、功能和用法如表4.15所列。

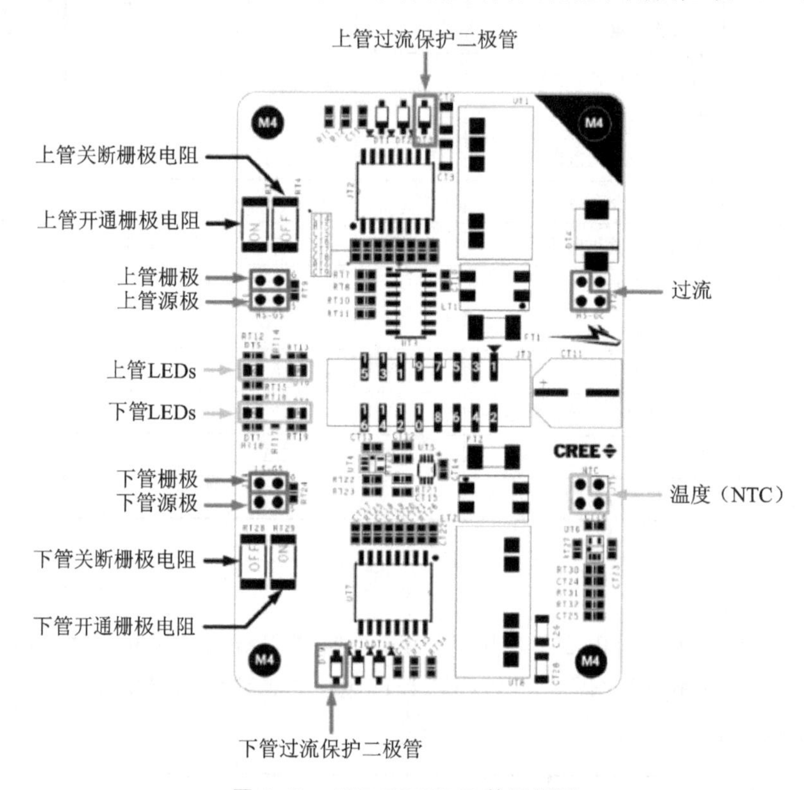

图4.13 CGD12HBXMP的正视图

表4.15 CGD12HBXMP栅极驱动器中各引脚名称、功能和用法

引脚号	名 称	功能和用法
1	U_{DC}	供电电源输入引脚，典型值为+12 V
2,12,14,16	Common	共地引脚
3	HS-P	上管5 V差动PWM信号正向输入端子，该端子接120 Ω电阻
4	HS-N	上管5 V差动PWM信号负向输入端子，该端子接120 Ω电阻
5	LS-P	下管5 V差动PWM信号正向输入端子，该端子接120 Ω电阻
6	LS-N	下管5 V差动PWM信号负向输入端子，该端子接120 Ω电阻
7	$\overline{\text{FAULT-P}}$	5 V差动故障状态信号正输出端子，驱动能力为20 mA。$\overline{\text{FAULT}}$为低电平表示发生了去饱和故障，阻止栅极驱动器输出高电平
8	$\overline{\text{FAULT-N}}$	5 V差动故障状态信号负输出端子，驱动能力为20 mA

续表 4.15

引脚号	名　称	功能和用法
9	RTD－P	5 V 差动热敏电阻输出信号正端，驱动能力为 20 mA。温度测量通过 PWM 编程控制
10	RTD－N	5 V 差动热敏电阻输出信号负端，驱动能力为 20 mA。温度测量通过 PWM 编程控制
11	$\overline{\text{PS－Dis}}$	使能端，接低电平闭锁供电电源，接高电平或浮地使能供电电源。当闭锁供电电源时，栅源极间会连接 10 kΩ 电阻
13	PWM－EN	PWM 信号使能引脚，接低电平时闭锁 PWM 信号输入，接高电平或浮地使能 PWM 信号输入。当供电电源使能时，可通过关断栅极电阻将栅极驱动输出置为低电平
15	Reset	当存在故障时，将该引脚置为高电平以清除故障

2. 电路构成及工作原理

CGD12HBXMP 的内部结构及工作原理如图 4.14 所示。由图可知，CGD12HBXMP 的内部集成有欠压锁定、短路保护、辅助电源、信号隔离、功率放大和驱动等功能。

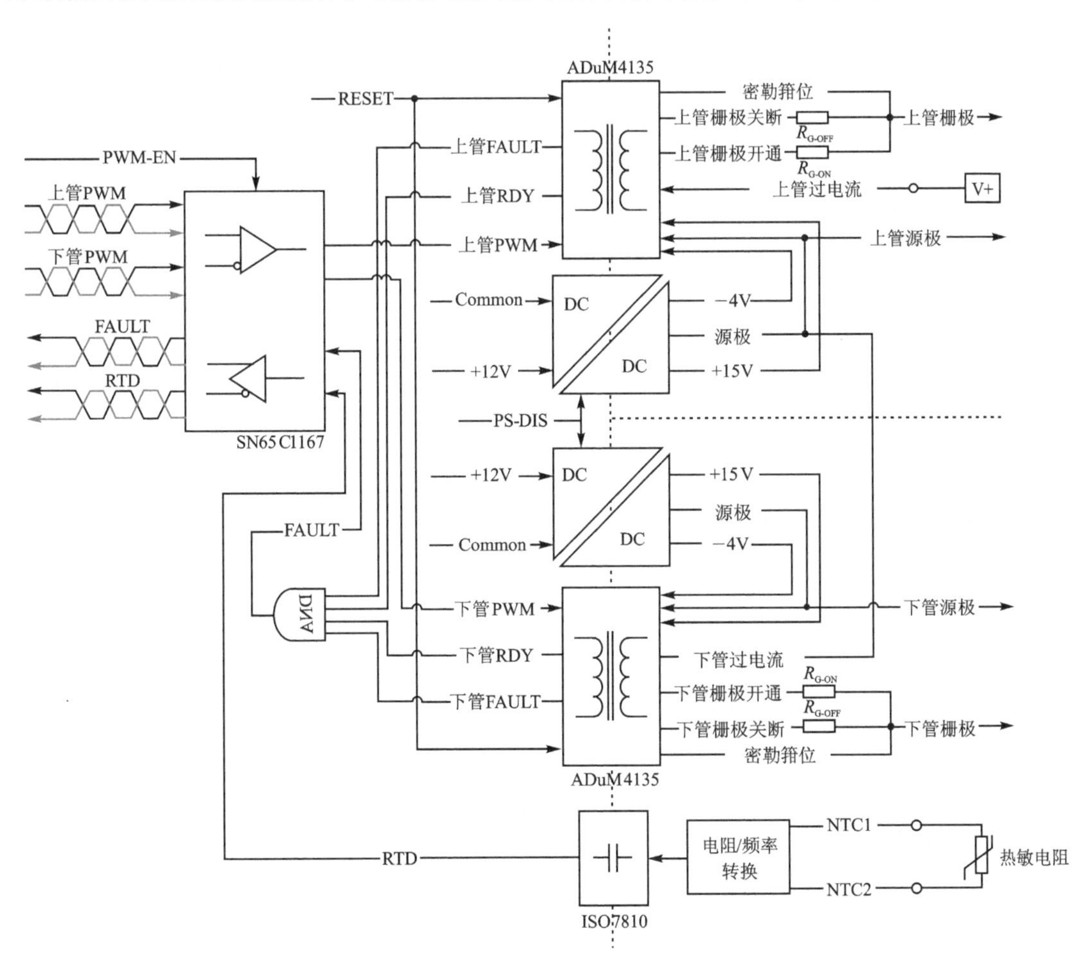

图 4.14　CGD12HBXMP 的内部结构及工作原理

其主要构成单元的工作原理或功能如下。

(1) PWM 信号

上管和下管 PWM 输入信号采用 RS-422 互补差动信号，差动信号接收器的终端阻抗为 120 Ω。为防止发生直通，驱动板具有重叠驱动保护，但该保护不应用作死区时间发生器。

(2) 故障信号

故障信号是与 RS-422 兼容的差动信号，最大驱动能力为 20 mA。故障信号为高电平表示栅极驱动器工作正常。若任一驱动器检测到过流故障或欠压闭锁，则该通道故障信号变为低电平，并用红色 LED 灯显示故障。驱动板上标识为 DT6 的 LED 灯亮代表上管出现故障，标识为 DT8 的 LED 灯亮代表下管出现故障。

(3) 欠压闭锁故障

欠压闭锁电路主要检测内部 DC/DC 变换器输出电压，当输出电压降至栅极驱动的正常工作电压以下时，触发欠压闭锁。发生欠压故障后，不管 PWM 输入信号是高电平还是低电平，驱动输出将会通过栅极电阻被箝位至低电平。当 DC/DC 变换器输出电压高于欠压闭锁阈值电压时，欠压闭锁自动解除。驱动板上绿色 LED 指示灯亮表示输出电压正常，无欠压故障。驱动板上标识为 DT5 的 LED 灯亮代表上管正常工作，标识为 DT7 的 LED 灯亮代表下管正常工作。

(4) 过流故障

过流保护电路主要检测 SiC MOSFET 的漏源电压。当 SiC MOSFET 模块发生过流/短路故障，漏源电压上升到设置的保护阈值时，过流保护触发，器件栅极将通过软关断电阻被箝位至低电平，栅极驱动器输出被禁止。漏源电压过流保护阈值可通过驱动板上的电阻进行调节，过流故障一旦发生就会被锁存，直至在 RESET 端子上施加持续时间至少为 500 ns 的高电平脉冲才能被清除。

(5) 过压和反极性保护

栅极驱动器的 1 号引脚(电源输入端)通过连接略超过栅极驱动器额定电压或限制电流的电源来保护栅极驱动器免受损坏。电源输入端还串联有一个二极管和 MOSFET，以防止电源正负极接反。

3. 主要设计特点和参数限制

(1) 主要设计特点

① 该驱动板为 Cree 公司的高性能 X3 半桥 SiC MOSFET 模块设计；

② 双通道输出；

③ 板上集成过流、防直通和反极性保护；

④ 采用差动输入以提高抗扰度；

⑤ 隔离电容值极低。

(2) 主要参数和限制

CGD12HBXMP 的主要参数和限制如表 4.16 所列。

表 4.16 CGD12HBXMP 的主要参数和限制

符 号	定 义	最小值	参考值	最大值	单 位	测试条件
U_{DC}	供电电压	10.2	12	13.2	V	
U_{UVLO}	欠压闭锁	7.7	8.5	9.3		SiC MOSFET 模块开通,其栅源电压上升
	UVLO 滞环		0.80			
U_{OVLO}	过电压箝位	13.8	15	16.2		
U_{IH}	高电平逻辑输入电压	3.5		5.5		单端输入
U_{IL}	低电平逻辑输入电压	0		1.5		
U_{IDCM}	差动共模输入电压范围	−7		+12		差动输入
U_{IDTH}	差动输入阈值电压	−200	−125	−50	mV	$U_{ID}=U_{Pos\_Line}-U_{Neg\_Line}$
U_{OD}	差动输出幅值	2	3.1		V	$R_L=100\ \Omega$
U_{GATE_HIGH}	开通栅极电压		+15			
U_{GATE_LOW}	关断栅极电压		−4			
U_{IOWM}	隔离电压		1 000			U_{RMS}
C_{ISO}	隔离电容		4.9		pF	每个通道
CMTI	瞬态共模抑制比	100			kV/μs	$U_{CM}=1\ 000$ V
R_{GIC-ON}	驱动芯片开通输出电阻		0.48	0.98	Ω	驱动电流为 1 A 条件下测试
$R_{GIC-OFF}$	驱动芯片关断输出电阻		0.32	0.63		
$R_{G(ext)-ON}$	栅极外部开通电阻		1.0			
$R_{G(ext)-OFF}$	栅极外部关断电阻		1.0			
t_{ON}	输出上升时间		174		ns	$R_{G(ext)}=1\ \Omega$,$C_{Load}=47$ nF,从 10%到 90%
t_{OFF}	输出下降时间		157			
t_{PHL}	关断传输延时		108			$R_{G(ext)}=1\ \Omega$,$C_{Load}=0$ nF
t_{PHL}	开通传输延时		106			
t_{BLANK}	过流消隐时间		0.6		μs	$R_{G(ext)}=1\ \Omega$,$C_{Load}=47$ nF
$t_{PD-FAULT}$	过流传输延时		0.5	2		不包含消隐时间
t_{SS}	软关断时间		3			
R_{SS}	软关断电阻		10.2	22	Ω	在 250 mA 条件下测试
R_{MC}	密勒箝位电阻		1.1	2.75		在 100 mA 条件下测试
U_{MC}	密勒箝位阈值电压	−2.25	−2.0	−1.75	V	

4. 应用技术

如图 4.15 所示为 CGD12HBXMP 应用于三相逆变器中的原理电路。由于每个 CGD12HBXMP 驱动板仅能驱动一个桥臂,因此需要三个 CGD12HBXMP 驱动板来驱动三相逆变器。逆变器控制用脉冲通过数字信号处理器产生。

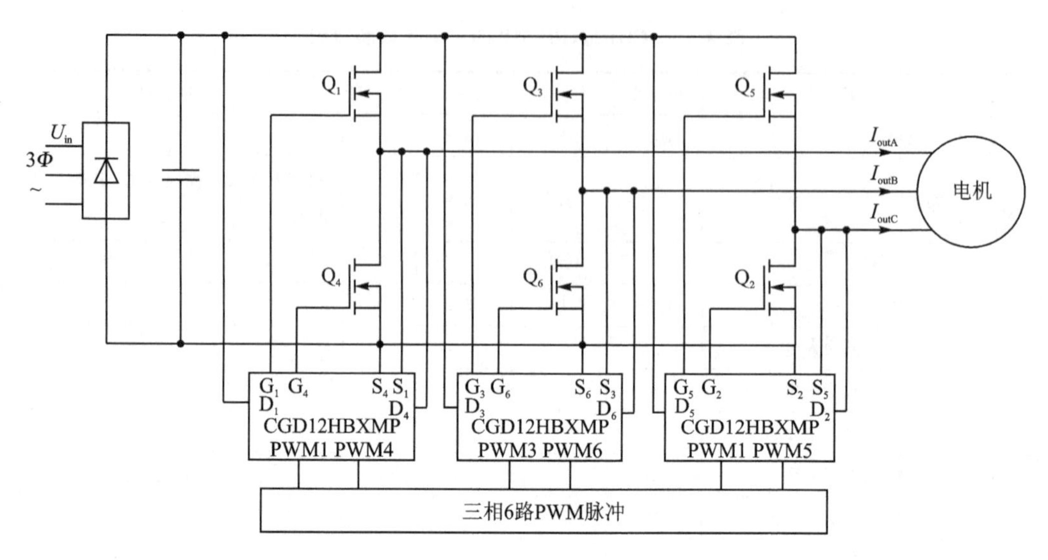

图 4.15 CGD12HBXMP 应用于三相逆变器系统

4.1.7 CGD15FB45P 型三相桥臂 SiC MOSFET 栅极驱动板

1. 对外引线的排列、名称、功能与用法

CGD15FB45P 是 Cree 公司针对三相桥臂 SiC MOSFET 模块开发的集成栅极驱动板，其结构如图 4.16 所示，连接器中各引脚名称、功能及用法如表 4.17 所列，LED 指示灯的标号、名称及功能如表 4.18 所列。

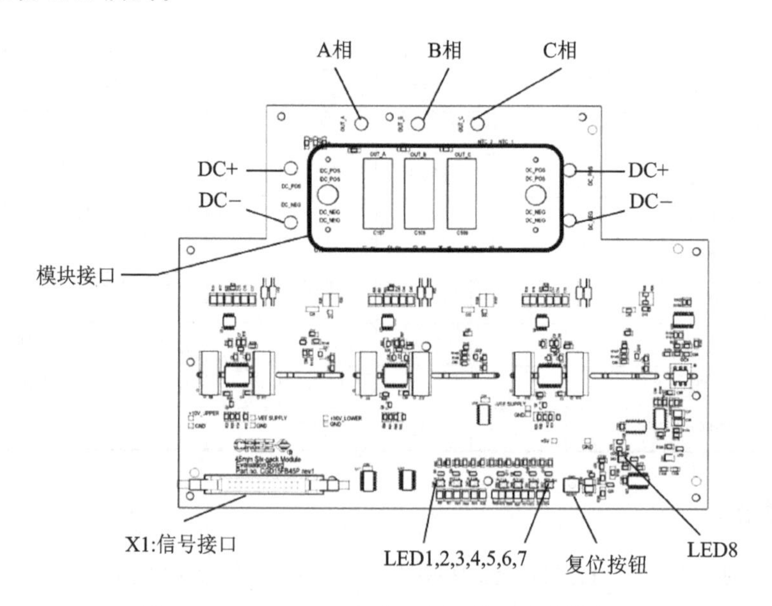

图 4.16 CGD15FB45P 的正视图及对外引脚排列

表 4.17　CGD15FB45P 栅极驱动器连接器中各引脚名称、功能和用法

引脚号	名　称	功能和用法
1	PWM_Upper_A	A 相桥臂 5 V 差动 PWM 信号正向输入引脚
3	PWM_Lower_A	A 相桥臂 5 V 差动 PWM 信号负向输入引脚
5	PWM_Upper_B	B 相桥臂 5 V 差动 PWM 信号正向输入引脚
7	PWM_Lower_B	B 相桥臂 5 V 差动 PWM 信号负向输入引脚
9	PWM_Upper_C	C 相桥臂 5 V 差动 PWM 信号正向输入引脚
11	PWM_Lower_C	C 相桥臂 5 V 差动 PWM 信号负向输入引脚
13	$\overline{\text{RST}}$	驱动板重启信号引脚
15	RDY	驱动板准备信号引脚
17	DESAT FAULT	去饱和故障信号引脚
19	OVER_TEMP_FLT	过温故障信号引脚
21,23,25	PWR In(U_s)	供电输入端
2,4,6,8,10,12,14,16,18,20,22,24,26	Common	共地引脚

表 4.18　CGD15FB45P 栅极驱动器 LED 标号及其对应功能

标　号	名　称	功　能
L1	A 相上桥臂故障指示灯	红色 LED 灯,A 相上桥臂出现去饱和故障时灯亮
L2	A 相下桥臂故障指示灯	红色 LED 灯,A 相下桥臂出现去饱和故障时灯亮
L3	B 相上桥臂故障指示灯	红色 LED 灯,B 相上桥臂出现去饱和故障时灯亮
L4	B 相下桥臂故障指示灯	红色 LED 灯,B 相下桥臂出现去饱和故障时灯亮
L5	C 相上桥臂故障指示灯	红色 LED 灯,C 相上桥臂出现去饱和故障时灯亮
L6	C 相下桥臂故障指示灯	红色 LED 灯,C 相下桥臂出现去饱和故障时灯亮
L7	正常运行指示灯	绿色 LED 灯,供电正常且所有故障被清除时灯亮
L8	过温故障检测指示灯	红色 LED 灯,发生过温故障时灯亮

2. 电路构成及工作原理

CGD15FB45P 的内部结构及工作原理如图 4.17 所示。由图可知,CGD15FB45P 的内部集成有信号隔离、功率放大、欠压锁定、过流保护和过温保护等功能。

其主要构成单元的工作原理或功能如下。

(1) 欠压闭锁故障

欠压闭锁电路检测驱动供电电压,当其降至栅极驱动的安全工作条件以下时,触发欠压闭锁。欠压闭锁发生时,无论 PWM 输入信号电平是高或低,对应桥臂的驱动输出会通过栅极电阻被箝位至低电平。当输出电压高于设定的阈值电压值时,欠压闭锁自动解除。

(2) 短路故障

六个栅极驱动通道中的每一个通道都具有去饱和电路保护功能。短路时,MOSFET 的漏源电压 U_{DS} 将会升高,直到达到设定阈值,将会触发去饱和保护电路,六个栅极驱动通道切换

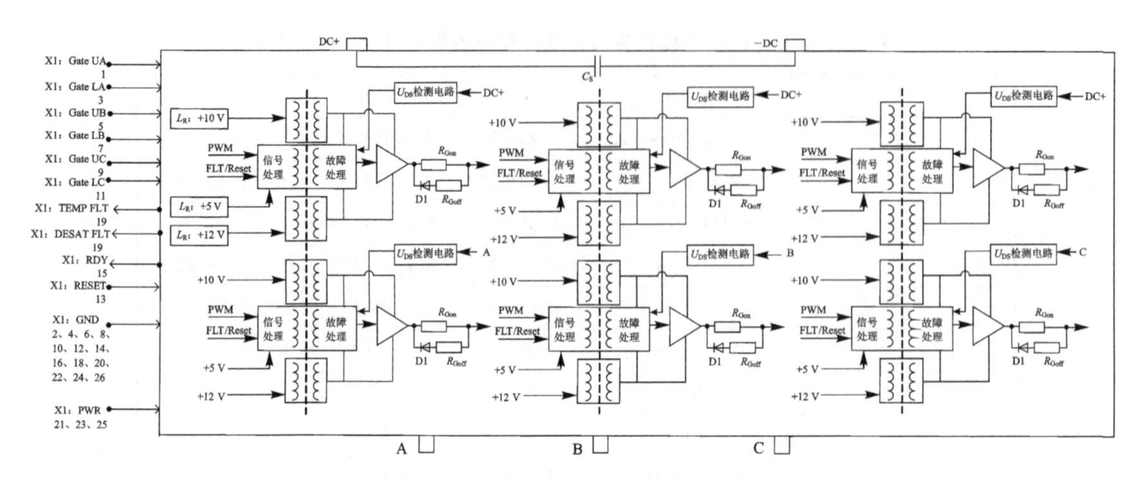

图 4.17 CGD15FB45P 的内部结构及工作原理

为关断状态。去饱和故障信号引脚在发生去饱和故障时切换为高电平。此时 LED(L1－L6)亮起，用于指示去饱和保护电路动作的驱动通道。故障清除后，需对驱动板进行重置。

(3) 过温故障

该驱动板集成了过温保护功能，在检测到超过设定最高温度时关闭所有通道的栅极信号。过温检测电路读取模块板载 NTC 的值。当 NTC 阻值对应于 115 ℃的典型值时，触发过温保护电路动作，6 个通道栅极驱动输出低电平。故障发生时，过温故障信号引脚被切换至高电平。

(4) 驱动板准备信号

当驱动芯片供电电压均高于 UVLO 阈值，并且无信号传输故障时，驱动板准备信号引脚为漏极开路输出状态，以报告设备处于正常运行状态。

3. 主要设计特点和参数限制

(1) 主要设计特点

① 该驱动板为 Cree 公司三相 SiC MOSFET 模块设计；

② 六通道输出；

③ 集成板上隔离电源；

④ 可直接安装在模块上，保证低寄生电感设计；

⑤ 板上集成过流、过温和欠压保护功能。

(2) 主要参数和限制

表 4.19 列出 CGD15FB45P 的主要参数和限制。

表 4.19 CGD15FB45P 的主要参数和限制

符　号	定　义	最小值	参考值	最大值	单　位
U_{DC}	供电电压	13	15	16	V
U_{IH}	高电平逻辑输入电压	3.5	5		V
U_{IL}	低电平逻辑输入电压		0	1.5	V

续表 4.19

符 号	定 义	最小值	参考值	最大值	单 位
I_{SO}	供电电流(无负载)		330	420	mA
	供电电流(有负载)		830	1 000	
t_{DON}	开通信号延迟时间		210	280	ns
t_{DOFF}	关断信号延迟时间		225	295	ns
t_{err}	故障后重置时间	800			ns

4. 应用技术

如图 4.18 所示为 CGD15FB45P 应用于三相逆变器中的原理电路，仅需要一个 CGD15FB45P 驱动板来驱动三相逆变器。

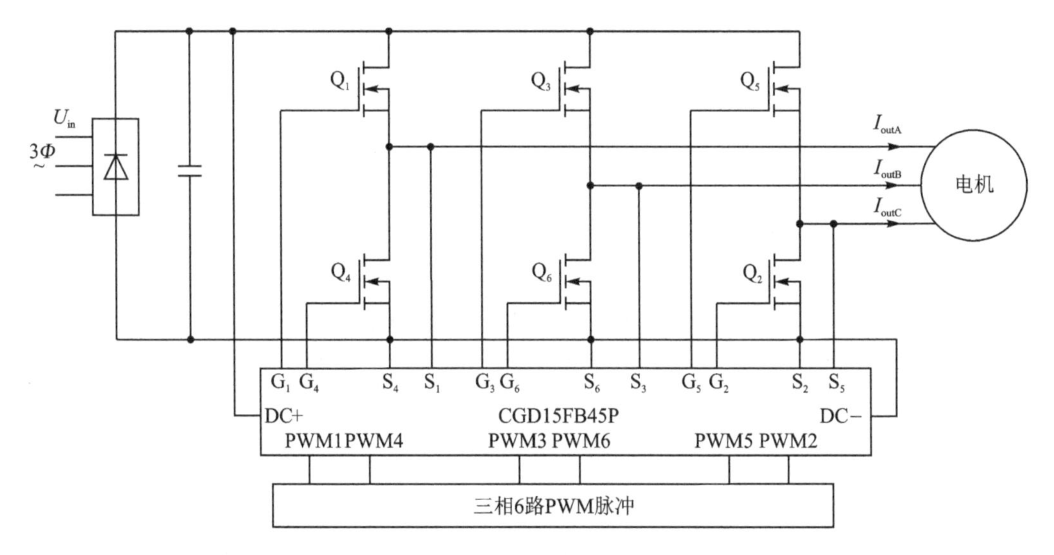

图 4.18 CGD15FB45P 应用于三相逆变器系统

4.2 Rohm 公司栅极驱动板

4.2.1 BM9499H 型 SiC MOSFET 桥臂栅极驱动板

1. 对外引线的排列、名称、功能与用法

BM9499H 是 Rohm 公司针对 SiC MOSFET 模块 BSM120D12P2C005 和 BSM180D12P2C101 开发的集成栅极驱动板，其结构如图 4.19 所示，各对外引脚的标号、名称及功能如表 4.20 所列。

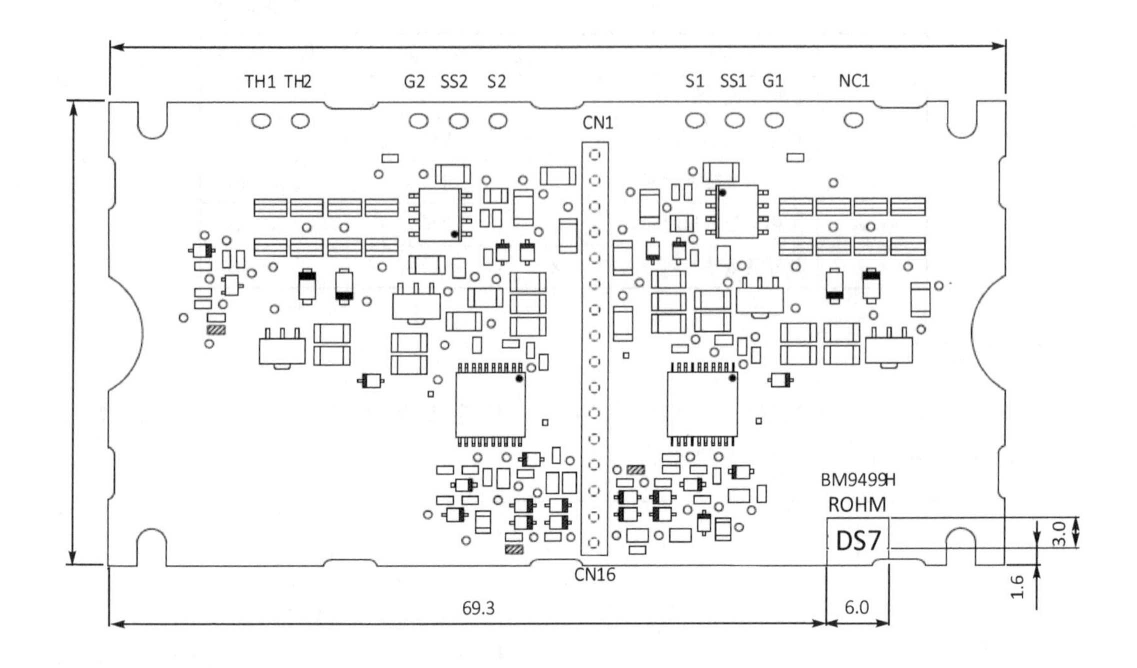

图 4.19　BM9499H 的正视图及对外引脚排列

表 4.20　BM9499H 栅极驱动器各对外引脚名称、功能和用法

标号号	名　称	功能和用法
CN1	$U_{LOW-DD+}$	下桥臂驱动电路驱动正压输入引脚，典型值为 18 V
CN2	$U_{LOW\text{-}GND}$	下桥臂输出侧接地引脚
CN3	$U_{LOW\text{-}DD-}$	下桥臂驱动电路驱动负压输入引脚，典型值为－3 V
CN4	$U_{HIGH\text{-}DD+}$	上桥臂驱动电路驱动正压输入引脚，典型值为 18 V
CN5	$U_{HIGH\text{-}GND}$	上桥臂输出侧接地引脚
CN6	$U_{HIGH\text{-}DD-}$	上桥臂驱动电路驱动负压输入引脚，典型值为－3 V
CN7	NC	预留引脚
CN8	NC	预留引脚
CN9	NC	预留引脚
CN10	NC	预留引脚
CN11	GND	上下桥臂输入侧接地引脚
CN12	$U_{in\text{-}LOW}$	下桥臂输入信号引脚
CN13	U_{FLTL}	上桥臂故障输出引脚
CN14	U_{CC}	供电电源输入引脚，典型值为 5 V
CN15	U_{FLTL}	下桥臂故障输出引脚
CN16	$U_{in\text{-}HIGH}$	上桥臂输入信号引脚
TH1	NC	预留引脚，可连接热敏电阻

续表 4.20

标号号	名　称	功能和用法
TH2	NC	预留引脚,可连接热敏电阻
G2	$U_{LOW\text{-}GS}$	下桥臂栅极驱动电压输出引脚
SS2	$U_{LOW\text{-}S}$	下桥臂源极输出引脚
S2	NC	预留引脚,可连接电流传感器
S1	NC	预留引脚,可连接电流传感器
SS1	$U_{HIGH\text{-}S}$	上桥臂源极输出引脚
G1	$U_{HIGH\text{-}GS}$	上桥臂栅极驱动电压输出引脚
NC1	NC	预留引脚

2. 电路构成及工作原理

BM9499H 的内部结构及工作原理如图 4.20 所示。由图可知,BM9499H 的内部集成有欠压锁定、密勒箝位、功率放大和驱动等功能。

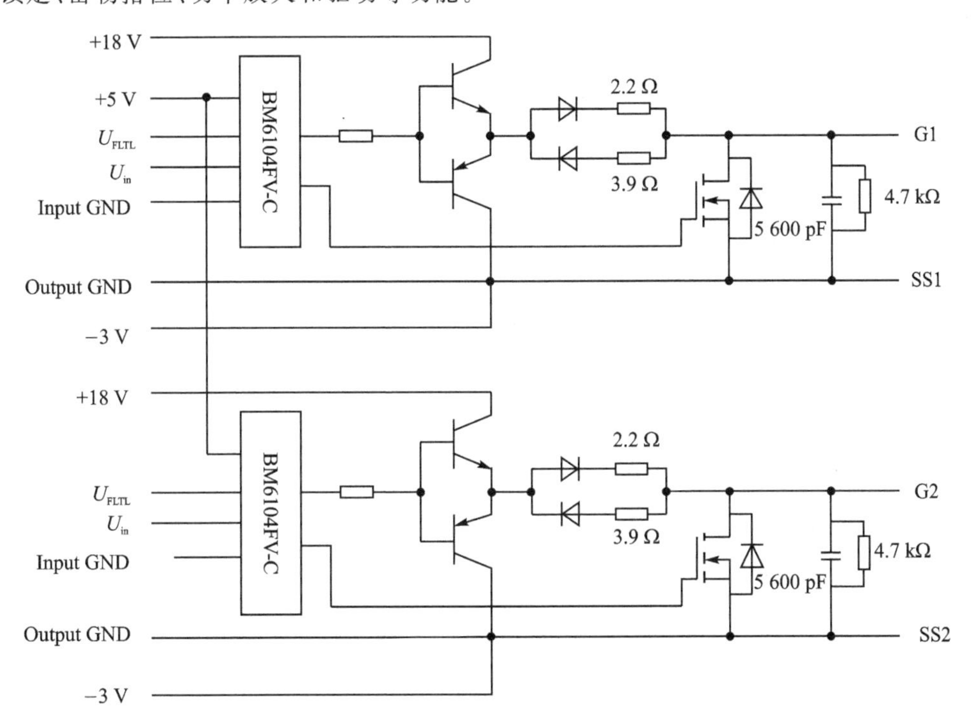

图 4.20　BM9499H 的内部结构及工作原理

其主要构成单元的工作原理或功能如下。

(1) PWM 信号

上下桥臂的 PWM 信号必须互补且具有互锁功能,以避免上下桥臂出现直通。

(2) 故障输出

故障信号互补输出,故障信号输出低电平表示没有故障,如果输出为高电平,则说明上下桥臂中出现故障。

(3) 欠电压闭锁

欠电压闭锁电路检测供电电源输入电压以及上下桥臂驱动电路驱动正压的大小，当其降至安全工作条件以下时，欠电压闭锁功能被触发。欠电压闭锁发生的一侧桥臂，无论输入的PWM 信号电平是高或低，其驱动输出电压均会被箝位至低电平。当输出电压高于阈值电压时，欠压闭锁自动解除。

3. 主要设计特点和参数限制

(1) 主要设计特点

① 该驱动板专为 Rohm 公司的高性能半桥 SiC MOSFET 模块 BSM120D12P2C005 和 BSM180D12P2C101 设计；

② 内置密勒箝位功能；

③ 兼容 0 V 与＋18 V 和－3 V 与＋18 V 的两种栅极驱动电压规格。

(2) 主要参数和限制

表 4.21 所列为 BM9499H 的推荐工作条件，该驱动器在推荐条件下能够可靠地工作。

表 4.21　BM9499H 的推荐工作条件

符　号	定　义		最小值	参考值	最大值	单　位
U_{CC}	供电电压		4.5	5	5.5	V
U_{DD+}	驱动正压		17.5	18.5	19.5	V
U_{DD-}	驱动负压		−3.5	−3	−2.5	V
$U_{in\text{-}LOW}$	输入信号电压下限		0	—	$(U_{CC})*0.3$	V
$U_{in\text{-}HIGH}$	输入信号电压上限		$(U_{CC})*0.7$	—	(U_{CC})	V
U_{GS}	栅极驱动电压		$(U_{DD+})-0.5$	$(U_{DD+})-0.5$	$(U_{DD+})-0.5$	V
I_G	栅极驱动电流	$U_{GS}=18$ V, $t_{on}=100$ μs	—	—	6	A
		$U_{GS}=18$ V(直流)	—	—	3	
U_{CC}	输入欠压闭锁关断阈值电压		4.05	4.25	4.45	V
U_{CC}	输入欠压闭锁开通阈值电压		3.95	4.15	4.35	V
U_{DD+}	输出欠压闭锁关断阈值电压		11.5	12.5	13.5	V
U_{DD+}	输出欠压闭锁开通阈值电压		10.5	11.5	12.5	V
U_{FLTL}	故障输出电压		—	0.18	0.4	V

4. 应用技术

如图 4.21 所示为 BM9499H 应用于三相逆变器中的原理电路。由于每个 BM9499H 驱动板仅能驱动一个桥臂，因此需要三个 BM9499H 驱动板来驱动三相逆变器。逆变器控制用脉冲通过数字信号处理器产生。

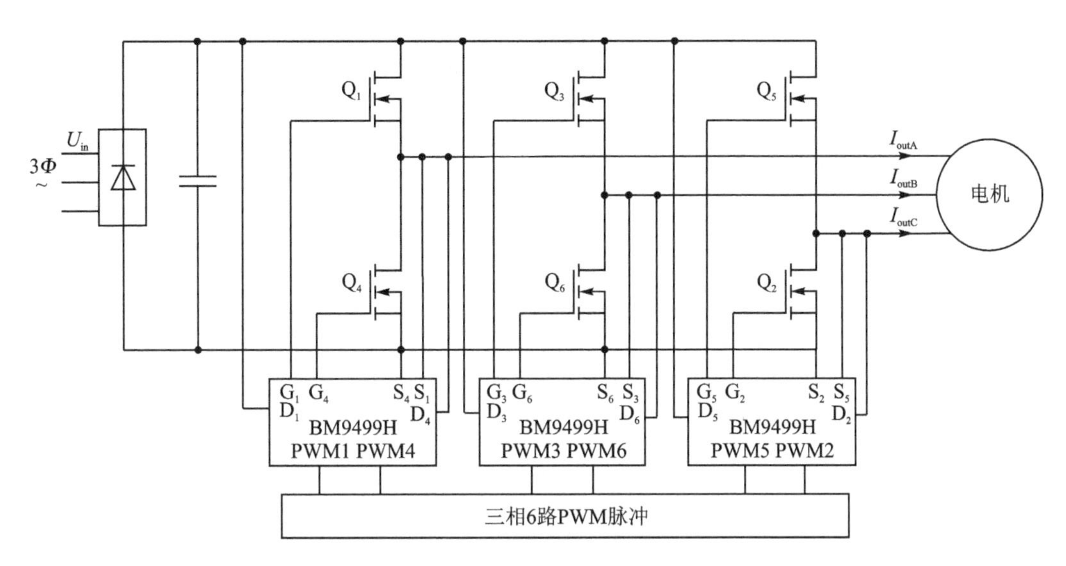

图4.21 BM9499H应用于三相逆变器系统

4.2.2 BP59A8H型SiC MOSFET桥臂栅极驱动板

1. 对外引线的排列、名称、功能与用法

BP59A8H是Rohm公司针对SiC MOSFET模块BSM300D12P2E001和BSM600D12P3G001开发的集成栅极驱动板，其结构如图4.22所示，各对外引脚的标号、名称及功能如表4.22所列。

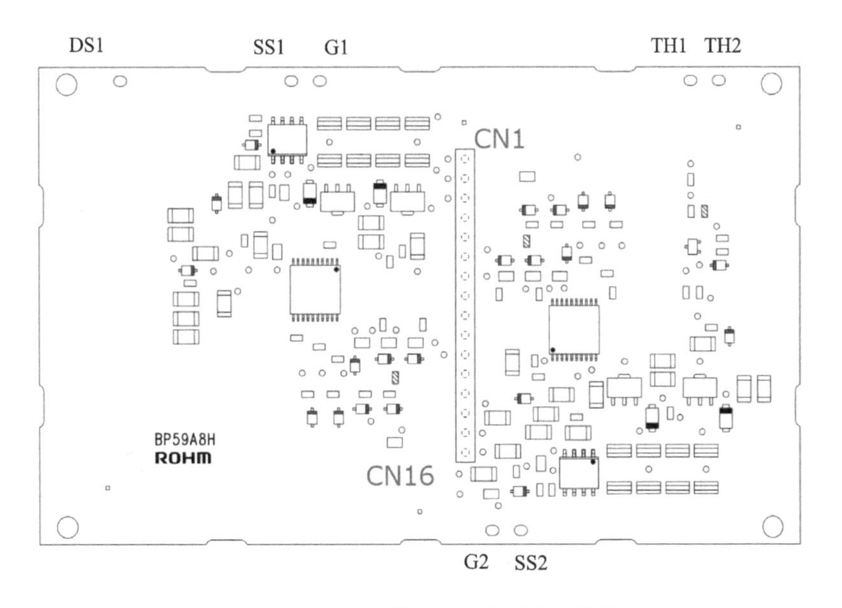

图4.22 BP59A8H的正视图及对外引脚排列

表 4.22 BP59A8H 栅极驱动器各对外引脚名称、功能和用法

标 号	名 称	功能和用法
CN1	$U_{\mathrm{HIGH-DD+}}$	上桥臂驱动电路驱动正压输入引脚，典型值为 18 V
CN2	$U_{\mathrm{HIGH-GND}}$	上桥臂输出侧接地引脚
CN3	$U_{\mathrm{HIGH-DD-}}$	上桥臂驱动电路驱动负压输入引脚，典型值为－2 V
CN4	NC	预留引脚
CN5	NC	预留引脚
CN6	U_{FLTL}	下桥臂故障输出引脚
CN7	$U_{\mathrm{in\text{-}LOW}}$	下桥臂输入信号引脚
CN8	GND	上下桥臂输入侧接地引脚
CN9	UCC	供电电源输入引脚，典型值为 5 V
CN10	$U_{\mathrm{in\text{-}HIGH}}$	上桥臂输入信号引脚
CN11	UFLTL	上桥臂故障输出引脚
CN12	NC	预留引脚
CN13	NC	预留引脚
CN14	$U_{\mathrm{LOW\text{-}DD-}}$	下桥臂驱动电路驱动负压输入引脚，典型值为－2 V
CN15	$U_{\mathrm{LOW\text{-}GND}}$	下桥臂输出侧接地引脚
CN16	$U_{\mathrm{LOW\text{-}DD+}}$	下桥臂驱动电路驱动正压输入引脚，典型值为 18 V
TH1	NC	预留引脚，可连接热敏电阻
TH2	NC	预留引脚，可连接热敏电阻
G2	$U_{\mathrm{LOW\text{-}GS}}$	下桥臂栅极驱动电压输出引脚
SS2	$U_{\mathrm{LOW\text{-}S}}$	下桥臂源极输出引脚
SS1	$U_{\mathrm{HIGH\text{-}S}}$	上桥臂源极输出引脚
G1	$U_{\mathrm{HIGH\text{-}GS}}$	上桥臂栅极驱动电压输出引脚
DS1	NC	预留引脚

2. 电路构成及工作原理

BP59A8H 的内部结构及工作原理如图 4.23 所示。由图可知，BP59A8H 的内部集成有欠压锁定、密勒箝位、功率放大和驱动等功能。

其主要构成单元的工作原理或功能如下。

(1) PWM 信号

上下桥臂的 PWM 信号必须互补且具有互锁功能，以避免上下桥臂出现直通。

(2) 故障输出

故障信号互补输出，故障信号输出低电平表示没有故障，如果输出为高电平，则说明上下桥臂中出现故障。

(3) 欠电压闭锁

欠电压闭锁电路检测供电电源输入电压以及上下桥臂驱动电路驱动正压的大小，当其降至安全工作条件以下时，欠电压闭锁功能被触发。欠电压闭锁发生的一侧桥臂，无论输入的

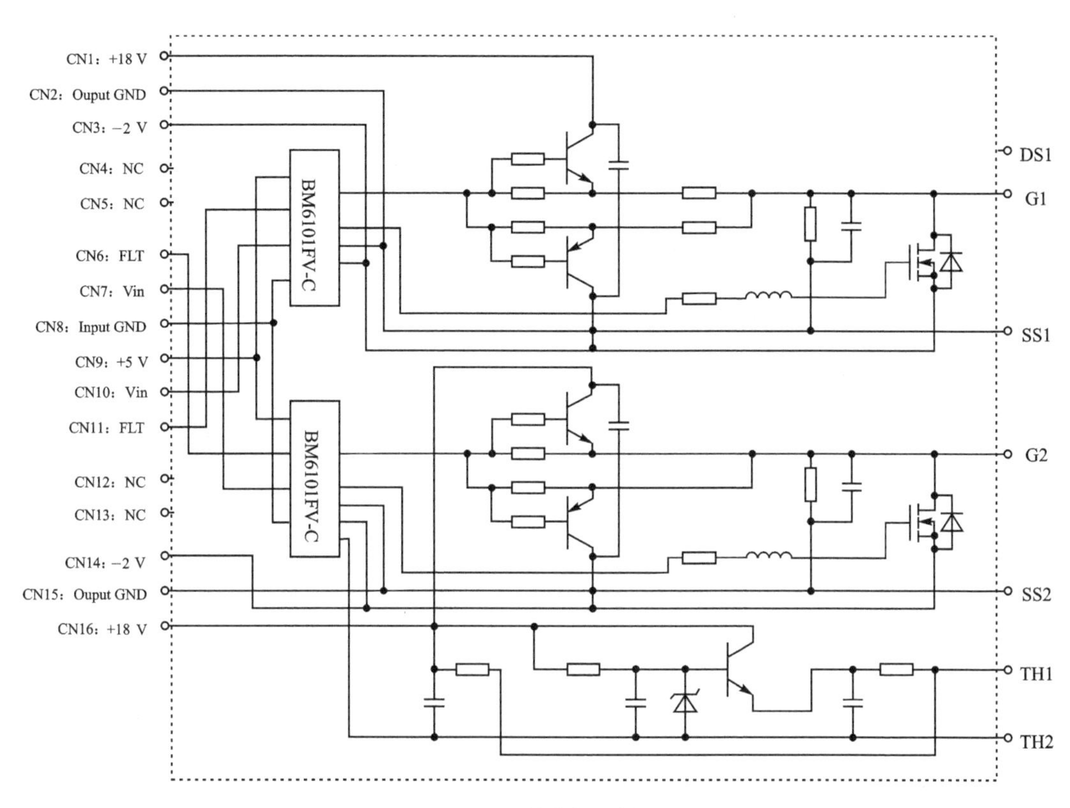

图 4.23　BP59A8H 的内部结构及工作原理

PWM 信号电平是高电平还是低电平，其驱动输出电压都会被箝位至低电平。当输出电压高于阈值电压时，欠压闭锁自动解除。

3. 主要参数和限制

（1）主要设计特点

① 该驱动板专为 ROHM 公司的高性能半桥 SiC MOSFET 模块 BSM300D12P2E001 和 BSM600D12P3G001 设计；

② 内置密勒箝位功能；

③ 兼容 0 V 与＋18 V，−3 V 与＋18 V，−2 V 与＋18 V 三种栅极驱动电压规格。

（2）主要参数和限制

表 4.23 所列为 BP59A8H 的推荐工作条件，该驱动器在推荐条件下能够可靠的工作。

表 4.23　BP59A8H 的推荐工作条件

符　号	定　义	最小值	参考值	最大值	单　位
U_{CC}	供电电压	4.5	5	5.5	V
U_{DD+}	驱动正压	17.5	18.5	19.5	V
U_{DD-}	驱动负压	−3.5	−2	−1.5	V
$U_{in\text{-}LOW}$	输入信号电压下限	0	—	$(U_{CC})\times 0.3$	V
$U_{in\text{-}HIGH}$	输入信号电压上限	$(U_{CC})\times 0.7$	—	(U_{CC})	V

续表 4.23

符　号	定　义		最小值	参考值	最大值	单　位
U_{GS}	栅极驱动电压		$(U_{DD+})-0.5$	$(U_{DD+})-0.5$	$(U_{DD+})-0.5$	V
I_G	栅极驱动电流	$U_{GS}=18$ V, $t_{on}=100$ μs	—	—	6	A
		$U_{GS}=18$ V(直流)	—	—	3	
U_{CC}	输入欠压闭锁关断阈值电压		4.05	4.25	4.45	V
U_{CC}	输入欠压闭锁开通阈值电压		3.95	4.15	4.35	V
U_{DD+}	输出欠压闭锁关断阈值电压		11.5	12.5	13.5	V
U_{DD+}	输出欠压闭锁开通阈值电压		10.5	11.5	12.5	V
U_{FLTL}	故障输出电压		—	0.18	0.4	V

4. 应用技术

如图 4.24 所示为 BP59A8H 应用于三相逆变器中的原理电路。由于每个 BP59A8H 驱动板仅能驱动一个桥臂，因此需要三个 BP59A8H 驱动板来驱动三相逆变器。逆变器控制用脉冲通过数字信号处理器产生。

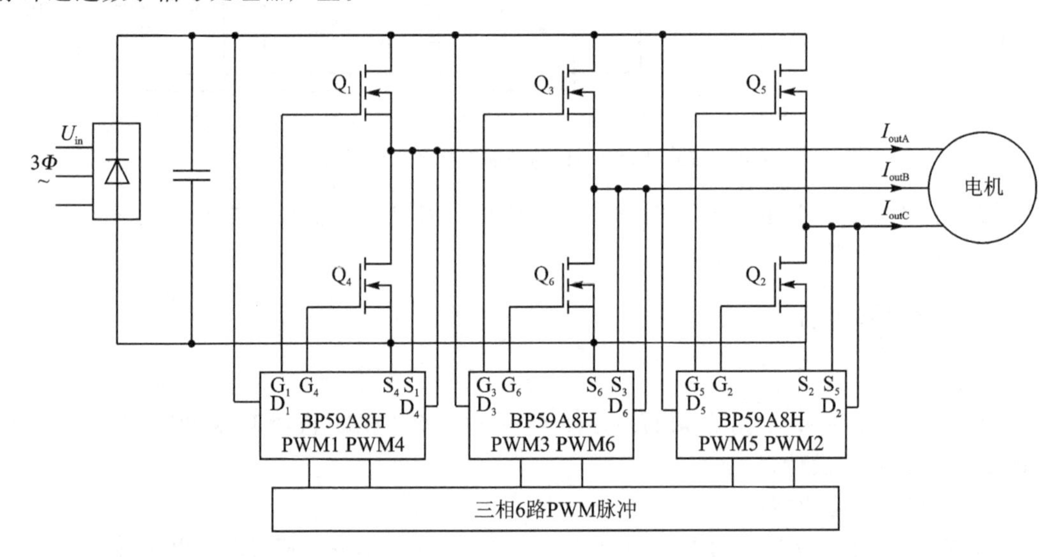

图 4.24　BP59A8H 应用于三相逆变器系统

4.3　Infineon 公司栅极驱动板

1. 对外引线的排列、名称、功能与用法

EVAL-1EDI20H12AH-SIC 是 Infineon 公司针对其生产的 SiC MOSFET 所开发的评估板，驱动芯片采用 Infineon 公司的 1EDI20H12AH，评估板实物图如图 4.25 所示，PCB 板(未安装元器件)的正视图如图 4.26 所示，各对外引脚的标号、名称及功能如表 4.24 所列。

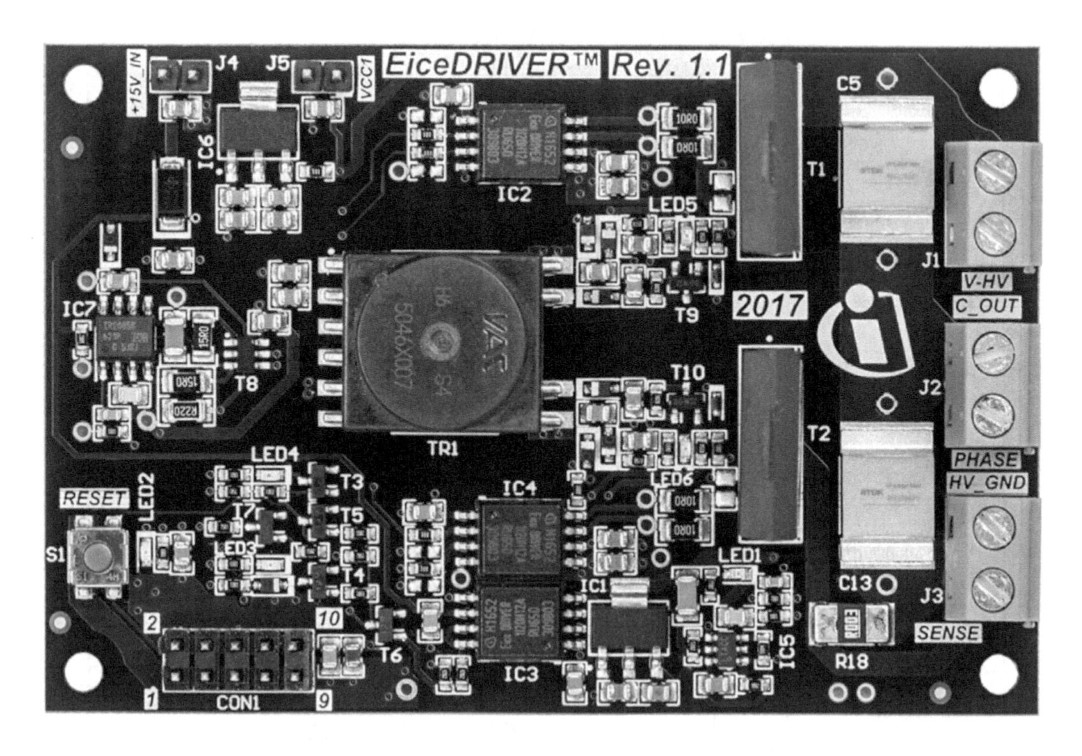

图 4.25　EVAL－1EDI20H12AH－SIC 评估板实物图

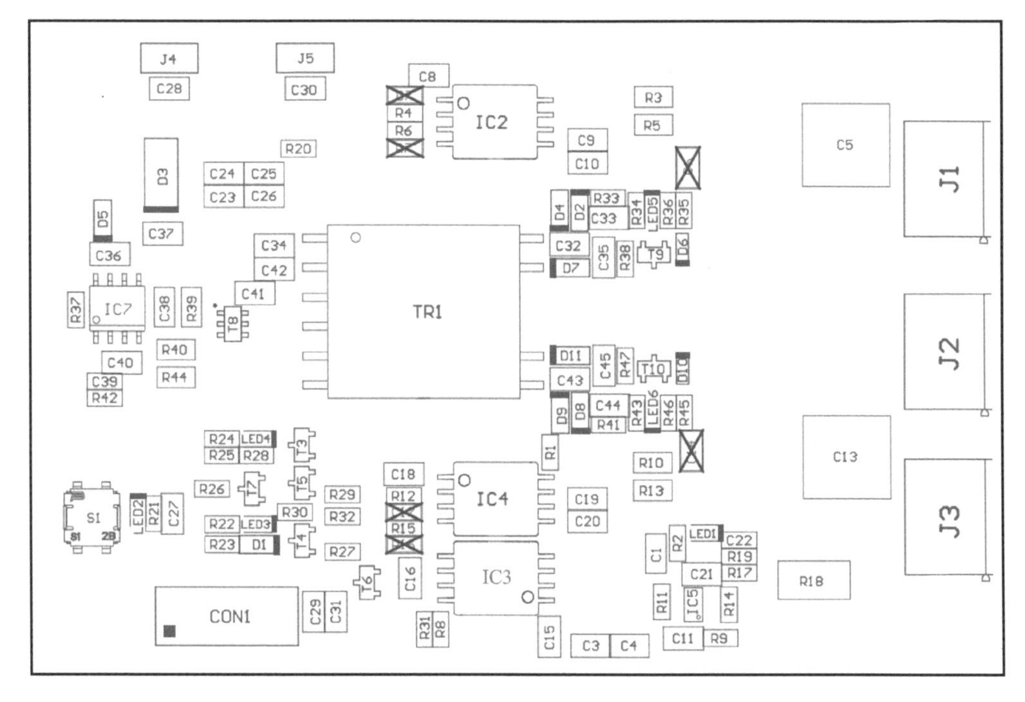

图 4.26　EVAL－1EDI20H12AH－SIC 评估板的 PCB 正视图

表 4.24 驱动板对外引脚的标号、名称及功能

类　型	标　号	名　称	功能和用法
PCB 电源引脚	J1	V - HV	J1.1,J1.2:高压供电电源引脚
	J2	PHASE	J2.1:功率器件桥臂中点引脚
		C_OUT	J2.2:分压电容中点引脚
	J3	SENSE	J3.1:电流检测端
		GND	J3.2:高压地端
	J4	+15 V_IN	J4.1:PCB 的 15 V 供电电源
		GND	J4.2:地端
	J5	VCC1	J5.1:VCC1 输出端
		GND	J5.2:地端
数字接口引脚	1	ENABLE	使得驱动器被拉至低电位
	2	FAULT	故障输出端,报告过流故障,低电平有效
	3	GND	低压接地
	4	RST	故障触发器复位,低电平有效
	5	GND	低压接地
	6	IN_T	桥臂上管信号输入,高电平有效
	7	GND	低压接地
	8	IN_B	桥臂下管信号输入,高电平有效
	9	GND	低压接地
	10	VCC1	VCC1 输出,额定电压为+15 V

2. 电路构成及工作原理

PCB 板各部分的功能划分如图 4.27 所示,分为 A~I 等 9 个工作区域。包括以下几部分:

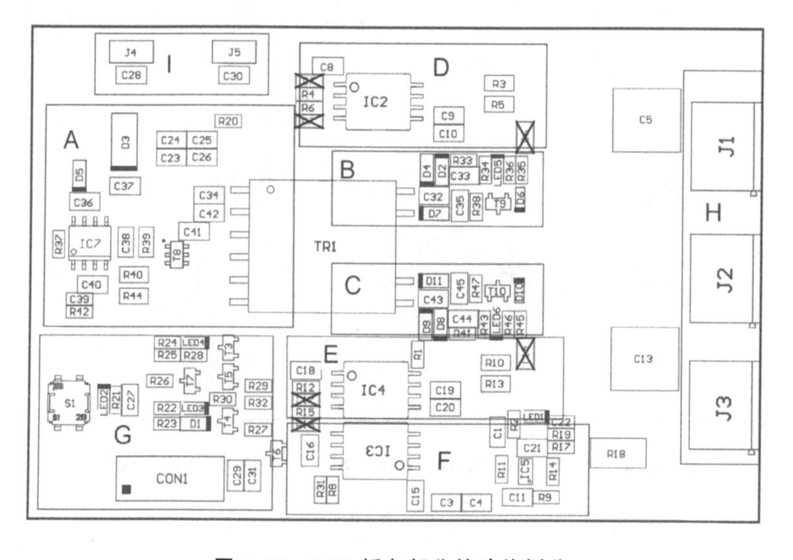

图 4.27 PCB 板各部分的功能划分

A：驱动供电电源的原边电路；
B：驱动供电电源的副边电路，为桥臂上管提供隔离电源；
C：驱动供电电源的副边电路，为桥臂下管提供隔离电源；
D：桥臂上管栅极驱动电路；
E：桥臂下管栅极驱动电路；
F：过流信号反馈电路、电压调节器和电流比较器；
G：故障触发器、信号接口 CON1 和复位按钮 S1；
H：电源接口；
I：电源接口和 5 V 稳压器。

3. 主要设计特点和参数限制

（1）主要设计特点
① 该评估板专门用于评估 Infineon 公司 1EDI20H12AH 驱动芯片以及 SiC MOSFET；
② 双通道输出；
③ 板上集成过流保护功能。
（2）主要参数和限制
表 4.25 所列为 EVAL－1EDI20H12AH－SIC 评估板的主要参数和限制。

表 4.25　EVAL－1EDI20H12AH－SIC 评估板的主要参数和限制

引脚名称	极限值	单　位	说　明
+15 V	−0.2～20	V	输入，供电电源电压
VCC1	−0.2～5.3	V	输出，如果内部稳压器工作于 5 V，则不提供外部电压
ENABLE	−0.2～VCC1+0.2	V	数字信号输入
FAULT	−0.2～VCC1+0.2	V	数字信号输出
RST	−0.2～VCC1+0.2	V	数字信号输入
IN_T	−0.2～VCC1+0.2	V	数字信号输入
IN_B	−0.2～VCC1+0.2	V	数字信号输入
V_HV	−0.2～1 200	V	高压输入
相电流峰值	25	A	无散热器进行双脉冲测试时，脉冲持续时间不超过 100 μs
t_{pulse}	100	μs	无散热器进行双脉冲测试时，脉冲持续最长时间
f	100	kHz	连续工作时的最大开关频率（需根据需要设置合适的散热器）

4.4　ST 公司栅极驱动板

4.4.1　EVALSTGAP1AS 型 SiC MOSFET 单管栅极驱动板

1. 对外引线的排列、名称、功能与用法

EVALSTGAP1AS 是 ST 公司采用 STGAP1AS 驱动芯片开发的单管栅极驱动板，其结

构布局如图 4.28 所示,各接口类型、功能及用法如表 4.26 所列,SPI 和输入信号的跳线配置见表 4.27,SENSE 功能的配置如表 4.28 所列。通过将该驱动板与 STEVAL-PCC009 通信板和 STGAP1AS 评估软件相结合,可以通过 SPI 接口轻松地启用、配置或禁用驱动芯片的所有保护和控制功能。该驱动板可以通过 SPI 访问驱动芯片的状态寄存器,实现高级诊断功能。此外,多个驱动板可以组合在一起,共用一个逻辑电源电压和控制信号,以适应半桥、交错并联拓扑或更复杂的拓扑结构。当同时使用多个驱动板时,各驱动板之间可以采用 SPI 菊花链结构进行连接,如图 4.29 所示。

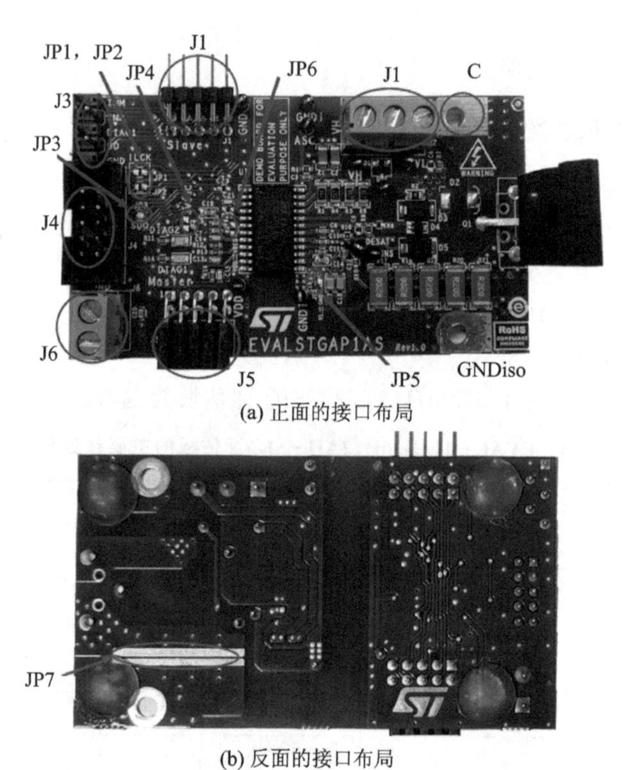

(a) 正面的接口布局

(b) 反面的接口布局

图 4.28 EVALSTGAP1AS 的正/反视图及对外引脚排列

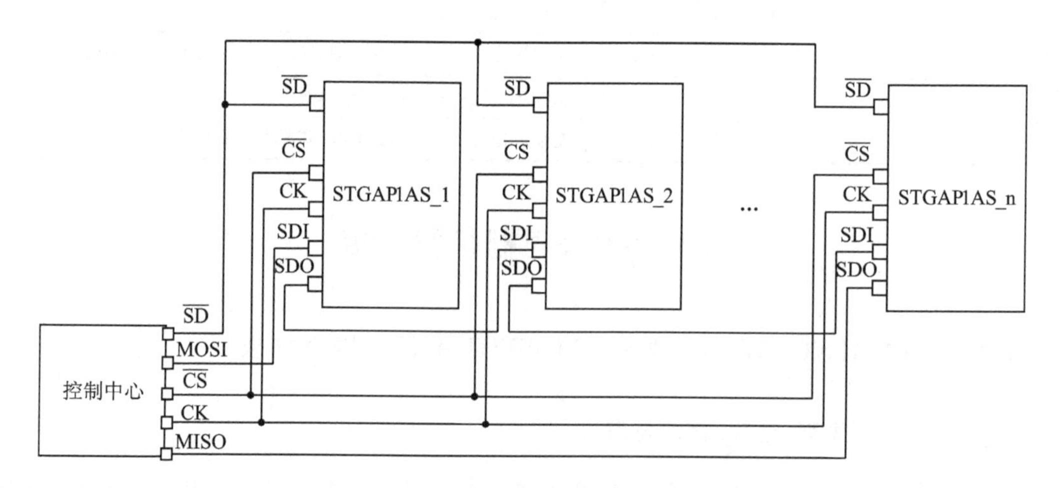

图 4.29 SPI 菊花链连接示例

表 4.26　EVALSTGAP1AS 栅极驱动器各接口的类型、功能和用法

接　口	类　型	功能和用法
J1	扩展接口	用于连接“从 STGAP1AS 驱动板”
J2	供电接口	为驱动电压侧供电
J3	控制信号接口	逻辑输入和故障信号接口
J4	控制信号接口	用于 STGAP1AS 的 SPI 和故障诊断接口； 用于连接到 STEVAL-PCC009 通用接口板
J5	扩展接口	用于连接“主 STGAP1AS 驱动板”
J6	供电接口	用于逻辑输入侧供电
JP1,JP2	跳线配置	双板配置中的 IN－与 IN＋共用
JP3	跳线配置	用于双板配置中的 SPI 菊花链
JP4	跳线配置	由 μC 板向 STGAP1AS 提供 VDD
JP5	跳线配置	当采用零压关断时，连接 VL 与 GNDISO
JP6	跳线配置	当 VDD＝3.3 V 时，连接 VDD 与 VREG
JP7	跳线配置	当 SENSE 引脚未使用时，并联分流电阻

表 4.27　SPI 和输入信号设置的跳线配置(单板)

接　口	功　能	跳线配置
JP1	将 IN＋连接至可选择的从板	打开或关闭
JP2	IN－/$\overline{\text{DIAG2}}$ 连接至可选择的从板	打开或关闭
JP3	将 SDO 连接至 μC	关闭

表 4.28　SENSE 的跳线配置

SENSE 功能	跳线配置
使用	JP7 打开
未使用	JP7 关闭

2. 电路构成及工作原理

前面简要介绍了 EVALSTGAP1AS 对外接口的布局以及使用方法，下面将从驱动板主回路的输入侧和输出侧两个方面对电路原理进行扼要分析。

(1) 输入侧

图 4.30 所示为 EVALSTGAP1AS 的输入侧电路原理图。CS 为片选信号，在多个驱动板协调工作时使用；CK 为 SPI 提供时钟信号；SDI 为 SPI 串行数据输入接口；INP 为输入 PWM 控制信号；SD 为输入关断控制端。INM_DIAG2 与 DIAG1 为芯片输出诊断信号，当输出低电平时，发光二极管被点亮，指示芯片当前是否发生故障。

(2) 输出侧

图 4.31 所示为 EVALSTGAP1AS 输出侧电路原理图。C8、R10、D3 构成去饱和保护回路，当主回路发生过流或者短路故障时，$V_{DS}(V_{CE})$升高，DESAT 引脚电平上升，驱动芯片输出负压，使功率开关管关断。R8、R9、Z1、D2 构成 $V_{DS}(V_{CE})$过压箝位保护，在功率开关管关断过程中，当 $V_{DS}(V_{CE})$发生过压时，D2 被反向击穿后，$V_{CECLAMP}$引脚变为高电平，驱动芯片产生保护动作，同时通过 R2、Z2、D2 回路提供一定的电流，减小 G_{OFF} 端对 C_{GS} 的抽流，减缓功率开关管关断过程，降低电压尖峰。R7 采用大阻值电阻，以避免栅极端因静电而被击穿。D1 为箝位二极管，防止栅源之间过压击穿。R18、R19、R20、R21、C15 并联后串入主回路，作为电流采样

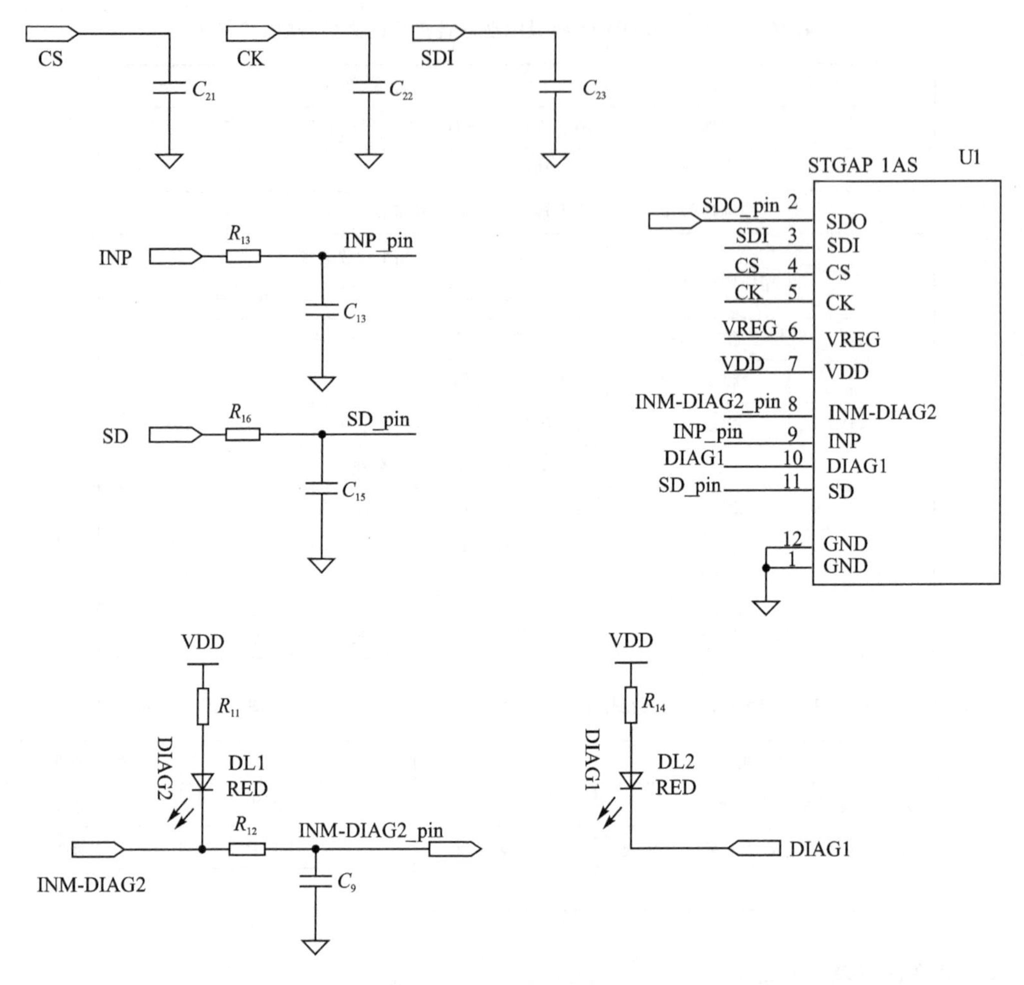

图 4.30　输入侧电路原理图

环节，当主电路发生过流时，电流采样环节及时向 SENSE 引脚提供一个过流信号，使驱动芯片产生保护动作。

3. 主要设计特点

① 该驱动板为 ST 公司专门针对 STGAP1AS 开发的评估板，用于评估 STGAP1AS 的各项工作性能；

② 单通道输出，最大驱动电流(拉电流/灌电流)为 5 A；

③ 最大正向驱动电压 36 V，可提供负压关断功能；

④ 通过连接通讯板 STEVAL－PCC009V2 和 STGAP1AS 评估软件可实现驱动芯片的功能配置、状态检测和各种保护；

⑤ 集成多种保护功能，包括去饱和检测、过流保护、过温保护等；

⑥ 通过 SPI 接口可实现多个驱动板组合驱动功率开关单元。

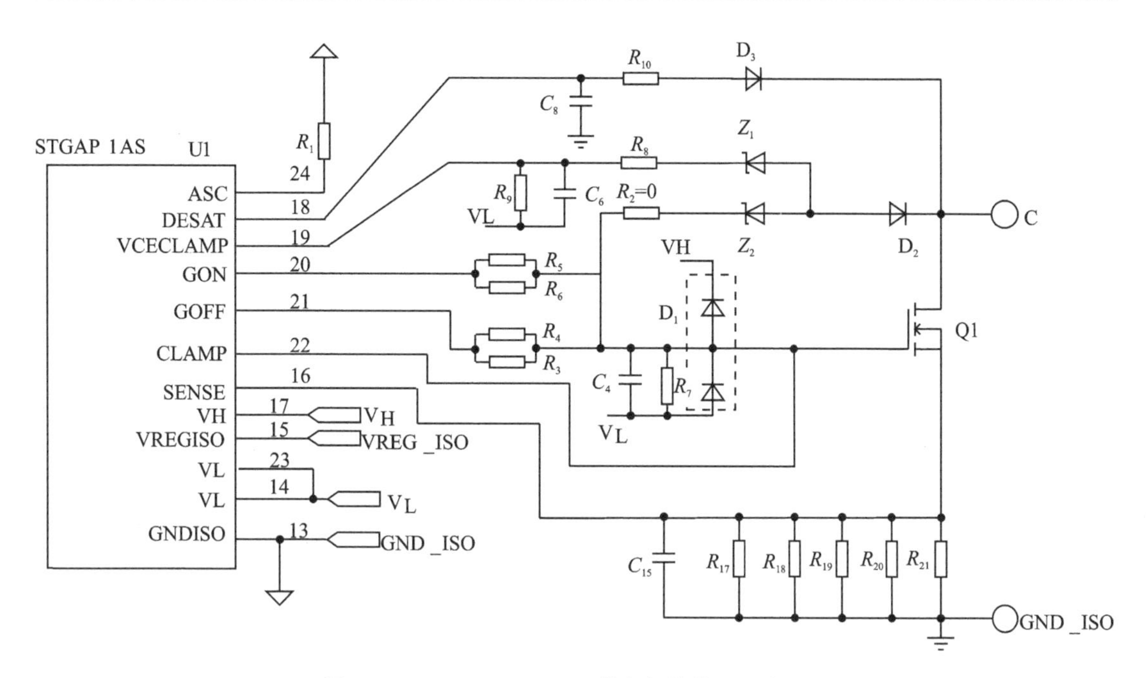

图 4.31　EVALSTGAP1AS 的内部结构及工作原理

4. 应用技术

当 EVALSTGAP1AS 用于桥臂驱动时，可以通过接口 J1 和 J5 连接两个 EVALSTGAP1AS 板：下板（主板）应连接到 μC，上板（从板）通过 SPI 总线的菊花链连接进行寄存器配置，结构如图 4.32 所示。

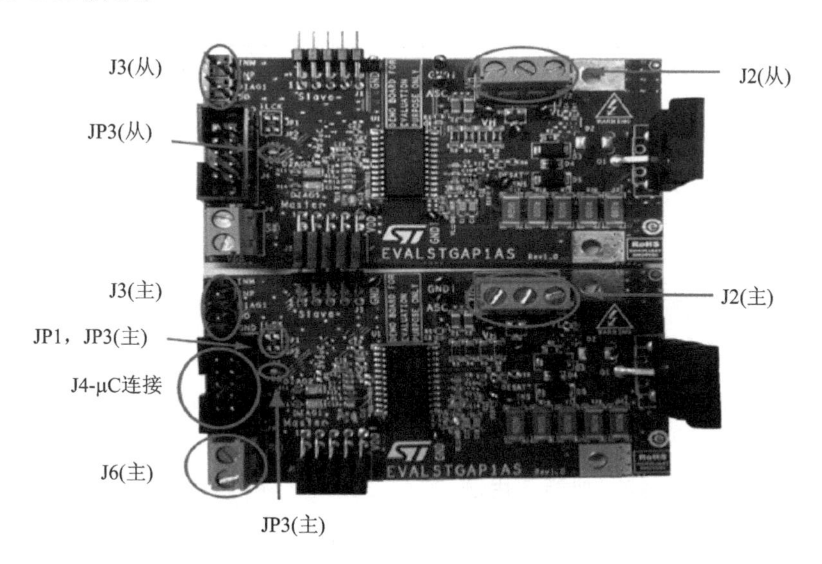

图 4.32　主从板连接方式

连接两个 EVALSTGAP1AS 驱动板的方式有多种，可根据需要配置成独立的、半桥式或交叉配置方式。逻辑侧电源 VDD 连接到主板的 J6，主板通过 J1－J5 连接器接板，共用一个逻辑电源。各板的正 VH 和负 VL 电源应由不同的电源独立地提供给连接器 J2(主)和 J2(从)。各板的跳线正确配置如表 4.29～表 4.32 所列。

表 4.29　VDD 供电的跳线配置

工作电压	供电电压源	跳线配置
VDD=5 V	外部供电(J6)	JP4 打开 JP6 打开
VDD=3.3 V	外部供电(J6)	JP4 打开 JP6 关闭
VDD=3.3 V	μC 供电(J4)	JP4 关闭 JP6 关闭

表 4.30　VL 供电的跳线配置

工作电压	供电电压源	跳线配置
−10 V≤VL<0 V	外部供电(J2)	JP5 打开
VL 未使用	VL=GNDISO	JP5 关闭

表 4.31　双驱动板关于 SPI 设置的跳线配置

名　称	功　能	跳线配置
JP3(主)	SPI 菊花链配置	打开
JP3(从)	SPI 菊花链配置	关闭

表 4.32　输入信号设置的跳线配置

栅极驱动配置	IN+和 IN−控制信号源	跳线配置
单一驱动	J3	JP1(主)任意 JP2(主)任意
带硬件直通保护的半桥驱动	J3(主)	JP1(主)关闭 JP2(主)关闭
独立输入控制信号的半桥驱动	J3(主)控制主板 J3(从)控制从板	JP1(主)打开 JP2(主)打开

4.4.2　EVALSTGAP2DM 型 SiC MOSFET 桥臂栅极驱动板

1. 对外引线的排列、名称、功能与用法

EVALSTGAP2DM 是 ST 公司采用 STGAP2D 驱动芯片开发的双通道集成驱动板，适用于中、大功率的 MOSFET/IGBT 桥臂驱动，通过调整驱动板元器件参数来满足不同类型功率开关管对驱动电压的要求。EVALSTGAP2DM 的结构布局如图 4.33 所示，对外引脚排布如图 4.34 所示，各引脚名称、功能及用法如表 4.33 所列。

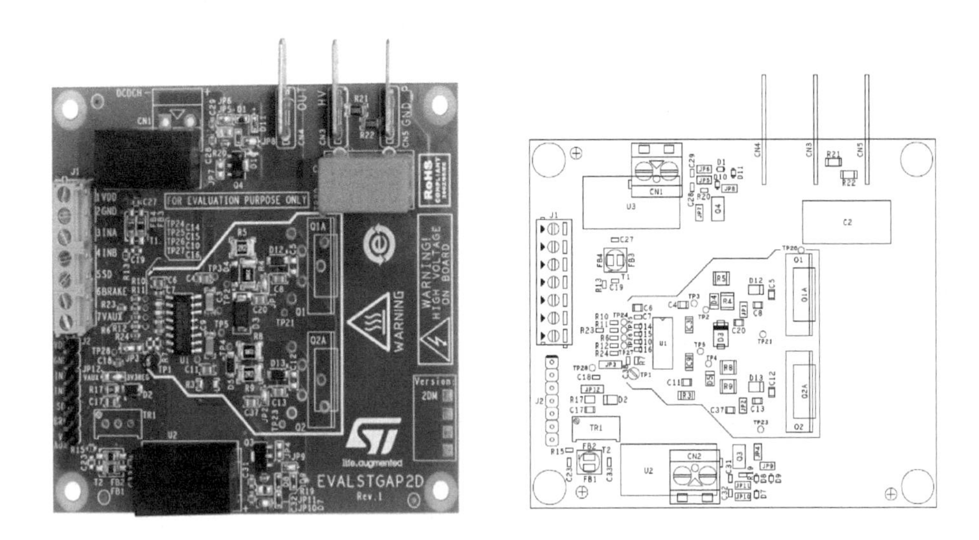

图 4.33　EVALSTGAP2DM 结构布局

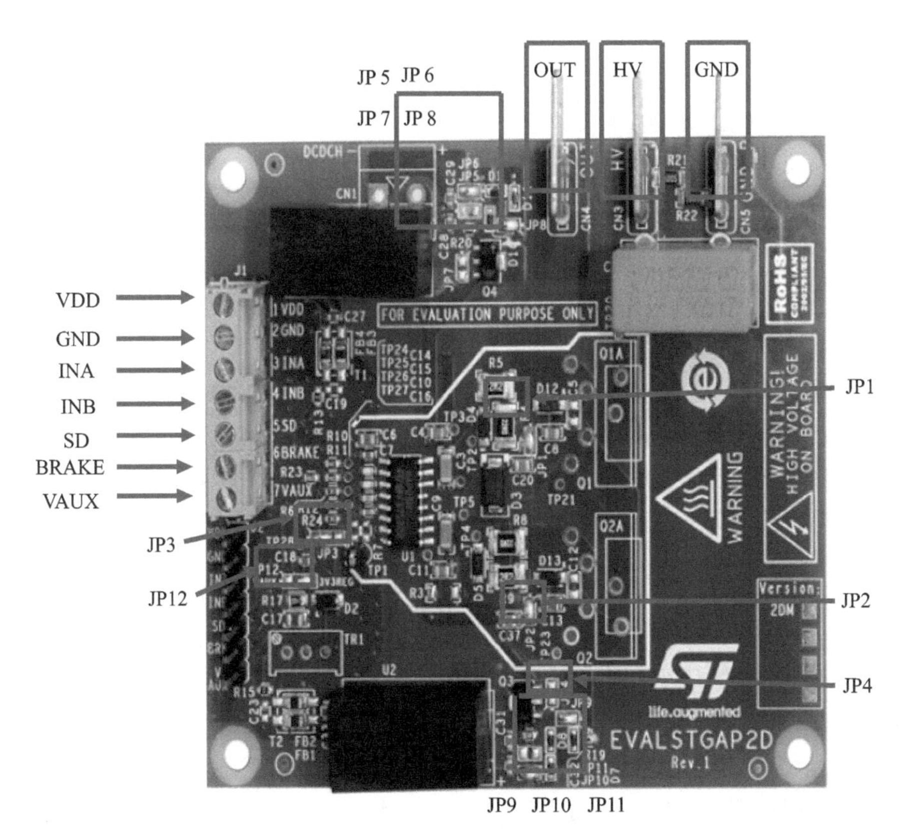

图 4.34　EVALSTGAP2DM 的正视图及对外引脚排列

表 4.33　EVALSTGAP2DM 栅极驱动器各接口的名称、功能和用法

接　口	名　称	功能和用法
VDD	供电电源接口	外接驱动芯片输入侧供电正压
GND	供电地端接口	外接驱动芯片输入侧供电地
INA	控制信号接口	外接上管 PWM 控制信号
INB	控制信号接口	外接下管 PWM 控制信号
SD	关断控制信号接口	外接控制器，低电平时关断输入信号
BRAKE	输出驱动控制接口	外接控制器，低电平时关断上管、开通下管
VAUX	辅助电源接口	为模块电源供电
OUT	桥臂中点输出接口	外接负载端
HV	桥臂高压侧母线接口	外接桥臂高压直流母线正端
GND	桥臂低压侧地端接口	外接桥臂高压直流母线地端
JP1	上管驱动回路跳线	关闭，用于测量驱动电流
JP2	下管驱动回路跳线	关闭，用于测量驱动电流
JP3	驱动芯片输入侧供电端与可调电阻连接回路跳线	关闭，用于调节输入侧供电电压
JP4,JP7	下/上管驱动正压回路跳线	打开，实现驱动正压欠压闭锁
JP5,JP11	模块电源零电位引线回路跳线	打开，实现上/下管负压关断
JP6,JP10	模块电源负电位引线回路跳线	关闭，实现上/下管负压关断
JP8,JP9	下/上管驱动正压回路跳线	关闭，实现驱动正压欠压闭锁
JP12	驱动芯片输入侧供电端与稳压管连接回路跳线	关闭，驱动芯片输入侧供电电压进行箝位

2. EVALSTGAP2DM 电路原理图分析

(1) 输入侧

输入侧 PWM 信号经过 R_{10}/ R_{11}、C_{14}/ C_{15} 滤波后接入芯片信号输入引脚，此处的 RC 低通滤波是为了滤除高频干扰信号，R、C 的取值要根据输入 PWM 信号的频率确定。由 R_6、R_{23}、C_{10}，以及由 R_{12}、R_{24}、C_{16} 组成的 RC 缓冲电路分别接入 SD/BRAKE 引脚。正常工作时 SD_IN/BRAKE_IN 为高电平，SD/BRAKE 也为高电平，芯片正常工作；当发生故障时，SD_IN/BRAKE_IN 引脚为低电平，SD/BRAKE 引脚也被拉为低电平，保护动作触发。当故障信号去除后，SD/BRAKE 变为高电平，同时对 C_{10} 和 C_{16} 充电，经过一定时间的延时后芯片恢复正常工作。图 4.35 所示为驱动芯片输入侧的电路原理图。

(2) 输出侧

图 4.36 所示为驱动芯片输出侧的电路原理图。R_4、D_4、R_5 与 R_8、D_5、R_9 分别与上管和下管的驱动回路相连，稳压管 Z_{12_1} 与 Z_{12_2} 与 Z_{13_1} 与 Z_{13_2} 分别对栅极进行箝位保护，以防功率开关管栅极发生过压击穿。

(3) 辅助电源

对于桥臂驱动，桥臂上下功率开关管的驱动芯片需要两路隔离的电源供电，如图 4.37 所示。其中 BLM21AG471SN1 为 EMI 滤波器，MGJ2D052005SC 为两路输出模块电源。额定功率为 2 W，实现+5 V 转换为+20 V 与−5 V 输出。

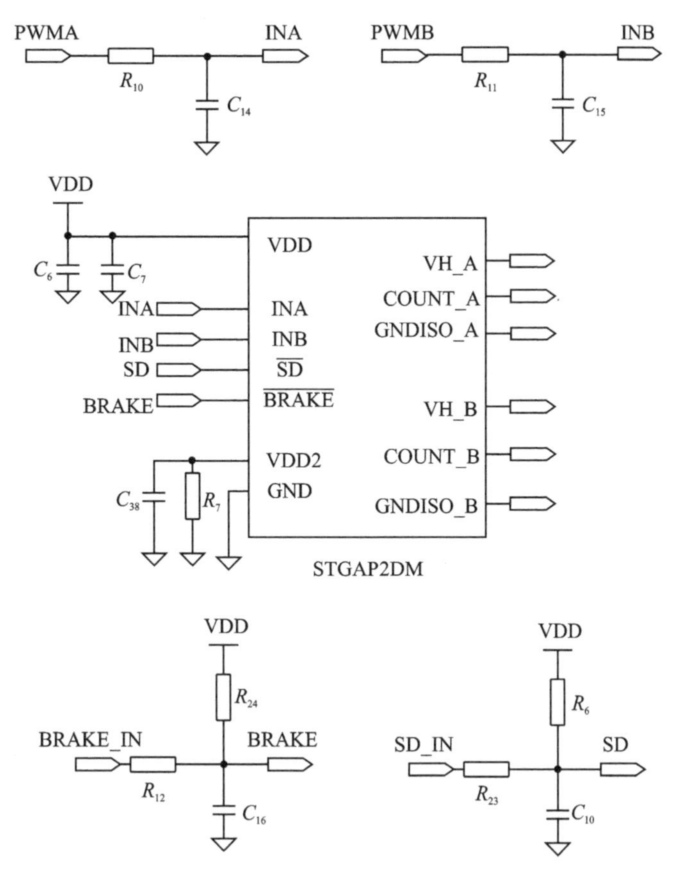

图 4.35　EVALSTGAP2DM 输入侧电路图

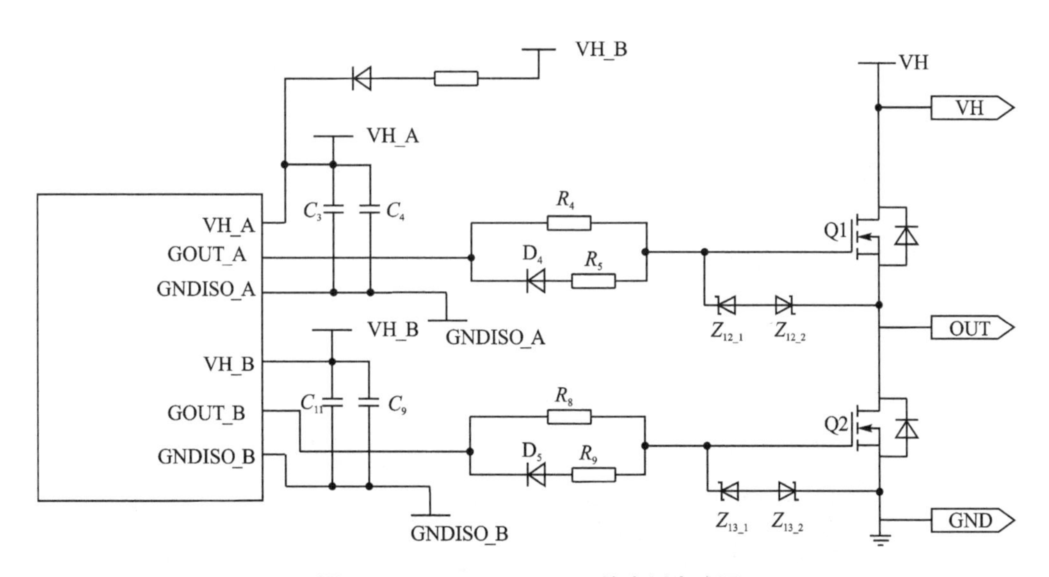

图 4.36　EVALSTGAP2DM 输出侧电路图

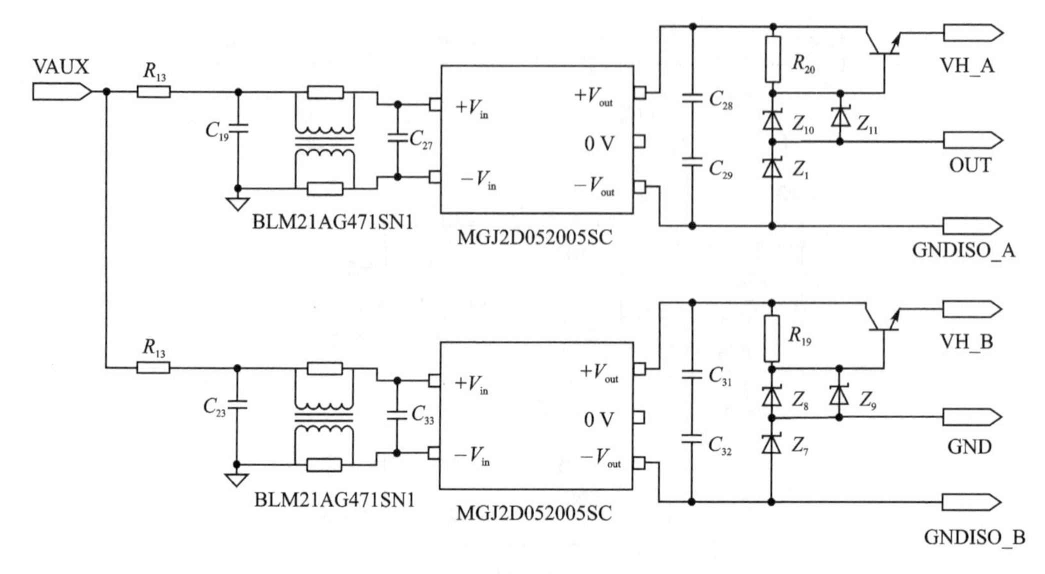

图 4.37 辅助电源原理图

3. 主要设计特点

① 双通道输出，最大驱动电流（拉电流/灌电流）为 4 A；
② 最大驱动电压为 26 V；
③ 输入输出延迟时间为 80 ns；
④ 集成欠压锁定、驱动信号互锁及过温保护等功能；
⑤ 具有低功耗工作模式。

4.5 Mircrosemi 公司栅极驱动板

4.5.1 MSCSICMDD 型 SiC MOSFET 桥臂栅极驱动板

1. 对外引线的排列、名称、功能与用法

MSCSICMDD 是 Microsemi 公司推出的一款针对 SiC MOSFET 开发的集成栅极驱动板，其结构正视图如图 4.38 所示。

图 4.38 MSCSICMDD 型 SiC MOSFET 桥臂栅极驱动板的正视图

J1 为 8 引脚排针，其引脚名称、功能及用法如表 4.34 所列。

表 4.34　MSCSICMDD 型栅极驱动板 J1 排针各引脚名称、功能和用法

引脚号	名　称	功能和用法
1	Drive High＋	上管驱动信号正向输入引脚
2	Drive High－	上管驱动信号负向输入引脚
3	Reset	状态复位引脚，将该引脚置为高电平(3.3 V)可使 ADuM4135 复位。该引脚接有 10 kΩ 下拉电阻。
4	Ground	输入驱动信号参考地
5	Drive Low＋	下管驱动信号正向输入引脚
6	Drive Low－	下管驱动信号负向输入引脚
7	Status	故障输出引脚，该引脚接有 1 kΩ 的下拉电阻。
8	Power	24 V 供电电源输入引脚

J2 为 2 引脚电源连接器，其引脚名称、功能及用法如表 4.35 所列。

表 4.3　5MSCSICMDD 栅极驱动器 J8 电源连接器各引脚对应信号

引脚号	信　号	功能和用法
1	24	24 V 供电电源
2	GND	供电电源参考地

J3 为编程连接器，其引脚依据 Microsemi FlashPro 编程器排列。

2. 电路构成及工作原理

MSCSICMDD 的内部结构及工作原理如图 4.39 所示。MSCSICMDD 的内部集成有欠压闭锁、短路保护、辅助电源、信号隔离、功率放大和驱动等功能。

其主要构成单元的工作原理或功能如下。

(1) PWM 信号

上管和下管 PWM 输入信号经 RS－422 接收器产生互补差动信号，输入到 Microsemi FPGA 中。

(2) 隔离驱动

驱动板采用 ADuM4135 隔离驱动芯片实现信号的隔离。ADuM4135 隔离驱动芯片的驱动电流典型值为 4 A，为提高驱动输出电流，在 ADuM4135 芯片后置 IXDN630YI 驱动器对其驱动能力进行放大，使驱动电流峰值提高至 30 A。

(3) 欠压闭锁阈值设置

ADuM4135 的欠压闭锁阈值电压为 11 V，远低于 SiC MOSFET 的典型驱动电压。为提高欠压闭锁阈值，在 ADuM4135 的正极性输出端连接一稳压二极管，可将欠压闭锁阈值提高至 18 V。

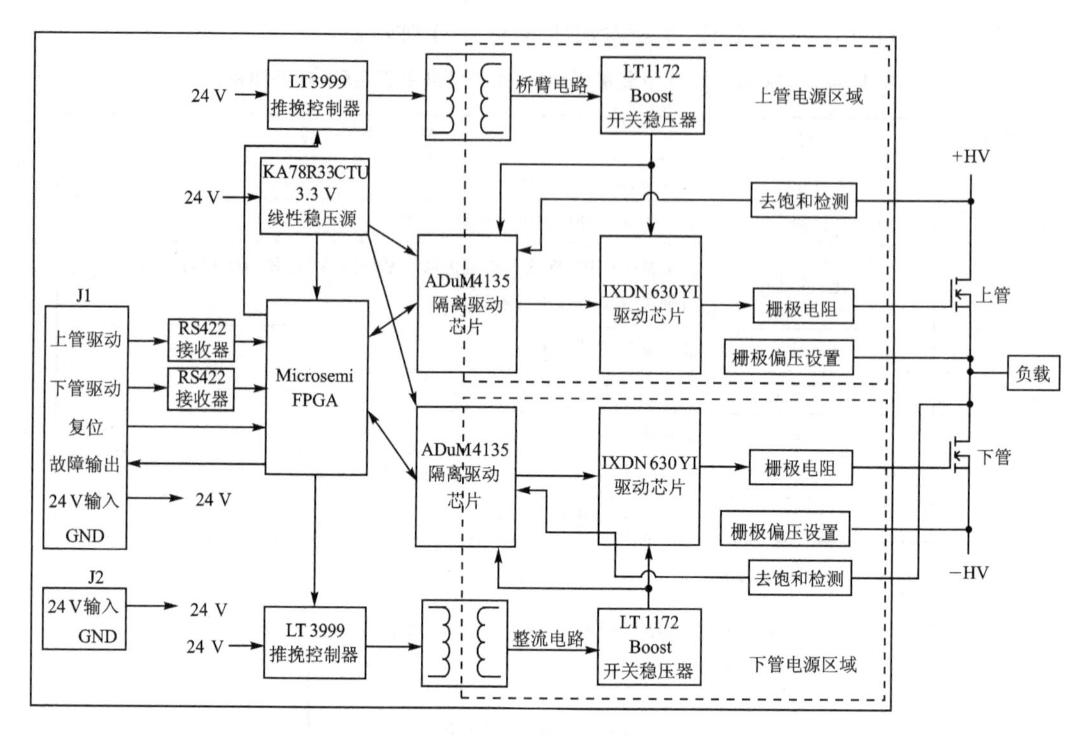

图 4.39 MSCSICMDD 的内部结构及工作原理

3. 主要设计特点和参数限制

(1) 主要设计特点

① 该驱动板适用于大多数 Microsemi SiC MOSFET 单管或模块；

② 双通道输出；

③ 隔离电压可达 2 kV；

④ 输出电流峰值可高达 30 A；

⑤ 高达±100 kV/μs 的瞬态共模抑制比；

⑥ 最大开关频率高于 400 kHz；

⑦ 集成有短路保护、欠压闭锁及可编程的死区时间保护。

(2) 主要参数和限制

MSCSICMDD 的主要参数和限制如表 4.36 所列。

表 4.36 MSCSICMDD 的主要参数和限制

符 号	定 义	最小值	参考值	最大值	单 位	备 注
U_S	供电电压	20	24	25	V	
I_{SO}	供电电流	—	0.11	0.15	A	
du/dt	电压变化速率	—	—	100	V/ns	
U_{Status}	故障输出高电平	3.15	3.3	3.45	V	电路发生故障
	故障输出低电平	0.8	—	—	V	故障被清除

续表 4.36

符　号	定　义	最小值	参考值	最大值	单　位	备　注
R_{Status}	故障输出阻抗	950	1 k	1.1 k	Ω	
U_{Reset}	复位输入低电平	−0.5	0	1.0	V	取消复位
	复位输入高电平	2.5	3.3	3.45	V	复位工作
R_{PD}	输入下拉电阻	10	11	12	kΩ	

4. 应用技术

如图 4.40 所示为 MSCSICMDD 应用于三相逆变器中的原理电路。由于每个 MSCSIC-MDD 驱动板仅能驱动一个桥臂，因此需要三块 MSCSICMDD 驱动板来驱动三相逆变器。逆变器控制用脉冲通过数字信号处理器产生。

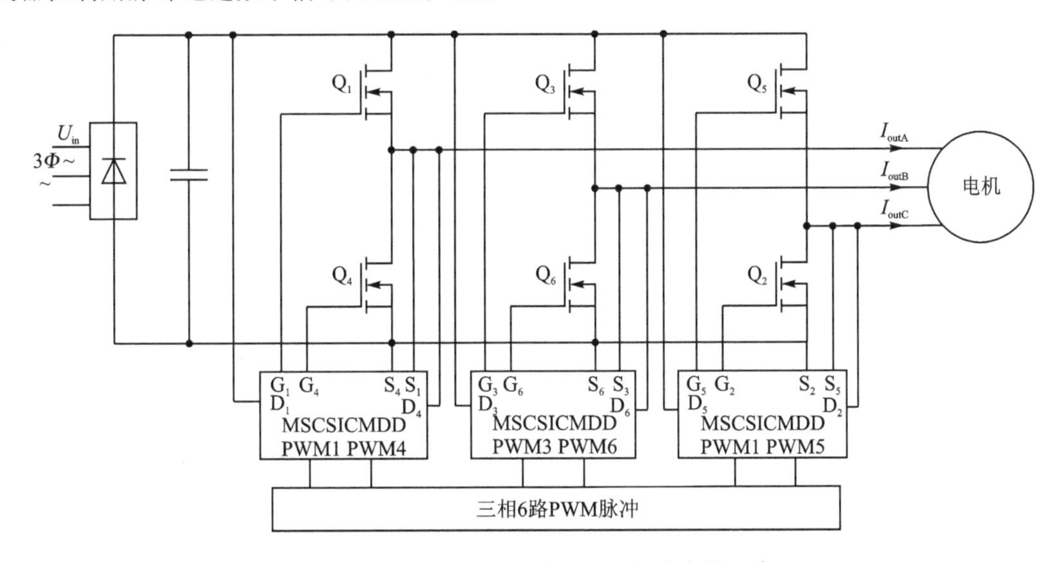

图 4.40　MSCSICMDD 应用于三相逆变器系统

4.5.2　MSCSICSP3 型 SiC MOSFET 桥臂栅极驱动板

1. 对外引线的排列、名称、功能与用法

MSCSICSP3 型 SiC MOSFET 模块驱动板是 Microsemi 公司针对 SiC MOSFET 模块开发的驱动板，其正视图及对外引脚排列如图 4.41 所示，J1 为控制信号连接器，J2 为外部供电连接器，J3 为编程连接器，SW 为驱动板模式选择开关。对外连接器 J1、J2 中各引脚名称、功能及用法如表 4.37 所列。选择开关 SW 的功能如表 4.38 所列。

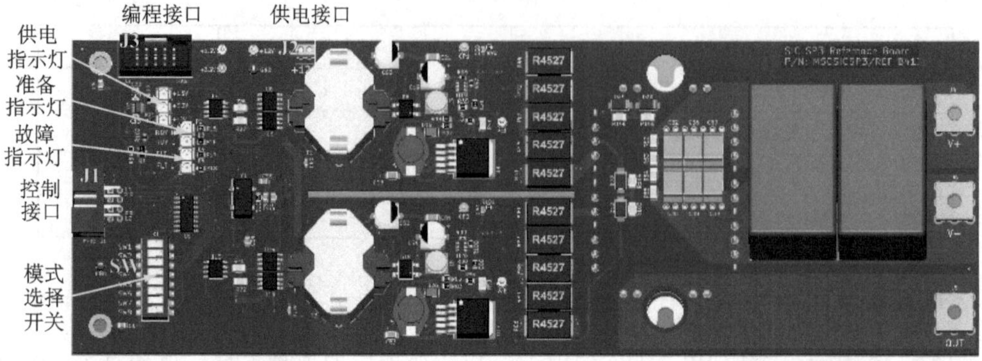

图 4.41　MSCSICSP3 型 SiC MOSFET 模块驱动板的正视图及对外引脚排列

表 4.37　MSCSICSP3 型 SiC MOSFET 模块驱动板 J1、J2 连接器中各引脚名称、功能和用法

引　脚	引脚号	名　称	功能和用法
J1	1	Drive High+	上管驱动信号正向输入引脚
	2	Drive High−	上管驱动信号反向输入引脚
	3	Reset	驱动板状态复位引脚
	4	Ground	输入驱动信号参考地引脚
	5	Driver Low+	下管驱动信号正向输入引脚
	6	Driver Low−	下管驱动信号负向输入引脚
	7	Status	故障输出引脚
	8	Power	12 V 供电电源输入引脚
J2	1	12	12 V 供电电源
	2	GND	供电电源参考地

表 4.38　MSCSICSP3 型 SiC MOSFET 模块驱动板 SW 开关模组中各开关名称、功能和用法

开关序号	功　能	模式选择
SW1	信号输入模式选择	闭合：差分信号输入模式 断开：单端信号输入模式
SW2	频率选择	闭合：80 kHz 内部信号模式 断开：外部输入模式
SW3	信号输入方式选择	闭合：独立输入输出模式，输出信号与输入信号不同步 断开：单输入双输出模式，输出信号与输入信号同步，死区时间由其他开关设置决定

续表 4.38

开关序号	功　能	模式选择
SW4	死区时间选择	闭合：无延迟 断开：延迟 1 600 ns
SW5		闭合：无延迟 断开：延迟 800 ns
SW6		闭合：无延迟 断开：延迟 400 ns
SW7		闭合：无延迟 断开：延迟 200 ns
SW8		闭合：无延迟 断开：延迟 100 ns

2. 电路构成及工作原理

MSCSICSP3 型 SiC MOSFET 模块驱动板的原理图如图 4.42 所示。由图可知，驱动板的信号传输部分主要由 ADuM4136 隔离芯片和 IXDN630YI 驱动芯片构成，电源部分主要由 UCC28089 推挽控制器、LT1172 型 Boost 开关稳压器以及 LD1086 线性稳压器构成。驱动板集成包括去饱和保护、欠压锁定保护和可编程死区调节等功能。

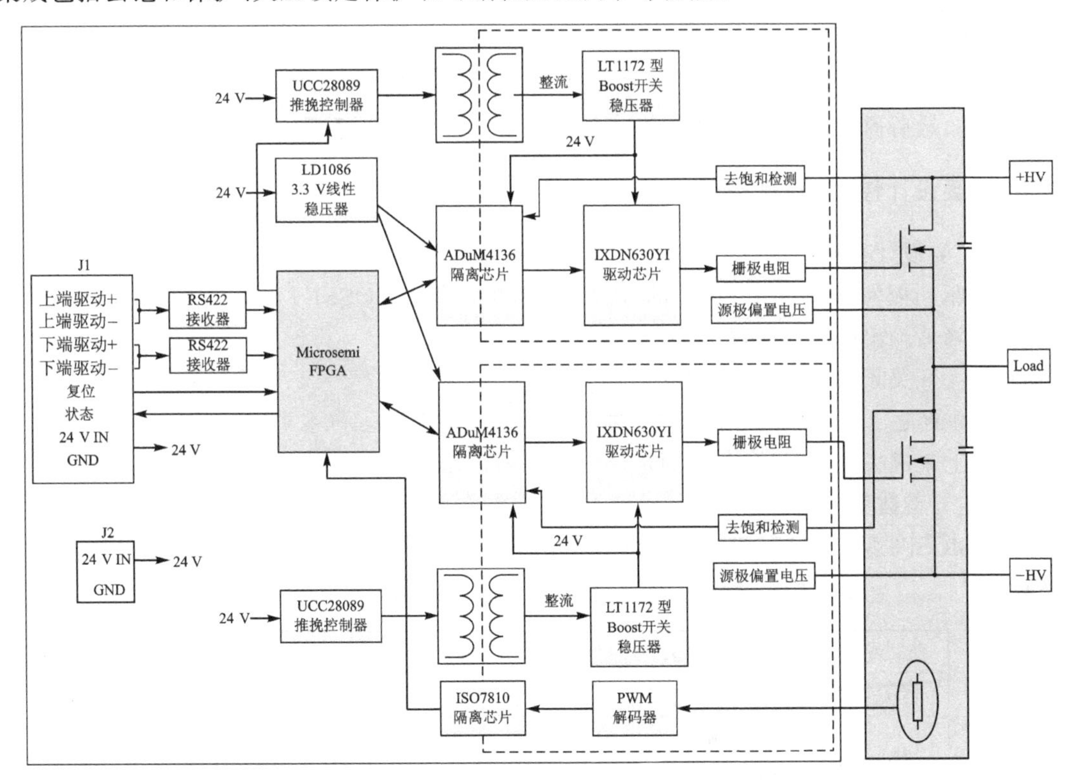

图 4.42　MSCSICSP3 型 SiC MOSFET 模块驱动板的原理图

其主要构成单元的工作原理或功能如下。

(1) PWM 信号输入

MSCSICSP3 型 SiC MOSFET 模块驱动板的两路 PWM 输入端子可以按照表 4.38 所列进行设置。当配置为单输入、双输出模式时，可以对桥臂上、下管之间的死区时间进行设置，具有死区保护功能，降低了桥臂直通的风险。如有需要，也可以设置为两路独立输入输出模式。同时，在输入方式上也可以在差动输入和单端输入两种方式之间选择，以适应应用需求。

(2) 瞬态共模干扰抑制能力

驱动板上的信号传输和功率传输均具有较高的瞬态共模抗干扰能力。信号传输功能由 ADuM4136 芯片承担，该芯片提供了高达 100 kV/μs 的共模干扰抑制能力。驱动功率由 UCC28089 推挽控制器、MOSFET 和定制隔离变压器提供。在所使用的隔离变压器中，原副边耦合电容只有 pF 量级，具有很高的瞬态共模抗干扰能力。

(3) 去饱和检测保护功能

驱动板去饱和保护功能是为了保护由于失去控制或出现短路故障而发生过电流的功率模块。去饱和检测保护电路会检测 SiC MOSFET 的漏源电压，当发生过流/短路故障时，SiC MOSFET 的漏源电压会增加，当到达安全阈值电压时，触发 ADuM4136 隔离芯片内部的逻辑电路，响应过流/短路故障。

(4) 过热保护功能

MSCSICSP3 型 SiC MOSFET 模块驱动板通过检测功率模块内置的热敏电阻阻值变化来实现过热保护功能。当功率模块发生破坏性故障时，模块中可能会产生等离子体，等离子体若接触到热敏电阻，会使高压直流母线通过热敏电阻与控制部分发生电气连接。为了防止出现这种情况，驱动板仅采集桥臂模块下管周围的热敏电阻阻值，并将热敏电阻阻值转换为 PWM 信号，然后通过查表方式，将 PWM 信号的占空比映射为温度，在模块过温时进行保护。

3. 主要设计特点和参数限制

(1) 主要设计特点

① 该驱动板为 Microsemi 公司的 MSCSICSP3 型 SiC MOSFET 模块设计；

② 高峰值输出电流，栅极峰值电流达到 30 A；

③ 最大开关频率大于 400 kHz；

④ 提供超过 2 000 V 的隔离能力，共模抑制能力 CMTI≥100 kV/μs；

⑤ 板上集成去饱和保护、欠压锁定保护和可编程死区调节等保护功能。

(2) 主要参数和限制

MSCSICSP3 型 SiC MOSFET 模块驱动板的主要参数和限制如表 4.39 所列。

表 4.39 MSCSICSP3 型 SiC MOSFET 模块驱动板的主要参数和限制

符 号	定 义	最小值	参考值	最大值	单 位
U_S	供电电压	11	12	13	V
I_{SO}	空载供电电流		0.16	0.2	A
	满载供电电流			3	A
du/dt	最大电压转换速率			100	V/ns

续表 4.39

符　号	定　义	最小值	参考值	最大值	单　位
$I_{o,max}$	最大电流输出能力			100	A
U_{CM}	共模电压输入范围	−0.5		5.5	V
$U_{DM,TH}$	差模电压阈值		0.050	0.200	V
R_{DM}	差模输入阻抗	84	92	100	Ω
R_{CM}	共模输入阻抗	240	255	270	Ω
U_{Status}	故障时状态引脚高电平	3.15	3.3	3.45	V
	正常时状态引脚低电平	0.8			V
R_{Status}	状态引脚阻抗值	950	1 000	1100	V
U_{Reset}	待机状态重启引脚低电平	−0.5	0	1.0	V
	非待机状态重启引脚高电平	2.5	3.3	3.45	V
R_{PD}	重启引脚输入下拉电阻	1 000	1 100	1 200	Ω

4. 应用技术

如图 4.43 所示为 MSCSICSP3 型 SiC MOSFET 模块驱动板应用于三相逆变器中的原理电路。由于每个 MSCSICSP3 型 SiC MOSFET 模块驱动板仅能驱动一个 SiC MOSFET 桥臂模块,因此需要三块驱动板来驱动三相逆变器。逆变器控制用脉冲通过数字信号处理器产生。

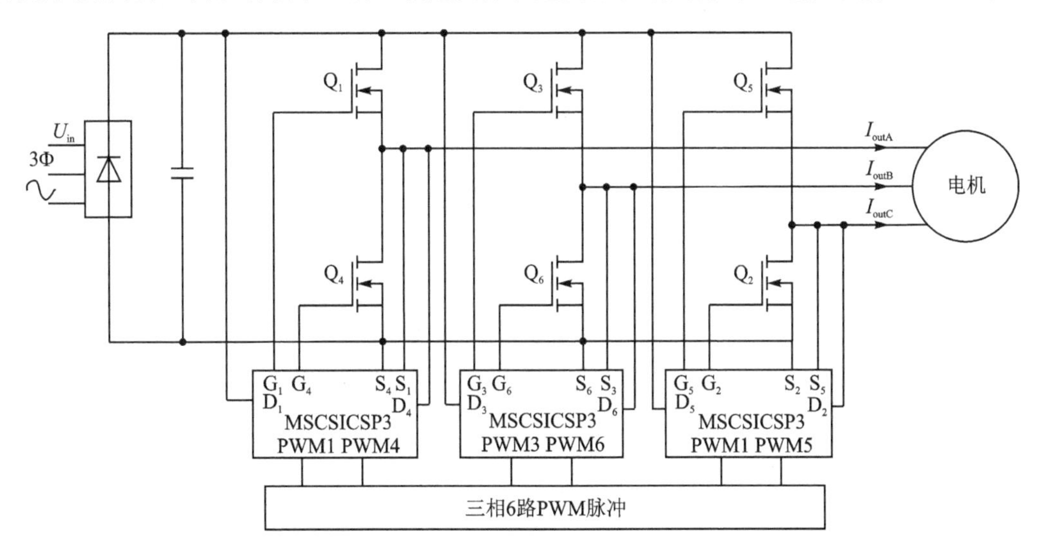

图 4.43　MSCSICSP3 型 SiC MOSFET 模块驱动板应用于三相逆变器系统

4.6 ON Semiconductor 公司栅极驱动板

1. 对外引线的排列、名称、功能与用法

NCP51705SMDGEVB 是 ON Semiconductor 公司针对 SiC MOSFET 单管开发的集成驱动板，其正视图及对外引脚排列如图 4.44 所示，对外连接器 J1、J2 和 J3 中各引脚名称、功能及用法如表 4.40 所列。

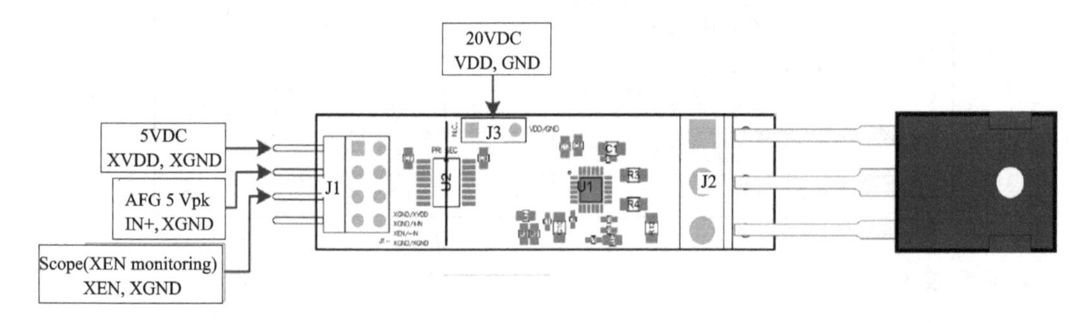

图 4.44 NCP51705SMDGEVB 的正视图及对外引脚排列

表 4.40 CGD15HB62P1 栅极驱动器 J1 连接器中各引脚名称、功能和用法

引 脚	引脚号	名 称	功能和用法
J1	1	XGND	原边地引脚
	2	XVDD	原边供电电源
	3	XGND	原边地引脚
	4	IN+	同相驱动信号输入引脚
	5	XEN	驱动信号状态输出引脚
	6	IN−	反相驱动信号输入引脚
J2	1	Gate	接 SiC MOSFET 的栅极
	2	Drain	接 SiC MOSFET 的漏极
	3	Source	接 SiC MOSFET 的源极
J3	1	NC	悬空
	2	VDD	驱动正压供电端
	3	GND	驱动正压参考地

2. 电路构成及工作原理

NCP51705SMDGEVB 的原理图如图 4.45 所示。由图可知，NCP51705SMDGEVB 主要由 ADuM142E1WBRQZ 隔离芯片和 NCP51705 驱动芯片构成，内部集成有欠压锁定、去饱和保护及内置负压输出等功能。

其主要构成单元的工作原理或功能如下。

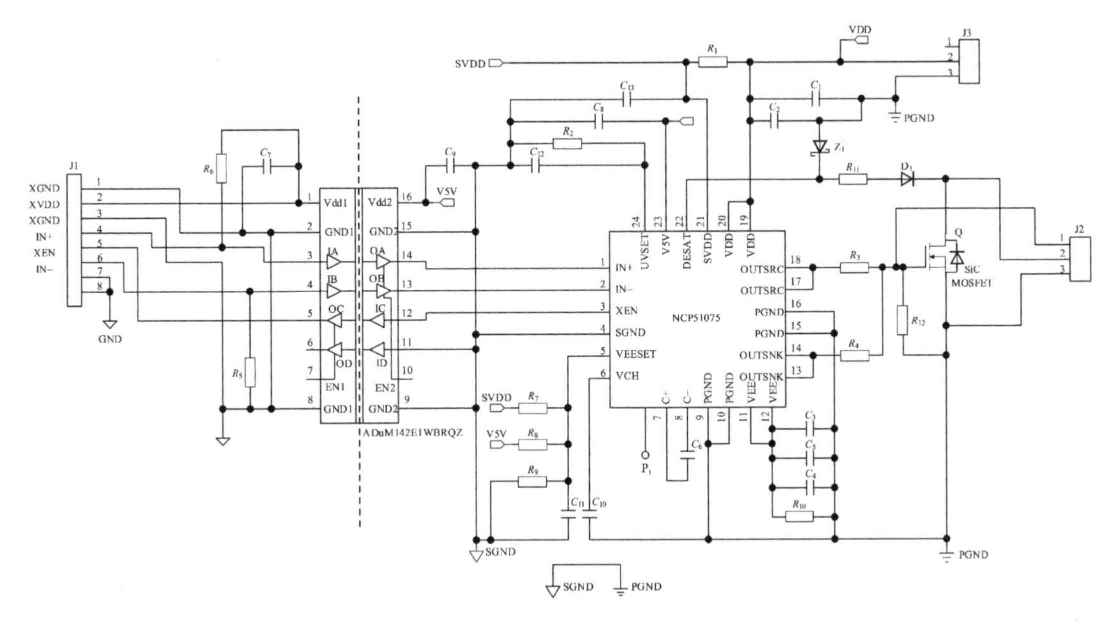

图 4.45　NCP51705SMDGEVB 的原理图

(1) PWM 信号输入

NCP51705SMDGEVB 具有两路独立的 PWM 输入端，采用 TTL 电平标准。当 J1 接口的 IN+端引脚作为驱动 PWM 脉冲输入端时，仅在 IN−端为低电平时输出驱动信号控制 SiC MOSFET。如果将 IN−置为高电平，则无论 IN+的状态如何，驱动器输出均保持低电平。为了使能驱动器正常输出，驱动板上 IN−通过一个下拉电阻连接到 SGND。

(2) 驱动状态反馈

驱动输出状态由 J1 连接器中 XEN 引脚的电平反映，并通过 ADuM142E1WBRQZ 芯片送入控制器或控制芯片中。若 XEN 引脚信号和 PWM 信号均为高电平，则说明驱动电路出现故障，对于具体故障原因需要进一步确认。

(3) 欠压闭锁故障

当 NCP51705SMDGEVB 驱动板的 J3 连接器中 VDD 引脚的供电电压低于阈值电压 U_{UVLO} 时，驱动板上 NCP51705 芯片的欠压锁定功能动作，断开输出以保护 SiC MOSFET。此时驱动输出不受输入端 IN+、IN−电平信号的影响。当输出电压高于阈值电压时，欠压闭锁自动解除。此外，NCP51705 的 UVLO 阈值电压值可以通过变化接在 UVSET 引脚和 SGND 引脚之间的电阻阻值来加以调整。

(4) 过流/短路故障

过流/短路保护电路会检测 SiC MOSFET 的漏源电压，当 SiC MOSFET 发生过流/短路故障时，漏源电压会增加，当到达安全阈值电压时，触发芯片内部 RS 锁存器的时钟输入，响应过流/短路故障。同时，栅极驱动输出闭锁，并且 XEN 引脚输出故障信息，过流/短路保护阈值电流所对应的保护电压可通过驱动板上的相关电阻进行调节。

3. 主要设计特点和参数限制

(1) 主要设计特点

① 该驱动板为 ON Semiconductor 公司 TO-247 封装的 SiC MOSFET 单管设计；

② 高峰值输出电流，拉/灌电流均达到 6 A；

③ 驱动正压可根据需要扩展范围；

④ 驱动负压可根据需要调节其大小；

⑤ SiC MOSFET 单管可直接安装到驱动板上，尽量缩短驱动输出与单管间的引线长度，实现低寄生电感驱动回路；

⑥ 板上集成去饱和保护、欠压锁定保护和热关断保护等保护功能。

(2) 主要参数和限制

NCP51705SMDGEVB 的主要参数和限制如表 4.41 所列。

表 4.41 NCP51705SMDGEVB 的主要参数和限制

符号	定义	最小值	参考值	最大值	单位	测试条件
XVDD	供电电压		5		V	
U_{IN+}	同相 PWM 输入电压	0.7XVDD	5		V	
U_{IN-}	反相 PWM 输入电压		0	0.3XVDD	V	
U_{GS}	栅源电压		<20		V	
U_{DS}	漏源电压		≤1 200		V	
U_{VDD}	输出端正供电电压	−0.3		28	V	
U_{VEE}	输出端负供电电压	−9		+0.3	V	
U_{OUTSRC}	正向驱动输出电压	$U_{VEE}-0.3$		$U_{VDD}+0.3$	V	
U_{OUTSNK}	负向驱动输出电压	$U_{VEE}-0.3$		$U_{VDD}+0.3$	V	
I_{DD}	供电电流		12	18	mA	$f_{IN}=100$ kHz, $U_{VEESET}=5$ V
I_{QDD}	静态电流		4.5	6.5	mA	$V_{IN+}=V_{IN-}=0$ V, $U_{VEESET}=5$ V
U_{DDUV+}	欠压锁定上行阈值电压	17	18	19	V	$U_{UVSET}=3$ V
U_{DDUV-}	欠压锁定下行阈值电压	16	17	18	V	$U_{UVSET}=3$ V
U_{DDHYS}	欠压锁定滞回电压		1		V	$U_{DDUV+}-U_{DDUV-}$
$U_{TH,DESAT}$	去饱和保护阈值电压	7	7.5	8	V	
$t_{DEL,DESAT}$	去饱和保护消隐时间	350	500	650	ns	
I_{SOURCE}	正向驱动输出电流		6		A	$U_{OUTSRC}=0$ V, $U_{VEESET}=5$ V
I_{SINK}	负向驱动输入电流		6		A	$U_{OUTSNK}=20$ V, $U_{VEESET}=5$ V
t_{ON}	开通传输延迟时间		25	50	ns	$C_{LOAD}=1$ nF
t_{OFF}	关断传输延迟时间		25	50	ns	$C_{LOAD}=1$ nF
t_R	上升时间		8	15	ns	$C_{LOAD}=1$ nF
t_F	下降时间		8	15	ns	$C_{LOAD}=1$ nF

4. 应用技术

如图4.46所示为NCP51705SMDGEVB应用于三相逆变器中的原理电路。由于每个NCP51705SMDGEVB驱动板仅能驱动一个SiC MOSFET单管，因此需要六个NCP51705SMDGEVB驱动板来驱动三相逆变器。逆变器控制用脉冲通过数字信号处理器产生。

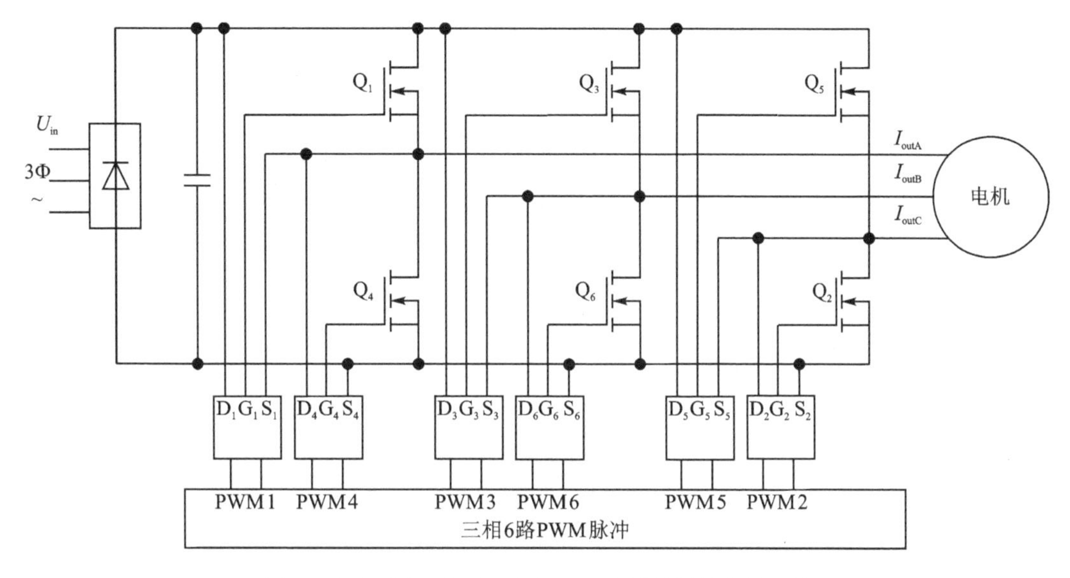

图4.46 NCP51705SMDGEVB应用于三相逆变器系统

4.7 NXP公司栅极驱动板

1. 对外引线的排列、名称、功能与用法

KITGD3100EVB是NXP公司采用MC33GD3100驱动芯片开发的集成驱动板，其结构布局如图4.47所示，各接口名称、功能及用法如表4.42所列。该驱动板与微控制器Freedom KL25Z和SPIGen软件联合使用，可以通过SPI接口启用、配置或禁用驱动芯片的所有保护和控制功能，还可以通过SPI读取驱动芯片的状态寄存器，实时监测电路运行状态。

表4.42 KITGD3100EVB栅极驱动器低压侧各接口的名称及功能

接口	名称	功能
1	AOUTL	占空比编码信号输出接口(下桥臂驱动芯片)
2,4,15,17	N.C	悬空端子
3	CSBL	片选信号输入接口(下桥臂驱动芯片)
5	PWML	PWM信号输入接口(下桥臂驱动芯片)
6	INTBL	故障信号输出接口(下桥臂驱动芯片)

续表 4.42

接　口	名　称	功　能
7	MOSIL	主芯片输出、从片输入的接口(下桥臂驱动芯片)
8	SCLK	时钟信号输入接口
9	MISOL	主芯片输入、从片输出的接口(下桥臂驱动芯片)
10	EN_PS	供电电源 VCC/VEE 的使能接口
11	FSSTATEL	故障－安全状态输入接口(下桥臂驱动芯片)
12	GNDL	低压侧参考地(下桥臂驱动芯片)
13	FSENB	故障－安全使能接口(上、下桥臂驱动芯片)
14	MISOH	主芯片输入、从片输出的接口(上桥臂驱动芯片)
16	MOSIH	主芯片输出、从片输入的接口(上桥臂驱动芯片)
18	CSBH	片选信号输入接口(上桥臂驱动芯片)
19	LED_PWR	故障指示灯供电接口(3.3 V,上、下桥臂驱动芯片)
20	AOUTH	占空比编码信号输出接口(上桥臂驱动芯片)
21	PWMH	PWM 信号输入接口(上桥臂驱动芯片)
22	FSSTATEH	故障－安全状态输入接口(上桥臂驱动芯片)
23	GNDH	高压侧参考地(上桥臂驱动芯片)
24	INTBH	故障信号输出接口(上桥臂驱动芯片)

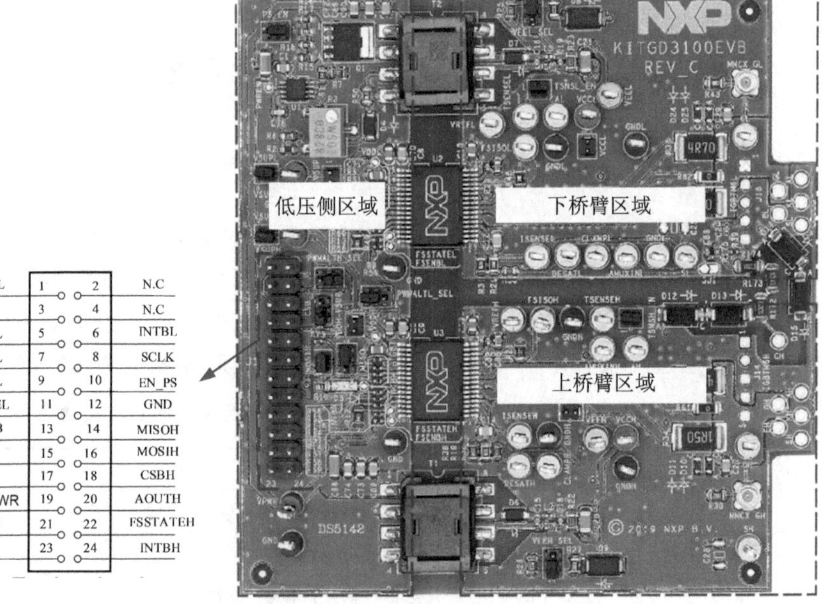

(a) 正面的接口布局

图 4.47　KITGD3100EVB 的正视图及对外引脚排列

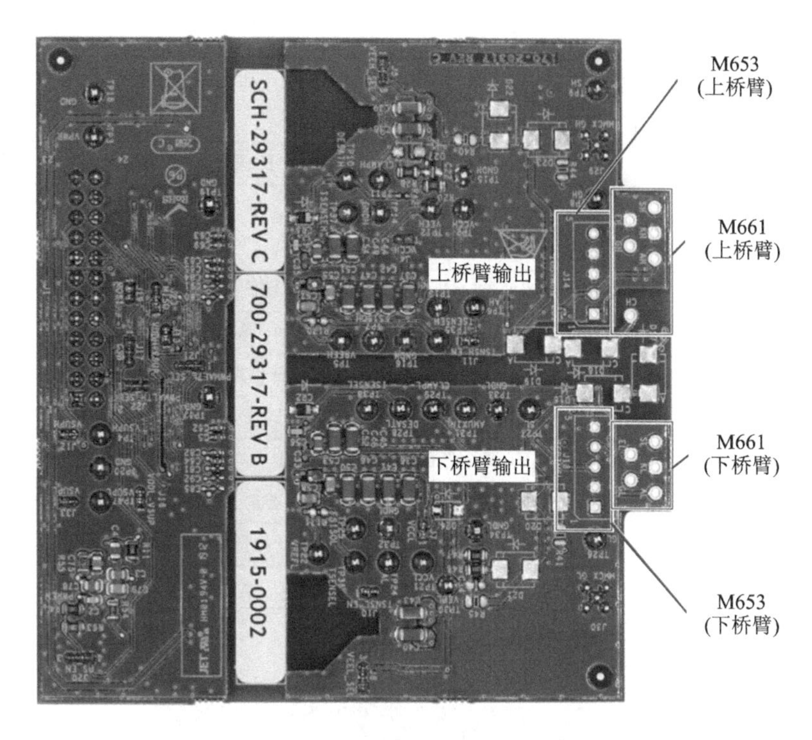

(b) 反面的接口布局

图 4.47　KITGD3100EVB 的正视图及对外引脚排列(续)

2. 跳线的分布、功能及配置方法

为了充分发挥 MC33GD3100 的多功能性，KITGD3100EVB 在电路设计过程中留有跳线接口，通过改变跳线连接状态从而改变电路结构，使 MC33GD3100 工作在不同的模式。这不仅可以用于对驱动芯片的附加功能进行评估，还可以在降低硬件成本的前提下扩大驱动芯片的适用场合。各跳线的分布如图 4.48 所示，供电电源跳线功能及配置方法如表 4.43 所列，信号跳线功能及配置方法如表 4.44 所列。

表 4.43　供电电源跳线的分布、功能及配置方法

跳线名称	配置方式	功　能
VCCH	打开	VCC 电压调节器(VCCREG)处于有效状态，GH 使用 VCCREG
	闭合	VCC 电压调节器(VCCREG)禁用，GH 使用 VCC
VEEH_SEL	1－2	VEE 负压供电
	2－3	VEE 连接到 IGBT 发射极或 MOSFET 的源极(GNDISOH)
	打开	不允许完全断开跳线，否则会使 VCC 和 VEE 的电位相对于 IGBT 发射极/MOSFET 的源极(GNDISOH)是浮动的
VCCL	打开	VCC 调节器(VCCREG)处于有效状态，栅极驱动器(GH)使用 VCCREG
	闭合	VCC 调节器(VCCREG)禁用，栅极驱动器(GH)使用 VCC

续表 4.43

跳线名称	配置方式	功 能
VEEL_SEL	1—2	VEE 为负电源
	2—3	VEE 连接到 IGBT 发射极或 MOSFET 的源极(GNDISOL)
	打开	不允许完全断开跳线，否则会使 VCC 和 VEE 的电位相对于 IGBT 发射极/MOSFET 的源极(GNDISOL)是浮动的
VSUPH	打开	栅极驱动器的 VSUP 电源必须在 TP4 处提供
	闭合	跳线必须连接上才能为栅极驱动器上的 VSUP 引脚提供 VPWR
VDDH	打开	VDD - VSUP 是分开的。芯片由 VSUP 供电，VDD 由内部稳压器提供
	闭合	VDD - VSUP 已连接。VDD 内部稳压器被旁路，芯片由外部 5 V 电源供电
VDDL	打开	VDD - VSUP 是分开的。芯片由 VSUP 供电，VDD 由内部稳压器提供
	闭合	VDD - VSUP 已连接。VDD 内部稳压器被旁路，芯片由外部 5 V 电源供电
VSUPL	打开	栅极驱动器的 VSUP 电源必须在 TP47 处提供
	闭合	跳线必须连接上才能为栅极驱动器上的 VSUP 引脚提供 VPWR

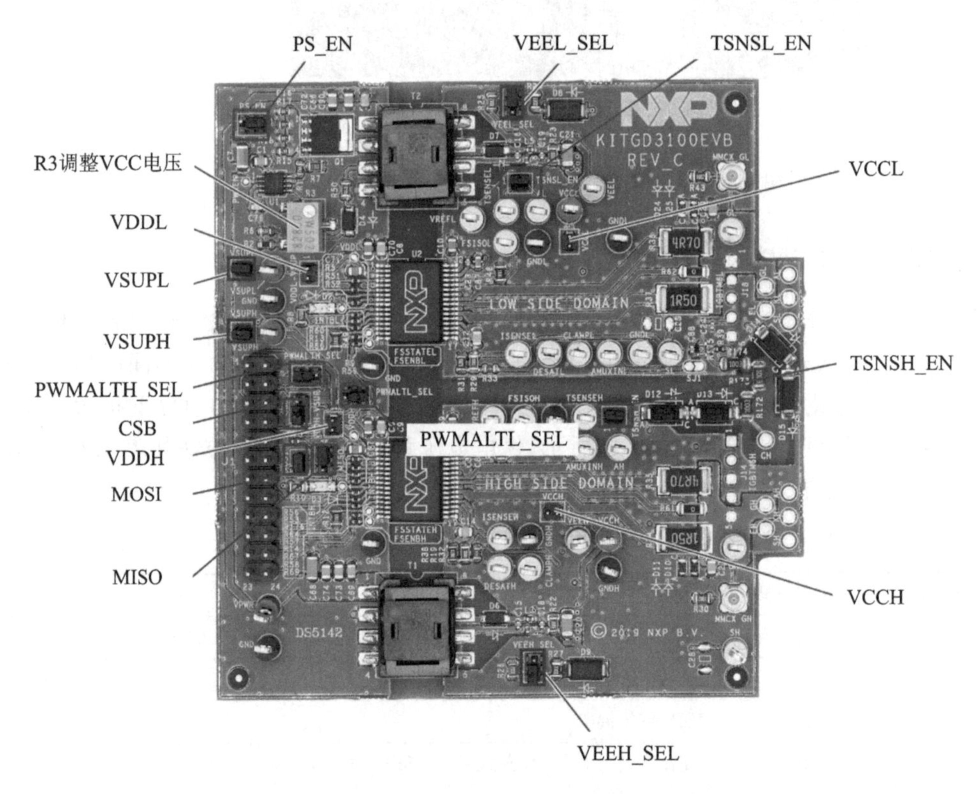

图 4.48 KITGD3100EVB 跳线分布图

表 4.44　信号跳线的分布、功能及配置方法

跳线名称	配置方式	功　能
CSB	1—2	CSBH 和 CSBL 分开。用于普通模式
	2—3	CSBH 和 CSBL 连接在一起。用于菊花链模式
	打开	不允许完全断开跳线。仅 CSBL 有效，不建议用于正常使用
MOSI	打开	MOSIH 直接路由到 MCU。用于普通 SPI 模式
	闭合	MOSIH 接收 MISOL 信号。用于菊花链 SPI 模式
PS_EN	1—2	MCU/软件控制 VCC/VEE 电源
	2—3	VCC/VEE 电源始终处于启用状态；MCU 控制信号断开
	打开	下拉电阻(R14)禁用 VCC / VEE 电源
PWMALTL_SEL	1—2	PWMALTL 接收互补的 PWMH 信号，启用死区保护
	2—3	PWMALTL 接地，绕过死区时间控制
	打开	不允许完全断开跳线，否则 PWMALTL 处于不定状态
PWMALTH_SEL	1—2	PWMALTH 接收互补的 PWML 信号，启用死区保护
	2—3	PWMALTH 接地，绕过死区时间控制
	打开	不允许完全断开跳线，否则 PWMALTH 处于不定状态
MISO	1—2	MISOL 直接传递到 MCU，用于普通的 SPI 模式
	2—3	MISOL 传递给 MOSIH，用于菊花链 SPI 模式
	打开	不允许完全断开跳线，否则 MISOL 无有效通信
AMUXINL	短接	短接跳线，实现对低压侧栅极驱动器上 AMUXIN 的直流母线电压测量
	打开	AMUXINL 未连接到直流母线分压器
TSNSH_EN	闭合	TSENSEA 引脚和滤波器连接到温度感测模块；当 IGBT/MOSFET 温度检测可用时使用
	打开	TSENSEA 引脚和滤波器已与温度感测模块断开；IGBT/MOSFET 温度检测不可用时使用。建议禁用 TSENSE 功能并将上拉电阻接到 VREF
TSNSL_EN	闭合	TSENSEA 引脚和滤波器连接到温度感测模块；当 IGBT/MOSFET 温度检测可用时使用
	打开	TSENSEA 引脚和滤波器已与温度感测模块断开；IGBT/MOSFET 温度检测不可用时使用。建议禁用 TSENSE 功能并将上拉电阻接到 VREF

3. 主要设计特点

① 双通道输出，最大峰值驱动电流(拉电流/灌电流)达 15 A；

② 板上留有多个跳线，可实现对驱动芯片的供电电源调整以及相关功能的灵活配置；

③ 通过微控制器 Freedom KL25Z 和连接器 KITGD3100TREVB 实现 PC(安装有 SPI-Gen 软件)对 MC33GD3100 驱动芯片的参数配置；

④ 集成多种保护功能，包括过压保护、过流保护和过温保护等；

⑤ 通过 SPI 接口实现多个驱动板菊花链式连接，以驱动全桥、三相桥或者其他开关组合

模式；

⑥ 通过 AMUXIN 和 AOUT 引脚可实现对直流母线电压的检测。

4.8 小 结

本章阐述了目前常用的 SiC MOSFET 集成驱动器，详细介绍了每种集成驱动器的引脚排列、名称、功能、用法、内部结构、工作原理及应用技术，从而便于设计人员对比选择使用。随着技术的不断发展，内嵌新型高速驱动集成电路的集成驱动器将会不断出现，从而进一步推动 SiC MOSFET 的普及应用。

参考文献

[1] 李宏. MOSFET、IGBT 驱动集成电路及应用[M]. 北京：科学出版社，2013.

[2] 杨媛，文阳. 大功率 IGBT 驱动与保护技术[M]. 北京：科学出版社，2018.

[3] CGD15SG00D2，Cree's Generation 3（C3M™）SiC MOSFET Isolated Gate Driver datasheet [EB/OL]. https://www.wolfspeed.com/cgd15sg00d2.

[5] BW9499H，Rohm's Gate Drive Circuit Board for evaluation purpose of for BSM180D 12P3C007 [EB/OL]. https://www.rohm.com.cn/.

[6] EVAL - 1EDI20H12AH，gate driver evaluation boards with the EiceDRIVER™ 1EDI20H12AH and CoolSiC™ MOSFET to demonstrate their functionality and key features[EB/OL]. https://www.infineon.com/.

[7] EVALSTGAP1AS，STGAP1AS evaluation board datasheet[EB/OL]. https://www.st.com/en/evaluation-tools/evalstgap1as.html.

[8] MSCSICMDD，MSCSICMDD/REF1 Dual SiC MOSFET Driver Reference Design[EB/OL]. https://www.microsemi.com/.

[9] MSCSICSP3，Highly isolated SiC MOSFET dual-gate driver for the SiC SP3 phase leg modules[EB/OL]. https://www.microsemi.com/existing-parts/parts/146951.

[10] NCP51705SMDGEVB，NCP51705 SiC Driver SMD EvaluationBoard for Existing or New PCB Designs [EB/OL]. https://www.onsemi.cn/products/discretes-drivers/gate-drivers.

第5章　GaN器件的基本特性与驱动电路设计考虑

GaN器件与Si器件、SiC器件相比，在材料、结构等方面有所不同，其器件特性存在一些差异，因此不能用Si基和SiC基功率器件的驱动电路来直接驱动GaN器件。GaN器件的驱动电路需要专门设计。本章在扼要介绍GaN器件基本特性基础上，分析了GaN器件驱动电路的设计要求，给出常用GaN器件驱动电路设计的一般方法。

5.1　GaN器件的基本特性与参数

目前常用的GaN器件包括eGaN HEMT、Cascode GaN HEMT、GaN GIT和CoolGaN。

5.1.1　eGaN HEMT的特性与参数

eGaN HEMT包含一个由宽带隙材料（AlGaN）和较窄带隙材料（GaN）构成的异质结。AlGaN/GaN异质结具有很强的极化效应，会在接触区形成2DEG。在栅源极间或栅漏极间加正电压都可以改变2DEG的浓度，控制器件的开通和关断。

eGaN HEMT的等效电路模型如图5.1所示。

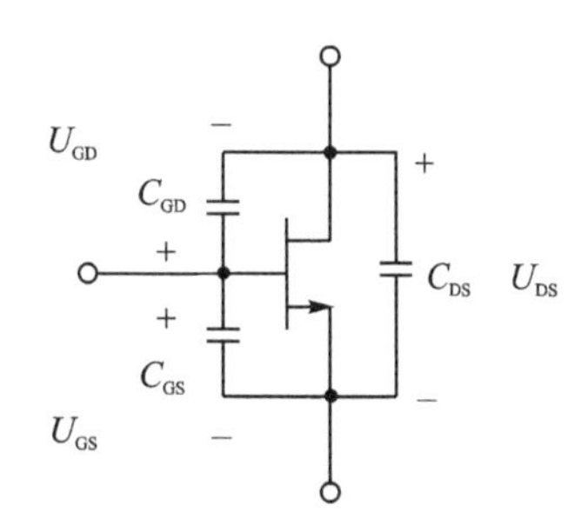

图5.1　eGaN HEMT等效电路模型

1. eGaN HEMT的工作模态

eGaN HEMT是常断型器件，通过改变栅源驱动电压U_{GS}可以控制器件的开通和关断。根据栅源驱动电压U_{GS}和漏源电压U_{DS}的不同，eGaN HEMT的稳态工作状态可分为以下四种情况：

① 正向导通模态：$U_{GS}>U_{GS(th)}$，$U_{DS}>0$；

② 反向导通模态：$U_{GD}>U_{GS(th)}$，$U_{DS}<0$；

③ 正向阻断模态：$U_{GS}<U_{GS(th)}$，$U_{DS}>0$；

④ 反向关断模态：$U_{GD}<U_{GS(th)}$，$U_{DS}<0$。

（1）正向导通模态

当eGaN HEMT的栅源电压大于阈值电压（$U_{GS}>U_{GS(th)}$）且漏源电压U_{DS}大于0时，器件导通，电流流过eGaN HEMT的沟道。此时eGaN HEMT处于正向导通状态，漏源极间压降为$U_{DS}=I_D\times R_{DS(on)}$。

（2）反向导通模态

eGaN HEMT具有对称的传导特性，在eGaN HEMT漏源电压U_{DS}小于0的情况下，满足以下关系式时，eGaN HEMT即可处于反向导通状态。

$$U_{GS}-U_{DS}=U_{GD}>U_{GS(th)} \tag{5-1}$$

此时漏源极间压降为

$$U_{SD} = U_{GS(th)} - U_{GS} + |I_D| \cdot R_{SD(on)} \tag{5-2}$$

由上述分析可见，eGaN HEMT 中虽然没有寄生体二极管，但是在 $U_{GS} < U_{GS(th)}$ 时的反向导通特性与寄生体二极管导通特性相似，因此在电路分析时，有时也会借鉴寄生体二极管的模型表示其反向导通能力，如图 5.2 所示。其反向导通特性也称为“类体二极管”特性。但需注意的是，该体二极管并不真正存在，因此实际上并无二极管反向恢复问题。

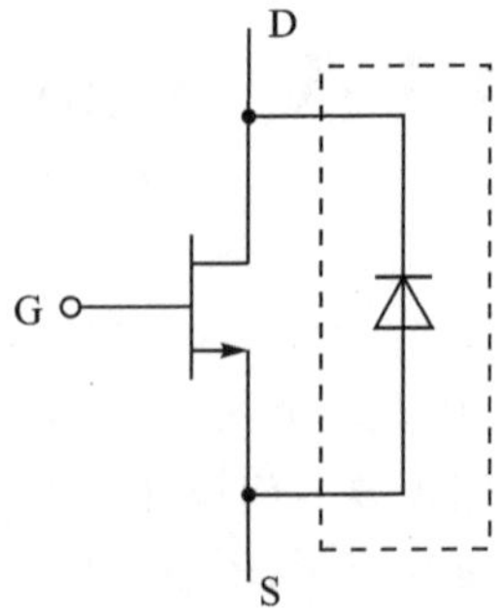

图 5.2 eGaN HEMT 反向导通时的“体二极管”等效模型

(3) 正向阻断模态

当 eGaN HEMT 的栅源电压小于阈值电压($U_{GS} < U_{GS(th)}$)且漏源电压 U_{DS} 大于 0 时，器件处于正向阻断状态。

(4) 反向关断模态

在 eGaN HEMT 的漏源电压 U_{DS} 小于 0 的情况下，若 $U_{GS} - U_{DS} = U_{GD} < U_{GS(th)}$，则 eGaN HEMT 处于反向关断状态。

2. eGaN HEMT 的特性与参数

下面以 GaN Systems 公司型号为 GS66504B(650 V/15 A)的 eGaN HEMT 为例，对 eGaN HEMT 的基本特性与参数进行阐述。

(1) 通态特性及其参数

eGaN HEMT 既可正向导通(第一象限)，也可反向导通(第三象限)。

1) 正向导通特性

eGaN HEMT 的典型输出特性如图 5.3 所示，其输出特性曲线存在明显的线性区和饱和区，界限比较明显。当栅源电压达到 4 V 左右时，在其额定电流范围内通态电阻几乎不再发生变化，但是线性区与饱和区的分界点仍然会随着栅源电压的增大而上升。因此，为了保证器件能够充分导通，驱动电路设计时要保证栅源电压足够大。

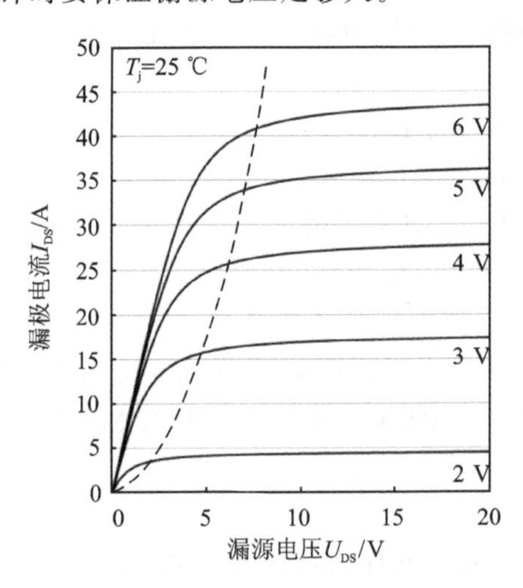

图 5.3 eGaN HEMT 的输出特性曲线

主要通态参数如下。

① 栅源阈值电压

栅源阈值电压是指 eGaN HEMT 沟道导通所必需的最小栅源电压。随着栅源电压的上升，沟道逐渐打开，沟道电阻逐渐减小，沟道电流逐渐增大。图 5.4 所示为 eGaN HEMT 的转移特性曲线。eGaN HEMT 的栅源阈值电压约为 1.7 V，几乎不受结温的影响。由于阈值电压较低，eGaN HEMT 栅源电压稍有振荡就可能发生误导通现象，因此在桥臂电路应用中会引起直通问题。

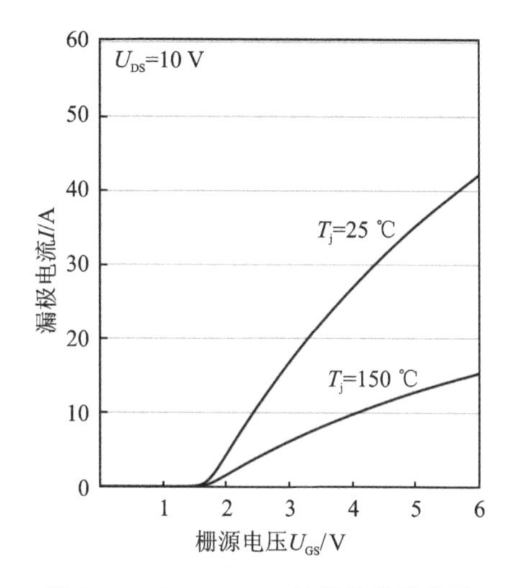

图 5.4　eGaN HEMT 的转移特性曲线

② 跨导

跨导 g_{fs} 为漏极电流对栅源电压的变化率，是栅源电压的线性函数，反映了栅源电压 U_{GS} 对漏极电流 I_D 的控制灵敏度。跨导越大，栅源电压对漏极电流的控制灵敏度越高。图 5.5 对比了 eGaN HEMT、SiC MOSFET 和 Si CoolMOS 的转移特性，可以看到结温为 25 ℃时，Si

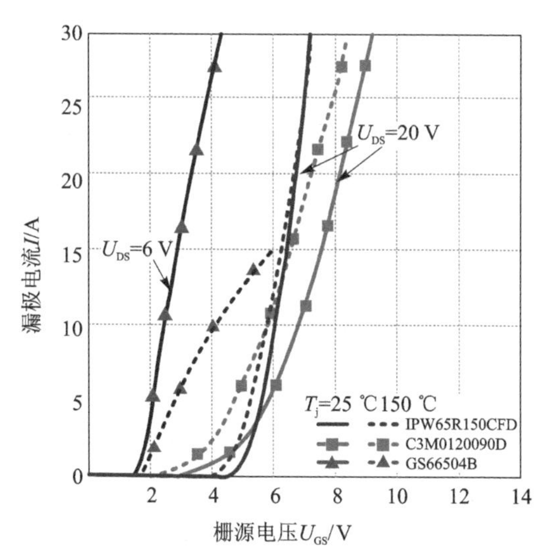

图 5.5　额定电流相近的 eGaN HEMT、SiC MOSFET 及 Si CoolMOS 单管转移特性对比

CoolMOS 的跨导最高,其次是 eGaN HEMT,跨导最低的是 SiC MOSFET。3 种器件的跨导都呈负温度系数,其中 eGaN HEMT 的跨导受温度影响最大,其次是 SiC MOSFET,受温度影响最小的是 Si CoolMOS。

2) 通态电阻

对于 eGaN HEMT 来说,栅极驱动电压越高,导通电阻越低。如图 5.3 所示,在 eGaN HEMT 的额定电流范围内,栅源电压达到 4 V 以上时导通电阻的变化已经很小,因此只考虑导通电阻时,驱动电压设置为 4 V 即可。但实际应用中除了考虑导通电阻,还需要考虑开关速度,因此在不超过最大栅源电压的条件下应尽可能地取高驱动电压,并预留一定裕量,通常将其设置为 5~6 V。

图 5.6 所示为额定电流相近的 eGaN HEMT、SiC MOSFET 及 Si CoolMOS 单管导通电阻与结温的关系曲线。3 种器件的导通电阻均呈正温度系数,其中 Si CoolMOS 的导通电阻受结温变化的影响最大,eGaN HEMT 次之,SiC MOSFET 最小。

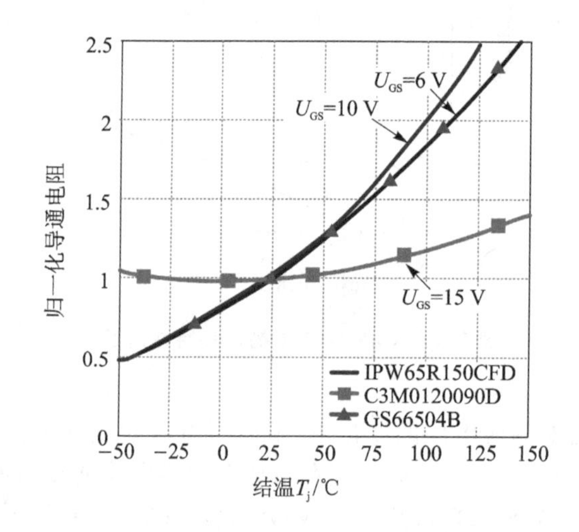

图 5.6 额定电流相近的 eGaN HEMT、SiC MOSFET 及 Si CoolMOS 单管导通电阻与结温的关系曲线

3) 反向导通特性

MOSFET 的结构中存在 P-N 掺杂区域和漂移层,从而构成了其寄生体二极管,令其拥有了反向导通的能力。eGaN HEMT 的结构中并不存在这一结构,因此也就不存在体二极管,但是由于 eGaN HEMT 的结构具有对称性,因此其也具有双向导通的能力,这种特性被称为"自整流反向导通特性",也被称为"类二极管特性"。eGaN HEMT 的反向导通能力与 MOSEFT 体二极管相比有所不同。

① 反向导通压降

当栅源电压 U_{GS} 超过其阈值电压 $U_{GS(th)}$ 时,eGaN HEMT 可以实现正向的导通,而当其栅漏电压 U_{GD} 超过其阈值电压 $U_{GD(th)}$ 时,即可实现反向导通。

eGaN HEMT 反向导通时,其源漏电压 U_{SD} 需要满足以下条件:

$$U_{SD} > U_{GS(th)} - U_{GS} \tag{5-3}$$

eGaN HEMT 的反向导通压降为

$$U_{SD} = U_{GS(th)} - U_{GS} + I_D \cdot R_{SD(on)} \tag{5-4}$$

式中，$R_{SD(on)}$为eGaN HEMT的反向导通电阻。

通常情况下，在其他条件相同时，反向导通电阻要高于正向导通电阻，若$U_{GS}<U_{GS(th)}$，那么器件工作在饱和区和线性放大区的交界处，若U_{GS}为负值，那么GaN HEMT的饱和程度会加深，导通电阻会变大，因此在利用其反向导通能力时，不宜采用负的栅源电压。

② 反向恢复特性

eGaN HEMT反向导通表现出的特性与二极管相似，但其结构并不是二极管的典型结构，不具有反向恢复特性，因此在第三象限导通过程结束时不会产生反向恢复电流，在桥臂电路中也就不会增加即将开通的功率管的开通损耗。

③ 反向导通特性对比

图5.7所示为额定电流相近的eGaN HEMT与SiC MOSFET单管反向导通特性对比情况。图5.7(a)比较了2种单管"体二极管"的特性，其中虚线是采用了各自推荐关断负压时的体二极管导通特性曲线，实线是关断电压为0时体二极管的导通特性曲线，可以看到，栅源电压为0时，相同负载电流下eGaN HEMT的反向导通压降比SiC MOSFET大。图5.7(b)是2种单管的第三象限特性对比，可以看到，漏极电流较小(<5 A)时，相同负载电流下2种单管的反向导通压降相近。漏极电流较大(>5 A)时，相同负载电流下eGaN HEMT的反向导通压降比SiC MOSFET大。

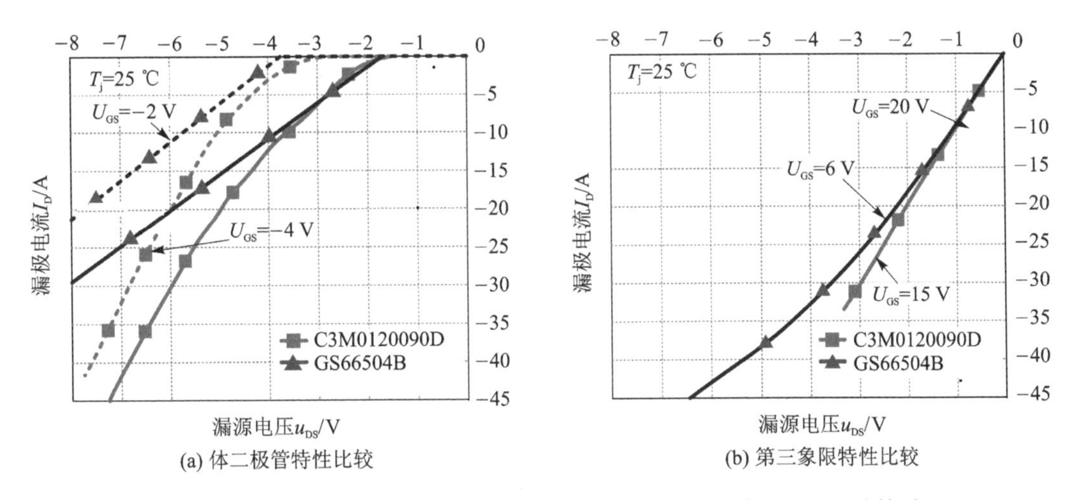

(a) 体二极管特性比较　(b) 第三象限特性比较

图5.7　额定电流相近的eGaN HEMT与SiC MOSFET单管反向导通特性对比

(2) 开关特性及其参数

eGaN HEMT的开关特性主要与非线性寄生电容有关，同时栅极驱动电路的性能也对eGaN HEMT的开关过程起着关键性的作用。表5.1列出了eGaN HEMT、SiC MOSFET的寄生电容和栅极电荷对比情况，可以看到eGaN HEMT的寄生电容比SiC MOSFET小。根据电压型器件的开关过程可知，寄生电容越小，开关速度越快，开关转换过程的时间越短，从而缩短开关过程中漏源电压与漏极电流的交叠区域，降低开关损耗。对比两种器件的参数可见，eGaN HEMT的栅极电荷较小，开关速度较快。

表 5.1　eGaN HEMT 和 SiC MOSFET 的寄生电容和栅极电荷对比情况

型　号	C3M0120090D	GS66504B
输入电容 C_{iss}/pF	350	130
输出电容 C_{oss}/pF	40	33
转移电容 C_{rss}/pF	3	1
栅源寄生电容 C_{GS}/pF	347	129
栅漏寄生电容 C_{GD}/pF	3	1
C_{GS}/C_{GD}	115.67	129
栅源电荷 Q_{GS}/nC	4.8	1.1
栅极总电荷 Q_G/nC	17.3	3

eGaN HEMT 的极间寄生电容是影响其开关特性的主要因素之一，随着极间电容的增大，eGaN HEMT 的开关过程会变长，开关损耗会增大。其中，C_{GD} 对开关过程中的 du_{DS}/dt 影响最大，C_{GS} 对开关过程中的 di_D/dt 影响最大，C_{DS} 在关断时的储能会在 eGaN HEMT 下次开通时释放，因此会在沟道中产生较大的开通脉冲电流。这些寄生电容还呈现非线性特性。随着 eGaN HEMT 漏源电压的不同，寄生电容值也会发生变化。图 5.8 所示为 GS66504B 器件极间电容与漏源电压的关系曲线。在漏源电压增大的初期，C_{rss}、C_{oss} 均随着漏源电压的增大而迅速减小，随着漏源电压的进一步增大，C_{oss} 的下降速度减缓，C_{rss} 出现增长趋势，而 C_{iss} 受漏源电压的影响不大。

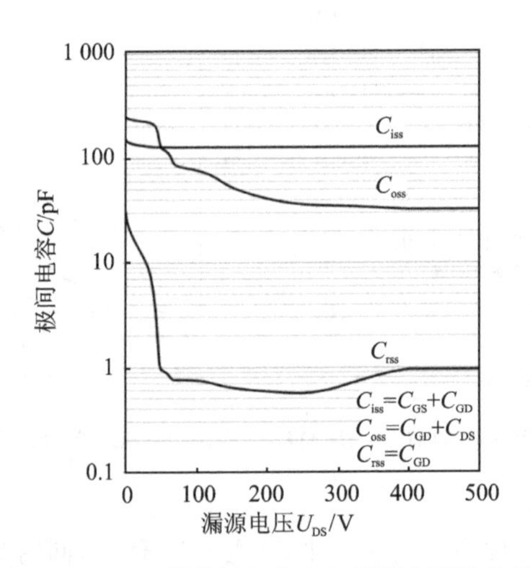

图 5.8　GS66504B 器件极间电容与漏源电压的关系曲线

(3) 栅极驱动特性及其参数

图 5.9 所示为 eGaN HEMT 的典型栅极充电特性曲线。当漏源电压为 400 V 时，eGaN HEMT 栅极充电至 +6 V 仅需要 2.8 nC 左右的栅极电荷，因此其栅极充电速度极快，另外随着漏源电压的增大，达到相同的栅源电压所需的栅极电荷也有所增加。由于高压 eGaN HEMT 的密勒电容 C_{rss} 较小，因此其密勒平台时间较短，仅占整个充电过程的很小一部分。

图 5.10 所示为 eGaN HEMT 的漏极电流与导通电阻的关系曲线。可以看到，eGaN HEMT 的导通电阻会随着栅极驱动电压的上升而减小。在额定漏极电流范围内，驱动电压为

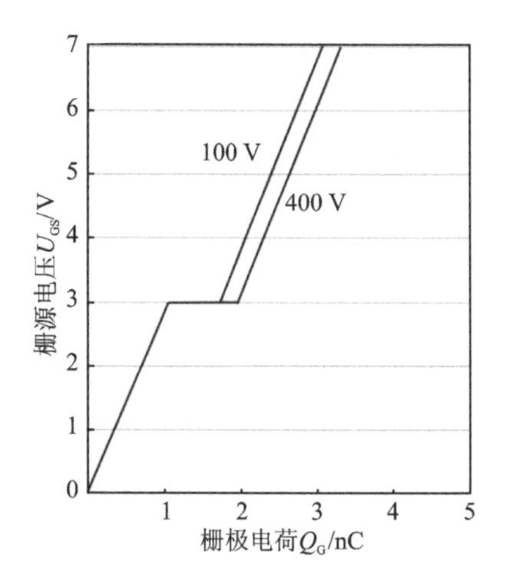

图5.9 eGaN HEMT的典型栅极充电特性曲线

+5 V和+6 V时的导通电阻相差不大,因此通常情况下,eGaN HEMT的驱动正压为5~6 V。由于数据手册中给出的eGaN HEMT的栅极正压最大值为7 V,在实际电路设计中,需要降低栅极回路的寄生电感,以减小栅极回路中的振荡和过冲。桥臂电路应用中,由于上、下管在开关动作期间存在较强耦合关系会产生桥臂串扰问题,常用抑制桥臂串扰方法之一是采用负压关断。但eGaN HEMT的反向导通压降与栅源电压有关,关断时栅源负压的绝对值越大,反向导通压降越大,采用负压关断容易在续流期间引入较大的导通损耗。因此,eGaN HEMT是否设置驱动负压需要根据实际场合特点优化选择。

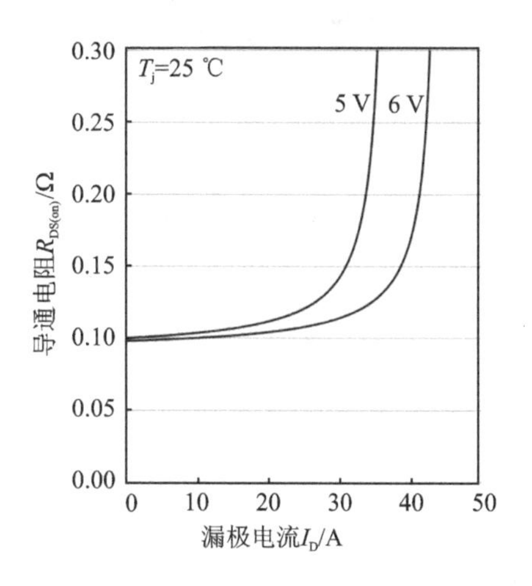

图5.10 eGaN HEMT的漏极电流与导通电阻的关系曲线

栅极电压摆幅U_{Gpp}的平方与栅极输入电容C_{iss}的乘积能够反映栅极驱动损耗的大小,假设eGaN HEMT采用驱动电压电平为0 V/+6 V,SiC MOSFET采用驱动电压电平为-4 V/+15 V,栅极驱动损耗的计算结果如表5.2所列。由表5.2可知,eGaN HEMT的栅极驱动损耗远小于SiC MOSFET。

表 5.2 栅极充电能量对比

参 数	GS66504B	C3M0120090D
输入电容 C_{iss}/pF	130	350
栅极电压摆幅 U_{Gpp}/V	6	19
栅极驱动能量损耗/μJ	0.004 68	0.126 35

5.1.2 Cascode GaN HEMT 的特性与参数

与增强型器件相比，常通型(耗尽型)器件通常具有更低的导通电阻、更小的结电容，因此，在高电压等级，应用常通型器件可获得更高的效率。但在常用的电压型功率变换器中，常通型器件不便于安全使用。为便于在电压源型变换器中使用，可以将常通型 GaN HEMT 与低压 Si MOSFET 级联组成 Cascode GaN HEMT，其等效电路如图 5.11(a)所示。在由常通型 GaN HEMT 和低压 Si MOSFET 级联组成的 Cascode GaN HEMT 中，GaN HEMT 的栅极和源极分别与 Si MOSFET 的源极和漏极连接，从而既可以利用低压 Si MOSFET 的特性实现“常断型”工作特性，又能利用常通型器件低导通电阻、低寄生电容的优点。Cascode GaN HEMT 的内部结构示意图和外形封装分别如图 5.11(b)和(c)所示。

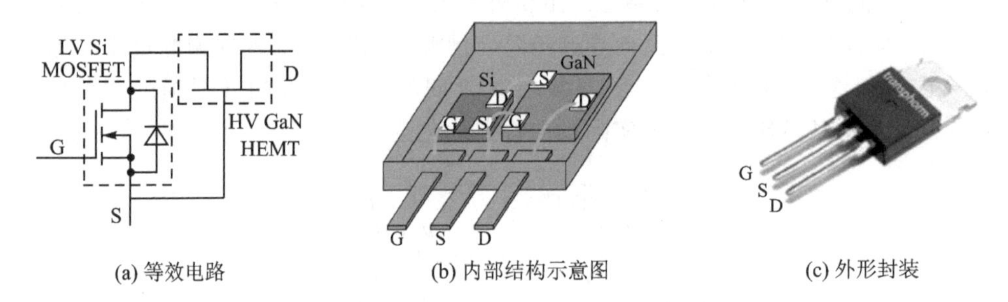

(a) 等效电路 (b) 内部结构示意图 (c) 外形封装

图 5.11 Cascode GaN HEMT 的结构及封装

1. Cascode GaN HEMT 的工作原理和模态

Cascode GaN HEMT 通过控制 Si MOSFET 的开关状态来控制整个器件的通/断。根据栅源驱动电压 U_{GS} 和漏源电压 U_{DS} 的不同，Cascode GaN HEMT 的稳态工作状态可分为以下四种情况：

① 正向导通模态：$U_{GS}>U_{TH\_Si}$，$U_{DS}>0$；

② 反向导通模态：$U_{DS}<0$；

③ 反向恢复模态：$U_{GS}=0$，$U_{DS}\geqslant 0$，$I_{DS}>0$；

④ 正向阻断模态：$U_{GS}=0$，$U_{DS}>0$。

(1) 正向导通模态

当 Cascode GaN HEMT 的栅源电压大于 Si MOSFET 的栅极阈值电压时，Si MOSFET 处于导通状态，器件的工作状况如图 5.12 所示。因 $-U_{DS\_Si}=U_{GS\_GaN}>U_{TH\_GaN}$，故常通型 GaN HEMT 也处于导通状态。此时，Cascode GaN HEMT 漏源极间的压降为 $U_{DS}=I_D(R_{DS(on)\_Si}+R_{DS(on)\_GaN})$。

(2) 反向导通模态

1) 低压 Si MOSFET 体二极管导通($U_{GS}=0$,$U_{DS}<0$)

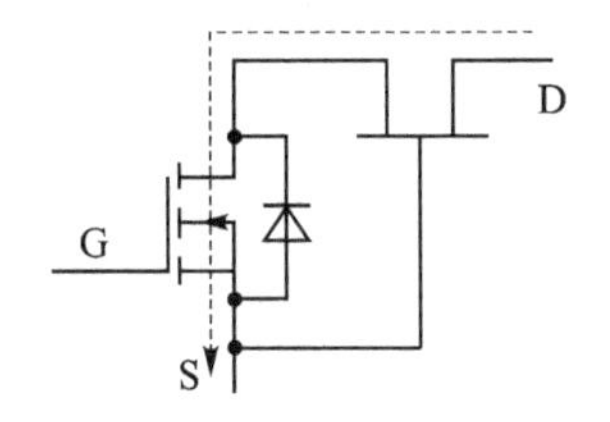

图 5.12 Cascode GaN HEMT 正向导通模态

Cascode GaN HEMT 的栅源电压 U_{GS} 为 0,因此低压 Si MOSFET 的沟道处于关断状态。当器件漏源两端的电压为负时,Si MOSFET 的体二极管就会导通。如图 5.13(a)所示,由于常通型 GaN HEMT 栅源两端的电压等于低压 Si MOSFET 体二极管的导通压降 U_F,即 $U_{GS\_GaN}=U_F>U_{TH\_GaN}$,因此,常通型 GaN HEMT 处于导通状态,电流 I_F 流过 Si MOSFET 的体二极管和 GaN HEMT 的沟道,Cascode GaN HEMT 器件源漏两端的压降为 $U_{SD}=U_{SD\_Si}+I_F\times R_{SD(on)\_GaN}$。

2) 低压 Si MOSFET 沟道导通($U_{GS}>U_{TH\_Si}$,$U_{DS}<0$)

由于低压 Si MOSFET 体二极管导通时压降较大(典型值为 2 V 左右),导致 Cascode GaN HEMT 的反向导通压降也较大。为了解决这个问题,可以通过在 Cascode GaN HEMT 栅源极间施加正向驱动电压($U_{GS}>U_{TH\_Si}$),使低压 Si MOSFET 的沟道完全导通,如图 5.13(b)所示。Si MOSFET 沟道导通时压降很小,沟道压降 $U_{SD\_Si}<U_F$,电流 I_D 全部流过 Si MOSFET 的沟道。此时,Cascode GaN HEMT 器件源漏两端的压降为 $U_{SD}=I_F\times(R_{SD(on)\_GaN}+R_{SD(on)\_Si})$。

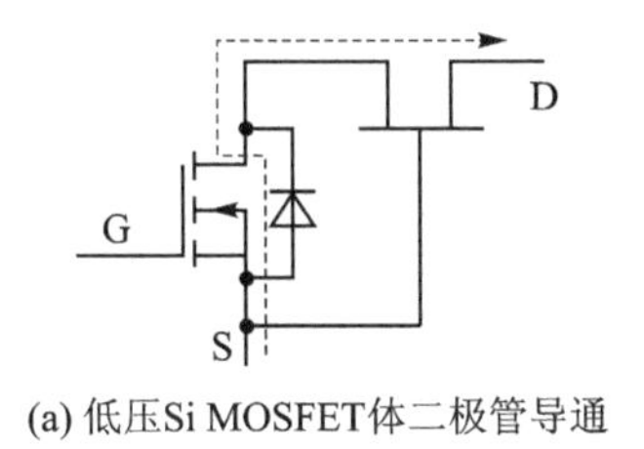

(a) 低压Si MOSFET体二极管导通

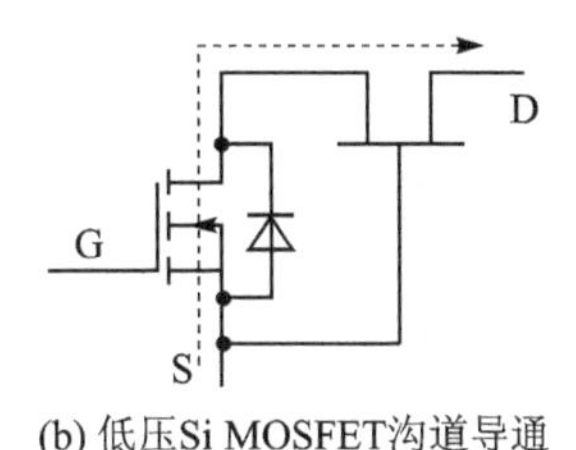

(b) 低压Si MOSFET沟道导通

图 5.13 Cascode GaN HEMT 反向导通模态

(3) 反向恢复模态

CascodeGaN HEMT 由于内部包含了低压 Si MOSFET,因此当低压 Si MOSFET 的体二极管与 GaN HEMT 沟通反向导通后,Cascode GaN HEMT 漏源极间加上正压后,就会出现低压 Si MOSFET 体二极管的反向恢复,整体对外表现为 Cascode GaN HEMT 的"体二极管"反向恢复。在 Cascode GaN HEMT 中,由于用于级联的 Si MOSFET 一般都是低压器件(30 V 左右),其体二极管导通时储存的少数载流子很少,因此,整个 Cascode GaN HEMT 器件的"体二极管"表现出来的反向恢复电流一般很小。

Si MOSFET 的体二极管反向恢复时,由于 Si MOSFET 两端的电压较小,因此 GaN HEMT 沟道处于导通状态,电流流过 GaN HEMT 沟道和 Si MOSFET 体二极管,如图 5.14 所示。Si MOSFET 的体二极管反向恢复结束后,电流通过 GaN HEMT 沟道给电容 C_{DS_Si} 充电,当 $U_{DS\_Si}>-U_{TH\_GaN}$ 时,Cascode GaN HEMT 完全关断。

(4) 正向阻断模态

1) 低压 Si MOSFET 关断,GaN HEMT 导通($U_{GS}=0$,$0<U_{DS}<-U_{TH\_GaN}$)

由于 Cascode GaN HEMT 的栅源电压为 0,因此低压 Si MOSFET 处于关断状态。此时，流过 Si MOSFET 和 GaN HEMT 的电流为 0，即 $I_D=0$。由于 $-U_{GS\_GaN}=U_{DS\_Si}<-U_{TH\_GaN}$，常通型 GaN HEMT 处于导通状态。低压 Si MOSFET 漏源极间的电压等于整个器件漏源极间的电压，即 $U_{DS\_Si}=U_{DS}$。

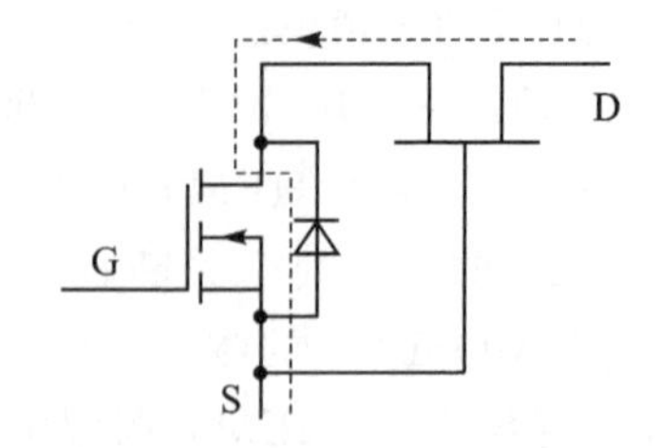

图 5.14 Cascode GaN HEMT 反向恢复模态

2）低压 Si MOSFET 关断，GaN HEMT 关断（$U_{GS}=0$，$0<-U_{TH\_GaN}<U_{DS}$）

由于 Cascode GaN HEMT 的栅源电压为 0，低压 Si MOSFET 保持关断状态。随着器件漏源极间的电压 U_{DS} 增大，当 $U_{DS\_Si}>-U_{TH\_GaN}$ 时，常通型 GaN HEMT 的驱动电压 U_{GS_GaN} 小于其栅极阈值电压 U_{TH_GaN}，常通型 GaN HEMT 处于关断状态。此时，Cascode GaN HEMT 中低压 Si MOSFET 和常通型 GaN HEMT 共同承受漏源电压 U_{DS}，即 $U_{DS}=U_{DS\_Si}+U_{DS\_GaN}$。

2. 特性及其参数

下面以 ON Semiconductor 公司 NTP8G202N（600 V/9 A）型号的 Cascode GaN HEMT 为例，对 Cascode GaN HEMT 的基本特性与参数进行阐述。

（1）通态特性及其参数

1）输出特性

Cascode GaN HEMT 的输出特性如图 5.15 所示，可分为正向导通特性（第一象限）和反向导通特性（第三象限）。在第一象限内，当 U_{GS} 达到 6 V 时，Si MOSFET 完全导通，Cascode GaN HEMT 也随之完全导通。在第三象限内，当不加驱动电压或驱动电压较小时，Si MOSFET 体二极管和 GaN HEMT 沟道反向导通，导通压降较大；当驱动电压逐步增加时，Si MOSFET 沟道打开且其导通压降逐渐降低，Cascode GaN HEMT 导通压降也逐渐降低，直至 Si MOSFET 沟道完全导通。

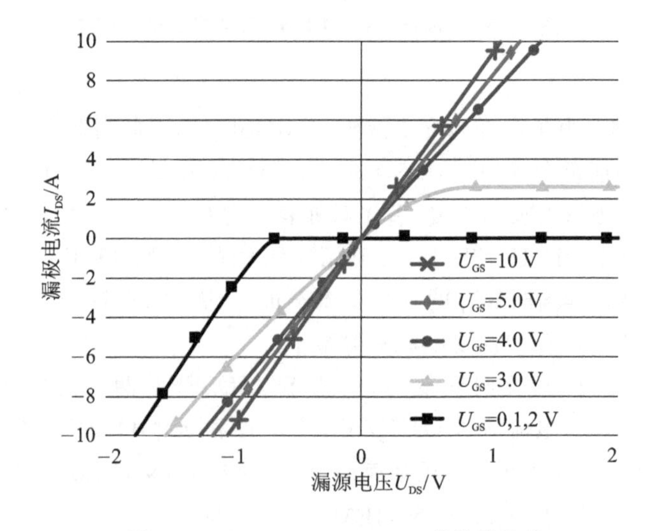

图 5.15 Cascode GaN HEMT 的输出特性

2）主要通态参数

图 5.16 所示为 Cascode GaN HEMT 的导通电阻随结温变化的关系曲线，其导通电阻呈

正温度系数。当结温从 25 ℃上升到 150 ℃时，导通电阻增大一倍左右。

图 5.16　Cascode GaN HEMT 导通电阻随结温变化曲线

图 5.17 所示为 Cascode GaN HEMT 的转移特性，当器件结温 $T_j = 25$ ℃时，栅源阈值电压 $U_{GS(th)}$ 约为 2.5 V，栅源电压 U_{GS} 达到 5 V 时，漏极电流 I_D 基本不再随栅源电压变化而变化，即导通电阻 $R_{DS(on)}$ 不随栅源电压 U_{GS} 变化而变化。随着器件结温升高，Cascode GaN HEMT 的栅源阈值电压会下降，呈负温度系数。

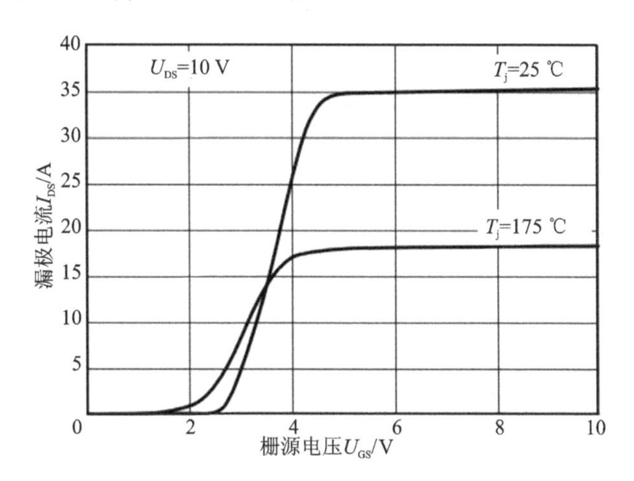

图 5.17　Cascode GaN HEMT 转移特性

（2）阻态特性及其参数

漏源击穿电压是功率开关管重要的阻态特性参数。对于 Si 基功率 MOSFET，其通态电阻随击穿电压的增大而迅速增大，导致通态损耗显著增加，因而 Si 基功率 MOSFET 的漏源击穿电压通常在 1 kV 以下，以保持良好的器件特性。GaN 半导体材料的临界雪崩击穿电场强度比 Si 材料高 10 倍，因而能够制造出通态电阻低但耐压值更高的 GaN HEMT。尽管目前商业化的 Cascode GaN HEMT 产品的耐压值仅为 600 V，但随着技术的不断进步，具有更高耐压值的 GaN 器件会相继问世。

（3）开关特性及其参数

这里以感性负载工况为例，给出 Cascode GaN HEMT 器件的理想开关过程分析。Cascode GaN HEMT 器件理想开通过程如图 5.18 所示，可分为以下几个阶段：

① t_0-t_1：驱动电压给 Si MOSFET 栅源极寄生电容充电，U_{GS_Si} 逐渐上升，由于 U_{GS_Si} 小于其栅源阈值电压，因此 Si MOSFET 处于关断状态。

② t_1-t_2：t_1 时刻，U_{GS_Si} 上升至 Si MOSFET 的栅源阈值电压 U_{TH_Si}，Si MOSFET 的沟道逐渐打开，Si MOSFET 漏源寄生电容 C_{DS_Si} 开始放电，漏源电压逐渐降低，常通型 GaN HEMT 的栅源电压 U_{GS_GaN} 逐渐升高，但由于此时常通型 GaN HEMT 尚未导通，因此流过整个器件的电流 I_D 仍为 0。Cascode GaN HEMT 器件两端的电压仍为直流母线电压，因此常通型 GaN HEMT 漏源电压 U_{DS_GaN} 会缓慢增大。

③ t_2-t_3：t_2 时刻，U_{GS_GaN} 达到常通型 GaN HEMT 栅极阈值电压 U_{TH_GaN}，常通型 GaN HEMT 沟道开始导通，流过整个器件的电流开始增加。C_{DS_Si} 继续放电，U_{DS_Si} 继续下降，常通型 GaN HEMT 的漏源电压 U_{DS_GaN} 继续缓慢上升。t_3 时刻，U_{GS_GaN} 上升至密勒平台，沟道电流 I_D 增大至负载电流，此后保持不变。

④ t_3-t_4：t_3 时刻，常通型 GaN HEMT 的栅源电压达到密勒平台电压 U_{miller_GaN}。GaN HEMT 的漏源电压 U_{DS_GaN} 迅速下降，t_4 时刻，U_{DS_GaN} 下降阶段结束，GaN HEMT 密勒平台结束。

⑤ t_4-t_5：t_4 时刻，U_{GS_Si} 开始出现密勒平台，U_{DS_Si} 继续下降，U_{GS_GaN} 继续上升，直至 t_5 时刻，U_{DS_Si} 降至饱和导通压降，Si MOSFET 密勒平台结束。

⑥ t_5-t_6：U_{GS_Si} 电压逐渐上升至驱动电源电压，Cascode GaN HEMT 开通过程结束。

Cascode GaN HEMT 器件理想关断过程如图 5.19 所示，可分为以下几个阶段：

① t_7-t_8：t_7 时刻，驱动电压变为低电平，Si MOSFET 的栅源极电压 U_{GS_Si} 开始下降。

② t_8-t_9：t_8 时刻，U_{GS_Si} 下降至密勒平台电压 U_{miller_Si}，Si MOSFET 的漏源电压 U_{DS_Si} 开始上升，常通型 GaN HEMT 的栅源电压 U_{GS_GaN} 逐渐降低。

③ t_9-t_{10}：t_9 时刻，Si MOSFET 密勒平台结束，U_{GS_Si} 继续下降。常通型 GaN HEMT 的栅源电压降至密勒平台电压 U_{miller_GaN}，其漏源电压 U_{DS_GaN} 迅速上升，t_{10} 时刻，U_{DS_GaN} 上升阶段结束，GaN HEMT 密勒平台结束。

④ $t_{10}-t_{11}$：t_{10} 时刻，U_{GS_Si} 和 U_{GS_GaN} 继续下降，沟道电流 I_D 迅速降低，常通型 GaN HEMT 沟道逐渐关闭。

⑤ $t_{11}-t_{12}$：t_{11} 时刻，U_{GS_GaN} 降至常通型 GaN HEMT 栅极阈值电压 U_{TH_GaN}，常通型 GaN HEMT 沟道完全关闭，电流 I_D 减小至 0。$t_{10}-t_{12}$ 时间段内，U_{DS_Si} 逐渐上升，由于 Cascode GaN HEMT 整个器件两端电压被箝位为直流输入电压，因此在这个过程中 U_{DS_GaN} 略有下降；t_{12} 时刻，U_{DS_Si} 升至雪崩击穿电压，U_{DS_Si} 和 U_{GS_GaN} 基本保持不变，Cascode GaN HEMT 关断过程结束。

图 5.20 所示为不同负载电流下 Cascode GaN HEMT 器件的开关能量损耗。随着负载电流的增大，开通能量损耗明显增加，关断能量损耗只是略有增加，且总体上比开通能量损耗小得多。因此，在开关频率较高的应用场合采用 0 电压开通技术可以大大降低 Cascode GaN HEMT 的开关损耗。

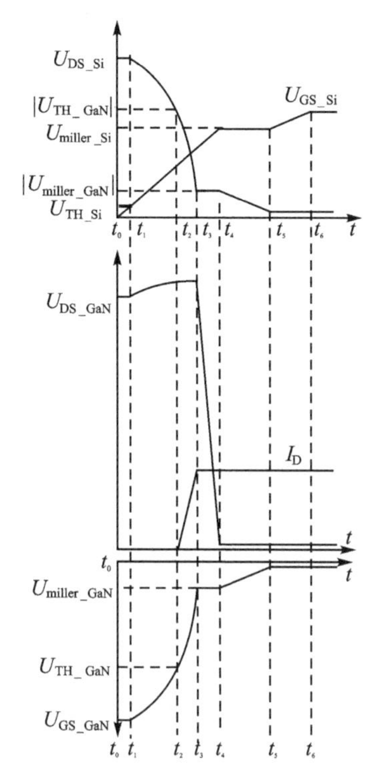

图 5.18　Cascode GaN HEMT 理想开通过程

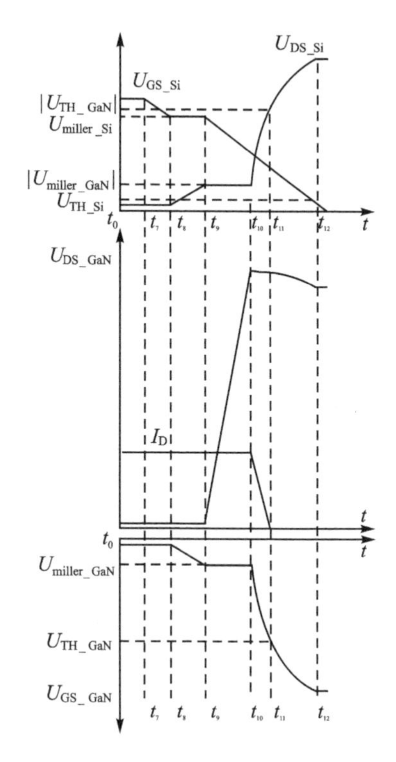

图 5.19　Cascode GaN HEMT 理想关断过程

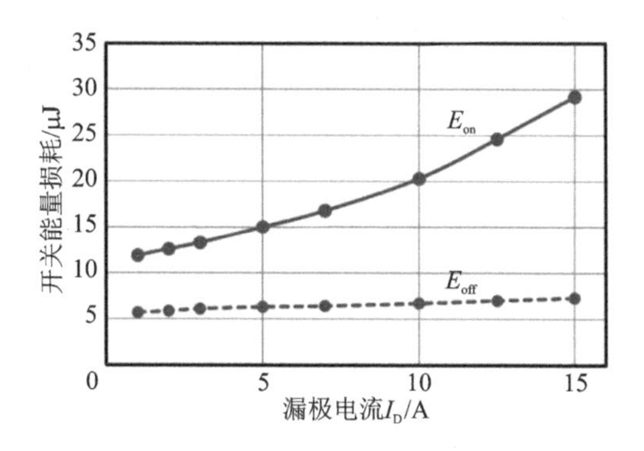

图 5.20　不同负载电流下的开关能量损耗

(4) 反向恢复特性及其参数

为便于对比说明，分别采用相近定额的 Si CoolMOS 和 Cascode GaN HEMT 进行了反向恢复特性测试，图 5.21 所示为两种器件反向恢复电流测试曲线。在所设置的测试条件下 Cascode GaN HEMT 的反向恢复电荷 Q_{rr} 仅为 40 nC，Si CoolMOS 的 Q_{rr} 高达 1 000 nC，前者是后者的 1/25。

值得注意的是，这里所述的 Cascode GaN HEMT 器件其实是驱动其内部级联的低压 N 型 Si MOSFET 间接实现整个器件通断工作的。为了能够直接驱动 GaN HEMT，一些 GaN 器件公司推出低压 P 型 Si MOSFET 与常通型 GaN HEMT 级联工作的方案，有兴趣的读者可对这种级联方案进一步进行研究。

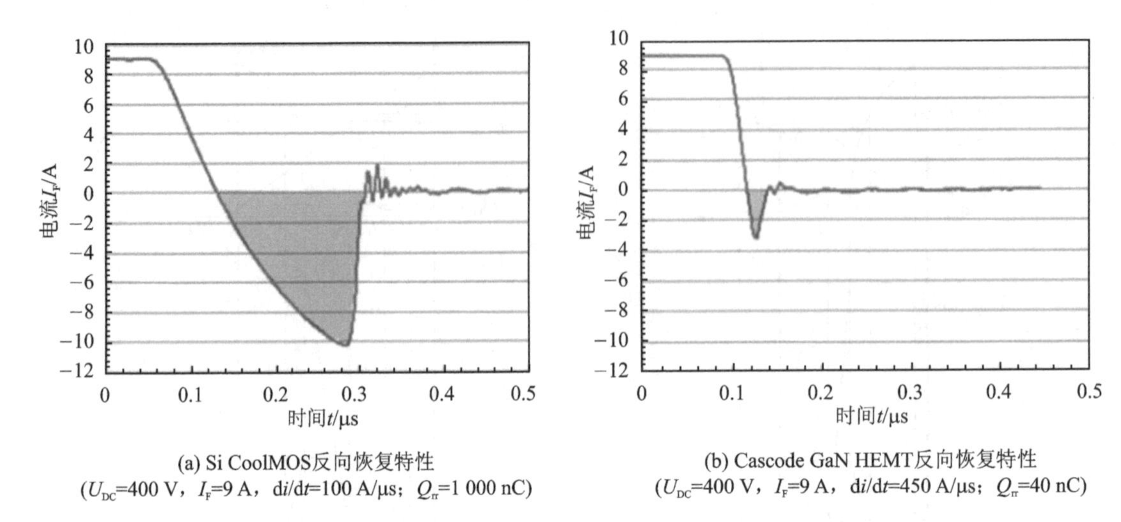

(a) Si CoolMOS反向恢复特性
(U_{DC}=400 V，I_F=9 A，di/dt=100 A/μs；Q_{rr}=1 000 nC)

(b) Cascode GaN HEMT反向恢复特性
(U_{DC}=400 V，I_F=9 A，di/dt=450 A/μs；Q_{rr}=40 nC)

图 5.21 Si CoolMOS 和 Cascode GaN HEMT 的反向恢复特性测试曲线

5.1.3 GaN GIT 的特性与参数

GaN GIT 器件的等效电路模型如图 5.22 所示，其中 $R_{G(int)}$ 为栅极寄生电阻，D_{GS} 为栅极等效二极管，其稳态导通压降为 3.5 V 左右，C_{GS}、C_{GD}、C_{DS} 分别为器件栅源极电容、栅漏极电容和漏源极寄生电容，$R_{DS(on)}$ 为等效导通电阻，D_{DS} 为寄生体二极管。

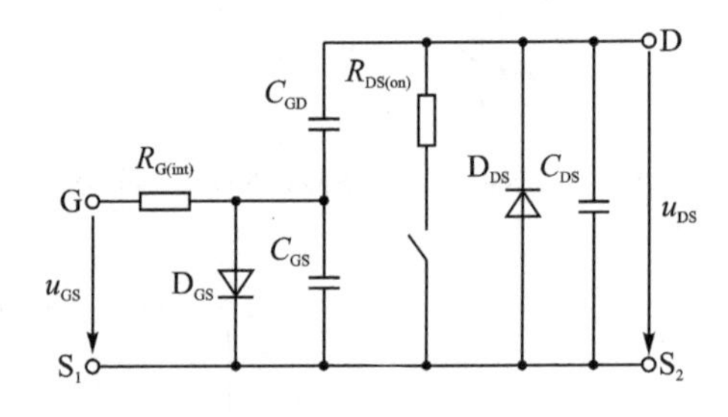

图 5.22 GaN GIT 等效电路模型

这里以 Panasonic 公司的 PGA26E19BA (600 V/13 A)为例，对 GaN GIT 器件的基本特性与参数进行阐述。

1. 通态特性及其参数

(1) 正向输出特性和导通电阻

GaN GIT 的输出特性如图 5.23 所示。(a)、(b)分别对应不同壳温下，栅源电压由 1 V 变化到 4 V 时 GaN GIT 的输出特性。在同一漏源电压下，当器件壳温升高时，漏极电流会有所降低。图 5.24 所示为栅极电流 I_{GS}=10 mA、漏极电流 I_{DS}=5 A 时，GaN GIT 的导通电阻随结温变化的关系曲线，导通电阻随温度变化呈正温度系数。

(2) 栅源极阈值电压

图 5.25 所示为 I_{DS}=1 mA 时，不同结温下 GaN GIT 器件的栅源极阈值电压。随着器件结温的升高，栅源极阈值电压略有降低。器件结温为 25 ℃时，$U_{GS(th)}$=1.29 V；结温上升至 150 ℃时，$U_{GS(th)}$=1.23 V。由于 GaN GIT 栅源极阈值电压较低，在电路工作时容易误导通，设计电路时尤其要注意。

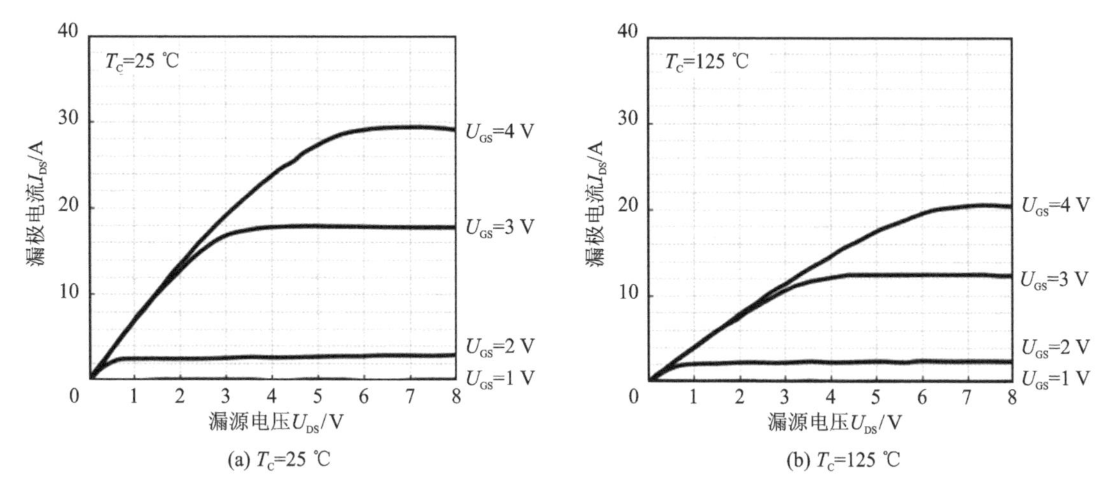

图 5.23　GaN GIT 在不同壳温下的输出特性

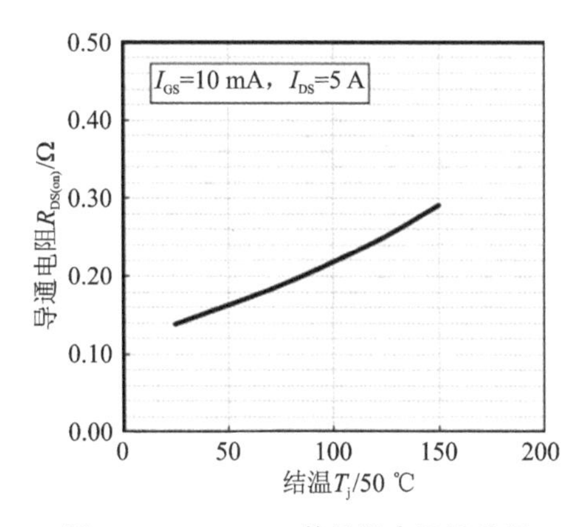

图 5.24　GaN GIT 的导通电阻随结温变化的关系曲线

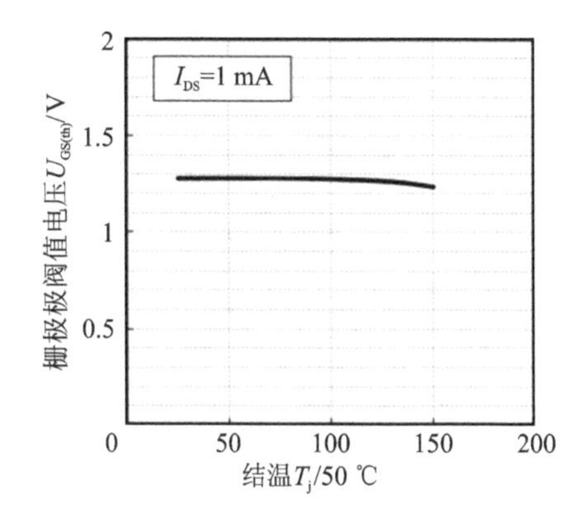

图 5.25　GaN GIT 在不同结温下的栅源极阈值电压

(3) 寄生电容

GaN GIT 的寄生电容的特性如图 5.26 所示。这些寄生电容均呈现非线性特性，随着 GaN GIT 漏源电压的不同，寄生电容值也会发生变化。在漏源电压增大的初期，C_{iss}、C_{oss} 和 C_{rss} 均随着电压的增大而迅速减小，随着漏源电压的进一步增大，C_{iss} 基本保持不变，C_{oss} 和 C_{rss} 下降速率减缓；当漏源电压超过 250 V 时，C_{iss}、C_{oss} 和 C_{rss} 基本保持不变。

(4) 转移特性

转移特性是指 GaN GIT 器件漏极电流与栅源电压之间的关系。GaN GIT 在不同结温下的转移特性如图 5.27 所示，在壳温相同情况下，漏极电流随着栅源电压的增大而逐渐增大；栅源电压相同情况下，壳温越高，漏极电流越小。

(5) 第三象限导通特性

GaN GIT 的第三象限导通特性如图 5.28 所示。当栅源电压 $U_{GS}=0$ V，壳温 $T_C=25$ ℃时，GaN GIT 的反向导通偏置电压为 1.9 V，随着 U_{GS} 负向电压绝对值的增大，GaN GIT 的反向导通偏置电压绝对值会逐渐增大，第三象限导通特性曲线左移。反向电流 $I_{SD}=5$ A 时，GaN GIT 的反向导通压降典型值为 2.6 V。同时由图可知，壳温升高时，GaN GIT 的导通偏置电压几乎不变，但同一沟道电流下的导通压降会随之变化，即反向导通电阻随着温度的升高而增大。

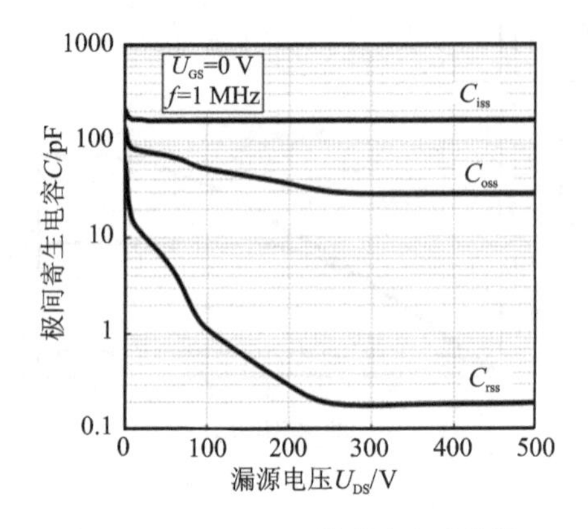

图 5.26　GaN GIT 的寄生电容特性

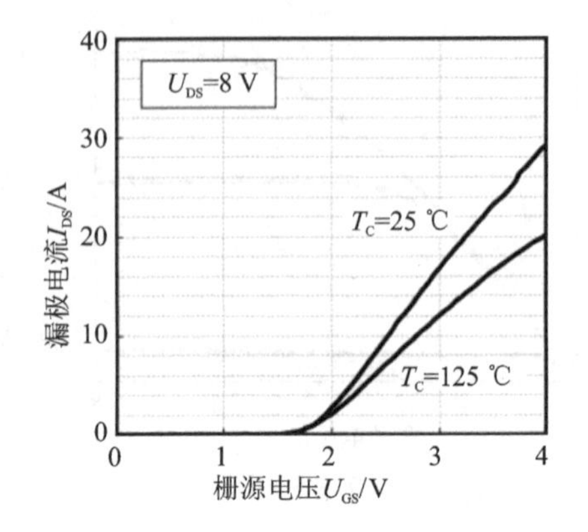

图 5.27　GaN GIT 在不同壳温下的转移特性

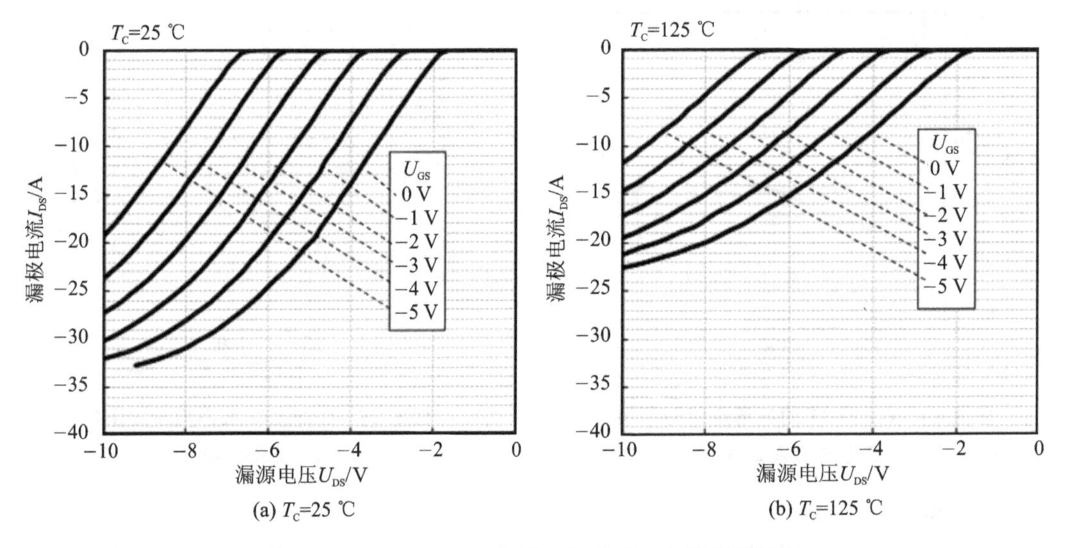

图 5.28　GaN GIT 在不同壳温下的第三象限导通特性

2. 开关特性及其参数

采用双脉冲测试电路对 GaN GIT 的开关特性进行测试，测试条件设置为直流母线电压 $U_{DC}=500$ V，负载电流 $I_L=8$ A，结温 $T_j=25$ ℃，测得的 GaN GIT 开关波形如图 5.29 所示，根据开关波形可得 GaN GIT 器件的开关时间。在不同结温和负载电流下 GaN GIT 的开通时间与关断时间如图 5.30 所示。当负载电流增大时，GaN GIT 的开通时间会变长，而关断时间会变短。当器件结温升高时，GaN GIT 的开通时间和关断时间均略有变长。

根据开关波形可得出 GaN GIT 的开关能量损耗，如图 5.31 所示。当负载电流增大时，GaN GIT 的开通能量损耗会随之增大，关断能量损耗会略有减小。在负载电流较小时，开通能量损耗与负载电流近似呈线性关系；负载电流较大时，两者不再呈正比关系。当器件结温升高时，GaN GIT 的开通能量损耗会略有减小，而关断能量损耗会略有增大。

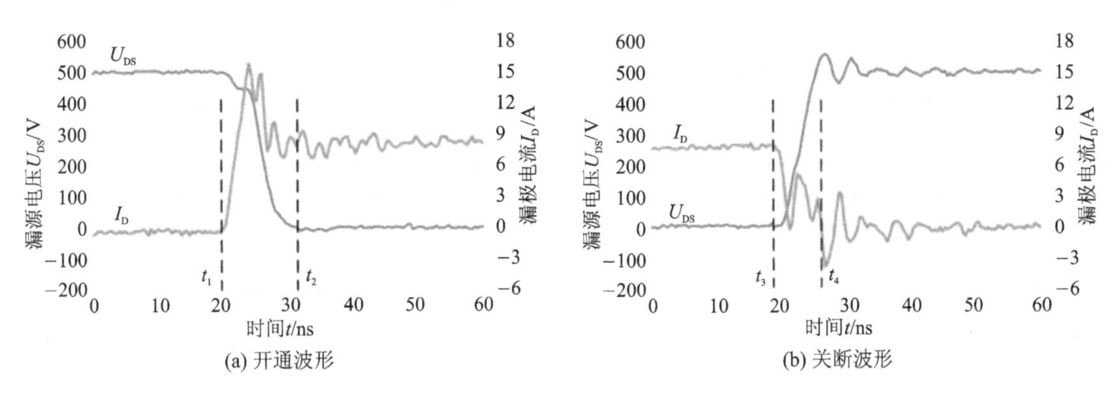

(a) 开通波形　　(b) 关断波形

图 5.29　GaN GIT 的开关波形

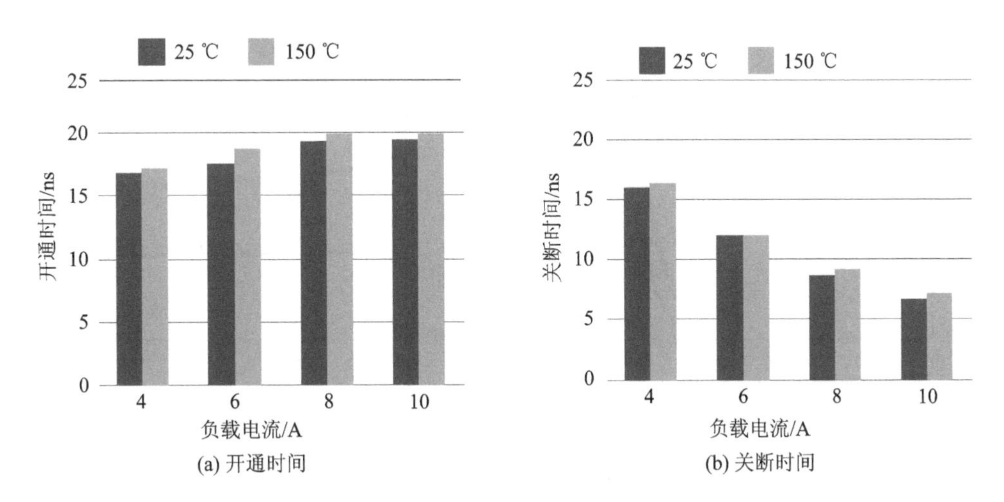

(a) 开通时间　　(b) 关断时间

图 5.30　不同结温和负载电流时 GaN GIT 的开关时间

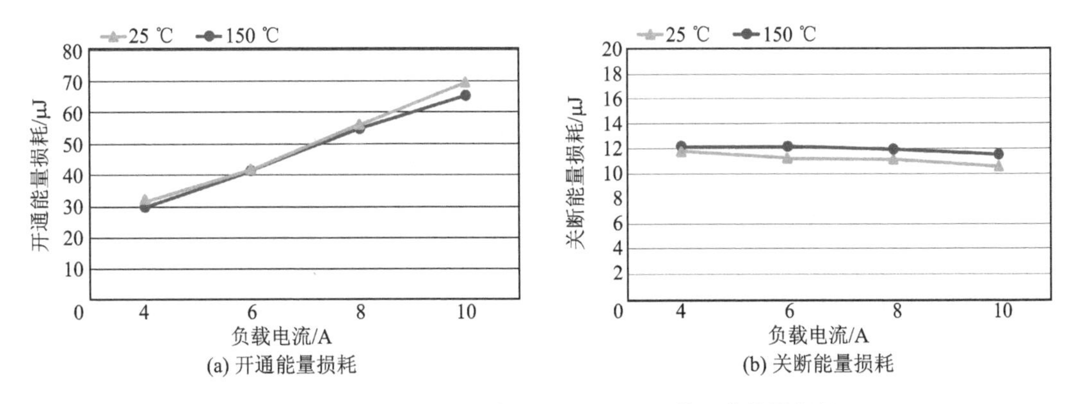

(a) 开通能量损耗　　(b) 关断能量损耗

图 5.31　不同结温和负载电流时 GaN GIT 的开关能量损耗

3. 驱动特性及其参数

由于 GaN GIT 具有特殊的器件结构，因此栅极驱动电路除了在开通、关断瞬间需要提供脉冲电流外，还需要在 GaN GIT 器件导通期间给栅极提供持续电流，其栅极驱动电流典型波形如

图 5.32 所示。图 5.33 所示为 GaN GIT 的栅极电流与栅源电压之间的典型关系曲线。随着栅源电压的增大，栅极电流按指数规律上升。此外，流过寄生二极管的电流向沟道注入空穴，使沟道电流增加。栅极持续电流的存在必然导致驱动损耗的增加，在满足 GaN GIT 驱动要求的情况下，栅极电流应尽可能小，以减小驱动损耗。因此在设计驱动电路时，要综合考虑器件的导通电阻与驱动损耗，选择合适的参数。

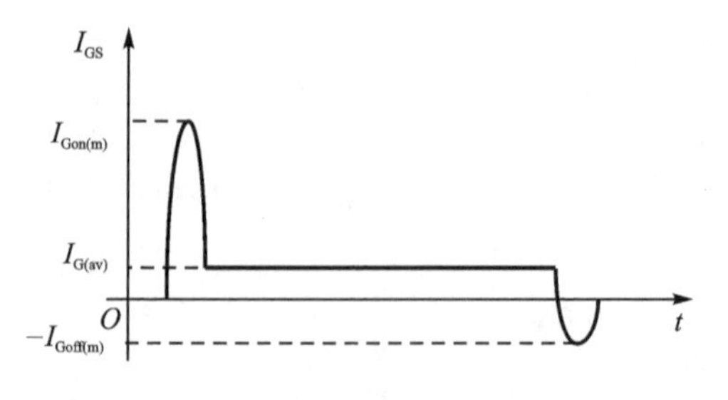

图 5.32 GaN GIT 栅极驱动电流典型波形

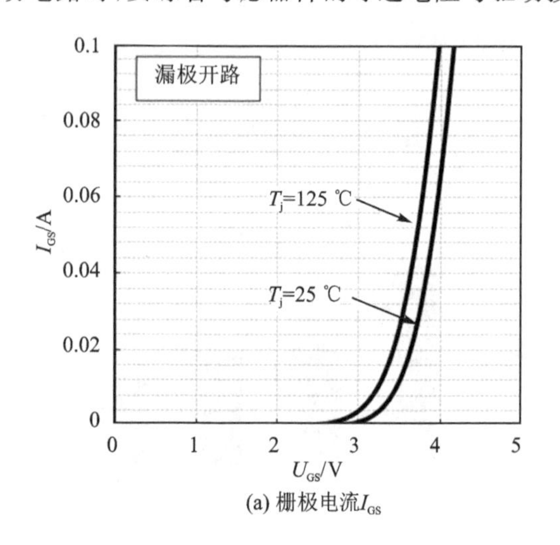

(a) 栅极电流I_{GS}

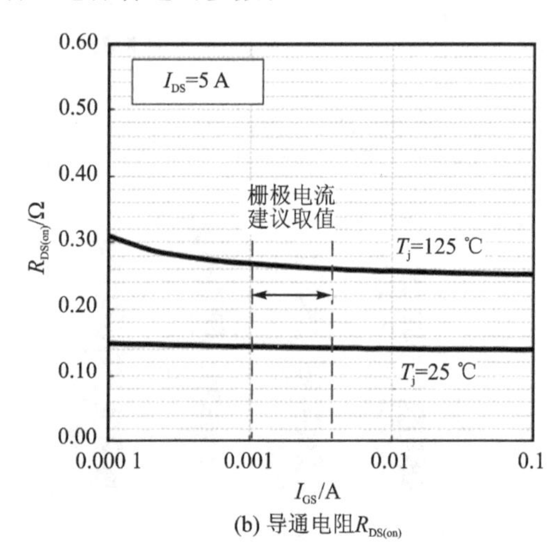

(b) 导通电阻$R_{DS(on)}$

图 5.33 栅极电流、导通电阻与栅源电压的关系曲线

Infineon 公司推出的 CoolGaN 器件的基本特性与 Panasonic 公司推出的 GaN GIT 较为相似，这里不再赘述。

此外，以上介绍的 GaN 器件与其驱动电路均是分立结构，但 GaN 器件对寄生参数较为敏感，因此为缩短 GaN 器件和驱动电路之间的距离，研究人员进一步把驱动电路和 GaN 器件集成在一起，开发出“集成驱动 GaN 器件”。有兴趣的读者可查阅相关资料进一步了解。

5.2 GaN 器件驱动电路设计挑战与要求

与 SiC 器件的驱动电路设计要求相似，GaN 器件驱动电路设计也要考虑驱动电压设置、栅极寄生电感、驱动芯片的输出电压上升/下降时间、驱动电流能力、桥臂串扰抑制能力、驱动电路元件的 du/dt 限制、外部驱动电阻的影响以及 PCB 设计等诸多因素。目前 GaN 器件有多种类型，其驱动电路设计具有一定的共性，但不同 GaN 器件的驱动电路也会有所差别。这里先以 eGaN HEMT 为例，深入剖析了 eGaN HEMT 驱动电路的设计要求与挑战，再阐述其他类型 GaN 器件的驱动要求。

5.2.1　eGaN HEMT 对驱动电路的要求

1. 驱动正压

eGaN HEMT 为电压控制型器件，驱动正压对 eGaN HEMT 的导通特性和开关特性都有影响，在驱动电路设计时需要选择合适的驱动电压。

图 5.34 所示以 GaN Systems 公司的 GS66506T (650 V/22.5 A)为例，给出 eGaN HEMT 的输出特性曲线，当驱动正压达到 5 V 时，在器件额定电流范围内的导通电阻值几乎不变。因此从导通特性考虑，驱动正压宜至少大于 5 V。

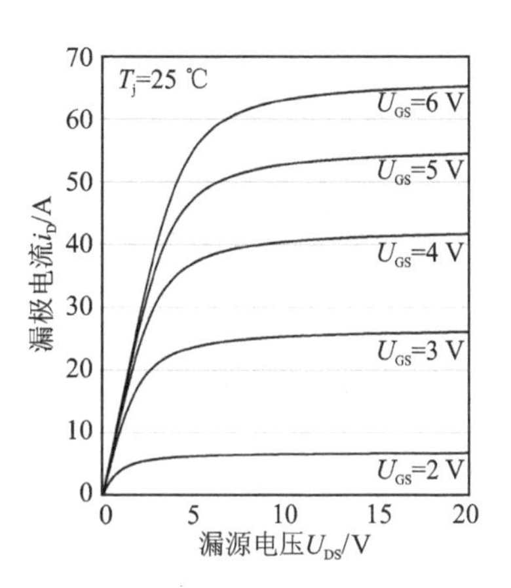

图 5.34　GS66506T 的输出特性曲线

除了稳态导通特性，栅源驱动正压还会影响 eGaN HEMT 的开关特性，图 5.35 所示为不同驱动正压下的开关特性测试结果。测试时将关断驱动电压设置为 0 V，驱动正压分别设置为 4 V、5 V 和 6 V。由测试结果可以看到，开关过程中栅源电压和漏极电流的变化速率都随驱动正压的增大而上升，此时开关速度也得到相应提高。栅源电压的振荡也会随着驱动正压的增大而加剧。

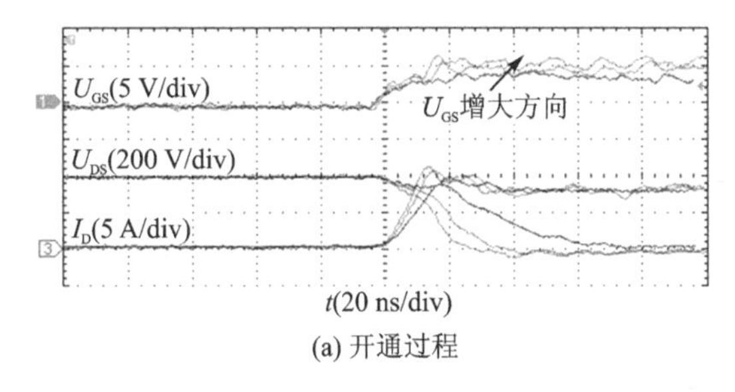

(a) 开通过程

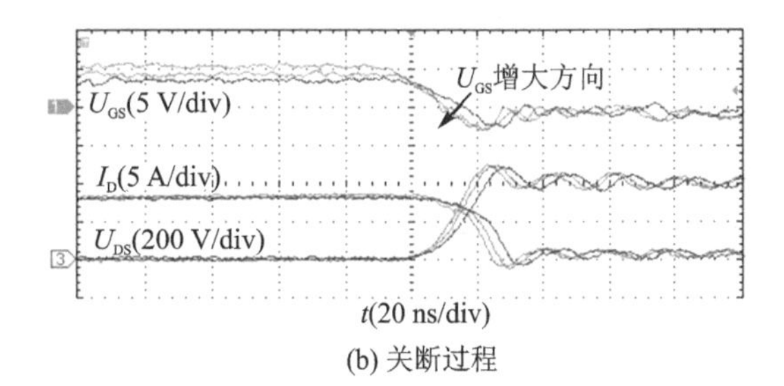

(b) 关断过程

图 5.35　不同驱动正压下的开关特性测试结果

图 5.36 所示为不同栅极正压下的开关能量损耗曲线图。开通能量损耗和关断能量损耗都会随着栅极正压的升高而降低，但是栅极正压变化对开通损耗的影响更大，这是因为栅极正压对开通时漏源电压的下降速率影响较大。

由图 5.36 可知栅极正压对 eGaN HEMT 的开关速度、开关时间和开关能量损耗的影响都比较大，在满足导通特性的要求后，栅极电压越高，eGaN HEMT 开关时间越短，开关能量损耗越小。由于 GS66506T 栅源能承受的最大正压为 7 V，因此驱动 eGaN HEMT 的栅极正压取值范围可在[5 V,7 V]区间内，并且越大越好。

然而，由于栅极寄生电感的存在，实际的栅极驱动电路可等效为 RLC 串联谐振电路，如图 5.37 所示。

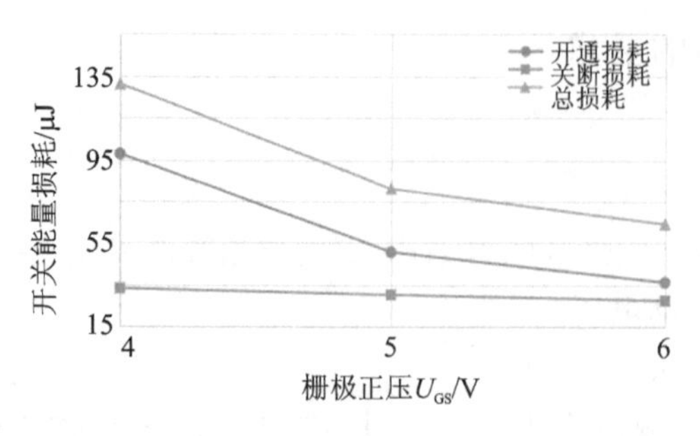

图 5.36 不同栅极正压下的开关损耗曲线

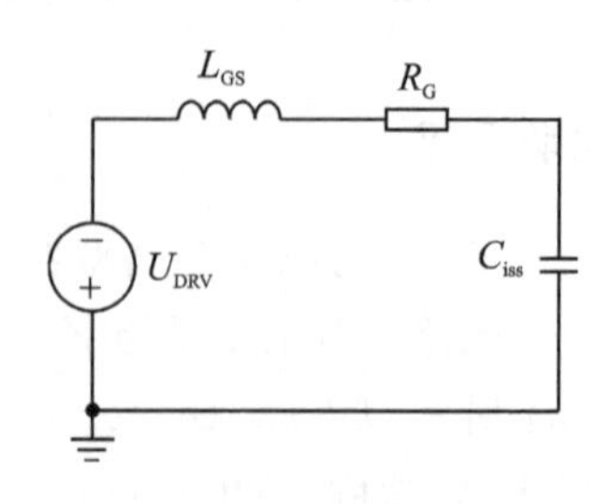

图 5.37 栅极驱动等效电路

根据该电路建立二阶微分方程可得

$$L_{GS}C_{iss}\frac{d^2u_{GS}}{dt^2}+R_GC_{iss}\frac{du_{GS}}{dt}+u_{GS}=U_{DRV} \tag{5-5}$$

则该电路的谐振频率、阻尼比可分别表示为

$$\omega_d=\frac{1}{\sqrt{L_{GS}\cdot C_{iss}}}\sqrt{1-\frac{{R_G}^2\cdot C_{iss}}{4L_{GS}}} \tag{5-6}$$

$$\zeta=\frac{R_G}{2}\cdot\sqrt{\frac{C_{iss}}{L_{GS}}} \tag{5-7}$$

当阻尼比 ζ 大于等于 1 时,电路处于过阻尼或临界阻尼状态,栅源电压不会发生振荡与超调,而当阻尼比 ζ 小于 1 时,电路处于欠阻尼状态,栅源电压会产生超调与振荡。虽然通过紧凑的布局来减小栅极寄生电感 L_{GS} 或者增大 R_G 能够使电路工作在过阻尼状态,避免栅源电压超调与振荡,但是为了提高可靠性,防止外在干扰影响,应在选取栅源驱动正压时留取一定裕量。因此建议栅源驱动正压取值范围在[5 V,6.5 V]区间内,一般建议驱动正压取为 6 V。

2. 驱动负压

驱动负压同样也会影响 eGaN HEMT 的导通特性和开关特性,但其主要影响 eGaN HEMT 的反向导通特性和关断特性。

图 5.38 所示为常温下 eGaN HEMT 的反向导通特性曲线。随着负压绝对值的上升,eGaN HEMT 反向导通压降不断上升。由此可见,eGaN HEMT 特殊的反向导通特性导致其反向导通压降较大,进一步增大了反向导通损耗,从而限制了 GaN 的器件效率。

除了影响稳态导通特性,栅源驱动负压还会影响 eGaN HEMT 的开关特性,特别是关断特性。

图 5.39 所示为给出了不同驱动负压下通过双脉冲实验测试得到的 GS66506T 的开关波形。实验时,母线电压和负载电流分别设置为 300 V 和 12 A,开通/关断电阻分别设置为 10 Ω 和2 Ω。实验研究了驱动负压由 0 V 降低至−6 V 时 eGaN 的开关特性。由测试结果可见,随着驱动负压绝对值的增大,栅源电压上升/下降速率增大,漏极电流和漏源电压的变化速率也随之增大,开通/关断的速度也响应加快。图 5.40 所示为不同驱动负压下 eGaN HEMT 的开关能量损耗情况,当驱动负压绝对值由 0 V 增大至 6 V 时,其开关总损耗降低了 22%左右。

由上述分析可见,随着栅源驱动负压绝对值的增大,eGaN HEMT 的开关损耗降低,但是

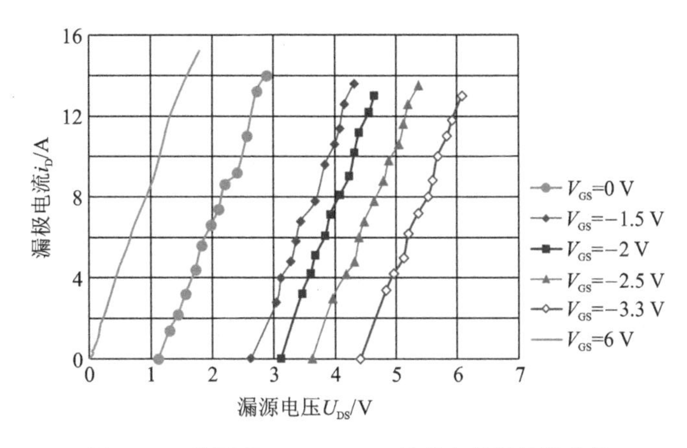

图 5.38　常温下 eGaN HEMT 的反向导通特性曲线

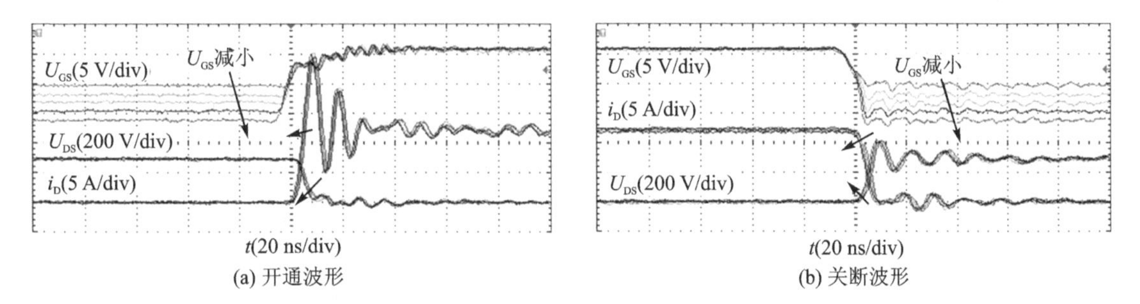

图 5.39　不同驱动负压下 eGaN HEMT 的开关波形

其反向导通损耗增大，两者变化趋势相反。而在桥臂电路中，由于死区时间的存在，eGaN HEMT 不可避免地存在反向导通的过程，因此在 eGaN HEMT 桥臂电路中，如何选取合适驱动负压值以获得最低的损耗，需要综合考虑开关损耗和死区时间内的反向导通损耗进行评估。

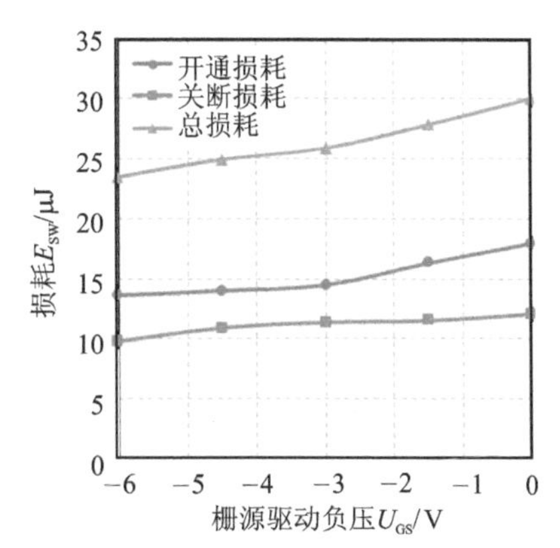

图 5.40　不同驱动负压下 eGaN HEMT 的开关损耗

驱动负压的选择还需考虑桥臂串扰问题。与 SiC MOSFET 桥臂电路相似，eGaN HEMT 桥臂电路在工作时也会存在桥臂串扰现象。且由于 eGaN HEMT 栅源阈值电压比 SiC MOSFET 更低，因此 eGaN HEMT 桥臂电路中的桥臂串扰问题更为严重。最简便的抑制桥臂串扰问题的方法就是采用负压关断方法。

负压关断方法相当于在 eGaN HEMT 关断时直接在栅源极加上一个负压偏置，从而使得关断时的栅源电压波形整体下移，因此能够抑制正向串扰电压。但是这种负压关断方法也会不可避免的使负向串扰电压的绝对值增大。因此在选取驱动负压具体值时，除了考虑正向串扰电压在加上驱动负压设定值后应低于栅源阈值电压的要求外，还需要避免负向串扰电压在加上驱动负压设定值后低于 eGaN HEMT 的负向最大栅源电压，即需要满足

$$U_{\mathrm{GS2\_on}} + U_{\mathrm{DRV\_off}} < U_{\mathrm{GS(th)}} \tag{5-8}$$

$$U_{\mathrm{GS2\_off}} + U_{\mathrm{DRV\_off}} > U_{\mathrm{GS-(max)}} \tag{5-9}$$

式中,$U_{\mathrm{GS\_on}}$ 和 $U_{\mathrm{GS\_off}}$ 分别为器件开通和关断期间桥臂另一管的栅源串扰电压值;$U_{\mathrm{DRV\_off}}$ 和 $U_{\mathrm{GS-(max)}}$ 分别为关断驱动负压值和 eGaN HEMT 能够承受的最大栅源负压值。

为了满足上述串扰抑制要求,GS66506T 的驱动负压取值在[−5 V, −3 V]区间内。在进一步结合驱动负压对桥臂总损耗的影响后,驱动负压值最终可选择为−3 V。需要注意的是,所用 eGaN HEMT 器件的型号发生变化、驱动电路参数和布局不同、工况发生变化等情况下在桥臂电路中产生的串扰电压可能并不相同,因此在选择驱动负压时应提前对串扰电压进行实验测试,以验证负压选择的合理性。

若采用了专门的有源串扰抑制方法,能够将正向串扰电压抑制在 1 V 或 1 V 以下,则在选择驱动负压时仅需考虑桥臂总损耗大小。根据上述分析的驱动负压对桥臂总损耗的影响,建议采用 0 V 驱动电压关断以最大程度减小桥臂总损耗。

3. 驱动芯片输出电压上升/下降时间

由开关过程分析可知,开通时间由驱动芯片上升时间 t_{r}、驱动电压 U_{DRV} 和驱动电阻 R_{G} 决定;关断过程与此类似。但是三者对开关时间的影响与工作状态有关,表 5.3 列出了不同工作状态下影响开关时间的主要因素。以开通过程为例,当驱动芯片上升时间 t_{r} 短于栅源电压延时时间 $t_{\mathrm{d(on)}}$ 时,影响开关时间的主要因素是驱动电压和驱动电阻 R_{G},而当 t_{r} 长于 $t_{\mathrm{d(on)}}$ 时,影响开关时间的主要因素是驱动芯片的上升时间 t_{r}。

表 5.3 不同工作状态下影响开关时间的主要因素

开通过程		关断过程	
工作条件	主要因素	工作条件	主要因素
$t_{\mathrm{r}}<t_{\mathrm{d(on)}}$	U_{DRV},R_{G}	$t_{\mathrm{f}}<t_{\mathrm{d(off)}}$	U_{DRV},R_{G}
$t_{\mathrm{d(on)}}<t_{\mathrm{r}}$	t_{r}	$t_{\mathrm{d(off)}}<t_{\mathrm{f}}$	t_{f}

图 5.41 所示是通过仿真得到的开通时间与驱动芯片上升时间的关系曲线图,栅源电压的延时时间 $t_{\mathrm{d(on)}}$ 约为 2 ns。可以看到驱动芯片上升时间 t_{r} 分别设置为 1 ns 和 2 ns 时,开通时间 t_{on} 几乎没有发生变化,但是当驱动芯片上升时间 t_{r} 长于 $t_{\mathrm{d(on)}}$ 时,t_{on} 会随着 t_{r} 的增大而增大。eGaN HEMT 的延时时间只有几纳秒,对驱动芯片的上升、下降时间要求很高。为适应

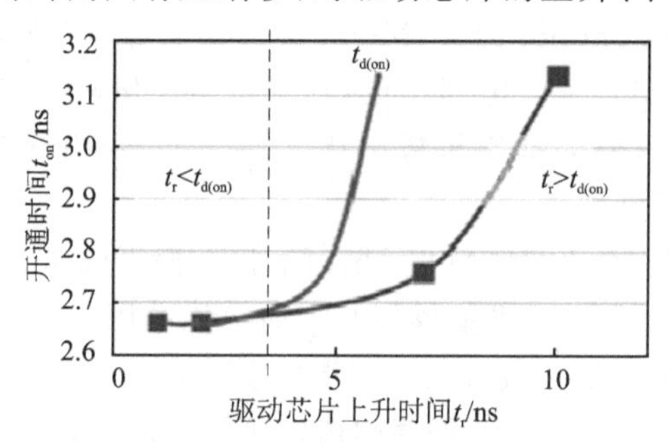

图 5.41 开通时间与驱动芯片上升时间的关系曲线

eGaN HEMT 的需要，其驱动电压的上升、下降时间为 10 ns，最好小于 5 ns。

4. 驱动芯片的驱动电流能力

驱动电流是衡量驱动芯片驱动能力的参数，包括拉电流和灌电流两个参数：拉电流是指从驱动芯片输出端口向外电路输出的电流；灌电流是指从外电路向驱动芯片输入端口输入的电流。拉电流和灌电流越大，表示驱动芯片的驱动能力越强。对于 eGaN HEMT 而言，要实现较快的开关速度，就要求驱动芯片驱动能力足够高。

现有 eGaN HEMT 商用器件栅极内部寄生电阻典型值为 1～2 Ω，驱动芯片内阻典型值为 1～2 Ω，开通驱动电阻一般取 5～10 Ω，关断驱动电阻一般小于 5 Ω，栅极驱动电压一般取 5～6 V，驱动芯片的拉电流宜大于 1 A，灌电流宜大于 4 A，以保证 eGaN HEMT 能够快速关断。

在选用驱动芯片时需要注意，目前常用的商用驱动芯片中，给出的驱动电流典型值往往是以 Si 器件 15 V 左右驱动电压来定义的，但对于 eGaN HEMT，其驱动电压仅为 6 V 左右，因此实际可以提供的驱动电流值会明显降低。以 IXYS 公司的高速驱动芯片 IXD_609 系列芯片为例，当驱动电压为 15 V 时，拉电流和灌电流高达 9 A，而当驱动电压为 6 V 时，拉电流和灌电流仅为 2.5 A 左右。拉电流满足 eGaN HEMT 要求，但灌电流偏低，因此会限制 eGaN HEMT 关断速度。

5. 桥臂串扰抑制

与 SiC 器件类似，GaN 基桥臂电路中功率开关管在高速开关动作时，上下管之间的串扰会变得比较严重。当功率开关管栅极串扰电压超过栅极阈值电压时，就会使本应处于关断状态的功率开关管误导通，引发桥臂直通问题。

图 5.42 所示为下管开通瞬态的桥臂串扰现象示意图。在桥臂下管开通过程中，桥臂中点电位快速下降到 0，使得桥臂上管漏源电压快速升高至直流母线电压，较高的 du_{DS2}/dt 与栅漏电容 C_{GD} 相互作用形成密勒电流，该电流通过栅极电阻与栅源极寄生电容分流，在栅源极间引起正向串扰电压。如果上管栅源极串扰电压超过其栅极阈值电压，上管将会发生误导通，则瞬间会有较大电流流过桥臂上下管，这时两只功率开关管的损耗显著增加，严重时会损坏功率管。

相似地，如图 5.43 所示，在下管关断瞬态过程中，上管的栅源极会感应出负向串扰电压，负向串扰电压不会导致直通问题，但如果它的幅值超过了器件允许的最大负栅极偏压，同样会导致功率开关管失效。在上管开通和关断瞬态过程中，下管也会产生类似的串扰问题。

与 SiC MOSFET 相比，eGaN HEMT 的栅源阈值电压更低，电压电流变化率更快，更易受到寄生参数影响，极易发生误导通现象，因此需要特别注意桥臂串扰问题。

6. 瞬态共模抑制能力

eGaN HEMT 的驱动电路中需要加入电气隔离，将低压侧与高压侧隔离开来，防止高压侧损坏低压侧。隔离的低压侧和高压侧之间存在寄生电容，且 eGaN HEMT 的开关速度比较快，会产生较高的 du/dt，du/dt 会通过寄生电容产生从功率侧流向控制侧的共模电流。如图 5.44 所示，共模电流的主要传输路径是隔离电源的寄生电容和隔离芯片的寄生电容。由于控制信号往往是低压信号，共模电流会对控制信号产生明显干扰，引起误导通现象，因此为了

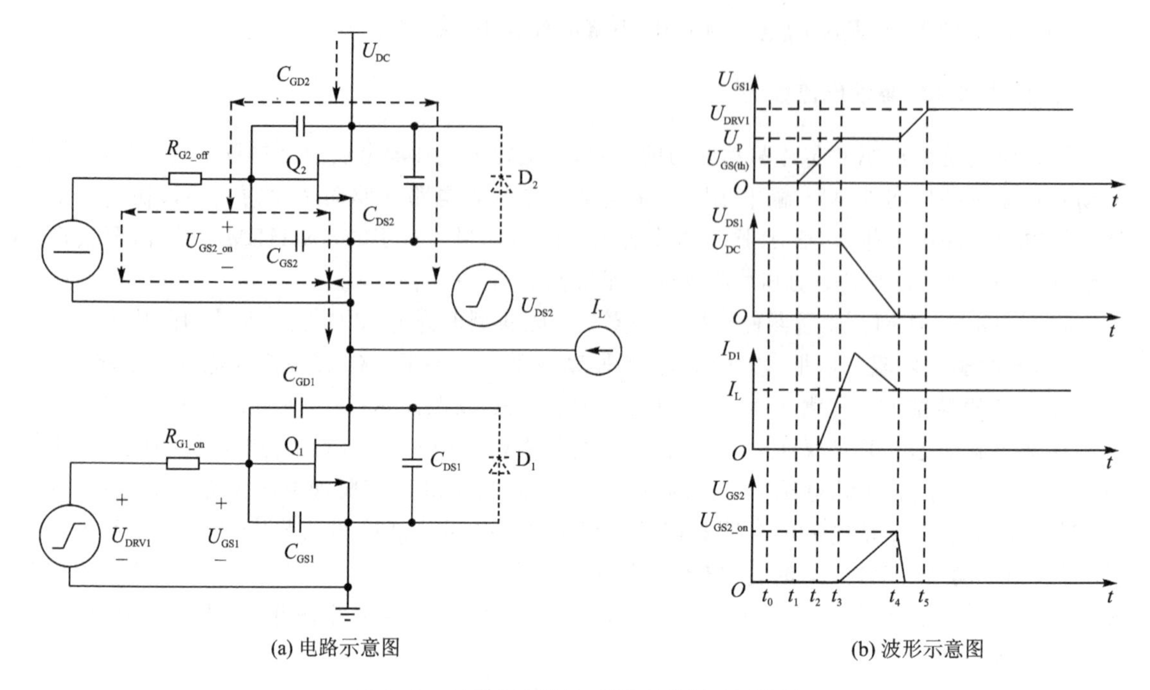

(a) 电路示意图　　(b) 波形示意图

图 5.42　下管开通瞬态桥臂串扰现象示意图

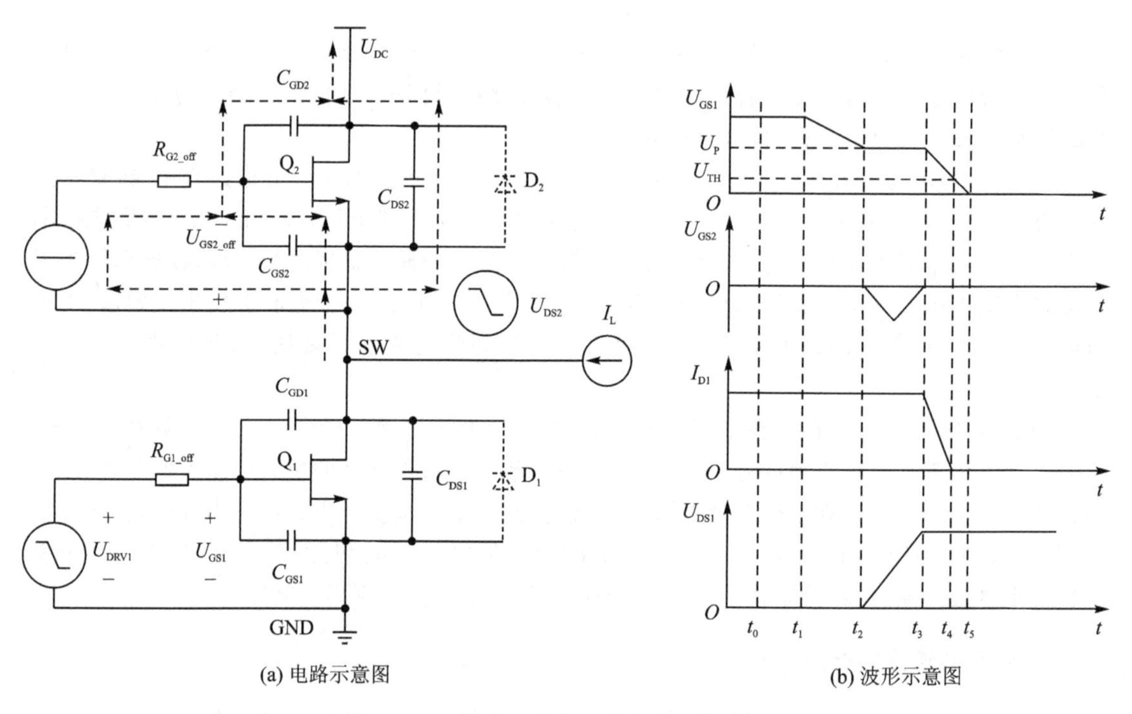

(a) 电路示意图　　(b) 波形示意图

图 5.43　下管关断瞬态桥臂串扰现象示意图

降低共模电流需要尽可能选择寄生电容小的隔离芯片和隔离电源。

选择隔离芯片或驱动芯片时，其瞬态共模抑制能力(common mode transient immunity, CMTI)需要高于 eGaN HEMT 开关瞬态时的 du/dt。eGaN HEMT 开关瞬态时的 du/dt 一

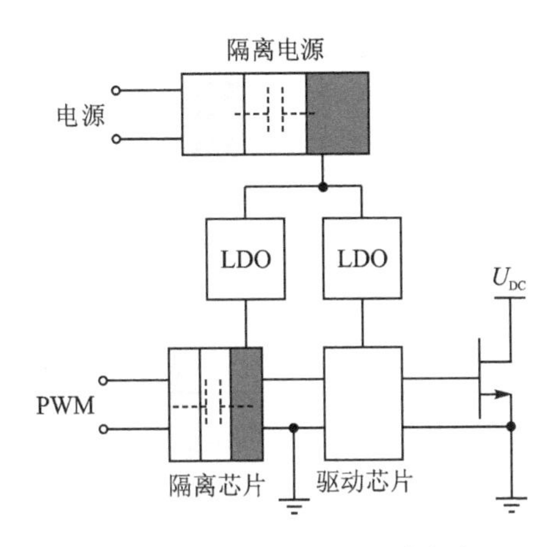

图5.44　eGaN HEMT驱动电路

般为50～100 kV/μs，经过精心设计的驱动电路可以使eGaN HEMT开关瞬态时的du/dt达到200 kV/μs，因此驱动电路的瞬态共模抑制能力非常重要。在选择隔离芯片或驱动芯片时，需要根据应用的条件对所需的共模抑制能力进行核实，最低不能低于50 kV/μs，一般要高于100 kV/μs。由于隔离芯片或驱动芯片的瞬态共模抑制能力会随着环境、使用时长的变化而变化，而且单个芯片的CMTI并不一定为典型值，往往会在最小值和最大值之间浮动，因此选择芯片时要以最小值来衡量其瞬态共模抑制能力。另外还可以通过增加共模抑制线圈等手段提高驱动电路的瞬态共模抑制能力。值得注意的是，即使所选择的芯片瞬态共模抑制能力达到了要求，也需要对PCB布局进行优化。

7. 外部驱动电阻的选择

驱动电阻是驱动电路中非常关键的参数，通过分析eGaN HEMT的开关过程可知，驱动电阻的影响贯穿于开关过程的每一个阶段，对栅源电压变化速率及其振荡超调量、漏极电流和漏源电压变化速率及其振荡超调量和由此引起的EMI、EMC问题、开关时间和开关能量损耗、桥臂串扰大小都有影响。而且在实际驱动电路设计中往往先确定驱动电路拓扑、驱动芯片、驱动电压等，最后确定驱动电阻的取值。通过驱动电阻的取值，可以获得较好的驱动效果，因此驱动电阻的选值至关重要，需要综合考虑多方面因素。驱动电阻对eGaN HEMT开通过程和关断过程的影响规律不同，因而在设计驱动电路时应区分驱动开通回路和驱动关断回路，分别设置相应的驱动电阻。

(1) 开通驱动电阻

由于开通驱动电阻仅串接在开通驱动回路中，因此其仅在eGaN HEMT开通时影响eGaN HEMT的开通特性。在开通过程中，随着开通驱动电阻的减小，漏极电流上升时间和漏源电压下降时间均减小，进而使得开通损耗减小。图5.45所示为eGaN HEMT(GS66506T)的开关能量损耗与开通驱动电阻R_{G_on}的关系曲线，当R_{G_on}从25 Ω降低到5 Ω时，其开通能量损耗约降低66%，关断能量损耗基本不变。

减小开通驱动电阻会加快功率管的开通速度，增大漏源电压变化率，从而会在桥臂一只开关管开通时，使得另一只开关管的串扰电压增加。图5.46所示给出了下管开通/关断过程中，上管串扰电压随开通驱动电阻变化的关系曲线。当开通驱动电阻从25 Ω减小到5 Ω时，上管

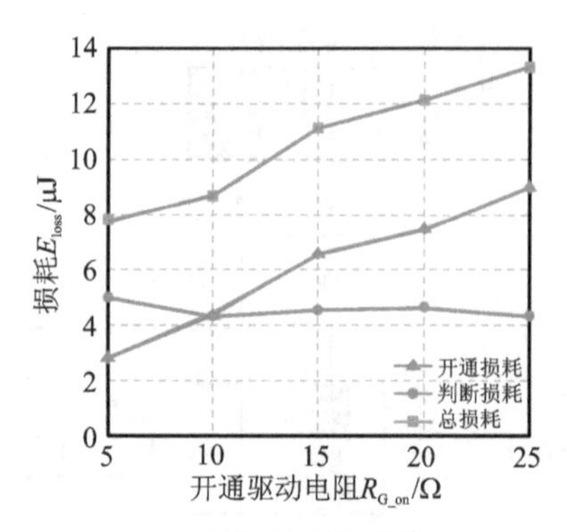

图 5.45　eGaN HEMT(GS66506T)的开关能量损耗与开通驱动电阻下的关系曲线

($U_{DC}=200$ V,$I_D=8$ A, $T_j=25$ ℃)

正向串扰电压由 3 V 增大到 4.1 V。在下管关断过程中,由于开通驱动电阻变化对下管关断时的漏源电压变化率没有影响,因此上管负向串扰电压保持不变。由图 5.45 和图 5.46 可知,增大开通驱动电阻会显著增加开通能量损耗,因此不宜采用增大开通驱动电阻的方法来抑制串扰,需要采用专门的措施。

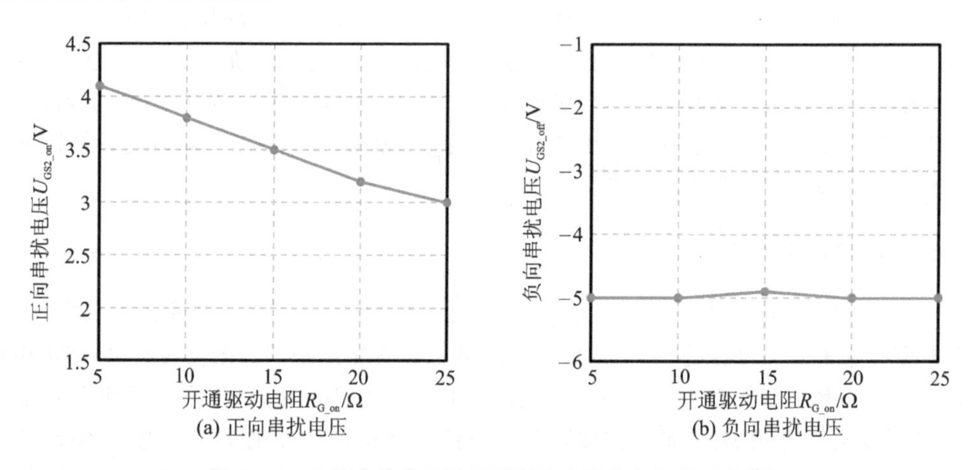

图 5.46　上管串扰电压随开通驱动电阻变化的关系曲线

另外,如前所述,栅极驱动回路实际是 RLC 串联谐振电路,由于驱动芯片开通输出电阻和 eGaN HEMT 栅极内阻为定值,因此开通驱动电阻是决定栅源电压在开通时是否会产生振荡和超调的重要因素。根据式(5-7)可知,若栅极驱动回路工作在过阻尼或临界阻尼状态,即 ζ 大于或等于 1,则 R_G 应满足

$$R_G \geqslant 2\sqrt{\frac{L_{GS}}{C_{iss}}} \tag{5-10}$$

式中,C_{iss} 为器件输入电容,是器件本身特性,一旦选定器件型号则无法改变。因此开通驱动电阻的最小值主要取决于栅极寄生电感 L_{GS} 的大小,L_{GS} 越小,开通驱动电阻可选择的最小值也越小。在 eGaN HEMT 的某驱动电路典型设计中,栅极寄生电感为 5.7 nH,而 GS66506T 的输入电容为 195 pF,因此 R_G 应大于等于 10.8 Ω,由于 GS66506T 的栅极内阻为 1.1 Ω,驱动芯片的开通输出电阻为 2.7 Ω,因此开通驱动电阻应大于等于 7 Ω,在留取 2～3 Ω 的裕量后,可选择开通驱动电阻典型值为 10 Ω。

(2) 关断驱动电阻

由于关断驱动电阻仅串接在关断驱动回路中，因此其仅在 eGaN HEMT 关断时影响 eGaN HEMT 的关断特性。在关断过程中，随着关断驱动电阻的减小，漏极电流下降时间和漏源电压上升时间均减小，进而使得关断损耗减小。图 5.47 所示为 eGaN HEMT 的开关能量损耗与关断驱动电阻 R_{G_off} 的关系曲线，当 R_{G_off} 从 25 Ω 降低到 5 Ω 时，其关断能量损耗约降低 29%，开通能量损耗基本不变。

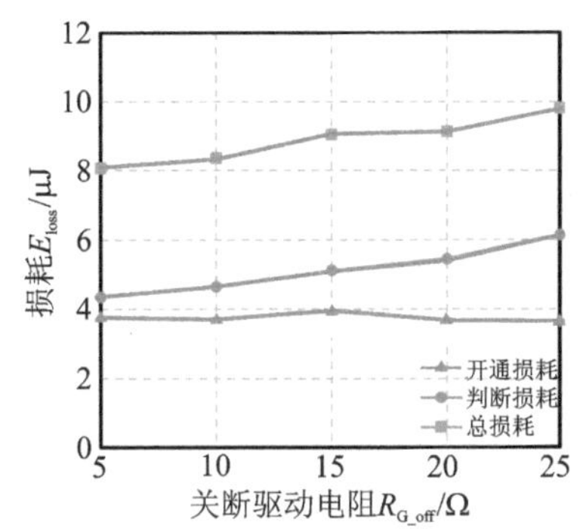

图 5.47　eGaN HEMT(GS66506T)的开关能量损耗与关断驱动电阻下的关系曲线
(U_{DC}=200 V, I_D=8 A, T_j=25 ℃)

增加关断驱动电阻会在桥臂一只开关管开通时，使得另一只开关管的正向串扰电压增加。图 5.48 所示给出了下管开通/关断过程中，上管串扰电压随关断驱动电阻变化的关系曲线。当关断驱动电阻从 5 Ω 增大到 25 Ω 时，上管正向串扰电压由 2.9 V 增大到 3.7 V。增加关断驱动电阻会减慢功率管的关断速度，减小漏源电压变化率，有利于减小负向串扰电压。但与此同时，由于关断回路阻抗增大，又会使得负向串扰电压呈增大趋势。综合来看，由于关断驱动电阻对关断回路阻抗的影响更为严重，最终表现的结果为上管负向串扰电压绝对值随着关断驱动电阻的增大而增大，当关断驱动电阻由 5 Ω 增大到 25 Ω 时，负向串扰电压由−3.7 V 变化为−6.3 V。

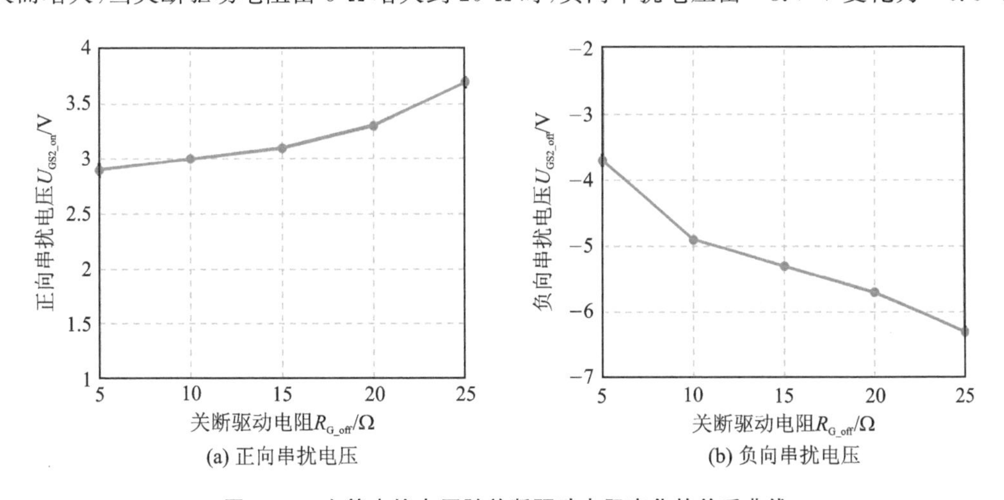

图 5.48　上管串扰电压随关断驱动电阻变化的关系曲线

由图 5.47 和图 5.48 可见，减小关断驱动电阻有利于减小关断能量损耗和串扰电压。但即使继续减小关断电阻仍无法完全消除串扰问题，因此应采用专门的措施来抑制桥臂串扰现象。在栅源关断回路无明显振荡的约束条件下，关断驱动电阻取值应尽可能小。

8. 布局设计

通过以上分析可知，eGaN HEMT 驱动电路的基本设计目标是实现功率器件的高速开关以及抑制由高速开关带来的 EMI 问题。调整驱动电阻是平衡两方面要求的手段之一，当通过调整驱动电阻仍无法满足设计要求时，就需要通过改进布局、优化布局设计来满足设计要求。

图 5.49 所示为双脉冲测试等效电路，其中 L_{P1} 和 L_{P2} 是母线上的寄生电感；L_{D1} 和 L_{D2} 分别是 Q_1 和 Q_2 的漏极寄生电感，包括封装引入的寄生电感和漏极走线的寄生电感；L_{CS1} 和 L_{CS2} 是共源极寄生电感，该寄生电感中既存在于功率回路又存在于栅极回路，包括封装引入的寄生电感和源极走线的寄生电感；L_G 是 Q_1 栅极寄生电感，包括封装引入的寄生电感和栅极回路走线的寄生电感；L_S 为源极电感，该寄生电感只存在于功率回路，不存在于栅极回路；R_G 是栅极电阻，包括栅极电源的内阻、栅极外部驱动电阻和栅极内部驱动电阻。

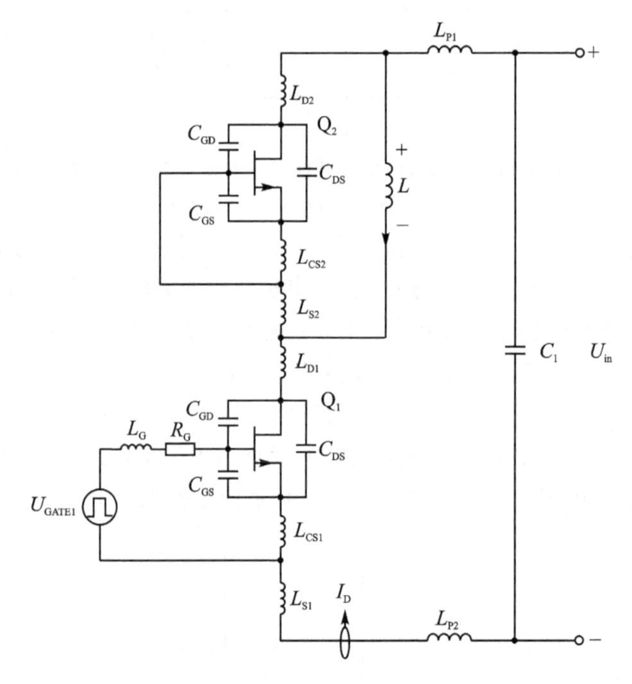

图 5.49 双脉冲测试等效电路

根据位置不同可将上述寄生电感分为栅极寄生电感、共源极寄生电感和功率回路寄生电感。栅极寄生电感会影响被控器件栅源电压 u_{GS} 的上升、下降速率，并使栅源电压产生振荡。如当器件开通时，随着栅极寄生电感 L_G 的增大，u_{GS} 的上升速率变慢，振荡峰值变大，衰减速度变慢，周期变长；类似的，在器件关断时，随着栅极寄生电感 L_G 的增大，u_{GS} 的下降速率变慢，振荡峰值变大，衰减速度变慢，周期变长。

功率回路寄生电感对开关时的电流、电压变化速率和超调量均有影响。开通时，L_P 增大时，漏极电流振荡周期变长，衰减系数减小，振荡衰减速度变慢，振荡的超调量增大，下管开通时的漏极电流上升速率会随着 L_P 的增大而降低，开通速度变慢，开通损耗增加；下管关断时，电感电流会为下管的输出电容 C_{oss} 充电，这时 L_P、L_D、L_{CS1} 会与下管的输出电容 C_{oss} 和 R_P 形成 RLC 谐振，下管的漏源电压和上、下管的漏极电流出现振荡。与下管开通时类似，随着 L_P 的增大，下管关断时振荡的峰值上升，周期变长，衰减速度变慢，下管的关断速度变慢，关断损耗增加。

共源极寄生电感较为特殊，因为它既存在于功率回路又存在于栅极回路，不仅作为功率回路寄生电感对功率回路产生影响，同时会作为栅极回路寄生电感的一部分对栅极回路产生影响。图 5.50 所示为当功率回路中的电流发生变化时，与共源极寄生电感相互作用所感应出的电压对栅极回路产生影响的示意图。开通过程中，漏极电流 i_D 上升会在 L_{CS1} 两端感应出上正下负的电压，降低栅源电压 u_{GS} 的上升速度，从而降低器件的开通速度。与开通过程类似，关断过程中，漏极电流 i_D 下降会在 L_{CS1} 两端感应出下正上负的电压，降低栅源电压 u_{GS} 的下降速度，从而降低器件的关断速度。

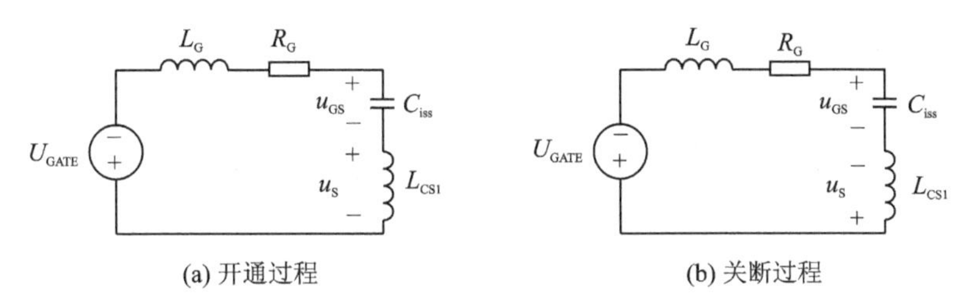

图 5.50　共源极寄生电感对栅极回路的影响示意图

由于 eGaN HEMT 对寄生参数非常敏感，布局不够紧凑造成寄生电感变大，会明显影响 eGaN HEMT 性能，甚至不能正常工作。因此，设计人员要充分认识栅极寄生电感、共源极寄生电感和功率回路寄生电感的不同影响，尽可能减小这些寄生电感。在布局时遵循以下原则：

① 通过合理布局尽可能缩短布线长度，增加布线宽度。

② 将栅极回路与功率回路分离，尽可能将驱动电路靠近开关管。

③ 使用 PCB 的叠层，利用平行布线缩小回路面积，降低寄生电感。

④ 紧凑布局时需要考虑散热问题，尽可能设置单独的热量传播途径，使用散热器与 PCB 散热相结合的方式进行散热。

简要归纳下，eGaN HEMT 的驱动电路须满足以下基本要求：

① 驱动脉冲的上升沿和下降沿要陡峭，有较快的上升、下降速度。

② 驱动电路能够提供比较大的驱动电流，可以对栅极电容快速充放电。

③ 设置合适的驱动电压。需要提供一定正向驱动电压(典型值为＋5 V～＋6.5 V)以保证 eGaN HEMT 具有较低的导通电阻，其负向驱动电压的大小需要根据具体情况而定。

④ 在 eGaN HEMT 桥臂电路中，为了防止器件关断时出现误导通，需采用合适的抗串扰/干扰电压措施。

⑤ 驱动电路的元件需有足够高的 du/dt 承受能力，寄生耦合电容应尽可能小，必要时可采用相关抑制措施。

⑥ 驱动回路要尽量靠近主回路，并且所包围的面积要尽可能小，减小回路引起的寄生效应，降低干扰。

根据上述分析，综合驱动电路各参数影响因素、约束条件以及相互制约关系，可得图 5.51 所示的 eGaN HEMT 驱动电路设计流程，设计人员可参照该流程进行优化设计。需要注意的是，eGaN HEMT 器件技术还在不断发展和成熟，不同厂家推出的 eGaN HEMT 产品的特性参数会有差异。在针对具体型号的功率器件设计驱动电路时，要充分了解器件参数差异，以免以偏概全。

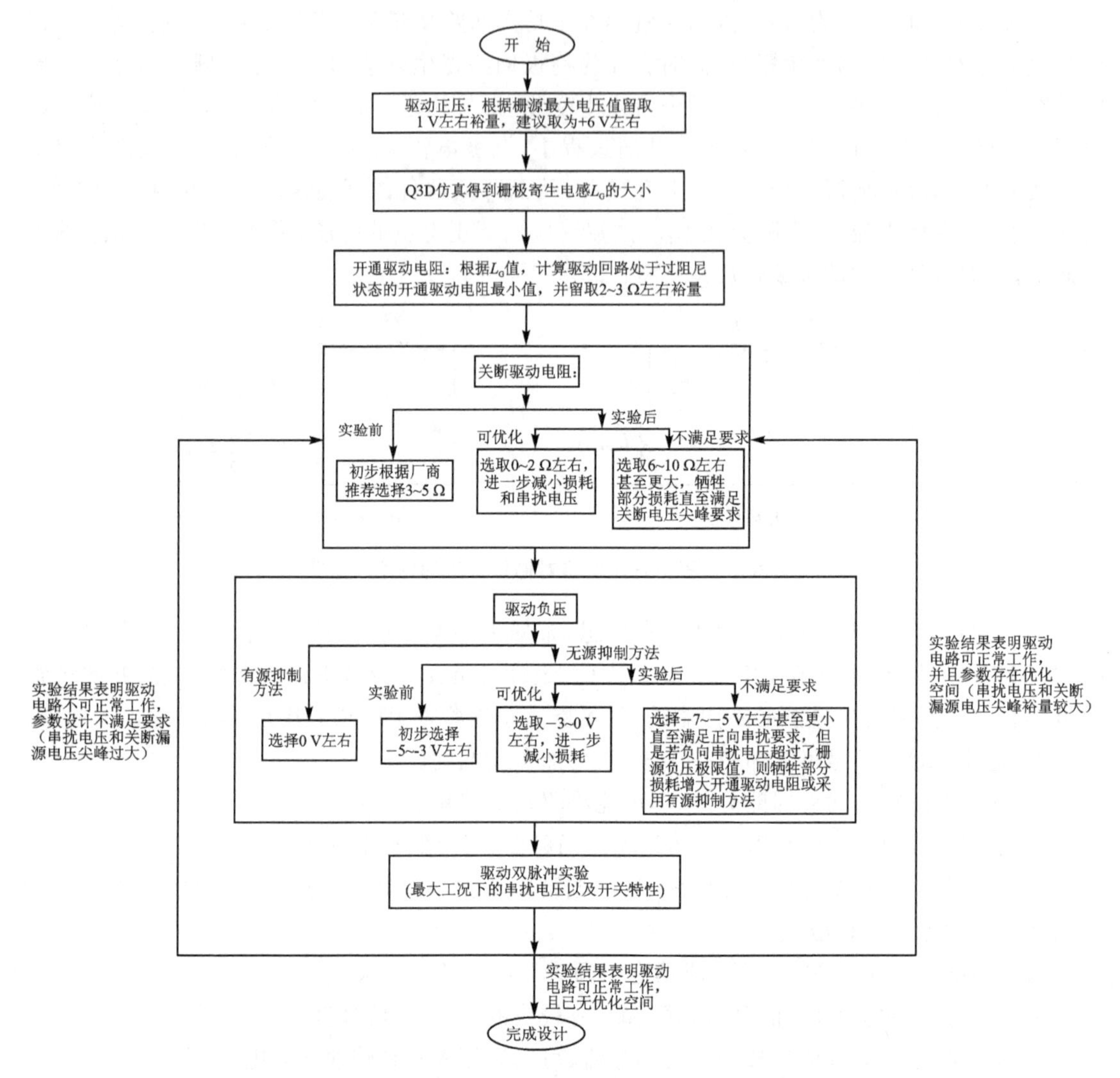

图 5.51　eGaN HEMT 驱动电路推荐设计流程图

5.2.2　其他 GaN 器件对驱动电路的要求

其他 GaN 器件与 eGaN HEMT 类似，均为高速开关器件。因此在驱动要求上有很多相似之处，但不同器件之间也有差别。常用 GaN 器件的主要驱动要求如表 5.4 所列。

表 5.4　常用 GaN 器件主要驱动要求

器件类型	典型公司及产品		栅极维持电流需求	最大栅压/V	推荐栅压/V	阈值电压/V	串扰抑制需求
Cascode GaN HEMT	ON Semiconductor	NTP8G202N	不需要	−18/+18	0/+8	2.1	不必须
	Transphorm	TPH3205WSB		−18/+18	0/+8	2.1	
	VisIC	V80N65B		0/+15	0/+12	6.5	不需要

续表 5.4

器件类型	典型公司及产品		栅极维持电流需求	最大栅压/V	推荐栅压/V	阈值电压/V	串扰抑制需求
低压 eGaN HEMT	GaN Systems	GS61004B	不需要	−10/+7	0/+6	1.3	需要
	EPC	EPC2016C		−4/+6	0/+5	1.4	
高压 eGaN HEMT	GaN Systems	GS66504B	不需要	−10/+7	0/+6	1.3	需要
GaN GIT	Panasonic	PGA26C09DV	需要	−10/+4.5	0/+4	1.2	需要

5.3 GaN器件的驱动电路原理与设计

5.3.1 eGaN HEMT的驱动电路设计

低压 eGaN HEMT 的驱动电路需要满足以下要求：

① 驱动电路要能够提供较大的峰值电流，以满足低压 eGaN HEMT 的高开关速度。

② 低压 eGaN HEMT 的栅源电压大于+4 V时，在其额定电流范围内，导通电阻几乎不发生改变，而该器件最大栅源电压仅为+6 V，因此驱动电压可设置的范围为+4～+5.5 V。

③ 低压 eGaN HEMT 栅源阈值电压较低，在常温下仅为1.4 V左右，因此需要考虑误导通问题。由于低压 eGaN HEMT 的最大栅源负压为−4 V左右，若采用负压关断，在栅源电压振荡或是桥臂串扰情况下，栅源电压很可能会超出负压最大值，因此需谨慎使用负压关断。

低压 eGaN HEMT 最常用的驱动电路为图腾柱式驱动电路，其电路结构如图5.52所示。由于低压 eGaN HEMT 不宜采用负压驱动，因此其驱动芯片只采用正压 U_{CC} 供电，$R_{G(on)}$ 和 $R_{G(off)}$ 分别为开通驱动电阻和关断驱动电阻。图腾柱式驱动电路的开通速度由 U_{CC} 和 $R_{G(on)}$ 决定，关断速度由 $R_{G(off)}$ 决定。该电路结构简单，可以分别设定开通和关断速度，但是由于不能引入负压关断，桥臂应用中可能会受到桥臂串扰现象的影响，引发误导通问题，因此应考虑采取相关桥臂串扰抑制措施。

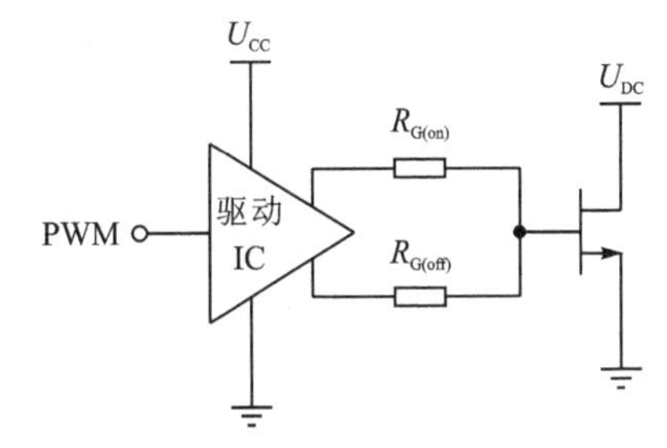

图5.52　图腾柱型驱动电路

高压 eGaN HEMT 的驱动电路需要满足以下要求：

① 驱动电路要能够提供较大的峰值电流，以满足高压 eGaN HEMT 的高开关速度。

② 由高压 eGaN HEMT 的典型输出特性可知，当驱动电压高于5 V后，在其额定电流范围内继续增大栅源驱动电压几乎不会影响导通电阻的大小，而高压 eGaN HEMT 的最大栅源电压仅有+7 V，因此其栅源驱动电压可取的范围为+5～+6.5 V。

③ 高压 eGaN HEMT 的栅源阈值电压 $U_{GS(th)}$ 较低，常温下典型值为1.3 V左右，且基本不受温度变化的影响，需采用相关方法防止关断误导通。在单管驱动电路中可采用负压关断方法，在桥臂电路中需要考虑负压关断会影响 eGaN HEMT 的第三象限导通特性。

图 5.53 所示是使用 Si8271GB-IS 芯片构成的高压 eGaN HEMT 单管驱动电路典型接线示意图。Si8271GB-IS 是 Silicon Labs 公司一款隔离单通道驱动芯片，最大输出电流为 4 A，内置电容隔离技术，瞬态共模抑制能力达到 150 kV/μs 以上，耐压可达 2.5 kV，满足了 eGaN HEMT 高速开关对驱动芯片的要求。如图 5.53 所示，驱动开通支路和驱动关断支路分开，经磁珠 FB 至 eGaN HEMT 的栅极。Q_1 开通时，VO+端通过 $R_{G(on)}$ 和磁珠 FB 为 Q_1 的输入电容充电；Q_1 关断时，VO−端通过 $R_{G(off)}$ 和磁珠 FB 为输入电容放电。

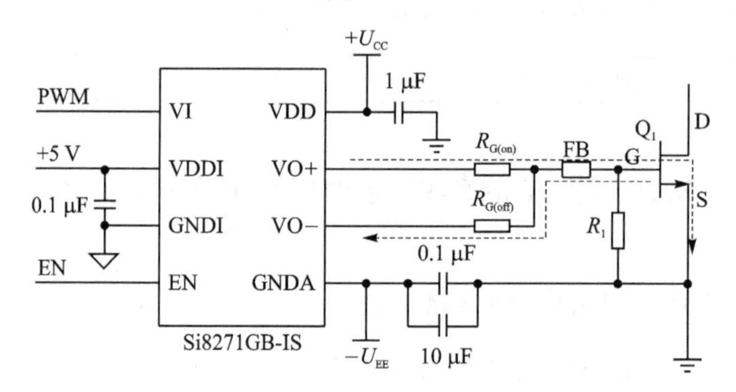

图 5.53　由 Si8271GB-IS 构成的 eGaN HEMT 单管驱动电路典型接线示意图

栅极驱动电阻 $R_{G(on)}$ 和 $R_{G(off)}$ 不仅可以抑制漏源电压 U_{DS} 的峰值，还可以抑制由于寄生电感和寄生电容造成的栅极电压振荡，同时也会降低开关过程中的 du/dt、di/dt。但驱动电阻还会影响 eGaN HEMT 的开关损耗，进而影响变换器的效率。因此需合理选择驱动电阻。

在 eGaN HEMT 桥臂电路中，为了抑制桥臂串扰影响，在图 5.53 的基础上，加入了桥臂串扰抑制电路。图 5.54 所示为加入了桥臂串扰抑制电路的核心驱动电路原理示意图。

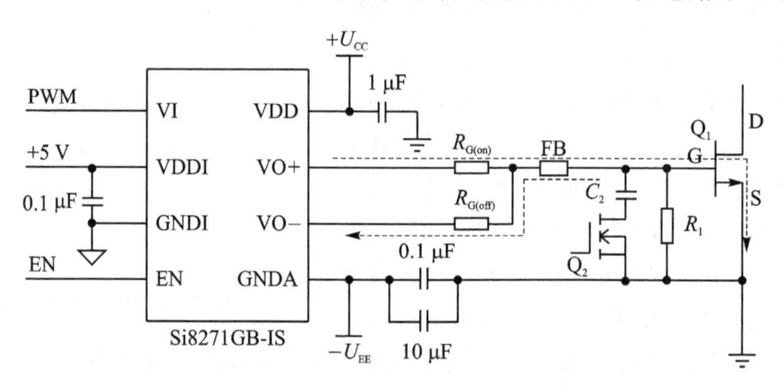

图 5.54　加入桥臂串扰抑制电路的核心驱动电路原理示意图

桥臂串扰抑制电路在桥臂串扰现象发生时，通过控制 Q_2 导通，使 C_2 并联至 eGaN HEMT 的栅源极间，为栅极回路中的电流提供低阻抗路径，因此电容 C_2 的取值非常关键，需要考虑在最恶劣情况下能够保证栅源干扰电压不超过阈值电压进行初步取值，并在实际电路调试中进行适当调整。

5.3.2　Cascode GaN HEMT 的驱动电路设计

Cascode GaN HEMT 是由低压 Si MOSFET 和高压常通型 GaN HEMT 级联而成的高压常断型 GaN 器件，通过控制 Si MOSFET 的开关状态来控制整个器件的通/断。Cascode GaN

HEMT 的驱动电路设计除了要考虑低压 Si MOSFET 器件要满足的基本驱动要求外，还要注意高速开关应用中的电压振荡问题。一般要从电路布局、合理使用磁珠、采用辅助方法等方面来抑制电压振荡问题。

(1) 优化 PCB 布局

CascodeGaN HEMT 开关速度很快，寄生参数的影响突出，因此电路布局要求比 Si 器件高得多。这里以 Boost 变换器为例，给出布局分析。

1) 功率回路布局

图 5.55 所示为标示出寄生参数的 Boost 变换器主电路。尽管理想 Boost 变换器拓扑并未出现寄生参数，但由于布线会引入寄生电感和寄生电容，这些寄生元件在一起形成高频谐振网络，对变换器正常工作产生不利影响。再加上 Cascode GaN HETM 器件的上升和下降时间很短，典型值可小于 10 ns，使得寄生参数的影响更为明显。因此，在设计 GaN 基功率电路时要特别注意减小 PCB 布线引入的寄生参数，防止电路出现严重振荡。

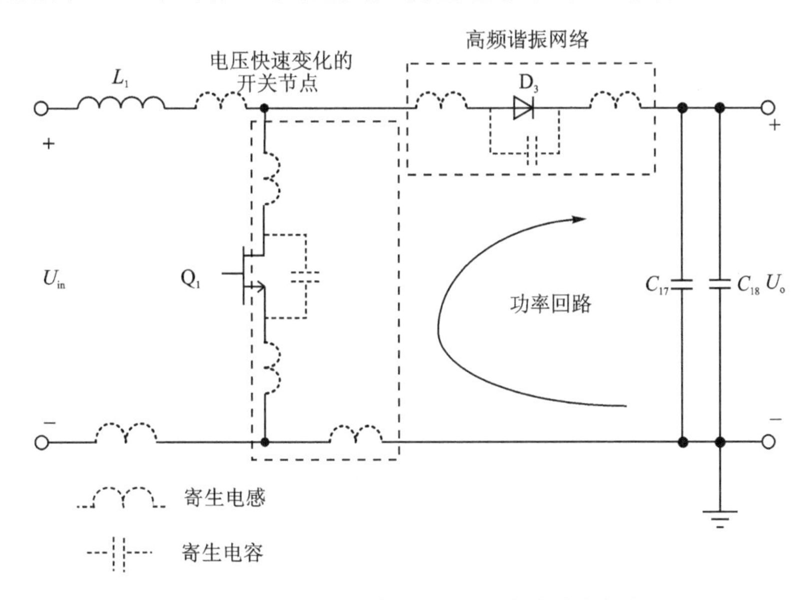

图 5.55　标示寄生参数的 Boost 变换器主电路

图 5.56 所示为 Boost 变换器功率回路布局实例，(a)、(b)分别为 PCB 的正面和反面。布局的主要要求如下：

① GaN 器件 Q_1 源极接地要采用大面积平面，以降低寄生电感；

② GaN 器件漏极和二极管阳极相连的开关节点电压快速变化，因此节点面积应尽可能小，以减小寄生电容，防止节点电压快速变化对电路正常工作产生影响；

③ 功率器件(GaN 开关器件 Q_1 和二极管 D_3)，电感(L_1)和去耦电容(C_{18})应尽可能靠近开关位置放置，以尽量减小寄生电感；

④ 输出正压端(DC＋)采用大面积布线，同时用作升压二极管(D_3)的散热；

⑤ 去耦输出电容(C_{17})以最短的引线连接在输出正压端(DC＋)布线平面和接地平面之间；

⑥ 将高频去耦电容(C_{18})放置在升压二极管的阴极和 GaN 开关器件的源极之间，以吸收由输出走线寄生电感引起的噪声。

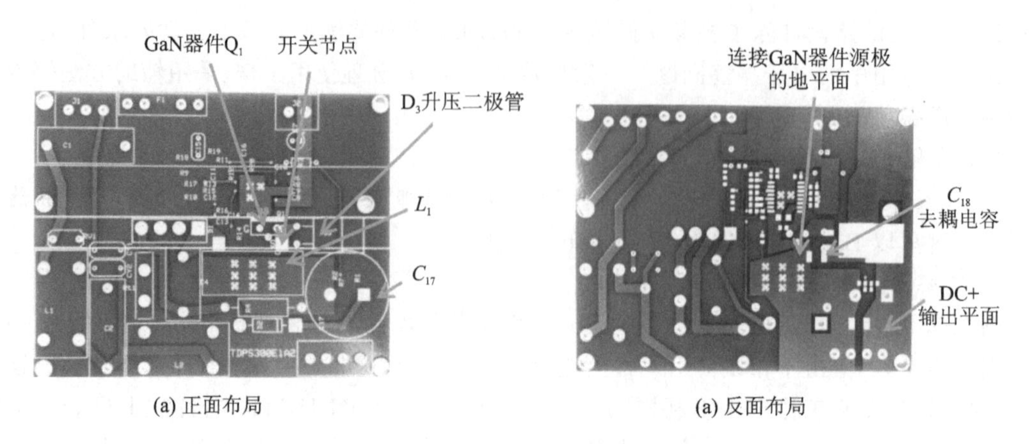

(a) 正面布局　　(a) 反面布局

图 5.56 Boost 变换器功率回路布局实例

2）驱动回路布局

图 5.57 所示为标示出寄生参数的栅极驱动回路。在所有的寄生电感中，共源极电感 L_1 因同时包括在驱动回路和功率回路中，所以最为关键。开通、关断期间功率器件的电流快速变化，与寄生电感 L_1 相互作用产生感应电压 U_L，改变真正施加在栅源极间的电压 U_{GS}。如果 L_1 太大，很可能导致功率开关管不能正常开通或关断。因此，需要尽可能减小源极电感 L_1。在布线时，宜将驱动芯片的地端直接连接到 Cascode GaN HEMT 的源极引脚上，而不要引入额外的布线。

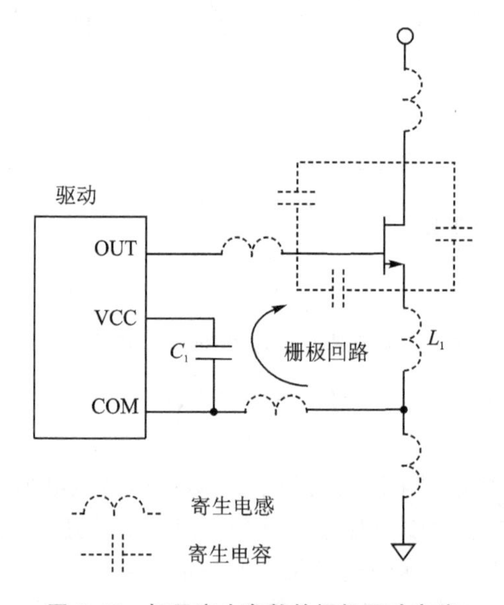

图 5.57 标示寄生参数的栅极驱动电路

图 5.58 所示为驱动电路布局实例，布局要注意以下几点：

① 驱动芯片的地端(COM)直接连接到 GaN 器件的源极引脚，采用宽布线，并与功率回路分开；

② 驱动芯片的输出端(OUT)采用短粗线直接连接到 GaN 器件的栅极引脚(节点 2)上；

③ 去耦电容 C_1 以最短引线连接在驱动芯片的 VCC 和 COM 引脚之间；

④ 大面积铺地直接连接到驱动芯片的地端(COM),有效降低地线阻抗。

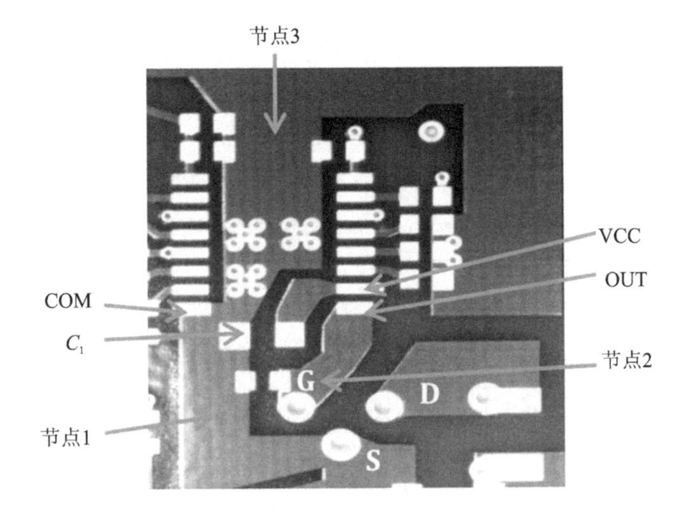

图5.58　栅极驱动电路布局示例

(2) 栅极采用磁珠

磁珠有利于抑制振荡和降低电压尖峰,但磁珠阻抗过大,会导致开关时间变长,增大开关损耗。图5.59所示是以Transphorm公司型号为TPH3206PS的Cascode GaN HEMT为被

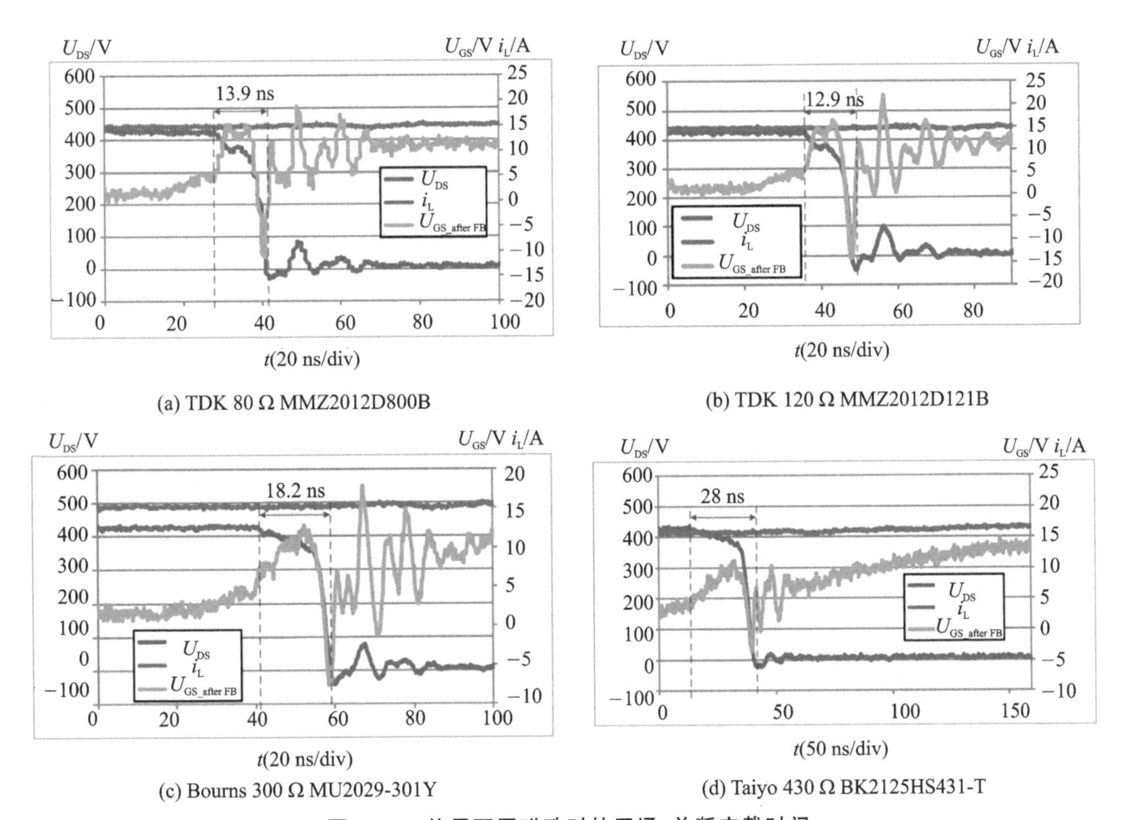

图5.59　使用不同磁珠时的开通、关断交截时间

测器件，采用不同磁珠测试得到的波形对比。直流母线电压设置为 400 V，负载电流为 15 A。不加磁珠时漏源电压和漏极电流的交截时间为 10 ns。随着磁珠阻值的增大，漏源电压和漏极电流的交截时间从 12 ns 增加到 28 ns。综合考虑振荡衰减效果和电压电流交截时间，采用 120 Ω 的 TDK 磁珠 MMZ2012D121B 最为合适。

表 5.5 列出了针对不同型号 Cascode GaN HEMT 器件，Transphorm 公司所推荐的铁氧体磁珠型号。栅极磁珠必须尽可能靠近 GaN 器件的栅极引脚安装。

表 5.5　Transphorm 公司推荐的磁珠类型

<table>
<tr><th>器　件</th><th>封　装</th><th>栅极铁氧体磁珠</th><th>漏极铁氧体磁珠</th></tr>
<tr><td>TPH3202PD/PS</td><td>TO-220</td><td rowspan="2">60 Ω (MMZ1608Y600B)×1</td><td rowspan="2">不需要</td></tr>
<tr><td>TPH3202LD/LS</td><td>PQFN88</td></tr>
<tr><td>TPH3206PD/PS/PSB</td><td>TO-220</td><td rowspan="2">120 Ω(MMZ1608Q121BTA00)×1
220 Ω(MPZ1608S221ATA00)×1
330 Ω(MPZ1608S331ATA00)×1</td><td rowspan="2">8.5 A (BLM21SN300SN1D)×1</td></tr>
<tr><td>TPH3206LD/LDG/LDB/LDGB/LS/LSB</td><td>PQFN88</td></tr>
<tr><td>TPH3208PS</td><td>TO-220</td><td rowspan="2">330 Ω (MPZ1608S331ATA00)×1</td><td rowspan="2">8.5 A (BLM21SN300SN1D)×2</td></tr>
<tr><td>TPH3208LD/LDG/LS</td><td>PQFN88</td></tr>
<tr><td>TPH3212PS</td><td>TO-220</td><td>180 Ω(MMZ1608S181ATA00)×1</td><td>8.5 A (BLM21SN300SN1D)×3
12 A (BLM31SN500SZ1L)×2</td></tr>
<tr><td>TPH3205WSB/WSBQA[1]</td><td>TO-247</td><td>内部和外部 FB (40～60 Ω)可选</td><td>8.5 A (BLM21SN300SN1D)×3
12 A (BLM31SN500SZ1L)×2</td></tr>
<tr><td>TPH3207WS[1]</td><td>TO-247</td><td>内部和外部 FB (40～60 Ω)可选</td><td>8.5 A (BLM21SN300SN1D)×4
12 A (BLM31SN500SZ1L)×4</td></tr>
</table>

注 1：推荐的漏极磁珠直流阻值小于 4 mΩ，交流阻值在 100 MHz 时小于 15～30 Ω。

(3) 漏极采用磁珠

Cascode GaN HEMT 的输出电容 C_{oss} 与功率回路寄生电感(包括漏极、源极寄生电感，PCB 布线寄生电感)会形成高频谐振电路。根据不同的 PCB 布局，其典型的谐振频率范围为 50～200 MHz。在漏极加入磁珠，相当于在高频下引入阻尼，有助于衰减振荡。在选择漏极磁珠时，100 MHz 下的磁珠阻值是其重要考核指标。

图 5.60 是不同封装形式的 Cascode GaN HEMT 采用漏极磁珠的电路示意图，对于 TO-220 或 TO-247 等直插式封装，可采用磁珠穿过漏极引脚或表贴式磁珠接在漏极。对于 PQFN88 等表贴式封装，可采用表贴式磁珠。桥臂下管的磁珠直接连接在漏极，而桥臂上管为便于散热，磁珠直接连接在源极，如图 5.60(b)所示。

除了以上方法，还可以考虑采用以下辅助方法抑制 Cascode GaN HEMT 的电压振荡问题。

1) 驱动电路采用负压关断，U_{G_OFF} 一般取 −2～−5 V。图 5.61 所示为交流耦合负压驱动电路示例，合理选择稳压管 Z_1、Z_2 和电容 C_1 的数值，可保证 GaN 器件可靠负压关断。

2) 降低开通 du/dt

在桥臂电路中可通过降低功率开关管的 du/dt，来防止桥臂另一只开关管出现误导通现象。可采用适当降低驱动电压，选择驱动电流能力相对低些的驱动芯片，或增大驱动电阻等方法。

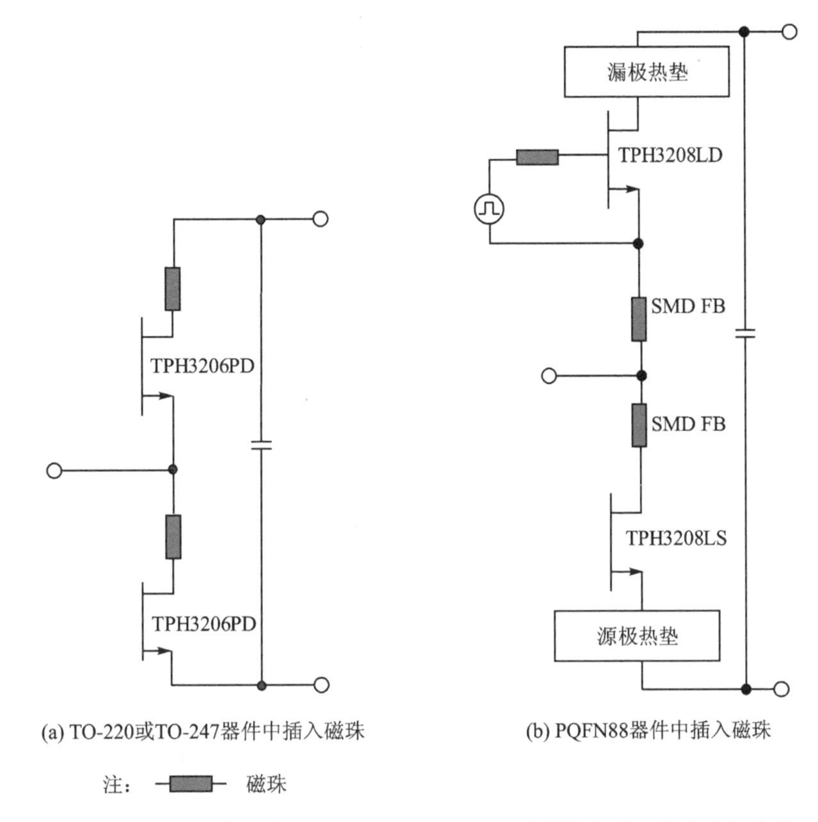

图 5.60　不同封装形式的 Cascode GaN HEMT 采用漏极磁珠的电路示意图

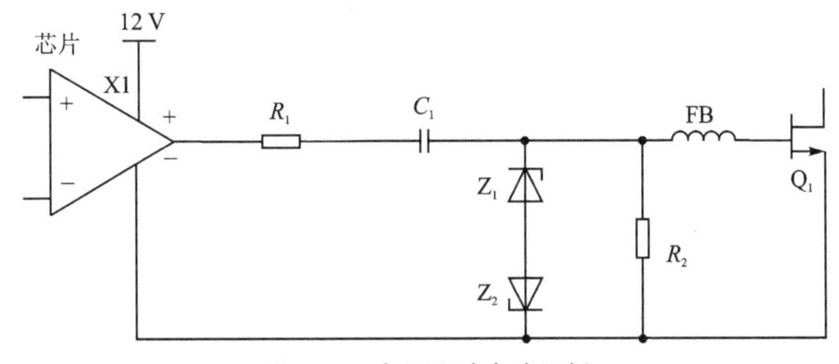

图 5.61　负压驱动电路示例

3）增加 RC 电路

采用漏极磁珠可以在不影响电路效率的情况下有效防止振荡，但同时也会产生一些电压过冲问题，因此在有些情况下并不适合采用漏极磁珠。这时可以考虑采用吸收电路：例如，在 GaN 器件漏源极间加 RC 吸收电路可防止持续振荡问题。表 5.6 列出了使用外部 RC 电路代替漏极铁氧体磁珠时，Transphorm 公司推荐使用的 RC 吸收电路参数。由表 5.5 和表 5.6 可知，无论是采用漏极磁珠还是 RC 吸收电路，栅极磁珠都必须使用。

图 5.62 所示给出了 Transphorm 公司推荐的基于 Si8230 芯片构成的 Cascode GaN HEMT 桥臂驱动电路。

表 5.6　使用外部 RC 电路代替漏极铁氧体磁珠时 Transphorm 公司推荐的 RC 参数

器　件	封　装	栅极铁氧体磁珠	RC 吸收电路
TPH3202PD/PS	TO－220	60 Ω(MMZ1608Y600B)	不需要
TPH3202LD/LS	PQFN88		
TPH3206PD/PS/PSB	TO－220	120 Ω(MMZ1608Q121BTA00) 220 Ω(MPZ1608S221ATA00) 330 Ω(MPZ1608S331ATA00)	不需要
TPH3206LD/LDG/LDB/LDGB/LS/LSB	PQFN88		
TPH3208PS	TO－220	330 Ω(MPZ1608S331ATA00)	电容:47 pF 电阻:7.5 Ω
TPH3208LD/LDG/LS	PQFN88		
TPH3212PS	TO－220	180 Ω(MMZ1608S181ATA00)	电容:47 pF 电阻:7.5 Ω
TPH3205WSB/WSBQA	TO－247	内部和外部 FB (40～60 Ω)可选	电容:47 pF/100 pF 电阻:7.5 Ω
TPH3207WS	TO－247	内部和外部 FB (40～60 Ω)可选	电容:100 pF 电阻:10 Ω

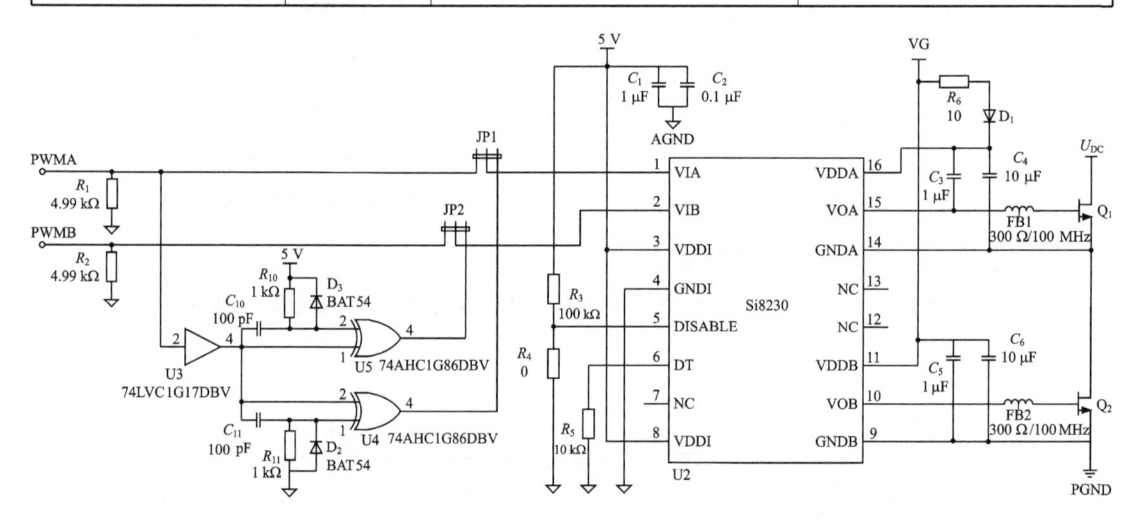

图 5.62　基于 Si8230 芯片的 Cascode GaN HEMT 桥臂驱动电路

5.3.3　GaN GIT 的驱动电路原理与设计

GaN GIT 的栅极驱动电路要满足以下要求：

① 在 GaN GIT 开通和关断时，驱动电路需要提供足够高的峰值电流使其输入电容快速充、放电，保证 GaN GIT 快速开关，降低开关损耗；

② 在 GaN GIT 稳态导通时，栅极驱动电路应能提供一定的稳态栅极电流，降低 GaN GIT 的稳态导通损耗。

③ 驱动电路的线路形式和参数选择会影响 GaN GIT 的开关性能和驱动损耗，因此需合理选择线路形式和优化参数设计。

GaN GIT 栅极驱动电流典型波形如图 5.63 所示。目前 GaN GIT 的驱动电路通常采用带加速电容的单电源驱动电路。

带加速电容的单电源驱动电路如图 5.64 所示，表 5.7 所示为驱动电路主要元件的作用。驱动电路的工作过程可分为四个阶段：①开通过程；②导通期间；③关断过程；④关断期间。

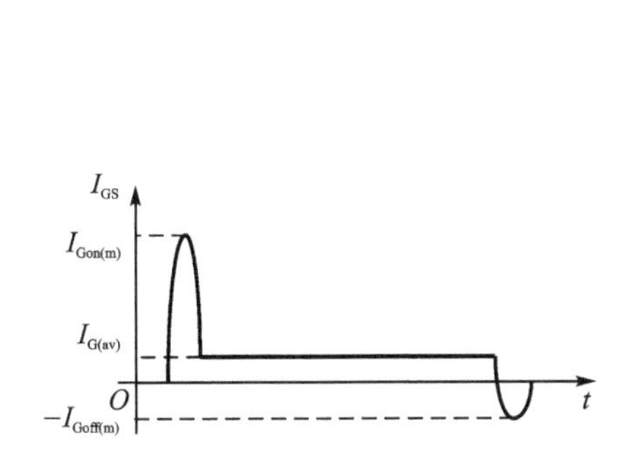

图 5.63　GaN GIT 栅极驱动电流典型波形

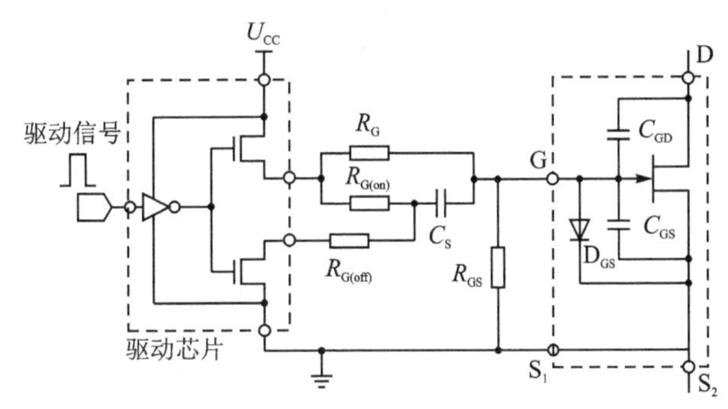

图 5.64　GaN GIT 的驱动电路

表 5.7　GaN GIT 驱动电路主要元件的作用

主要元件	作　用
驱动芯片	用于驱动 GaN GIT，建议选择 TI 公司 UCC27511
$R_{G(on)}$	用于调节 GaN GIT 开通过程中的栅极峰值电流
R_G	用于调节 GaN GIT 处于导通状态时的栅极电流
C_S	开通与关断过程中的加速电容
$R_{G(off)}$	用于调节关断速度
R_{GS}	栅源并联电阻

1. GaN GIT 开通过程

GaN GIT 开通过程中电流在驱动电路中的流通路径如图 5.65 所示，对应的电压、电流波形如图 5.66 所示。

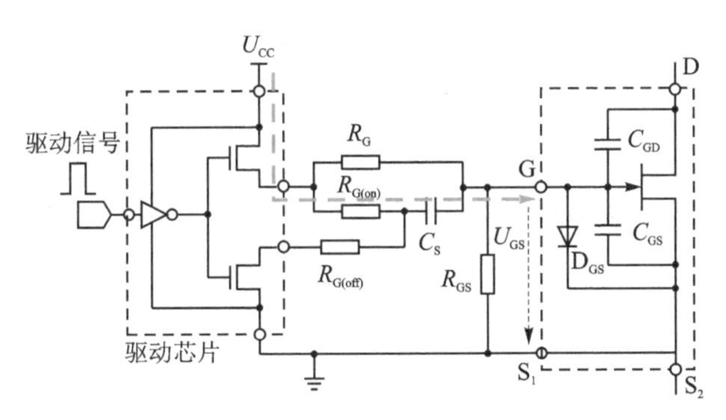

图 5.65　GaN GIT 开通过程中的驱动电流流通路径

开通过程各模态工作情况如下：

模态 1（$t_0 \sim t_1$）：当驱动信号由低电平变为高电平时，驱动电流通过加速电容 C_S 给栅源极寄生电容 C_{GS} 充电，栅源极电压 U_{GS} 逐渐上升，由于 $U_{GS} < U_{GS(th)}$，GaN GIT 仍处于关断状态。

模态 2（$t_1 \sim t_2$）：栅极电压超过阈值电压 $U_{GS(th)}$，GaN GIT 的沟道开始导通，漏极电流逐渐增加。t_2 时刻，栅极电压上升至密勒平台电压 $U_{plateau}$，漏极电流达到负载电流。此阶段栅源电压上升速度由输入电容 C_{ISS} 决定。

模态 3($t_2 \sim t_3$):t_2 时刻,漏极电流达到负载电流,漏源电压 U_{DS} 开始下降,栅极电流出现电流尖峰 $I_{Gon(m)}$:

$$I_{Gon(m)} \approx U_{CC}/R_{Gon(m)} \tag{5-11}$$

式中,U_{CC} 为驱动电源电压,$R_{Gon(m)}$ 为栅极驱动峰值电流调节电阻,$R_{Gon(m)}=1/(1/R_{G(on)}+1/R_G)$。

式(5-11)为近似表达式,$I_{Gon(m)}$ 的实际值要比此式的计算值略低;此外,还应注意 $I_{Gon(m)}$ 的实际值还受到驱动芯片所能提供的峰值电流的限制。

由于寄生电容 C_{GD} 的存在,栅漏极电压也在下降,栅极电流大部分流过 C_{GD},使栅源电压基本不变。同时,会有部分栅极电流流过栅源极之间寄生的二极管 D_{GS}。

模态 4($t_3 \sim t_4$):t_3 时刻,C_{DS} 放电完成,U_{DS} 下降到最低值,栅源电压密勒平台结束。驱动电压继续给 C_{GS} 充电,直到 U_{GS} 上升至 U_{GSF},GaN GIT 开通过程结束。

模态 5(t_4 之后):栅源电压不再变化,保持为 U_{GSF} 基本不变。为了维持 GaN GIT 的导通状态,栅极需要有持续的电流,以维持寄生二极管 D_{GS} 的导通。

2. GaN GIT 导通期间

GaN GIT 导通期间,电流在驱动电路中的流通路径如图 5.66 所示,栅极电流 I_{GS} 和栅源电压 U_{GS} 的波形如图 5.67 中 t_4 之后阶段所示。

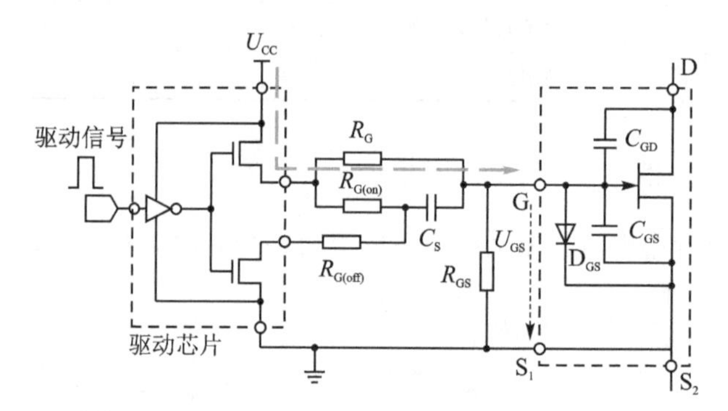

图 5.66 GaN GIT 导通期间的驱动电流流通路径

GaN GIT 导通期间,栅极电流为

$$I_G=(U_{CC}-U_{GSF})/R_G \tag{5-12}$$

3. GaN GIT 关断过程

当驱动信号由高电平变为低电平时,GaN GIT 开始关断。GaN GIT 关断过程中,电流在驱动电路中的流通路径如图 5.68 所示,栅源极寄生电容 C_{GS} 开始放电,电流流经加速电容 C_S 与关断电阻 $R_{G(off)}$,GaN GIT 栅源极电压 U_{GS} 迅速降低。栅极电流 I_{GS} 和栅源电压 U_{GS} 的波形如图 5.69 中 A 段所示。当 U_{GS} 降至 0 时,由于 C_S 上仍存有大量电荷,C_S 继续给 C_{GS} 反向充电,使 U_{GS} 反向增大,栅源极之间呈现负压。负压峰值为

$$U_{neg1}=-\left(U_{CC}\times\frac{C_S}{C_S+C_{GS}}-U_{GSF}\right) \tag{5-13}$$

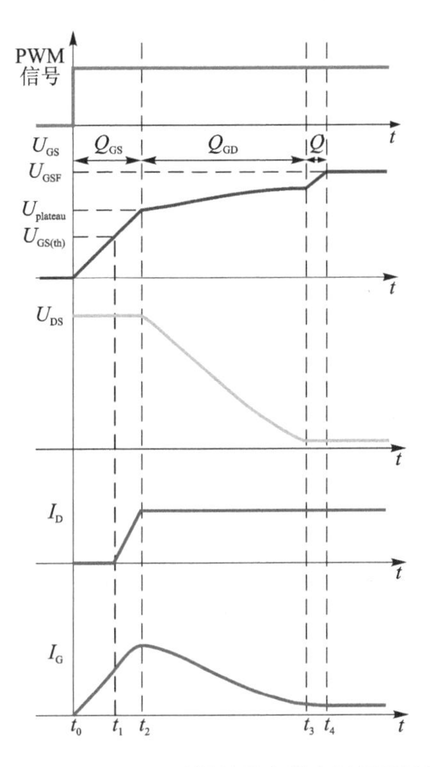

图5.67　GaN GIT开通过程中的主要原理波形

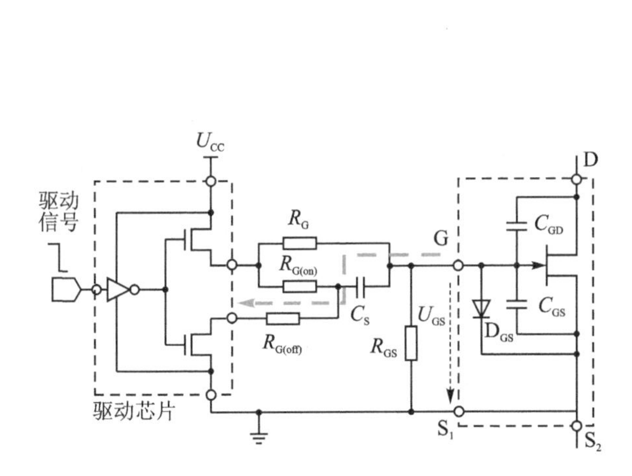

图5.68　GaN GIT关断过程中的驱动电流流通路径

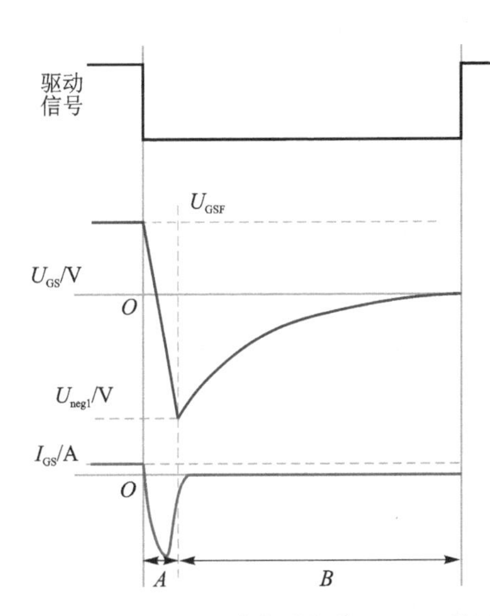

图5.69　GaN GIT关断过程的 U_{GS}、I_{GS} 波形

4. GaN GIT关断期间

GaN GIT关断期间，电流在驱动电路中的流通路径如图5.70所示，栅极电流 I_{GS} 和栅源电压 U_{GS} 的波形如图5.69中 B 段所示。

GaN GIT关断期间，电容 C_S 通过电阻 R_G、$R_{G(on)}$ 放电，电容 C_{GS} 通过 $R_{G(off)}$ 放电，U_{GS} 逐

渐降低至 0 V。GaN GIT 关断期间,栅源电压为

$$U_{GS}(T_{off}) = U_{neg1} \times e^{-T_{off}/\tau} \tag{5-14}$$

式中,T_{off} 为单个开关周期的 GaN GIT 关断时间,$\tau = (R_{G(on)} + R_G) \times (C_S + C_{GS})$。

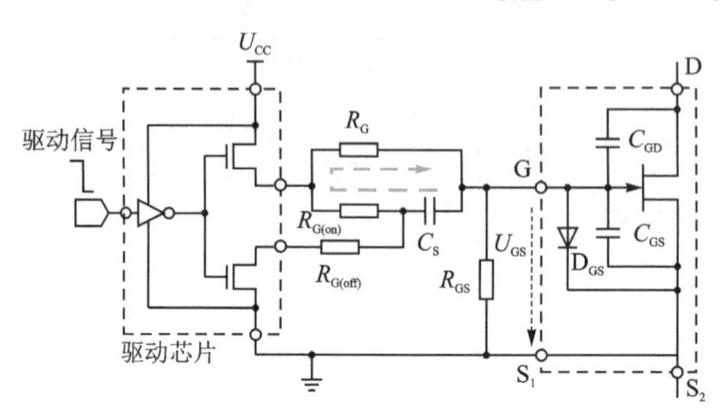

图 5.70 GaN GIT 关断期间的驱动电流流通路径

如果关断期间 C_S 上仍存在电压,当 GaN GIT 再次开通时,流过 C_S 的加速电流就会减小,导致开通时间变长,开通损耗增加。因此,一周期中 GaN GIT 导通时间不宜过长,要保证 T_{off} 时段至少为 5 倍的 $R_G \times C_S$,这样才不会影响 GaN GIT 的下次开通过程。

带加速电容的单电源驱动电路中关键参数包括:驱动电源电压 U_{CC}、加速电容 C_S、开通驱动电阻 $R_{G(on)}$、导通电阻 R_G、关断驱动电阻 $R_{G(off)}$ 和栅源并联电阻 R_{GS} 等,各参数的选择依据分析如下。

(1) 驱动电源电压 U_{CC}

U_{CC} 是驱动芯片供电电源,同时也是驱动正压。选择较高的驱动电压值有利于加快 GaN GIT 的开通过程。但 U_{CC} 要小于 GaN GIT 栅源极间的极限电压 $U_{GS(max)}$。

(2) 加速电容 C_S

加速电容 C_S 可加速 GaN GIT 的开通过程。另外,在关断过程中,C_S 可使 GaN GIT 栅源电压为负值,以保证其不会误导通。C_S 大小应满足:C_S 中电荷量要大于 Q_{GD} 与 Q_{GS} 之和,即

$$Q_{C_S} = C_S \times (U_{CC} - U_{GSF}) > Q_{GD} + Q_{GS} \tag{5-15}$$

另外,C_S 的取值也不能过大,根据 GaN GIT 关断期间驱动电路的工作状态,C_S 的值要保证在关断期间 U_{GS} 能下降到 0。

(3) 开通驱动电阻 $R_{G(on)}$

开通驱动电阻 $R_{G(on)}$ 是 GaN GIT 开通过程中的限流电阻,用于调节 GaN GIT 开通时的栅极电流峰值。由 GaN GIT 的开通过程可知,栅极电流峰值 $I_{Gon(m)}$ 由式(5-29)决定。另外,开通时间 $t_r \approx Q_G / I_{Gon(m)}$,$du/dt \approx U_{DC}/t_r$,在选择 $R_{G(on)}$ 时,要考虑其对开关时间和漏源电压变化率的影响。

(4) 导通驱动电阻 R_G

导通驱动电阻 R_G 用于调节 GaN GIT 导通期间的栅极电流。为维持 GaN GIT 的导通状态,保证 GaN GIT 完全导通,栅极持续电流需要满足

$$I_{G(av)} = (U_{CC} - U_{GSF}) / R_G \geq I_{G(crit)} \tag{5-16}$$

式中,$I_{GS(crit)}$ 是为了保证 GaN GIT 完全导通的最小栅极电流。

在选择 R_G 取值时,除了保证 GaN GIT 完全导通外,还应考虑尽量减小驱动电路损耗,因

此在满足GaN GIT完全导通的情况下，I_{GS}应尽可能小。

(5) 关断驱动电阻$R_{G(off)}$

关断驱动电阻$R_{G(off)}$可抑制关断过程中的栅极电压尖峰。在电路设计时，$R_{G(off)}$可与$R_{G(on)}$先取相同值，再根据实际工作情况进行适当调整。

(6) 栅源并联电阻R_{GS}

为防止静电荷导致的栅源电压超过正常工作范围，需并联栅源电阻R_{GS}以便及时泄放静电荷。栅源电阻R_{GS}不宜过大，例如当未加驱动电源时，栅漏极的漏电流有可能导致栅极电压升高。因此，R_{GS}的取值应满足

$$I_{leak} \times R_{GS} \ll U_{GS(th)} \tag{5-17}$$

Infineon公司推出的CoolGaN器件，其基本特性与Panasonic公司推出的GaN GIT较为相似，其驱动电路原理也基本相近。为便于推广使用，Infineon公司推出专用芯片1EDF5673K用于CoolGaN器件的驱动。

5.4 小 结

本章阐述了现有商用GaN器件的特性与参数，包括eGaN HEMT、Cascode GaN HEMT、GaN GIT和CoolGaN的导通、开关、阻态和驱动特性。与此同时还分析了GaN器件的驱动电路挑战和要求。GaN器件的驱动电路设计要从驱动电压设置、驱动芯片选择、桥臂串扰抑制、驱动电路元件的du/dt限制、驱动电阻选择和PCB布局等方面综合考虑。

对于eGaN HEMT驱动电路和Cascode GaN HEMT驱动电路，一般采用电压型驱动方式；对于GaN GIT驱动电路和CoolGaN驱动电路，驱动电路除了在开关器件开通/关断期间要提供足够大的电流保证其快速开关外，在器件导通期间也需提供一定的稳态驱动电流。

自GaN基功率器件出现以来，研究人员已经提出了多种驱动电路设计方案。然而随着GaN器件应用场合的不断拓展，对更快速度、更高功率等级、更恶劣环境耐受能力和更高可靠性的需求不断出现，GaN器件驱动电路仍面临很大的设计挑战：

① GaN基功率器件的开关速度较快，导致基于GaN器件的高频变换器要求驱动电路具有较强的抗EMI干扰能力。在驱动电路开关过程中GaN器件的di/dt和du/dt都比较高，较高的di/dt和电路中的寄生电感相互作用容易引起较大的电压振荡。而大多数GaN器件的栅源最大耐压值比较低，因此很容易造成器件损坏。由于开关过程中较高的du/dt会通过电路中的寄生电容产生共模电流干扰，因此提高驱动电路的抗EMI干扰能力是驱动电路和整机可靠工作的重要保障。

② 为了充分发挥GaN基功率器件的高速开关能力，要求驱动电路具有较强的驱动能力。使电路能够在较低的驱动电压下提供较高的驱动电流，且驱动电压的上升、下降时间要尽可能短，传输延时也要尽可能短。

③ 驱动电路除了驱动开关管实现正常开通、关断功能外，还需要结合实际应用需要，实现抑制桥臂串扰、过流/短路保护和过温保护等功能，确保功率器件和整机安全可靠地工作。为了满足高功率密度和高速开关的要求，GaN器件的电路布局也有待进一步研究：比如优化布局、减小电路寄生参数、提高抗EMI干扰能力、加强散热能力等内容。

参考文献

[1] E A Jones, F Wang, B Ozpineci. Application-based review of GaN HFETs[C]. IEEE Workshop on Wide Bandgap Power Devices and Applications, Knoxville, USA, 2014: 24-29.

[2] E A Jones, F F Wang, D Costinett. Review of commercial GaN power devices and GaN-based converter design challenges[J]. IEEE Journal of Emerging and Selected Topics in Power Electronics, 2016, 4(3): 707-719.

[3] X Huang, Z Liu, Q Li, et al. Evaluation and application of 600V GaN HEMT in cascode structure[J]. IEEE Transactions on Power Electronics, 2014, 29(5): 2453-2461.

[4] X Huang, Z Liu, F C Lee, et al. Characterization and enhancement of high-voltage cascode GaN devices[J]. IEEE Transactions on Electron Devices, 2015, 62(2): 270-277.

[5] 彭子和,秦海鸿,张英,等. 高压 eGaN HEMT 开关行为及其影响因素研究[J]. 电工电能新技术,2020,39(4):17-26.

[6] 彭子和,秦海鸿,修强,等. 寄生电感对低压增强型 GaN HEMT 开关行为的影响[J]. 半导体技术,2019,44(4):257-264.

[7] H Qin, Z Peng, Y Zhang, et al. Analysis the Reverse Conduction Characteristic and Influence of Anti-parallel SiC SBD of eGaN HEMT[C]. International Exhibition and Conference for Power Electronics, Intelligent Motion, Renewable Energy and Energy Management, Shanghai, China, 2019: 140-146.

[8] Z Peng, H Qin, J Gong, et al. Crosstalk Mechanism and Suppression Methods for Enhancement-Mode GaN HEMTs in A Phase-Leg Topology[C]. International Exhibition and Conference for Power Electronics, Intelligent Motion, Renewable Energy and Energy Management, Shanghai, China, 2019: 147-153.

[9] Felix Recht, Zan Huang, YiFeng Wu. Characteristics of Transphorm GaN power switches [EB]. Goleta: Transphorm, (2013)[20160701]. http://www.transphormusa.com.

[10] AN01V650 应用手册[Z]. VisIC, 2016. http://visic-tech.asia/products/AN01V650-Application Notes.pdf.

[11] Infineon. Datasheet of IPP60R450E6[EB]. München: Infineon Technologies AG, 2015 [20160701]. http://www.infineon.com/.

[12] K Peng, S Eskandari, E Santi. Characterization and Modeling of a Gallium Nitride Power HEMT [J]. IEEE Transactions on Industry Applications, 2016, 52(6): 4965-4975.

[13] GS66504B 数据手册[Z]. GaN Systems, 2019. https://gansystems.com/wp-content/uploads/2019/07/GS66504B-DS-Rev-190717.pdf.

[14] CoolGaN 的可靠性和鉴定[Z]. Infineon, 2018. https://www.infineon.com/dgdl/Infineon-2_WhitePaper_Reliability_and_qualification_of_CoolGaN-WP-v01_00-CN.pdf?fileId=5546d46267354aa0016750b604025f93.

[15] Alex Lidow, Johan Strydom. eGaN FET Drivers and Layout Considerations[Z]. Efficient Power Conversion WP008, http://epc-co. com/epc/Portals/0/epc/documents/papers/eGaN FET Drivers and Layout Considerations. pdf, 2016.

[16] J Roberts, H Lafontaine, C McKnight-MacNeil. Advanced SPICE models applied to high power GaN devices and integrated GaN drive circuits[C]. IEEE Applied Power Electronics Conference and Exposition, Fort Worth, USA, 2014: 493-496.

[17] E A Jones, F Wang, D Costinett, et al. Characterization of an enhancement-mode 650-V GaN HFET[C]. IEEE Energy Conversion Congress and Exposition, Montreal, Canada, 2015: 400-407.

[18] X Zhang, Z Shen, N Haryani, et al. Ultra-low inductance vertical phase leg design with EMI noise propagation control for enhancement mode GaN transistors[C]. IEEE Applied Power Electronics Conference and Exposition, Long Beach, CA, 2016: 1561-1568.

[19] D Reusch, J Strydom. Understanding the effect of PCB layout on circuit performance in a high-frequency gallium-nitride-based point of load converter[J]. IEEE Transactions on Power Electronics, 2014, 29(4): 2008-2015.

[20] T Ishibashi, et al. Experimental validation of normally-on GaN HEMT and its gate drive circuit [J]. IEEE Transactions on Industry Applications, 2015, 51 (3): 2415-2422.

[21] M Okamoto, T Ishibashi, H Yamada, et al. Resonant gate driver for a normally on GaN HEMT[J]. IEEE Journal of Emerging and Selected Topics in Power Electronics, 2016, 4(3): 926-934.

[22] Designing hard-switched bridges with GaN[Z]. Transphorm Inc. AN0004, https://industrial. panasonic. cn/content/data/SC/ds/ds4/AN34092B_E. pdf.

[23] 张英,秦海鸿,彭子和,等. 一种非绝缘栅型GaN HEMT驱动电路及控制方法. 2020. 10. 20,中国,ZL 2018112945715.

[24] Recommended external circuitry for Transphorm GaN FETs[Z]. Transphorm Inc. AN0009, https://www. transphormchina. com/en/document/recommended-external-circuitry-transphorm-gan-fets/.

[25] AN34092B- single-channel GaN-Tr high-speed gate driver[Z]. Panasonic Corporation datasheet, https://industrial. panasonic. cn/content/data/SC/ds/ds4/AN34092B_E. pdf.

第6章　GaN HEMT用栅极驱动集成电路及集成驱动器

GaN器件比Si器件具有更低的导通电阻、更快的开关速度、更高的工作频率和更高的结温工作能力，因此成为中低功率电力电子装置中高频应用的理想器件。与SiC器件类似，GaN器件应用的关键问题之一同样是栅极驱动电路的设计问题。几乎所有生产GaN器件的公司都推出了其产品的配套栅极驱动器。针对栅极驱动电路器中常用的驱动集成电路(IC)，本章介绍了其引脚排列和各引脚的名称、功能、用法、内部结构、工作原理、参数限制及应用技术等内容。并在此基础上，针对各类GaN器件，列出了对应器件公司推荐采用的典型集成驱动器。

6.1　TI公司栅极驱动集成电路

LM5113是TI公司的一款针对低压eGaN HEMT器件设计的自举式双通道驱动芯片，其上管采用自举驱动技术，并具有5.2 V电压箝位功能，以防止栅源电压过高导致器件损坏。LM5113输入端为TTL逻辑兼容接口，最高可承受14 V的输入电压，其每个通道有两个输出端控制功率管，每个输出端均为其提供独立的开通、关断回路，具有较高的灵活性。除此之外，LM5113内部提供的低阻抗关断路径使得功率管关断时关断峰值电流较大，输入电容快速放电，从而实现了功率管的快速有效关断。LM5113最高可驱动电压等级为100 V的低压eGaN HEMT功率管，开关频率最高可达几兆赫，传输延时仅有28 ns，因此EPC公司和TI公司均选择其作为低压eGaN HEMT器件的驱动芯片。

1. 引脚排列、名称、典型功能和用法

LM5113有两种典型封装形式：WSON封装(10引脚，包括裸露的导热衬垫)和DSBGA封装(12引脚)。其具体封装形式与各引脚的排列如图6.1所示，各引脚的符号、名称、功能及用法如表6.1所列。

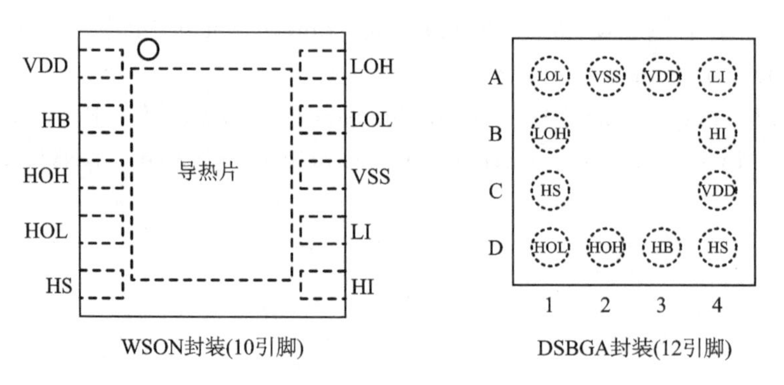

图6.1　LM5113的封装形式

表 6.1　LM5113 引脚的符号、名称、功能及用法

引　脚			类　型	功能及用法
符　号	WSON	DSBGA		
VDD	1	A3,C4	电源	为 eGaN HEMT 提供+5 V(推荐值)栅源电压
HB	2	D3	电源	连接自举电容,为上管提供栅源电压
HOH	3	D2	输出	上管栅极驱动开通输出端,通过连接驱动电阻,调节阻值可以调整开通速度
HOL	4	D1	输出	上管栅极驱动关断输出端,通过连接驱动电阻,调节阻值可以调整关断速度
HS	5	C1,D4	电源	外接上管源极,通过自举电容与 HB 端连接
HI	6	B4	输入	上管驱动控制输入端,不用时应接地或 VDD,不可悬空
LI	7	A4	输入	下管驱动控制输入端,不用时应接地或 VDD,不可悬空
VSS	8	A2	地	所有信号的参考地
LOL	9	A1	输出	下管栅极驱动关断输出端,通过连接驱动电阻,调节阻值可以调整关断速度
LOH	10	B1	输出	下管栅极驱动开通输出端,通过连接驱动电阻,调节阻值可以调整开通速度
	EP			裸露的导热衬垫,置于封装底部,焊接在 PC 板上提高散热性能

2. 内部结构和工作原理

LM5113 内部结构如图 6.2 所示。由图 6.2 可知,LM5113 内部包括欠压锁定(UVLO)、电平转换、自举电压钳位、与门等环节。

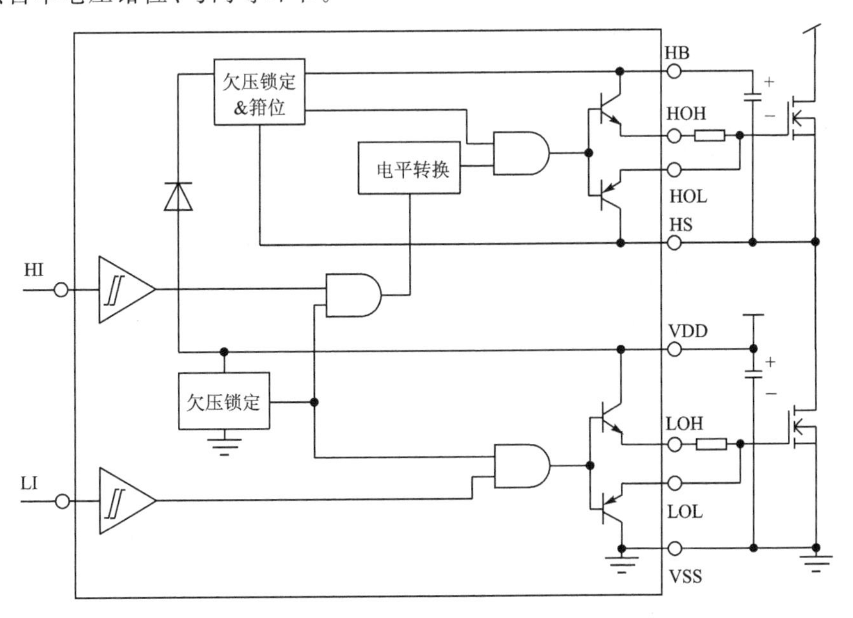

图 6.2　LM5113 内部结构图

LM5113 驱动芯片的主要工作原理及功能如下：

(1) 输入与输出

输入端 HI、LI 为 TTL 逻辑兼容接口，最高可承受 14 V 的输入电压。较宽的输入电压范围允许其直接与输出电压较高的 PWM 控制器连接，而无须在 PWM 控制器与驱动芯片间额外添加电压缓冲平台。值得注意的是，若 VDD 引脚有电源信号输入，则 HI、LI 引脚必须与 VDD 或 VSS 端连接确保其为高或低电平，不可悬空放置。

LM5113 每个通道有两个输出引脚，分别控制功率管的开通关断，为自身提供了相互独立的开通关断路径。为了提高功率管的开关性能，LM5113 内部设置了 2.1 Ω 开通电阻与 0.6 Ω 关断电阻，分别用于减弱开通回路电压的振铃与过冲、预防关断时过高的 du/dt 或 di/dt 导致的误导通现象。同时，由于开通关断路径相互独立，因此可在芯片外部驱动回路中自由调节开通、关断电阻大小，从而灵活地调整功率管的开通、关断时间。

(2) 欠压锁定

LM5113 双通道均具有欠压锁定功能。当 VDD 引脚输入电压低于 3.8 V 时，UVLO 环节起作用，能自动屏蔽 HI、LI 两路 PWM 输入信号，从而防止功率管部分导通；当 HB、HS 两端自举电压低于 3.2 V 时，上管 HOL 端置位为低电平，实现上管有效关断，而不影响下管的正常工作。当 LM5113 正常工作时，若 VDD 引脚输入直流电压不稳定，电压纹波幅值超过 0.2 V，UVLO 环节同样会起作用，以确保功率管有效关断，防止不稳定运行问题发生。

(3) 自举电压箝位

由于 eGaN HEMT 的反向导通压降通常比二极管导通压降高，因此在桥臂应用中，若不采用二极管续流，而是直接利用 eGaN HEMT 自身反向导通特性续流，则当下管反向导通处于续流状态。此时会导致 HS 引脚变为负压。考虑到漏、源极寄生电感的影响，该负压瞬时值可能会较大，从而使自举电压过高，在上管开通时导致其栅源过压损坏。针对这一问题，LM5113 提供了自举电压箝位电路。即当自举电压超过 5.2 V 时该电路发生作用：将自举电压箝位在5.2 V，以防止上管栅源过压损坏。

(4) 电平转换

如图 6.2 所示，由于 LM5113 内部上管图腾柱驱动电路以 HS 引脚为参考地，因此 HI 引脚输入的 PWM 低压控制信号并不能直接对其进行控制。而电平转换电路解决了这一问题，通过将 PWM 输入信号的电压等级抬升，实现了对上管图腾柱驱动电路的控制，从而进一步实现对上管的控制。与此同时，电平转换电路还提供了延迟匹配功能，即当 HI、LI 引脚输入互补 PWM 信号时，为防止上下管直通现象产生，需要设置一定的死区时间，LM5113 输入、输出信号时序关系具体波形如图 6.3 所示。LM5113 延迟匹配功能提供的典型死区时间为 1.5 ns。

3. 主要设计特点、参数限制和推荐工作条件

(1) LM5113 驱动芯片的主要设计特点

① 可同时提供两路驱动；

② 开关频率最高可达几兆赫(MHz)；

③ 驱动芯片能提供的开通峰值电流和关断峰值电流分别可达 1.2 A、5 A；

④ 欠压锁定和自举电压箝位功能确保功率管完全导通，同时不会过压损坏；

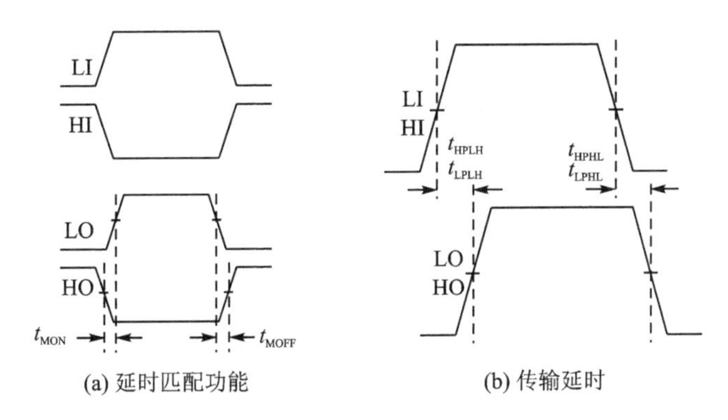

(a) 延时匹配功能　(b) 传输延时

图 6.3　LM5113 输入、输出信号时序关系图

⑤ 低功率损耗。

(2) LM5113 驱动芯片的主要参数和限制

表 6.2 所列为 LM5113 的极限绝对值参数，极限绝对值参数意味着超过该值后，驱动芯片有可能损坏。

表 6.2　LM5113 的极限绝对值参数

参数定义	最小值	最大值	单　位
VDD、VSS 两端电压	−0.3	7	V
HB、HS 两端电压	−0.3	7	V
LI 或 HI 输入	−0.3	15	V
LOH、LOL 输出	−0.3	VDD+0.3	V
HOH、HOL 输出	$U_{HS}-0.3$	$U_{HB}+0.3$	V
HS、VSS 两端电压	−5	100	V
HB、VSS 两端电压	0	107	V
HB、VDD 两端电压	0	100	V
工作时结温		150	℃
存储温度	−55	150	℃

(3) 推荐工作条件

表 6.3 所列为 LM5113 的推荐工作条件，该芯片在推荐条件下能够可靠地工作。

表 6.3　LM5113 的推荐工作条件

符号定义	最小值	最大值	单　位
VDD	4.5	5.5	V
LI、HI 输入	0	14	V
HS	−5	100	V
HB	$U_{HS}+4$	$U_{HS}+5.5$	V
HS 引脚电压转换速度		50	V/ns
运行温度	−40	125	℃

(4) LM5113 外围电路主要元件参数设计

LM5113 外围电路主要的元件为 VDD 旁路电容和自举电容。

① VDD 旁路电容 C_{VDD} 的主要作用是为上下管的栅极驱动提供电荷，同时吸收自举二极管的反向恢复电荷。其参数要满足

$$C_{VDD} > \frac{Q_{gH} + Q_{gL} + Q_{rr}}{\Delta U} \tag{6-1}$$

式中，Q_{gH} 和 Q_{gL} 分别为上下管栅极电荷、Q_{rr} 为自举二极管反向恢复电荷，其典型值为4 nC、ΔU 为旁路电容所允许的最大压降。C_{VDD} 一般采用高质量的陶瓷电容，容值宜取0.1 μF 或稍大些也可。为了减小寄生电感，旁路电容应与 IC 的引脚越近越好。

以 EPC 公司的 EPC2016C(100 V/18 A)功率管为例，其栅极电荷 Q_g 为 3.4 nC、ΔU 一般设置为 VDD 输入电压的 5%，这里取为 0.25 V。以上参数值代入式(6-1)计算可得 C_{VDD} 大于43.2 nF，留一定裕量后，可取 C_{VDD} 为 0.1 μF 或稍大些也可。

② 自举电容的主要作用是为上管栅极驱动以及自举二极管反向恢复提供电荷，同时为 HB 引脚欠压锁定电路提供直流偏置电源。其参数要满足

$$C_{BST} > \frac{Q_{gH} + I_{HB} \times t_{ON} + Q_{rr}}{\Delta U} \tag{6-2}$$

式中，I_{HB} 为 HB 引脚漏电流，典型值为 80 μA、t_{ON} 为上管最大导通时间、ΔU 为自举电容所允许的最大压降。C_{BST} 一般采用高质量的陶瓷电容，容值宜取 0.1 μF 或稍大些也可。为了减小寄生电感，自举电容应与 IC 的引脚越近越好。

同样以 EPC 公司的 EPC2016C(100 V/18 A)功率管为例，其栅极电荷 Q_g 为 3.4 nC、ΔU 一般设置为上管栅源驱动电压的 5%，这里取为 0.25 V、上管导通时间 t_{ON} 取为 6 μs，以上参数值代入式(6-2)计算可得 C_{BST} 大于 32 nF，留一定裕量后，可取 C_{BST} 为 0.1 μF 或稍大些也可。

(5) LM5113 推荐布局

由于低压 eGaN HEMT 的输入电容小、开关速度快、器件开关动作时会产生很大的 du/dt 及 di/dt、eGaN HEMT 的栅极阈值电压以及能够承受的最高栅极电压均较小，因此对驱动电路的布局提出了较高的要求：

① 驱动芯片放置的位置应尽可能接近 eGaN HEMT 器件，以减小环路电感以及高频噪声的影响。

② 当下管导通时，VDD 旁路电容通过自举二极管为自举电容充电。由于充电时间短，充电峰值电流大，因此应尽可能缩短该充电回路的长度以确保驱动芯片稳定运行。

③ 由于上下管源极的寄生电感会在驱动回路中产生瞬态的负压，导致器件的开关速度降低，因此 VSS 端与下管源极连线应尽可能短，以减小源极寄生电感。同理，HS 端与上管源极的连线也应尽可能短。

④ 在开通回路中，eGaN HEMT 器件的栅源电容，漏极寄生电感和开通电阻组成了 LCR 串联电路，导致了栅极电压振荡现象。通过增加开通电阻的阻值或添加铁氧体磁珠可在一定程度上限制该振荡现象。

⑤ VDD 旁路电容和自举电容为上下管的开通提供了瞬时峰值电流，为了减小驱动回路寄生电感对开通电流峰值的限制，两个电容应与驱动芯片置于 PCB 板的同一面，以防止过孔增加额外的寄生电感，导致驱动回路振荡加剧。

驱动芯片典型布局举例如图6.4所示。图6.4(a)所示的布局方法为采用WSON封装的LM5113芯片在无栅极驱动电阻情况下的典型布局。以下为该布局方法的简要说明：

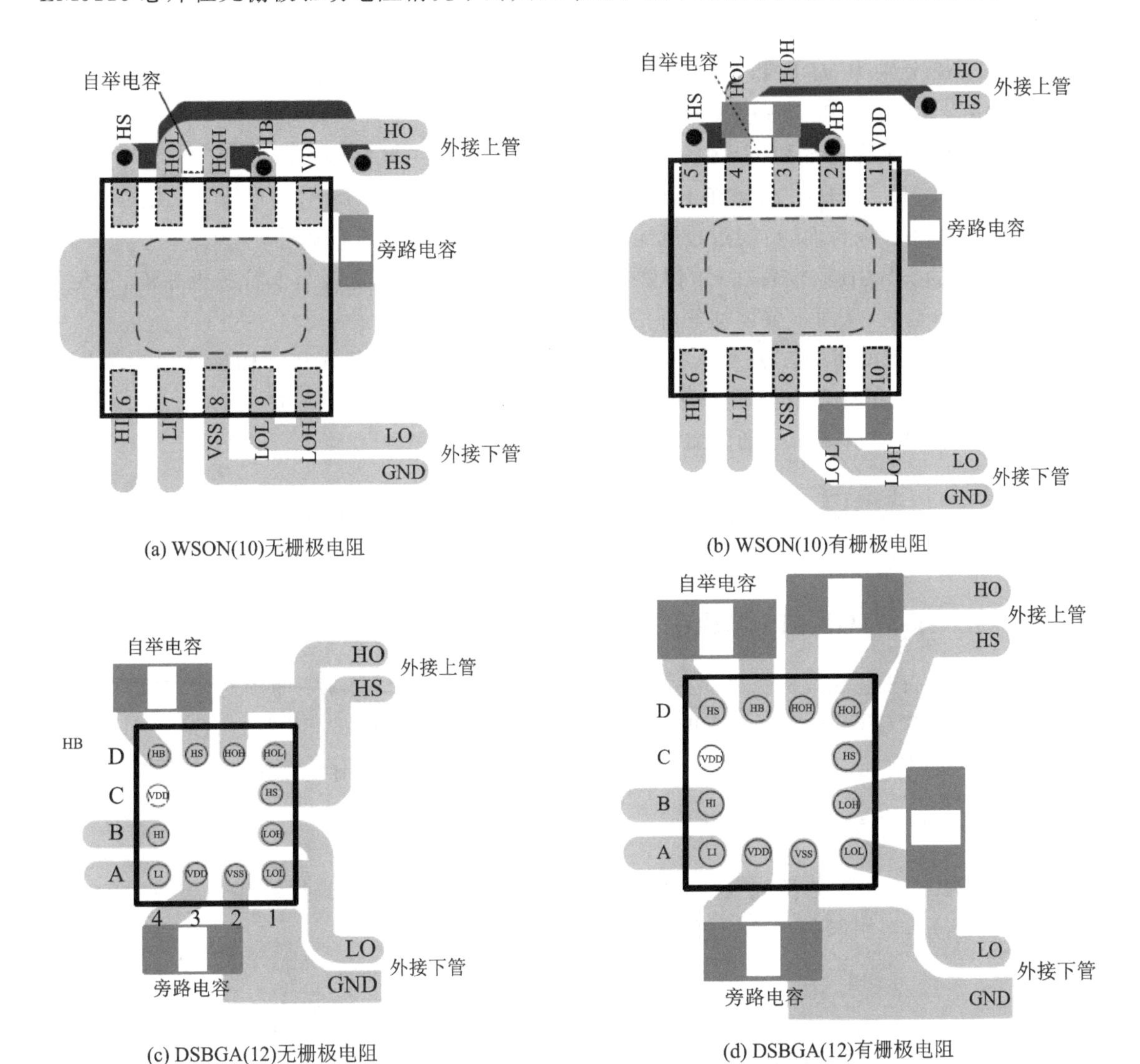

图6.4 驱动芯片典型布局举例

① 驱动芯片中间的散热基板与VSS引脚相连接，并从VSS引脚走线与功率地相连。

② LOL与LOH引脚连接在一起作为下管控制输出端，HOL、HOH引脚连接在一起作为上管控制输出端。

③ 旁路电容紧贴芯片放置，一端连接VDD引脚，一端与散热基板相连。

④ 自举电容放置在PCB板背面，并尽可能接近驱动芯片，其两端通过过孔与HB、HS引脚连接。

⑤ HS引脚从PCB板背面走线，通过过孔与上管源极相连。

图6.4(b)所示的布局方法为采用WSON封装的LM5113芯片在有栅极驱动电阻情况下的典型布局。该布局基本与无栅极驱动电阻布局相同，区别仅在于需要在LOL、LOH引脚间以及HOL、HOH引脚间分别添加栅极电阻。

图 6.4(c)所示的布局方法为采用 DSBGA 封装的 LM5113 芯片在无栅极驱动电阻情况下的典型布局。由于 DSBGA 封装共有 12 个引脚,其中 HS、VDD 各有两个引脚,因此在布局方法上更为简单,主要体现为以下几点:

① A3、A2 分别为 VDD 和 VSS 引脚,两者相邻,旁路电容可紧贴两引脚放置,由于 VSS 与功率地相连,因此可在 VSS 引脚外部适当覆铜。

② D4、D3 分别为 HB 和 HS 引脚,两者相邻,自举电容可紧贴两引脚放置。与 WSON 封装不同的是,HOH 与 HOL 引脚在 HS 引脚右侧,不会影响 HB、HS 引脚走线,因此无须将自举电容放置在 PCB 板背面,再通过过孔走线连接,从而减小了走线的寄生电感。

③ C1 也为 HS 引脚,设置在 C1 位置方便了直接从 HS 引脚走线与上管源极相连,避免了从 PCB 板背面走线,从而不会增加额外的寄生电感。

图 6.4(d)所示的布局方法为采用 DSBGA 封装的 LM5113 芯片在有栅极驱动电阻情况下的典型布局。该布局基本与无栅极驱动电阻布局相同,区别仅在于需要在 LOL、LOH 引脚间以及 HOL、HOH 引脚间分别添加栅极电阻。

6.2 Silicon Labs 公司栅极驱动集成电路

6.2.1 Si8271GB - IS 单通道高速驱动芯片

Si8271GB - IS 是 Silicon Labs 公司一款隔离单通道 eGaN HEMT 驱动芯片,输出电流为 1.8～4 A。Si8271GB - IS 采用特有的电容隔离技术,能够驱动 650 V 以下的 eGaN HEMT 电路,其瞬态共模抑制能力达到 150 kV/μs 以上,耐压可达 2.5 kV,适用于高速开关应用场合。

1. 引脚排列、名称、功能和用法

Si8271GB - IS 采用典型的双列表贴式 8 引脚(SOIC - 8)封装,其封装形式与各引脚的排列如图 6.5 所示,各引脚的名称、功能及用法如表 6.4 所列。

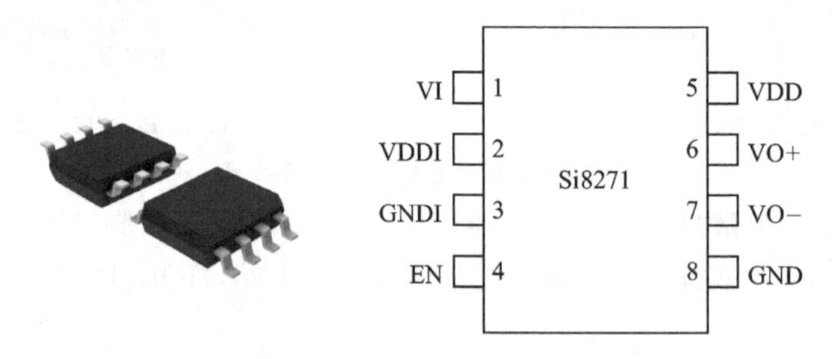

图 6.5 Si8271GB - IS 的引脚排列

表 6.4 Si8271GB - IS 的引脚名称、功能和用法

引脚号	符　号	名　称	功能和用法
1	VI	控制信号输入端	接用户提供的数字控制信号输出端
2	VDDI	驱动输入级电源	接用户为输入级提供的+5 V 电源

续表 6.4

引脚号	符 号	名 称	功能和用法
3	GNDI	驱动输入级地端	接用户为输入级提供的地端
4	EN	使能端	当使能端的电平为低电平时，芯片输出闭锁，当使能端电平为高电平时，芯片输出打开
5	GND	驱动输出级地端	接用户为输出级提供的正电源参考地端
6	VO−	驱动输出级低电平端	当控制信号为低电平时开启
7	VO+	驱动输出级高电平端	当控制信号为高电平时开启
8	VDD	驱动输入级电源端	接用户为输出级提供的正电源端

2. 内部结构和工作原理

Si8271GB - IS 的内部结构及工作原理如图 6.6 所示，其内部集成包括欠压锁定、延迟器、与门、电容隔离等环节。

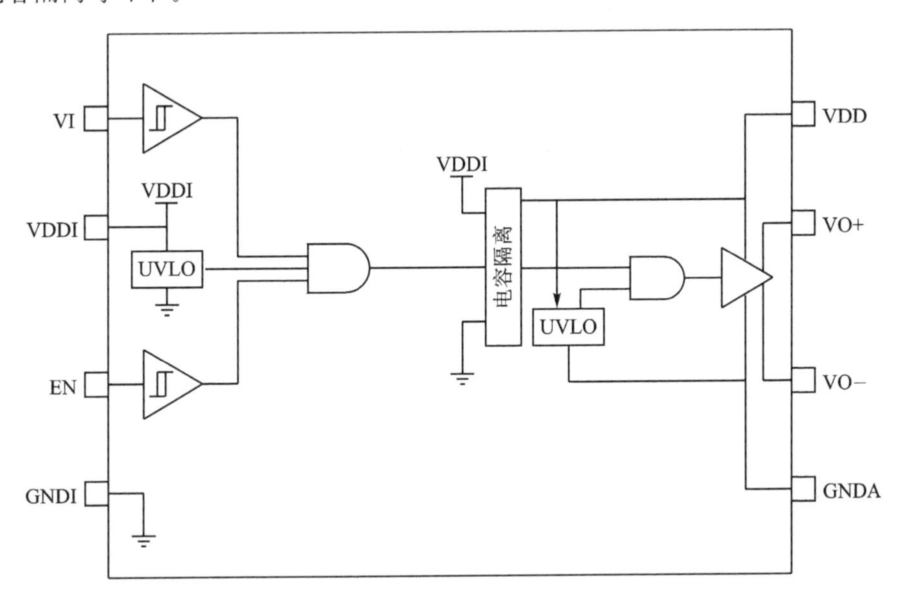

图 6.6 Si8271GB - IS 的内部结构及工作原理

Si8271GB - IS 的主要构成单元的工作原理或功能如下。

(1) 欠压锁定

欠压锁定是为了防止在器件启动和关断时误动作，避免用低电压驱动 eGaN HEMT。当输入端的 VDDI 电压低于其欠压锁定的反向阈值电压 $VDDI_{UV-}$ 时，将进入欠压锁定状态。芯片内部将自动产生关断信号来关闭 eGaN HEMT，此时驱动输出不受 VI 的输入状态影响。只有当 VDDI 电压高于其欠压锁定的正向阈值电压 $VDDI_{UV+}$ 时，才会退出欠压锁定状态。

输出端同样具有欠压锁定功能，当输出端 VDD 电压低于其欠压锁定电压时，输出电压将变为低电平来关闭 eGaN HEMT 电路，只有当 VDD 电压高于其欠压锁定电压时，才会退出欠压锁定状态。

(2) 使能端

当芯片供电正常未进入欠压锁定状态下，使能端 EN 电压高于其阈值电压，输入端的控制信号才能控制芯片输出端。若使能端 EN 电压低于其阈值电压，芯片输出端始终保持低电平。

3. 主要设计特点、参数限制和推荐工作条件

(1) 主要设计特点

① 电容隔离驱动；

② 内置电气绝缘；

③ 瞬态共模抑制能力达到 150 kV/μs；

④ 适用于高速驱动电路。

(2) 主要参数和限制

表 6.5 所列为 Si8271GB－IS 的极限绝对值参数，极限绝对值参数意味着超过该值后，驱动芯片有可能损坏。

表 6.5 Si8271GB－IS 的极限绝对值参数

符　号	定　义	最小值	最大值	单　位	备　注
VDDI	输入端正供电电压	−0.6	6	V	
VDD	输出端正供电电压	−0.6	36	V	
I_{OPK}	输出端输出电流	—	4	A	$t_{PW}=10\ \mu s, D=0.2\%$
T_{STG}	储存温度	−65	+150	℃	
T_A	工作温度	−40	125	℃	
T_j	结温	—	+150	℃	
V_{IO}	引脚对地的电压	−0.5	VDD+0.5	V	
—	焊接温度	—	260	℃	持续时间 10 s
HBM	人体静电放电电压	—	3.5	kV	
CDM	带电模型测试	—	2 000	V	
—	最大隔离电压(输入到输出)	—	3 000	V_{RMS}	持续时间 1 s
—	瞬态共模抑制能力	—	400	kV/μs	400

4. 应用技术

(1) 典型应用接线

图 6.7 所示为 Si8271GB－IS 应用中的典型接线原理图。

(2) 典型工作波形

图 6.8 所示为 Si8271GB－IS 工作时的正常工作波形，正确分析和理解这些波形的对应关系对应用好 Si8271GB－IS 是极为关键的。

(3) 典型应用举例

图 6.9 所示为 Si8271GB－IS 用于半桥 eGaN HEMT 驱动的接线原理图。

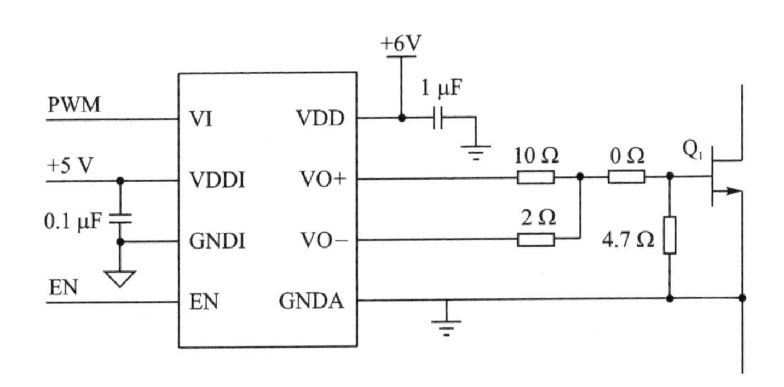

图6.7 Si8271GB-IS应用中的典型接线

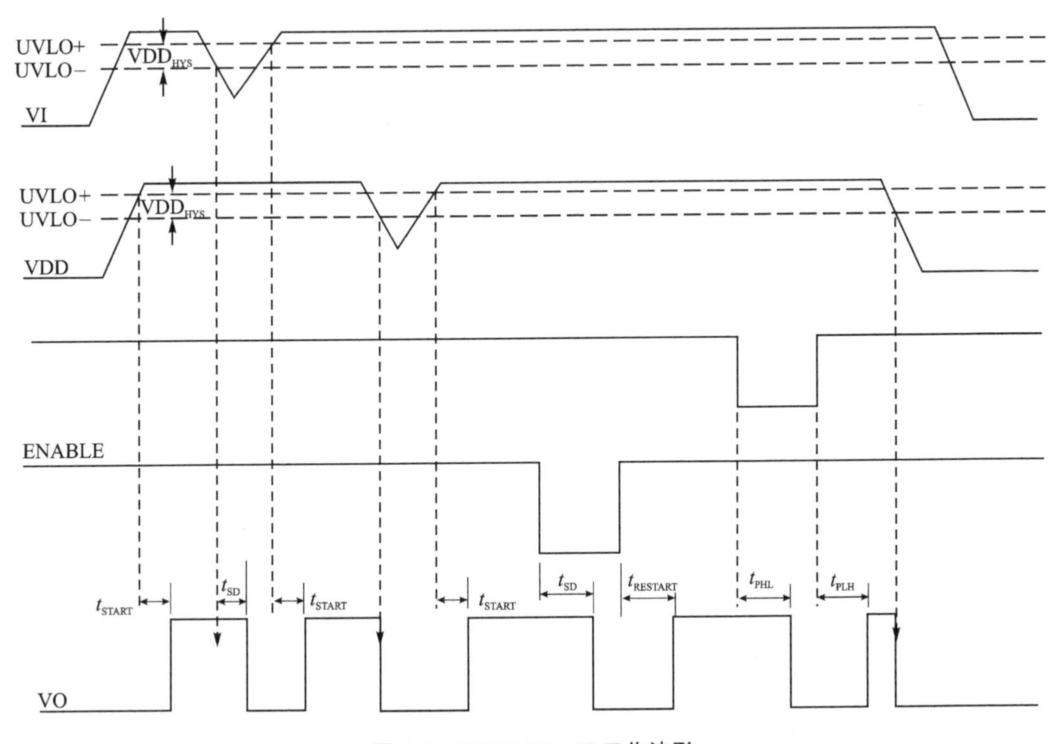

图6.8 Si8271GB-IS工作波形

6.2.2 Si8230双通道高速驱动芯片

Si8230是Silicon Labs公司一款隔离双通道MOSFET驱动芯片，典型输出电流为0.5 A。Si8230采用Silicon Labs公司独有的Si隔离技术，使每一路隔离器的耐压高达5 kV且延时仅有60 ns。Si8230具有集成度高、传输延时小、安装尺寸小、使用灵活性高、成本低等优点，非常适用于MOSFET和IGBT的隔离栅极驱动。考虑到Cascode GaN HEMT通过驱动低压Si MOSFET间接控制GaN HEMT的通断，因此Transphorm公司选择Si8230作为其Cascode GaN HEMT器件的驱动芯片。

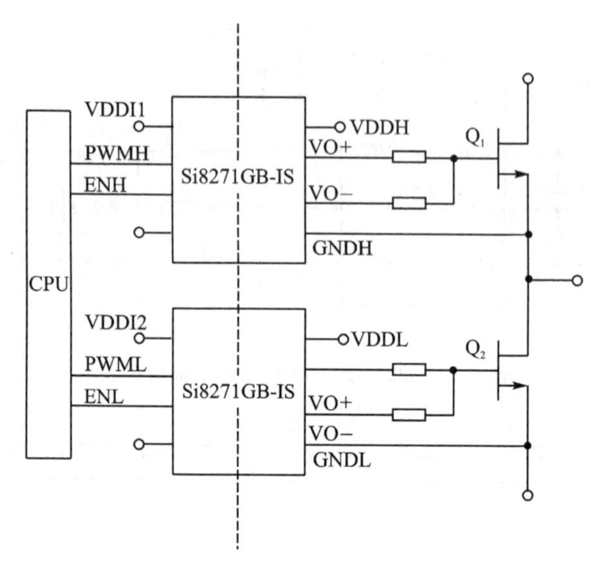

图 6.9 Si8271GB - IS 用于半桥 eGaN HEMT 驱动的接线原理图

1. 引脚排列、名称、功能和用法

Si8230 采用典型的双列表贴式 16 引脚封装，其封装形式与引脚的排列如图 6.10 所示，各引脚的名称、功能及用法如表 6.6 所列。

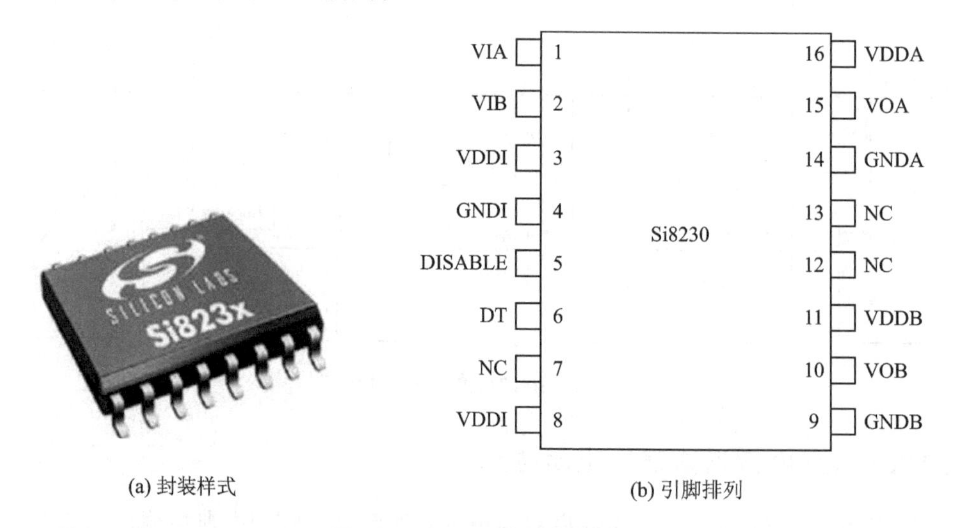

(a) 封装样式　　(b) 引脚排列

图 6.10 Si8230 的引脚排列

表 6.6 Si8230 引脚的名称、功能及用法

引脚号	符　号	名　称	功能和用法
1	VIA	非反向逻辑输入 A 端	驱动器输出 A 端的输入信号
2	VIB	非反向逻辑输入 B 端	驱动器输出 B 端的输入信号
3	VDDI	驱动输入级正电源端	接用户为输入级提供的+5 V 正电源端

续表 6.6

引脚号	符　号	名　称	功能和用法
4	GNDI	驱动输入级地端	接用户为输入级提供的地端
5	DISABLE	驱动器去使能端	用于使芯片去使能。当 DISABLE 端为高电平时，驱动芯片被关断，输出 A 端和输出 B 端被箝位在低电平
6	DT	可编程死区时间输入端	通过调整连接在 DT 端与地端的电阻的阻值，可以调整输出 A 与输出 B 之间的死区时间。当 DT 引脚接至 VDDI 或悬空时，死区时间为固定时间 400 ps
7	NC	空脚	使用中悬空
8	VDDI	驱动输入级正电源端	接用户为输入级提供的+5 V 正电源端
9	GNDB	驱动输出 B 地端	接用户为输出 B 端提供的正电源参考地端
10	VOB	驱动输出 B 端	经驱动电阻 R_G 后连接桥臂下管 MOSFET 的栅极，驱动电阻 R_G 的取值随被驱动 MOSFET 定额不同而不同
11	VDDB	驱动输出 B 正电源端	接用户为输出 B 端提供的正电源端
12	NC	空脚	使用中悬空
13	NC	空脚	使用中悬空
14	GNDA	驱动输出 A 地端	接用户为输出 A 端提供的正电源参考地端
15	VOA	驱动输出 A 端	经驱动电阻 R_G 后连接桥臂上管 MOSFET 的栅极，驱动电阻 R_G 的取值随被驱动 MOSFET 定额不同而不同
16	VDDA	驱动输出 A 正电源端	接用户为输出 A 端提供的正电源端

2. 内部结构和工作原理

Si8230 的内部结构及工作原理如图 6.11 所示。由图可知，Si8230 的内部集成包括欠压锁定、延迟器、死区控制及保护器、隔离器、与门、或门、非门、放大器等环节。

其主要构成单元的工作原理或功能如下：

(1) 欠压锁定

当芯片 VDDI 端的供电电压低于 $VDDI_{UV}$ 或者 VDDA/VDDB 端的供电电压低于 $VDDA_{UV}/VDDA_{UV}$ 时，芯片内部将自动产生关断信号来关闭功率器件，此时驱动输出不受 VIA、VIB 的输入状态影响。欠压锁定保护功能可防止高端或低端用低电压驱动功率器件，进而避免了功率半导体器件运行在高损耗工作模式。

(2) 死区时间控制

Si8230 用于桥臂电路驱动时，为了防止桥臂上下管直通，通常需要在两路输出驱动信号之间增加死区时间。Si8230 通过调节引脚 DT 连接电阻的阻值，可以调节死区时间。当 DT 引脚接至 VDDI 或悬空时，死区时间为固定时间 400 ps。

(3) 芯片闭锁与重启

当芯片 DISABLE 引脚输入高电平时，Si8230 会自动产生关断信号，使输出端的栅极驱动电压被箝位至低电平，确保 MOSFET 可靠关断。DISABLE 引脚高电平变为低电平一段时间

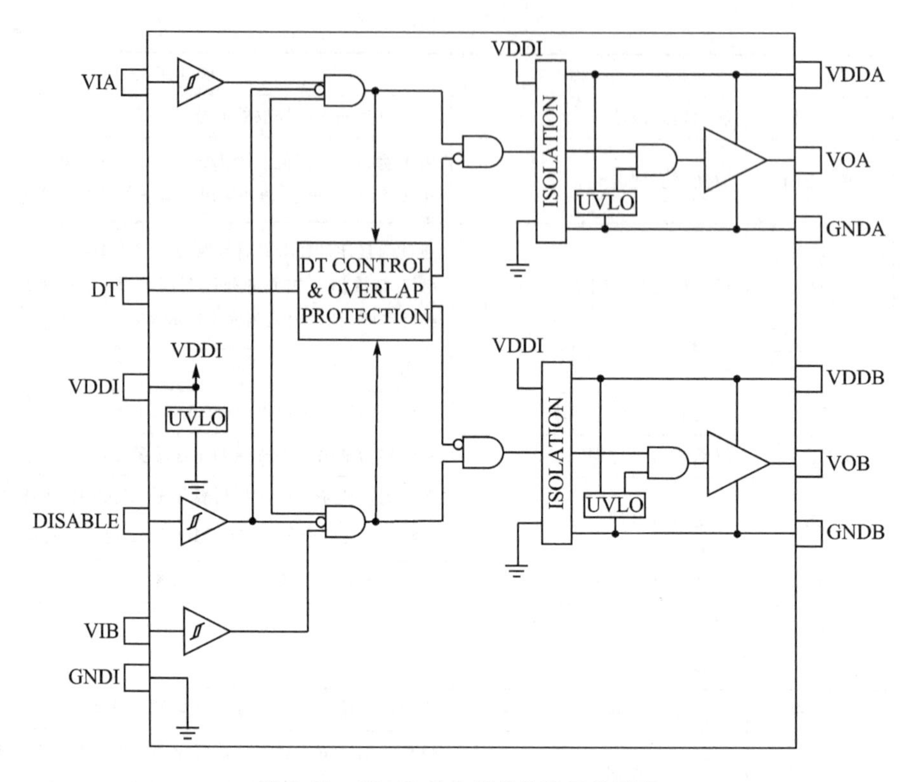

图 6.11　Si8230 的内部结构及工作原理

后，芯片会自动重启，恢复正常工作状态。

(4) 隔　离

Si8230 具有两路隔离的输出电路，实现了输入信号与输出信号的隔离功能。两路驱动输出可以选择共地或不共地，当选择共地时，两路的驱动电源及参考地端可以相连接。

3. 主要设计特点、参数限制和推荐工作条件

(1) 主要设计特点

① 两路完全隔离的驱动：输入与输出间的隔离电压高达 6.5 kV；两路输出间隔离电压高达 2500 V；

② 可同时提供两路驱动；

③ 开关频率最高达 8 MHz；

④ 驱动电流峰值可达 0.5 A；

⑤ 具有较高的抗电磁干扰能力。

(2) 主要参数和限制

表 6.7 所列为 Si8230 的极限绝对值参数，极限绝对值参数意味着超过该值后，驱动芯片有可能损坏。

表 6.7　Si8230 的极限绝对值参数

符　号	定　义	最小值	最大值	单　位	备　注
VDDI	输入端正供电电压	−0.6	6.0	V	
VDDA VDDB	驱动供电电压	−0.6	30	V	
V_{IO}	引脚对地电压	−0.5	VDD+0.5	V	所有引脚对地电压
I_{OPK}	输出电流峰值	—	0.5	A	脉冲电流时间 t_{PW} = 10 μs，占空比 D=0.2%
VISO1	输入与输出间最大隔离电压	—	6 500	V	1 s，WB SOIC-16 封装
VISO2	输出与输出间最大隔离电压	—	2 500	V	1 s，WB SOIC-16 封装
VISO1	输入与输出间最大隔离电压	—	4 500	V	1 s，NB SOIC-16 封装
VISO2	输出与输出间最大隔离电压	—	2 500	V	1 s，NB SOIC-16 封装
T_j	允许结温	—	150	℃	
T_{stg}	允许存储温度	−65	150	℃	
T_{LS}	焊料温度	—	260	℃	

(3) 推荐工作条件

表 6.8 所列为 Si8230 的推荐工作条件，该芯片在推荐条件下能够可靠地工作。

表 6.8　Si8230 的推荐工作条件

符　号	定　义	最小值	典型值	最大值	单　位	备　注
VDDI	输入端正供电电压	4.5	5.0	5.5	V	
VDDA	驱动供电电压	6.5	12	24	V	
VDDB	驱动供电电压	6.5	12	24	V	
VIA	A 通道 PWM 输入	—	5	—	V	
VIB	B 通道 PWM 输入	—	5	—	V	

4. 应用技术

(1) 典型应用接线

图 6.12 所示为 Si8230 应用中的典型接线原理图。

(2) 典型工作波形

图 6.13 所示为 Si8230 工作时的正常工作波形，正确分析和理解这些波形的对应关系对应用好 Si8230 是极为关键的。

当电源电压 VDDI 低于 UVLO−时，Si8230 就会进入欠压锁定状态，只有当 VDDI 重新高于 UVLO+时，Si8230 才会恢复正常工作状态。

对于每一路驱动输出供电电源均设置了欠压锁定，例如当 VDDA 低于 UVLO−时，Si8230 会被欠压锁定，只有当 VDDA 高于 UVLO+时，Si8230 才会正常提供驱动。

当芯片去使能端 DISABLE 被置为高电平时，Si8230 停止工作，直到 DISABLE 变为低电平，Si8230 才会恢复正常工作。

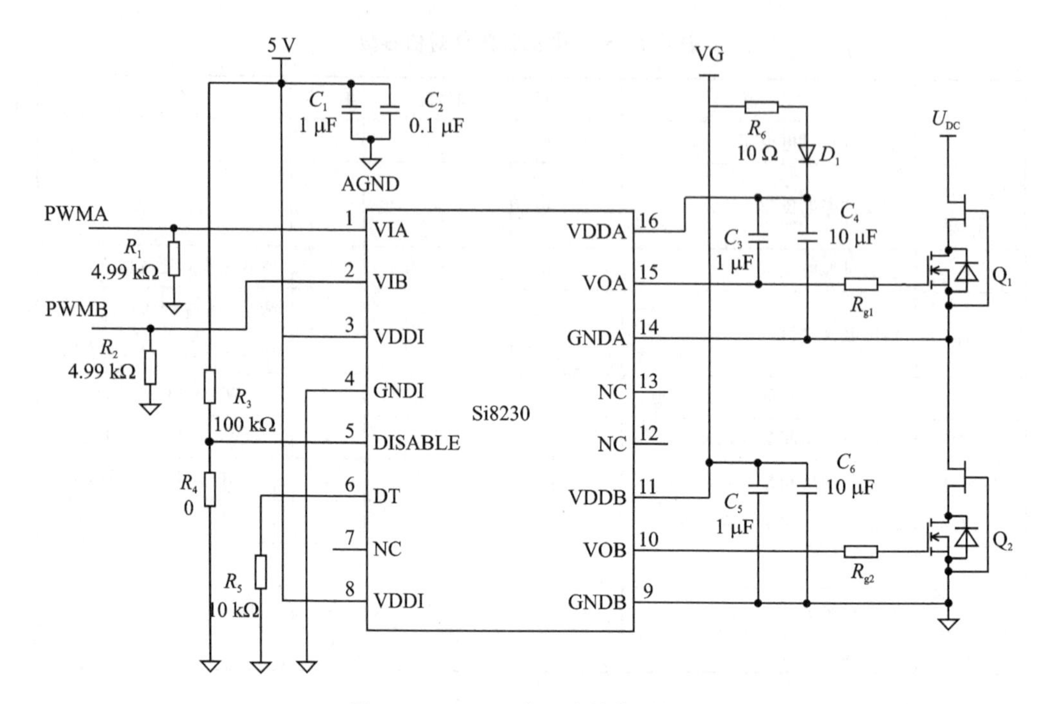

图 6.12 Si8230 应用中的典型接线

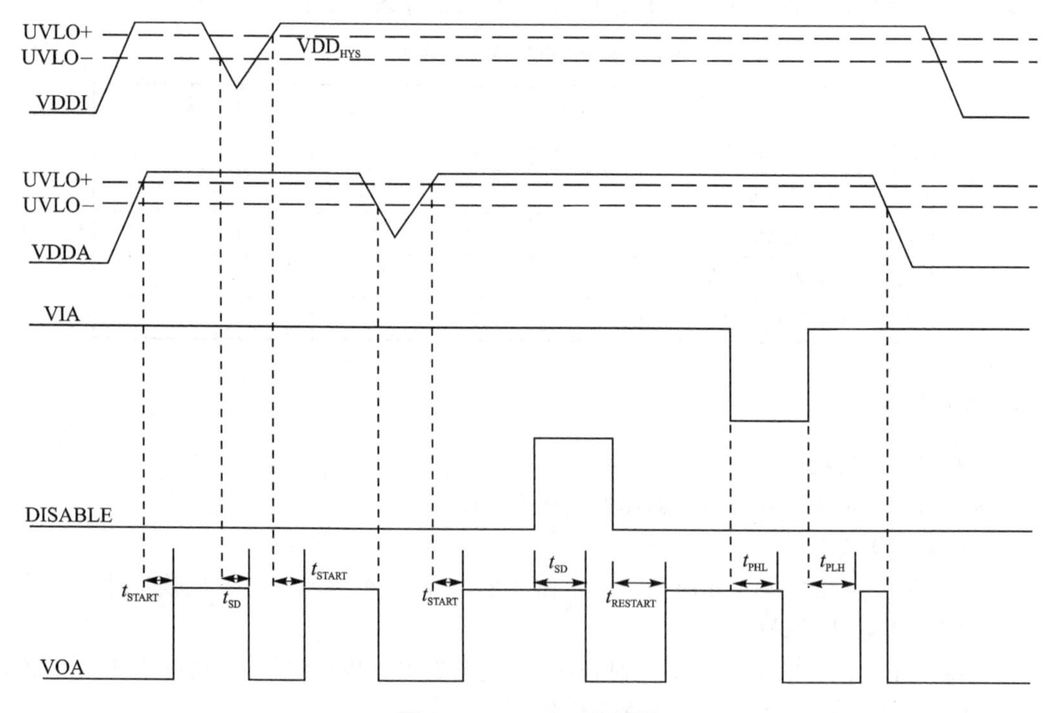

图 6.13 Si8230 工作波形

(3) 典型应用举例

图 6.14 所示为 Si8230 用于半桥 Cascode GaN HEMT 驱动的接线原理图。

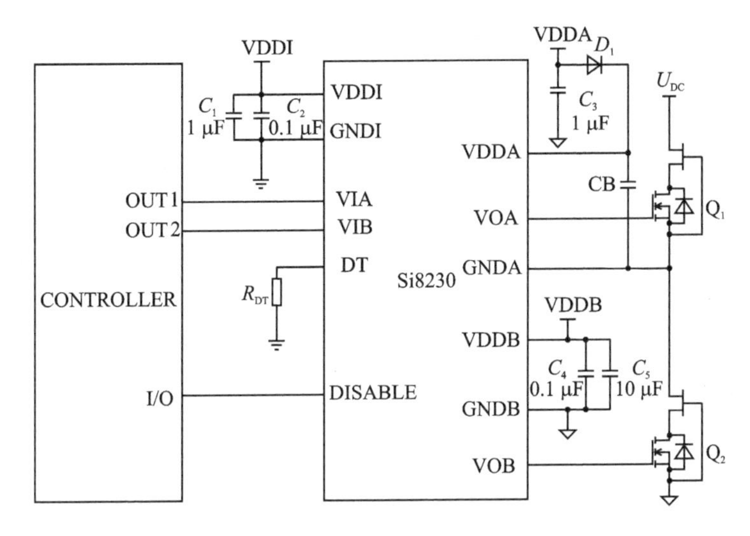

图 6.14　Si8230 用于半桥驱动的接线原理图

6.3　Panasonic 公司栅极驱动集成电路

AN34092B 是 Panasonic 公司的一款针对 GaN GIT 器件设计的单通道高速驱动芯片。芯片内部集成了用于开通的恒定拉电流电路以及用于避免误导通的负压电路，因此仅需要驱动芯片添加少量外部元件即可实现 GaN GIT 的可靠驱动，简化了驱动回路设计。拉电流和负压均可通过外部电阻进行调整，从而优化芯片功能以适应不同的应用场合。AN34092B 芯片内部还集成了栅极快速充电功能并且能够承受很高的电压、电流变化率，并可通过改变外部电阻灵活调节开通、关断时的电压和电流变化率。

1. 引脚排列、名称、典型功能和用法

AN34092B 采用 QFN 封装，共有 17 个引脚，其具体封装形式与各引脚的排列如图 6.15 所示，各引脚的符号、类型、功能及用法如表 6.9 所列。

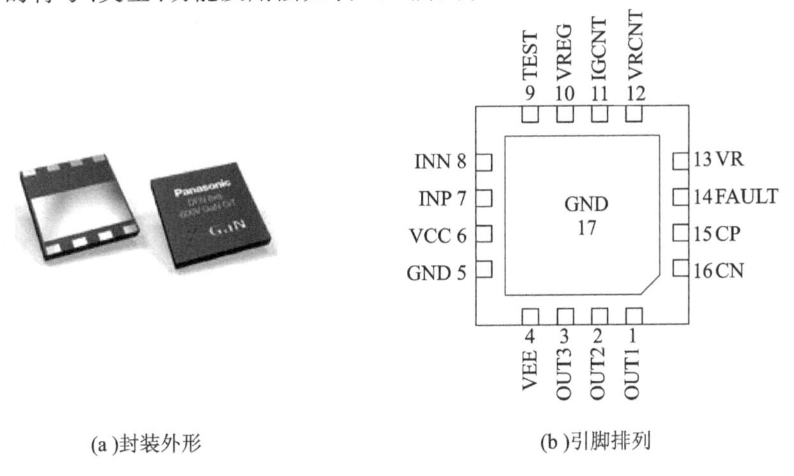

(a)封装外形　　(b)引脚排列

图 6.15　AN34092B 封装形式和引脚排列

表 6.9 AN34092B 引脚的名称、类型、功能及用法

引脚		类型	功能及用法
符号	标号		
OUT1	1	输出	栅极快速充电和加速电容放电输出端： 在 GaN GIT 开通期间，VCC 引脚和 OUT1 引脚间的 MOSFET 开通，使得 OUT1 引脚电压上升至 VCC 引脚电压。通过在 OUT1 引脚和 GaN GIT 栅极间连接一个电阻和一个加速电容可使 GaN GIT 快速开通。在 GaN GIT 截止期间，OUT1 引脚电压下降至 VEE 引脚电压并给加速电容放电 OUT1 引脚和 GaN GIT 栅极间的 PCB 走线应尽可能短以减小寄生参数影响
OUT2	2	输出	栅极拉电流和有源密勒箝位输出端： 在 GaN GIT 导通期间，OUT2 引脚输出恒定拉电流以维持 GaN GIT 的正常导通。在 GaN GIT 截止期间，OUT2 引脚作为有源密勒箝位输出端，当该引脚电压下降至一个特定的阈值电压时，会被箝位至 VEE 引脚电压 OUT2 引脚和 GaN GIT 栅极间的 PCB 走线应尽可能短以减小寄生参数影响
OUT3	3	输出	栅极下拉输出端： 在 GaN GIT 截止期间，OUT3 引脚电压会被箝位至 VEE 引脚电压。通过在 OUT3 引脚和 GaN GIT 栅极间串接一个电阻可以调节 GaN GIT 关断速度 OUT3 引脚和 GaN GIT 栅极间的 PCB 走线应尽可能短以减小寄生参数影响
VEE	4	输出	负压输出端： VEE 引脚为反向电荷泵输出端，其输出电压为 $-U_{VR}$（VR 引脚电压），通过旁路电容将 VEE 引脚连接到地
GND	5	地	所有信号的参考地
VCC	6	电源	主电源输入端： 建议上升时间（引脚电压达到预设电压值的 90%所需要的时间）设置为 10 μs～1 s
INP	7	输入	栅极驱动逻辑输入端（正逻辑）： 通过在 INP 引脚输入逻辑信号以控制 GaN GIT 开通和关断。高电平输入使 GaN GIT 开通，低电平输入使 GaN GIT 关断
INN	8	输入	栅极驱动逻辑输入端（反逻辑）： 通过在 INP 引脚输入逻辑信号以控制 GaN GIT 开通和关断。高电平输入使 GaN GIT 关断，低电平输入使 GaN GIT 开通
TEST	9	输入	测试引脚，与地相连
VREG	10	输出	LDO 线性稳压器输出端： VREG 引脚给芯片内部控制电路供电，通过旁路电容与地连接
IGCNT	11	输入	OUT2 引脚拉电流控制端： 通过在 IGCNT 引脚和地之间连接一个电阻可以调节导通期间 GaN GIT 的拉电流大小

续表 6.9

引　脚		类　型	功能及用法
符　号	标　号		
VRCNT	12	输入	VR 引脚电压和负压控制端： 通过在 VRCNT 引脚和地之间连接一个电阻可以调节 VR 引脚输出电压以及 VEE 引脚输出负压。 当 VRCNT 引脚悬空时，VR 引脚输出电压为 5V，VEE 引脚输出电压为 −5 V
VR	13	输出	LDO 线性稳压器输出端： VR 引脚是给反向电荷泵提供电源的线性稳压器的输出端，通过旁路电容与地连接
FAULT	14	输出	故障指示端口： FAULT 引脚为芯片内部 N 沟道 MOSFET 漏极输出端，当检测到异常工作状态时，FAULT 引脚电压置 0。通过一个电阻将 FAULT 引脚和供电电源连接，该引脚可以在故障时用作逻辑地电平输出端。FAULT 引脚还可以通过连接一个电阻直接驱动光电耦合器
CP	15	输出	电荷泵电容连接端： CP 引脚通过一个电容与 CN 引脚连接以确保电荷泵的正常工作。CP 引脚电压在 U_{VR}(VR 引脚电压)和 0 之间切换
CN	16	输出	电荷泵电容连接端： CN 引脚通过一个电容与 CP 引脚连接以确保电荷泵的正常工作。CN 引脚电压在 U_{VEE}(VEE 引脚电压)和 0 之间切换
GND	17	地	GND(17 号)引脚用于芯片散热，与 GND(5 号)引脚相连

2. 内部结构和工作原理

AN34092B 内部结构如图 6.16 所示，由图可知，AN34092B 内部有启动、保护、栅极控制等功能模块。

AN34092B 芯片的主要工作原理及功能如下：

(1) 启　动

① 当 VCC 引脚电压(U_{VCC})超过 4 V 时，芯片内部的线性稳压源(VREG)启动。

② 当 VREG 引脚电压(U_{VREG})超过 4.65 V 时，欠压锁定(UVLO)功能解除，同时芯片内部的参考线性稳压源开始为反向电荷泵(VR)供电。通过改变连接 VRCNT 引脚和地之间电阻的阻值可以调节 VR 引脚电压(U_{VR})在 3～3.5 V 之间变化。

③ 当 U_{VR} 超过正常设定值的 85%时，反向电荷泵开始工作，使得 VEE 引脚输出电压为 $-U_{VR}$。

④ 当 U_{VEE} 下降至设定值的 70%之后即约 100 μs 时，栅极控制信号输入端 INP 和 INN 引脚开始工作。从欠压锁定功能解除，到栅极控制信号输入端开始工作的时间间隔为 400 μs ±200 μs。

芯片启动的时序图如图 6.17 所示。

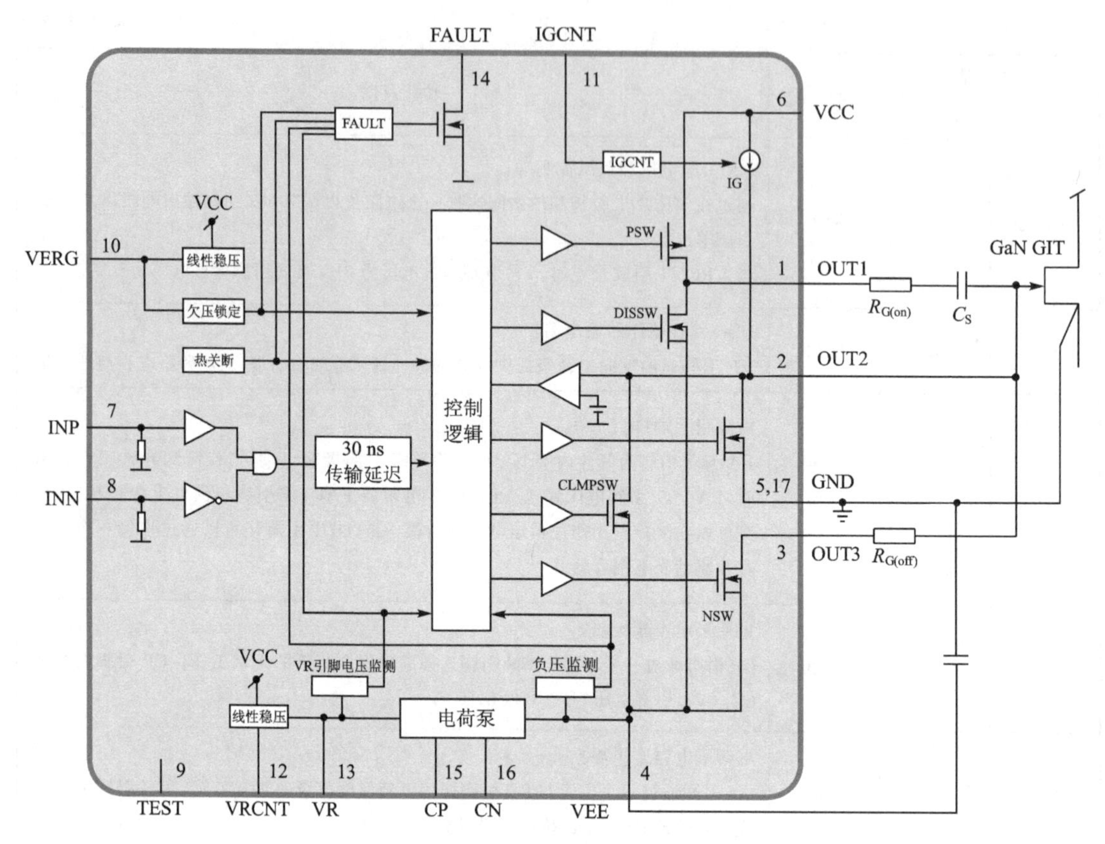

图 6.16 AN34092B 内部结构图

(2) 保 护

① 欠压锁定(UVLO):当 U_{VREG} 低于 4.5 V 时,UVLO 开始工作,使得 GaN GIT 的栅极变为低电平,同时反向电荷泵和参考线性稳压源停止工作。一旦 U_{VREG} 超过 4.65 V,UVLO 停止工作,芯片正常运行。

② VR 引脚电压监测电路(VRDET):当 U_{VR} 低于设定值的 75%时,VRDET 开始工作,使得 GaN GIT 的栅极变为低电平,同时反向电荷泵和参考线性稳压源停止工作。一旦 U_{VREG} 超过设定值的 85%,VRDET 停止工作,芯片正常运行。

③ 负压监测电路(VEEDET):当 U_{VEE} 大于设定值的 60%时,VEEDET 开始工作,使得 GaN GIT 的栅极变为低电平。一旦 U_{VREG} 低于设定值的 70%,VEEDET 停止工作,芯片正常运行。

④ 热关断(TSD):当芯片内部温度高于 150 ℃时,TSD 开始工作,使得 GaN GIT 的栅极变为低电平,同时反向电荷泵和参考线性稳压源停止工作。一旦芯片内部温度低于 120 ℃,TSD 停止工作,芯片正常运行。

上述保护功能均具有自恢复机制,即当非正常工作状态解除后,芯片能够自动恢复正常工作,无需人为干预。当上述任意一项保护机制启动时,FAULT 引脚均会变为低电平。

(3) 栅极控制

① 栅极控制方式:图 6.18 所示为芯片栅极控制的时序图。由图 6.18 可见,芯片栅极控制周期可分为 4 个典型模态。

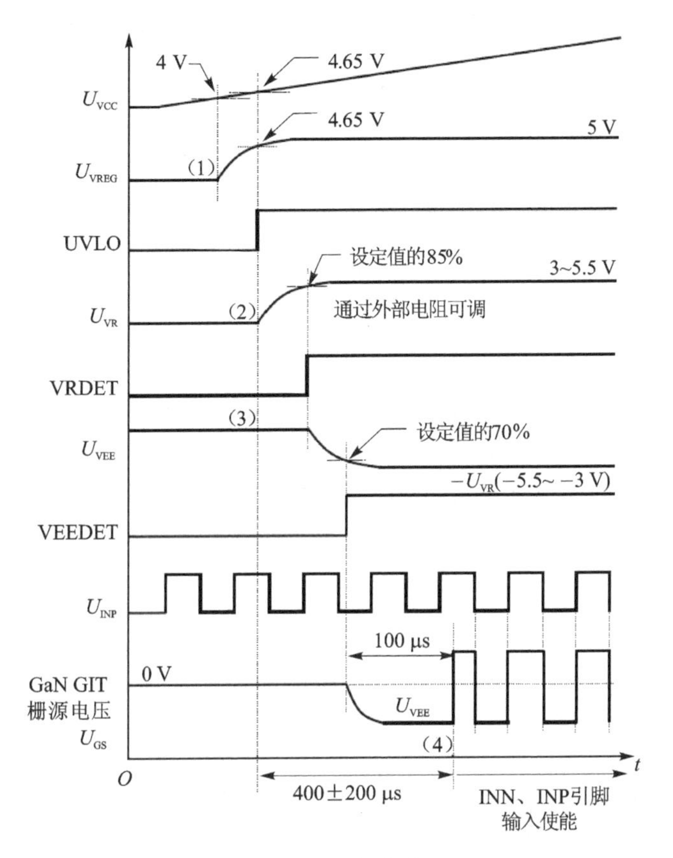

图 6.17　芯片启动时序图

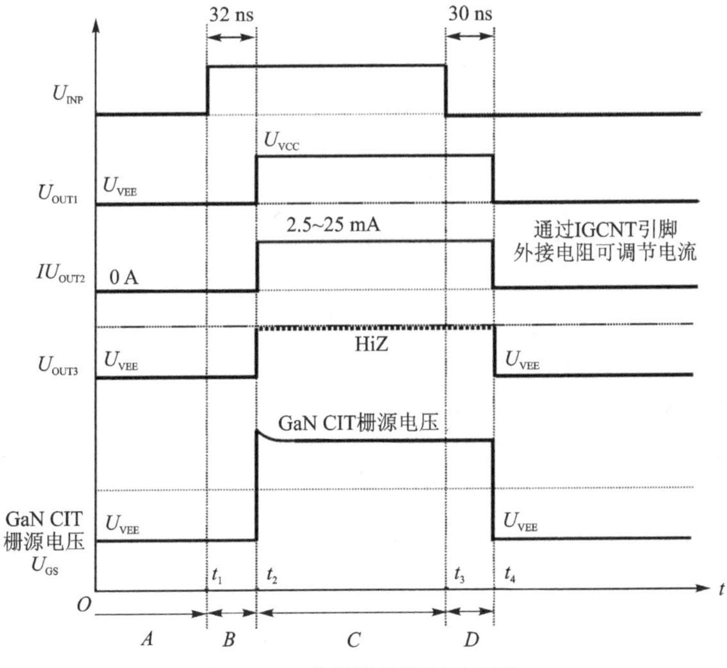

图 6.18　芯片栅极控制时序图

模态 A:INP 引脚电压(U_{INP})为低电平。NSW 和 CLMPSW 开通,GaN GIT 栅极电压变为 U_{VEE},同时,DISSW 开通,给加速电容 C_S 放电。

模态 B:U_{INP} 从低电平变为高电平后的 32 ns 区间内,芯片保持模态 A 的工作状态。

模态 C:U_{INP} 为高电平。NSW、CLMPSW 和 DISSW 关断,PSW 开通,OUT1 引脚电压(U_{OUT1})从 U_{VEE} 变为 U_{VCC},GaN GIT 栅极通过 C_S 快速充电,使其开通。同时电流源 IG 开通,为维持 GaN GIT 导通提供驱动电流。

模态 D:U_{INP} 从高电平变为低电平后的 30 ns 区间内,芯片保持模态 C 的工作状态。

在 30 ns 区间之后,PSW 和 IG 关断,NSW、CLMPSW 和 DISSW 开通,芯片回到模态 A 的工作状态。

② 有源密勒箝位:通过有源密勒箝位功能,芯片能够调节关断速率并且有效预防误导通现象产生。图 6.19 所示给出了 GaN GIT 关断期间芯片工作时序图,由图 6.19 可见,当 GaN GIT 关断时,OUT3 引脚电压变为低电平,通过改变关断电阻 $R_{G(off)}$ 的阻值可以调节 GaN GIT 的关断速率。当 GaN GIT 的栅极电压低于 0 时,CLMPSW 开通,芯片关断输出引脚由 OU3 变为 OUT2,GaN GIT 栅极电压直接置为 U_{VEE}。CLMPSW 的导通电阻典型值为 0.5 Ω,因此可以防止误导通产生。

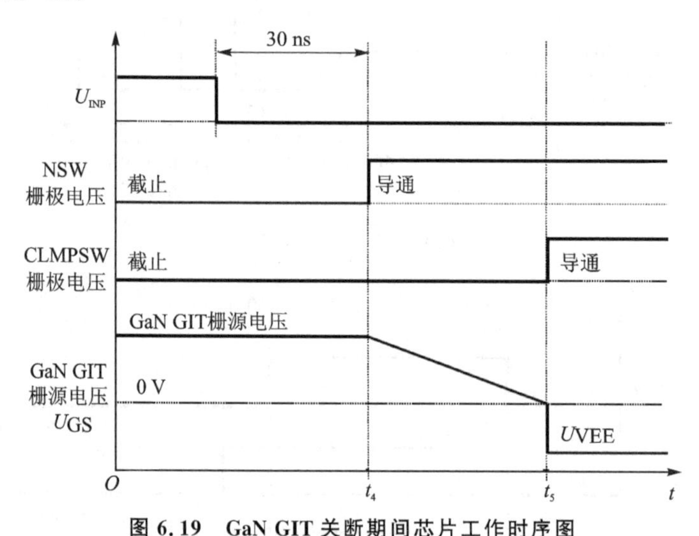

图 6.19 GaN GIT 关断期间芯片工作时序图

③ 栅极快速充电:通过在芯片 OUT1 引脚和 GaN GIT 栅极间连接加速电容 C_S,芯片能够给 GaN GIT 栅极快速充电,使其快速开通。

④ 栅极控制逻辑:芯片有 INP 和 INN 两个逻辑输入端。INP 为正逻辑输入端,INN 为反逻辑输入端。如果芯片工作于正逻辑状态,则 INN 引脚置为低电平,使用 INP 引脚作为逻辑输入端;如果芯片工作于反逻辑状态,则 INP 引脚置为高电平,使用 INN 引脚作为逻辑输入端。表 6.10 所列为芯片逻辑输入/输出真值表。

⑤ 栅极电流可调:OUT2 引脚输出的恒定驱动电流与 IGCNT 引脚的电流是成正比的。IGCNT 引脚的输出电压典型值为 1.25 V,通过在 IGCNT 引脚连接一个下拉电阻可以调节 GaN GIT 的栅极驱动电流。I_G 和 R_{IGCNT} 的关系可表示为

$$I_G[\mathrm{mA}]=\frac{668}{R_{IGCNT}+22.6[\mathrm{k\Omega}]}-0.83 \tag{6-3}$$

表 6.10 芯片逻辑输入/输出真值表

输入			输出			GaN GIT
保护	INP	INN	OUT1	OUT2	OUT3	
不工作	0	0/1	U_{VEE}	U_{VEE}	U_{VEE}	截止
不工作	0/1	1	U_{VEE}	U_{VEE}	U_{VEE}	截止
不工作	1	0	U_{VCC}	恒定电流	开路	导通
工作	0/1	0/1	开路	0 V	开路	截止

注："1"代表高电平；"0"代表低电平；"0/1"代表低电平或高电平。

表 6.11 所列给出了栅极恒定驱动电流(I_G)和下拉电阻(R_{IGCNT})的典型值对应关系。

表 6.11 I_G 和 R_{IGCNT} 的典型值

I_G/mA	R_{IGCNT}/kΩ	I_G/mA	R_{IGCNT}/kΩ
2.5	180	15	18
5.5	82	20	9.1
10	39	25	2.7

⑥ 可调负压：因为 GaN GIT 的栅极阈值电压通常仅为 1 V 左右，所以在关断期间较高的 dU_{DS}/dt 易导致 GaN GIT 发生误导通现象。驱动芯片通过给 GaN GIT 栅源极间施加关断负压并且提供低阻抗关断回路可防止误导通现象的产生。芯片提供的关断负压与 VRCNT 引脚的电流是成正比的，VRCNT 引脚的输出电压典型值为 1.25 V，通过在 VRCNT 引脚连接一个下拉电阻可以调节其电流值，从而改变关断负压值。U_{VEE} 和 R_{VRCNT} 的关系可表示为

$$U_{VEE}[V] = -\frac{363}{R_{VRCNT}+57.1[k\Omega]}+0.2 \qquad (6-4)$$

关断负压可调范围为−5.5～−3 V，表 6.12 列出了关断负压(U_{VEE})和下拉电阻(R_{VRCNT})的典型值对应关系。

表 6.12 U_{VEE} 和 R_{VRCNT} 的典型值

U_{VEE}/V	R_{VRCNT}/kΩ	U_{VEE}/V	R_{VRCNT}/kΩ
−3	56	−5	12 或开路
−4	27	−5.5	5.6

⑦ 栅极箝位：即使在 VCC 引脚无电源输入时，驱动芯片也可将 GaN GIT 的栅源电压进行有效箝位。当 GaN GIT 漏源极加上电压时栅极会出现漏电流，但是芯片的栅极箝位功能可以抑制由于漏电流产生的栅极电压使 GaN GIT 保持关断状态。箝位功能通过 OUT2 引脚实现，当漏电流为 10 μA 时，箝位电压为 0.7 V。

3. 主要设计特点、参数限制和推荐工作条件

(1) 主要设计特点

① GaN GIT 导通期间恒定驱动电流可调(2.5～25 mA)；

② 关断负压可防止误导通，并且负压可调(−5.5～−3 V)；

③ 开通和关断速度可调；

④ 具有有源密勒箝位、栅极快速充电以及无供电时栅极箝位等功能；

⑤ 30 ns 低延迟时间；

⑥ 支持正/反逻辑输入；

⑦ 具有欠压锁定、电压监测以及热关断等保护功能。

(2) 主要参数和限制

表 6.13 所列为 AN34092B 的极限绝对值参数，极限绝对值参数意味着超过该值后，驱动芯片有可能损坏。

表 6.13 AN34092B 的极限绝对值参数

参数	符号	极限值	单位
供电电压	U_{VCC}	28	V
工作环境温度	T_{opr}	−40 ～ +125	℃
工作结温	T_j	−40 ～ +150	℃
储存温度	T_{stg}	−55 ～ +150	℃
输入电压范围	U_{VRCNT}、U_{IGCNT}、U_{TEST}	−0.3 ～ (U_{VREG}+0.3)	V
	U_{INP}、U_{INN}	−0.3 ～ (U_{VCC}+0.3)	V
输出电压范围	U_{OUT1}、U_{OUT2}、U_{OUT3}	−6 ～ (U_{VCC}+0.3)	V
	U_{FAULT}	−0.3 ～ (U_{VCC}+0.3)	V
输入电流范围	I_{FAULT}	−0.3 ～ −10	mA
输出电流范围	I_{OUT1}	−1.5 ～ −6	A
	I_{OUT2}	−6 ～ 2	A
	I_{OUT3}	−3 ～ 0.3	A
抗静电能力	HBM	2	kV

(3) 推荐工作条件

表 6.14 所列为 AN34092B 的推荐工作条件，该芯片在推荐条件下能够可靠地工作。

表 6.14 AN34092B 的推荐工作条件

参数	符号	最小值	典型值	最大值	单位
供电电压	U_{VCC}	4.75	12	24	V
输入电压范围	U_{VRCNT}	−0.3	/	U_{VREG}+ 0.3	V
	U_{IGCNT}	−0.3	/	U_{VREG}+ 0.3	V
	U_{TEST}	−0.3	/	U_{VREG}+ 0.3	V
	U_{INP}	−0.3	/	U_{VCC}+ 0.3	V
	U_{INN}	−0.3	/	U_{VCC}+ 0.3	V
输出电压范围	U_{OUT1}	−6	/	U_{VCC}+ 0.3	V
	U_{OUT2}	−6	/	10	V
	U_{OUT3}	−6	/	10	V
	U_{FAULT}	−0.3	/	U_{VCC}+ 0.3	V

续表 6.14

参　数	符　号	最小值	典型值	最大值	单　位
输入电流范围	I_{FAULT}	−0.3	/	10	mA
输出电流范围	I_{OUT1}	−1.5	/	6	A
	I_{OUT2}	−6	/	2	A
	I_{OUT3}	−3	/	0.3	A

4. 应用技术

图6.20所示为AN34092B应用中的典型接线原理图。其中C_{VCC}、C_{VREG}、C_{VR}、C_{VEE}分别为VCC、VREG、VR和VEE引脚的旁路电容，典型值分别为10 μF、1 μF、4.7 μF和0.47 μF。C_{CP-CN}为连接CP和CN引脚的电容，以确保电荷泵正常工作，其典型值为0.22 μF。$R_{G(on)}$为开通驱动电阻，用以调节GaN GIT开通速度；C_S为加速电容；$R_{G(off)}$为关断驱动电阻，用以调节GaN GIT关断速度。

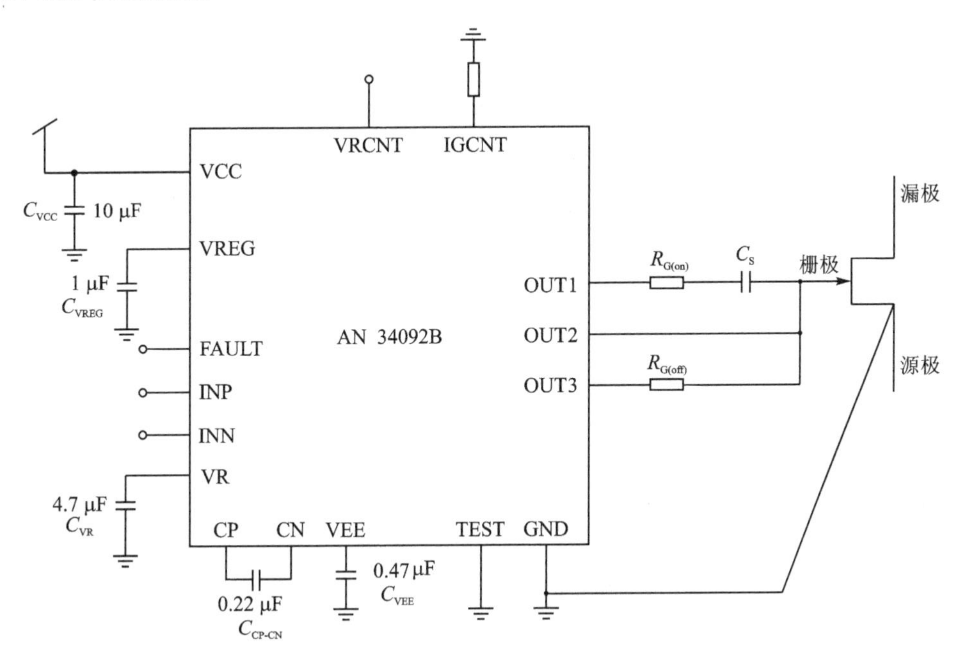

图 6.20　AN34092B应用中的典型接线原理图

6.4　Infineon公司栅极驱动集成电路

1EDF5673K是Infineon公司一款隔离单通道CoolGaN HEMT驱动芯片，输出电流为4～8 A。1EDF5673K采用基于无铁芯变压器技术的磁耦隔离，能够驱动650 V以下的CoolGaN HEMT，其瞬态共模抑制能力达到200 V/ ns以上，耐压可达1.5 kV，适用于高速开关应用场合。

1. 引脚排列、名称、功能和用法

1EDF5673K 采用 LGA－13(5 mm×5 mm)封装，各引脚的排列如图 6.21 所示，各引脚的名称和用途如表 6.15 所列。

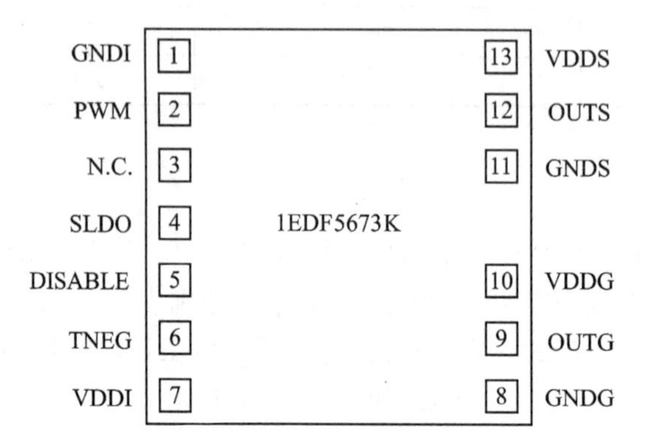

图 6.21 1EDF5673K 的封装图

表 6.15 1EDF5673K 的引脚名称和用途

引脚号	符　号	用　途
1	GNDI	驱动输入地端
2	PWM	控制 OUTG 和 OUTS 切换顺序的输入信号
3	N. C.	禁止连接端
4	SLDO	连接到 VDDI 端时：施加 3.3 V 的电压直接用作输入电源电压； 连接到 GNDI：启动内部并联调节器
5	DISABLE	输入信号(默认低电平状态) 逻辑高电平相当于 PWM 输入的低电平状态
6	TNEG	输入电阻以控制 t_1(见图 6.25)
7	VDDI	驱动输入电源
8	GNDG	OUTG 地端
9	OUTG	栅极输出端
10	VDDG	栅极连接的正电源端
11	GNDS	OUTS 地端(连接 GNDG)
12	OUTS	源极输出端
13	VDDS	源极连接的正电源端(连接 VDDG)

2. 内部结构和工作原理

1EDF5673K 的内部结构及工作原理如图 6.22 所示，其内部集成包括欠压锁定、延迟器、磁耦隔离等环节。

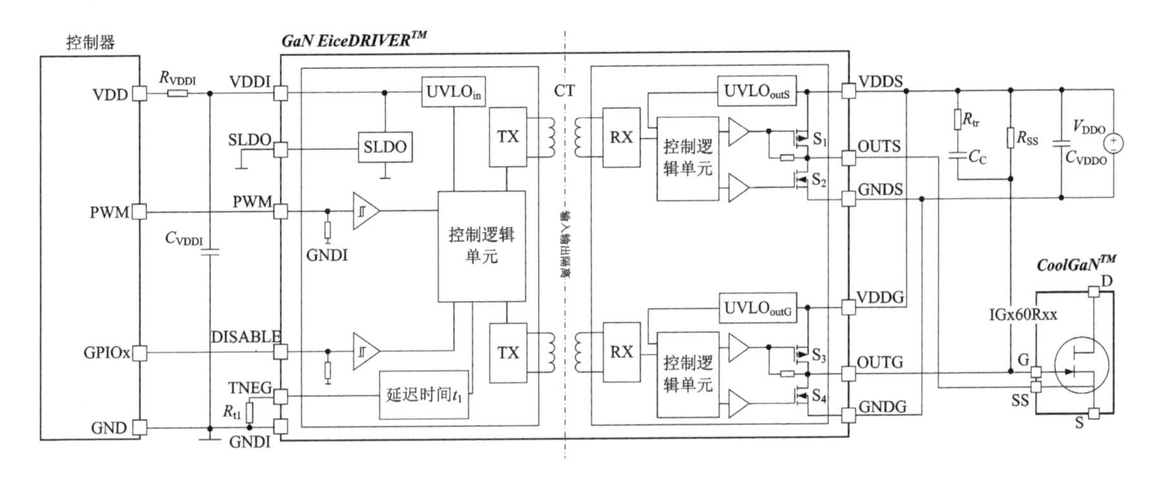

图 6.22　1EDF5673K 的内部结构及工作原理

其主要构成单元的工作原理或功能如下：

(1) 欠压锁定

欠压锁定是为了防止在器件启动和关断时发生误动作，因此芯片用低电压驱动 CoolGaN HEMT。当输入端的 VDDI 电压低于其欠压锁定的反向阈值电压时，芯片将进入欠压锁定状态，芯片内部将自动产生关断信号来关闭 CoolGaN HEMT。此时驱动输出不受输入状态影响，只有当 VDDI 电压高于其欠压锁定的正向阈值电压时，芯片才会退出欠压锁定状态。

输出端同样具有欠压锁定功能，当输出端电压低于其欠压锁定电压时，输出电压将变为低电平来关闭 CoolGaN HEMT。只有当输出端电压高于其欠压锁定电压时，才会退出欠压锁定状态。

(2) SLDO 端

SLDO 通过连接在外部电源电压 VDD 和引脚 VDDI 之间的外部电阻 R_{VDDI} 来调节电流，以产生所需的压降。

3. 主要设计特点、参数限制和推荐工作条件

(1) 主要设计特点

① 低阻抗输出：拉电流回路对应电阻 0.85 Ω，灌电流回路对应电阻 0.35 Ω；

② 内置磁耦隔离；

③ 瞬态共模抑制能力达到 200 V/ns；

④ 适用于高速驱动电路。

(2) 主要参数和限制

表 6.16 所列为 1EDF5673K 的极限绝对值参数，极限绝对值参数意味着超过该值后，驱动芯片有可能损坏。

表 6.16　1EDF5673K 的极限绝对值参数

符　号	定　义	最小值	最大值	单　位	测试条件
U_{DDI}	输入端正供电电压	−0.3	3.7	V	SLDO 不连接 或与 VDDI 连接
U_{DDO}	输出端正供电电压	−0.3	22	V	
U_{in}	引脚 PWM 和 DISABLE 的电压	−0.3 −5	17 —	V V	瞬态时间<50 ns
U_{TNEG} U_{SLDO}	引脚 TNEG 的电压 引脚 SLDO 的电压	−0.3	$U_{DDI}+0.3$	V	
$U_{OUTS/G}$	引脚 OUTS 和 OUTG 的电压	−0.3 −2	$U_{DDO}+0.3$ $U_{DDO}+1.5$	V	瞬态时间<200 ns
I_{SRC_rev} I_{SNK_rev}	引脚 OUTS 和 OUTG 的反向电流峰值	−5 —	— 5	A	瞬态时间<500 ns
CMTI	瞬态共模抑制能力	400	—	V/ns	
T_j	结温	−40	150	℃	
T_{stg}	贮存温度	−65	150	℃	
T_{SOL}	焊接温度	—	260	℃	
U_{ESD_CDM}	静电放电能力	—	0.5	kV	带电设备模型(CDM)
U_{ESD_HBM}	静电放电能力	—	2	kV	人体模型(HBM)

4. 应用技术

图 6.23 所示给出了 Infineon 公司的 600 V CoolGaN 器件等效电路和典型栅极输入特性。CoolGaN 在导通时需要提供一定的栅极维持电流。在无专门的抗误导通措施时，因其栅源阈值电压较低(0～ +1 V)，所以往往需要设置负栅极电压，以保持其安全关断。

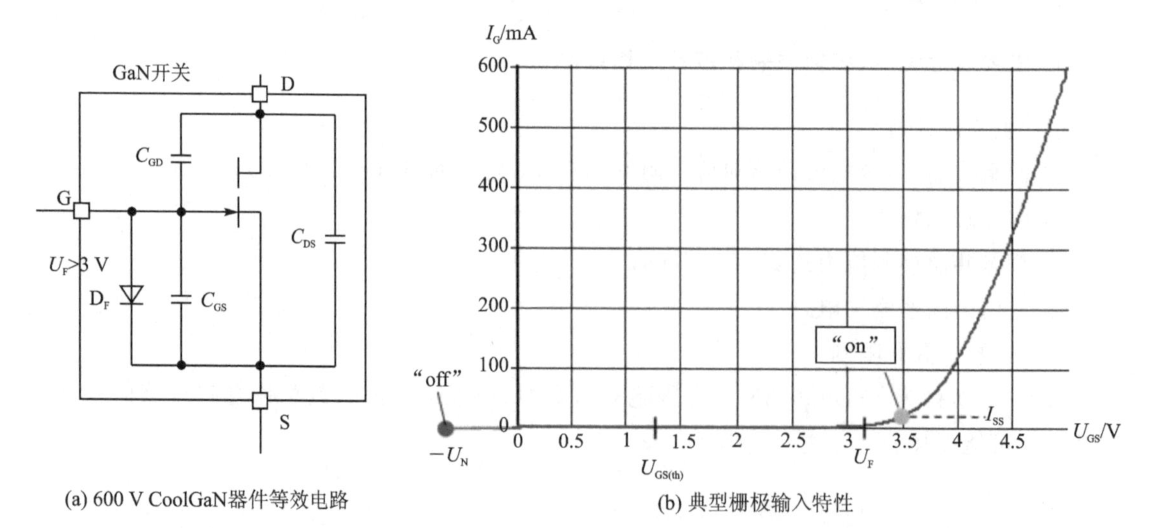

(a) 600 V CoolGaN器件等效电路　　(b) 典型栅极输入特性

图 6.23　600V CoolGaN 器件等效电路和典型栅极输入特性

为了给 CoolGaN HEMT 在开关瞬间提供峰值驱动电流、导通期间提供稳态驱动电流 I_{ss}、关断期间提供负关断电压 $-U_N$，可采用如图 6.24 所示的驱动电路。在开通状态期间，C_C 充电，其电压可充至 $U_{DDO}-U_D$。在关断状态期间，C_C 通过 R_{ss} 放电，C_C 和 C_{GS} 通过 R_{off} 放电，栅极负压值 U_{Nf} 与关断状态持续时间有关。

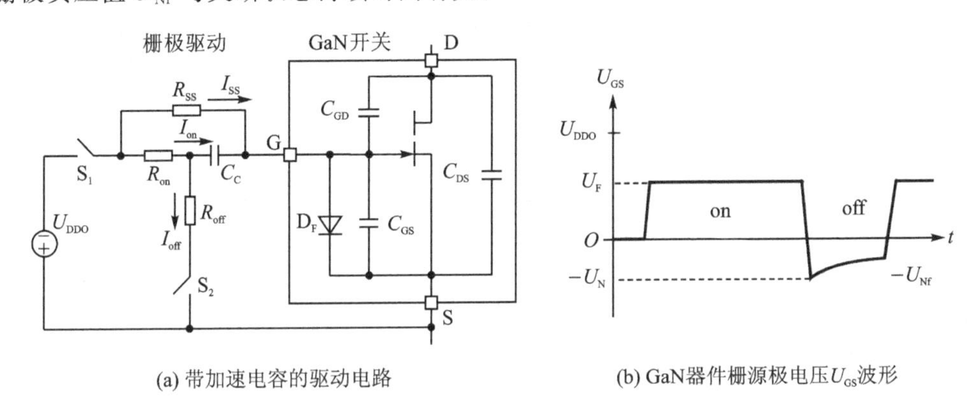

(a) 带加速电容的驱动电路　　(b) GaN器件栅源极电压U_{GS}波形

图 6.24　带加速电容的驱动电路和 GaN 器件栅源极电压 U_{GS} 波形

但图 6.24 所示的驱动电路在桥臂电路中使用时会存在潜在危险。当系统启动或处于可控脉冲模式时，上下管均处于关断状态的时间较长，此时电容 C_c 可能会放完电，使得 GaN 器件栅源极间无负压。此时很可能会引起功率管误导通，导致桥臂出现短时直通现象，增加电流应力或导致不稳定工作。

为了解决上述问题，可给 U_{GS} 提供如图 6.25(b)所示的改进波形。为保证 GaN 器件可靠关断，通常需加负压关断方式。但在桥臂死区时间内，负压绝对值不宜过大，否则会增加 GaN 器件的反向导通电压和反向导通损耗。为此，如图 6.25(b)所示，在 GaN 器件关断瞬间，把栅极电压切换为 $-U_N$，持续时间为 t_1，比死区时间 t_d 要长些。之后把栅极电压再切换为 0，等待 GaN 器件再次开通。但如果系统检测到 GaN 器件关断时间 t_1 远长于正常的开关周期($1/f_{sw}$)，则栅极电压必须再切换为 $-U_N$，以避免上述问题。

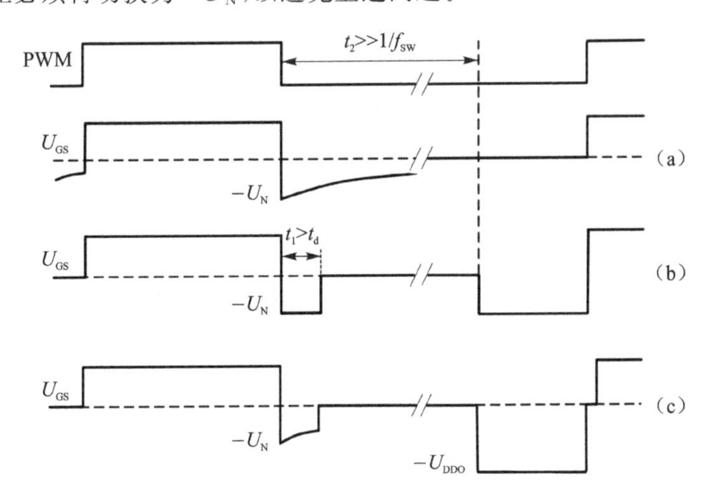

图 6.25　带加速电容电路的 U_{GS} 电压波形(a)，改进波形(b)和建议波形(c)

图 6.25(b)是一种理想波形，具体实现时，仍需考虑电路的复杂程度。图 6.26(c)是一种

更为实际的原理波形，因为关断时间 t_1 远长于正常开关周期($1/f_{sw}$)的情况毕竟出现得较少，因此出现这种情况时，把 GaN 器件开通前的栅压 $-U_N$ 切换为 $-U_{DDO}$，对开关损耗也几乎没有什么影响。

英飞凌公司的 1EDF5673K 采用差动驱动概念，利用 4 个开关和 4 个连接端子即可实现上述功能，线路示意图和开关控制信号时序波形如图 6.26 所示。必须注意的是 GaN 器件经过长时间关断再次开通时，C_C 完全充电到 U_{DDO}，此时加速电容支路没有电流流动。采用标准开通方案时(关断 S_1/开通 S_2)，开通瞬态电流被限制为稳态驱动电流值，限制了开通速度。为加速开通过程，在 GaN 器件开通之前，要对栅极进行放电，放电时段记为 t_3，其典型值为 20 ns。

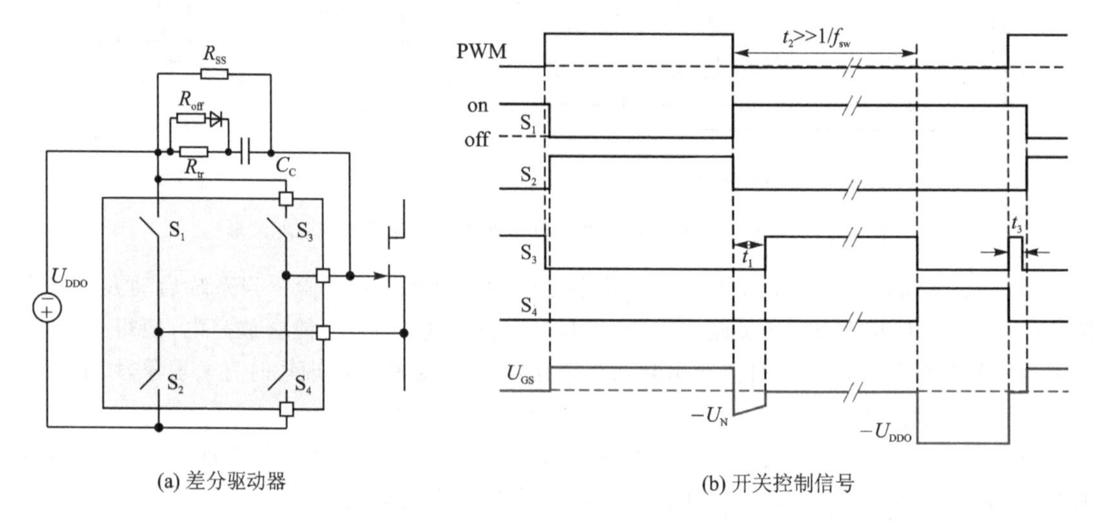

(a) 差分驱动器 (b) 开关控制信号

图 6.26 1EDF5673K 的差分驱动结构和开关控制信号

在图 6.26(a)的拓扑中，可通过调整 R_{tr} 的取值来设置最大瞬态充电和放电电流。也可以通过调整与 R_{tr} 并联且与二极管串联的附加电阻器 R_{off} 来分别设置开通和关断瞬态的不同阻抗。一般根据下列关系式来选择 U_{DDO}，R_{ss}，R_{tr} 和 R_{off} 等驱动参数。

$$I_{SS}=\frac{U_{DDO}-U_F}{R_{SS}} \tag{6-5}$$

$$I_{on,max}=\frac{U_{DDO}}{R_{tr}} \tag{6-6}$$

$$I_{off,max}=\frac{U_{GS(th)}+U_N}{R_{off}//R_{tr}} \tag{6-7}$$

6.5 GaN 集成驱动器实例分析

因 GaN 器件对寄生参数非常敏感，其驱动电路必须与 GaN 器件紧凑布局，以尽可能减小寄生电感，因此一般不会采用像 SiC 器件那样的独立驱动板结构。各 GaN 器件公司针对其产品给出了评估板或变换器整机 Demo 板，在这些典型应用中也同时给出了驱动电路(集成驱动器)的设计实例。

6.5.1　低压 eGaN HEMT 的驱动电路

以 EPC 公司为例，其并未针对 eGaN HEMT 产品制作专用的驱动板，只是在双脉冲测试板和典型样机中给出了 eGaN HEMT 的驱动电路设计方案。图 6.27 所示为 EPC 公司基于 LM5113 构成的 100 V 半桥驱动电路开发板原理图。该开发板在核心驱动电路基础上还包括了死区时间调整和逻辑互锁功能。

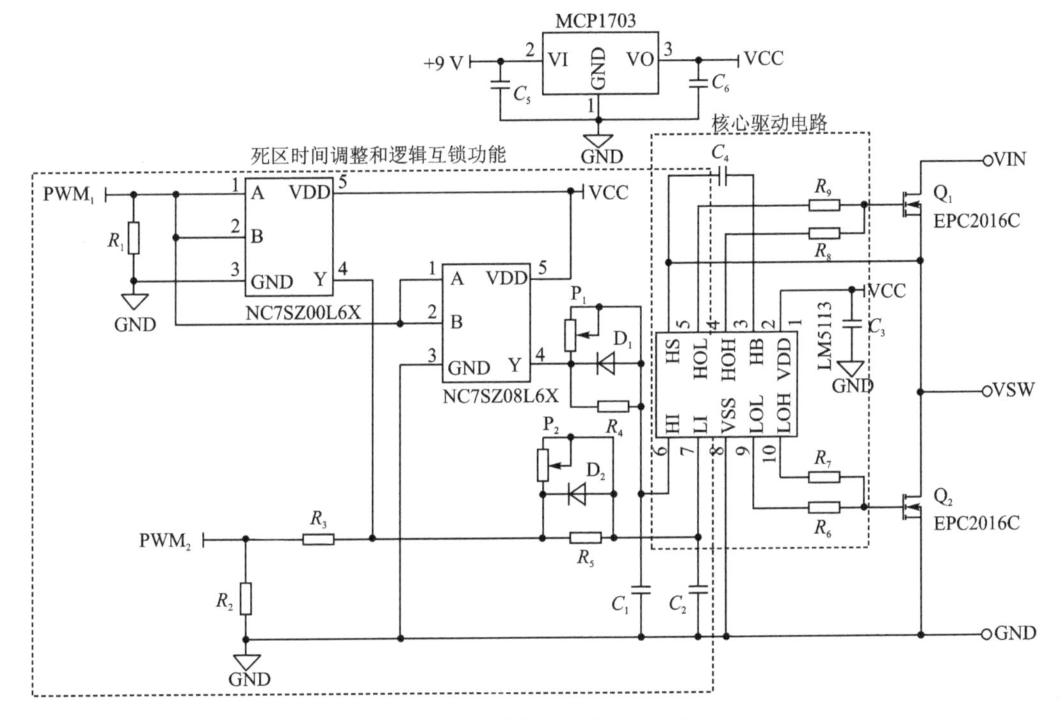

图 6.27　驱动电路开发板原理图

驱动电路开发板主要组成部分及功能如下：

① MCP1703 芯片及其外围电路构成了线性稳压源电路，主要为开发板中包括 NC7SZ00L6X、NC7SZ08L6X 以及 LM5113 在内的芯片提供供电电源。其输入为 7～12 V 直流电压，输出为 5 V 直流电压。

② NC7SZ00L6X、NC7SZ08L6X 及其外围电路构成了逻辑互锁和互补信号输入电路。具体工作原理：若仅提供 PWM1 一路输入信号，当 PWM1 信号输入为高/低电平时，由于 NC7SZ00L6X 为与非门，因此其输出为低/高电平。而 NC7SZ08L6X 为与门，输出为高/低电平，从而为 LM5113 的 HI、LI 引脚输入了两路互补信号；若提供两路输入信号 PWM1、PWM2，当 PWM1 为高电平时，NC7SZ00L6X 输出低电平，此时无论 PWM2 为高电平还是低电平，LM5113 的 LI 引脚输入均为低电平。而当 PWM1 为低电平时，NC7SZ00L6X 输出高电平。此时无论 PWM2 为高电平还是低电平，LM5113 的 LI 引脚输入均为高电平，从而实现两路信号互锁。

③ P_1、D_1、R_4、C_1 和 P_2、D_2、R_5、C_2 构成了两路输入信号的死区时间调整电路。以 P_1、D_1、R_4、C_1 为例，P_1、D_1、R_4 并联后与 C_1 串联构成 RC 电路。在输入信号为高电平时，通过调节电位器 P_1 的阻值或 C_1 的容值、改变时间常数，从而改变输入 HI 信号的高电平延时时间，

而在输入信号为低电平时，由于 D_1 正向导通电阻很小，因此 C_1 快速放电，使输入 HI 信号的低电平与互锁电路输出信号相比几乎没有延时，最终实现死区时间的调整。

6.5.2 高压 eGaN HEMT 的驱动电路

以 GaN Systems 公司为例，其没有针对 eGaN HEMT 产品制作专用的驱动板，只是在双脉冲测试板和样机中采用了基于 Si8271GB－IS 构成的半桥 eGaN HEMT 驱动电路。图 6.28 所示为该驱动电路的原理图，可提供正压为＋6 V，负压为－3 V 的栅极驱动电压。

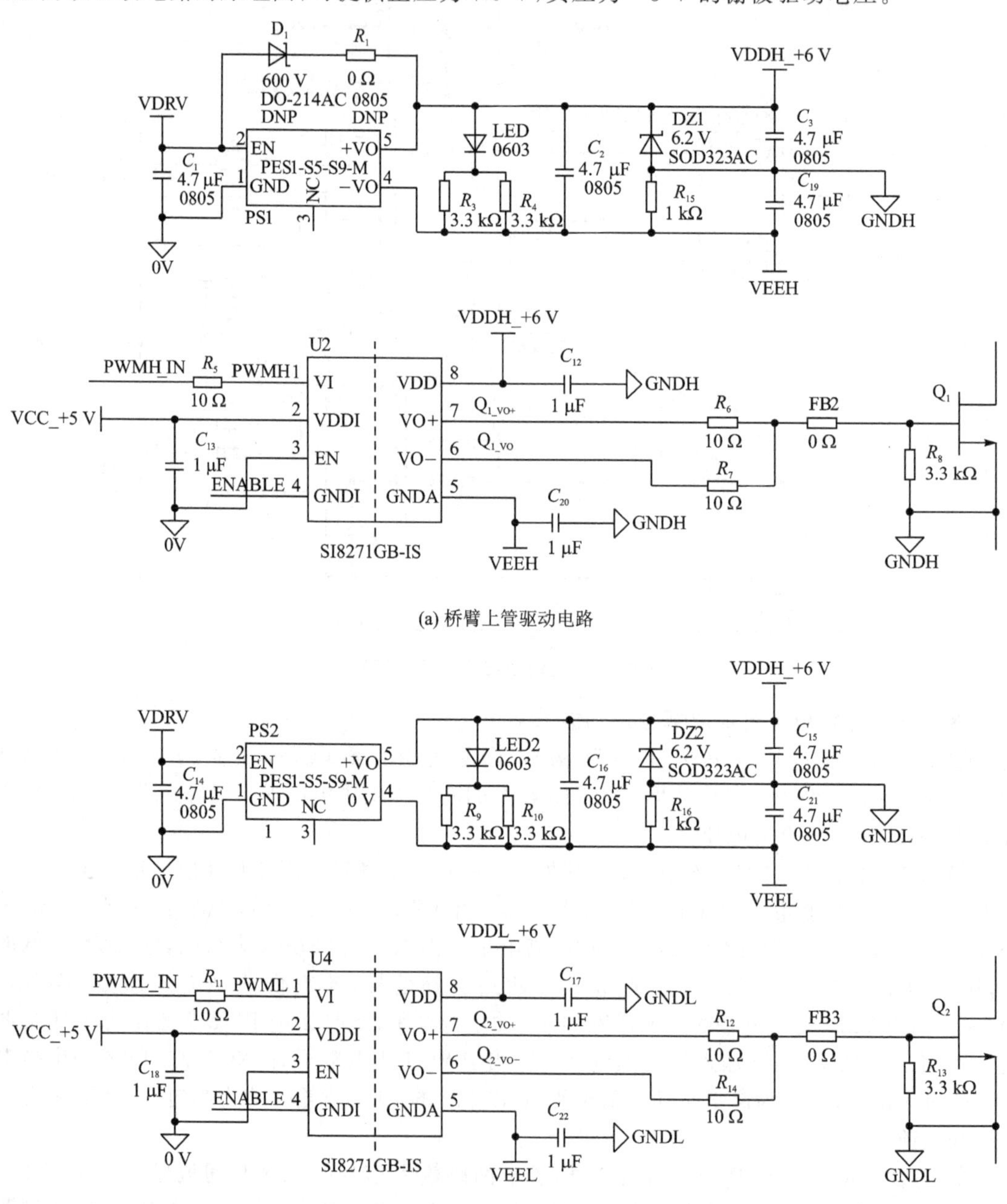

图 6.28 使用 Si8271GB－IS 构成的半桥 eGaN HEMT 驱动电路

6.5.3　Cascode GaN HEMT 的驱动电路

以Transphorm公司为例，其没有针对 Cascode GaN HEMT 产品制作专用的驱动板，只是在样机中采用了基于 Si8230 构成的半桥 Cascode GaN EHMT 驱动电路。图 6.29 所示为该驱动电路的原理图，可提供正压为＋12 V 的栅极驱动电压。

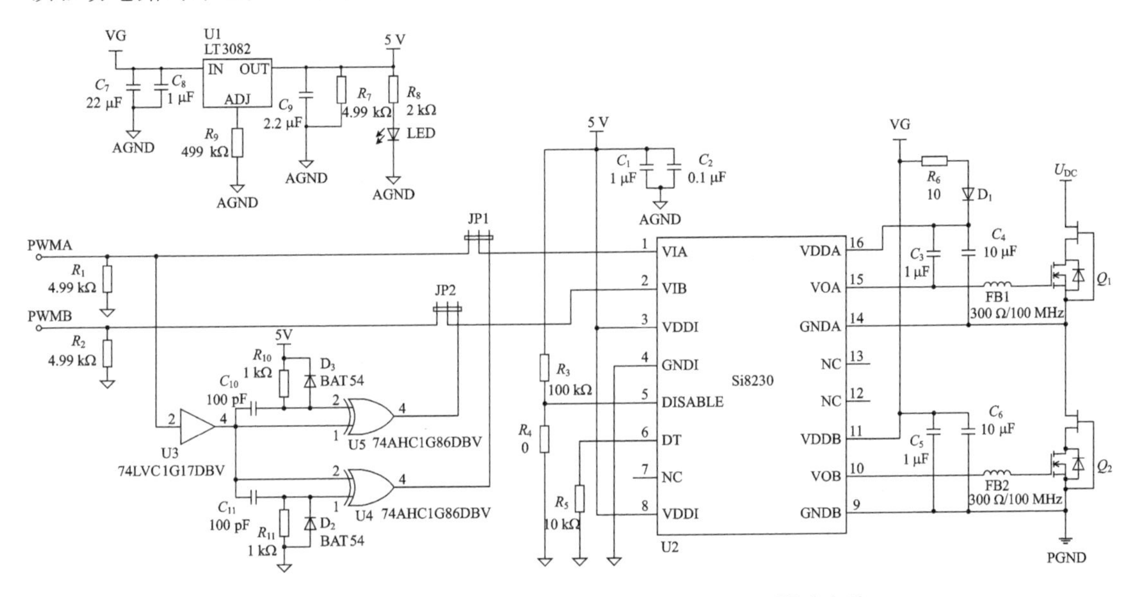

图 6.29　基于 Si8230 的半桥 Cascode GaN EHMT 驱动电路

6.5.4　GaN GIT 的驱动电路

Panasonic 公司并未针对 GaN GIT 器件制作独立驱动板，只是在双脉冲测试板和典型样机中采用了基于 AN34092B 芯片构成的半桥 GaN GIT 驱动电路。

图 6.30 所示为基于 AN34092B 驱动芯片构成的 GaN GIT 半桥驱动电路评估板 PGA26E07BA－SWEVB008。基于该评估板可轻松配置降压、升压、半桥和全桥等电路拓扑。图 6.31 所示为该评估板的原理框图。该评估板主要由 DC/DC 电源模块、信号隔离模块、驱动模块和功率模块

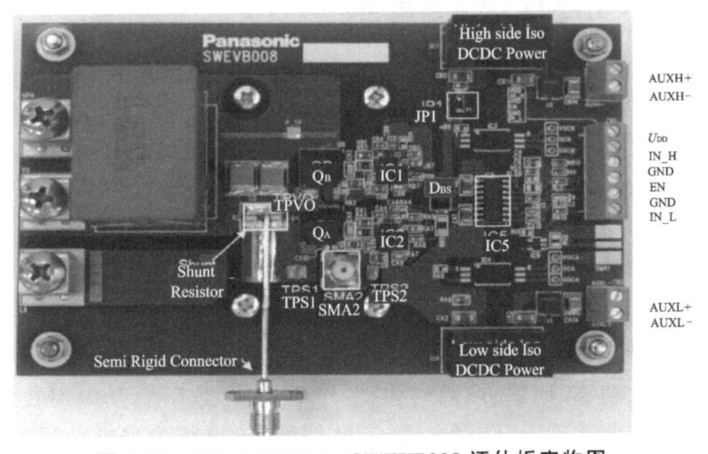

图 6.30　PGA26E07BA－SWEVB008 评估板实物图

组成，其主要构成如下：

① DC/DC 电源模块主要由高低侧两个隔离式 DC/DC 模块电源构成，其隔离能力可达 3 000 V，主要用于上下管的驱动芯片 AN34092B 供电。

② 信号隔离模块主要由双通道隔离型驱动芯片 Si8275GB 及其外围电路构成，其上下两路信号输入端口分别为 IN_H 和 IN_L，EN 为使能端。EN 端的典型电压值为 3.3～5.5 V，通过 LED 指示灯来标识其是否使能，LED 灯亮表明 EN 端为高电平。

③ 驱动模块主要由两个 GaN GIT 专用驱动芯片 AN34092B 及其外围电路组成，两个驱动芯片分别驱动桥臂上下管。

④ 功率模块由两个 GaN GIT 功率管、输入电容以及电流检测电阻构成。由图 6.31 可见，C_1 为直流母线电容，C_2 和 C_3 均为高频滤波电容，R_S 为电流检测电阻，主要用于测量下管的漏极电流。

除了上述主要功能模块外，该评估板中的 SMA2 是用于测量下管栅源电压的接口，JP1 跳线用于断开上管驱动用 DC/DC 隔离电源。

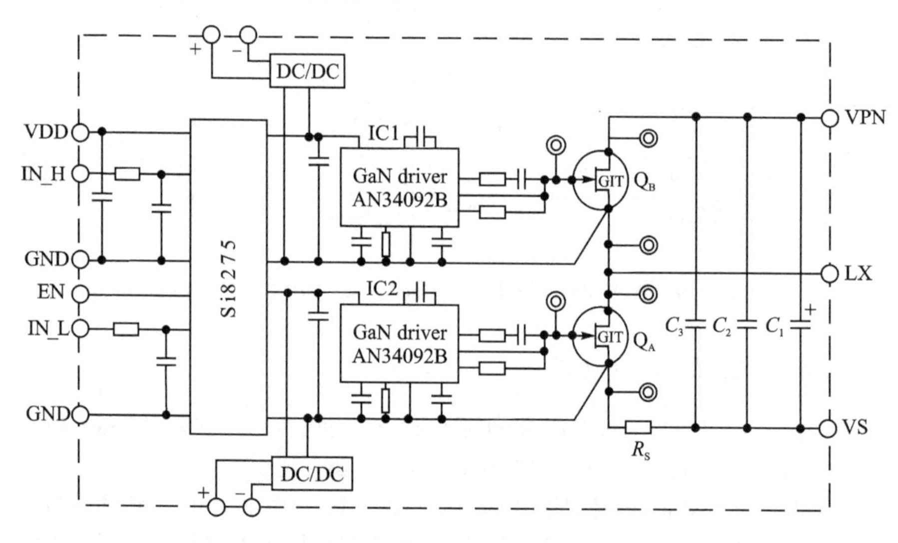

图 6.31 PGA26E07BA - SWEVB008 评估板原理框图

6.5.5 CoolGaN HEMT 的驱动电路

Infineon 公司并未针对 CoolGaN 器件制作专门的独立驱动板，只是在典型应用样机中采用了基于驱动芯片 1EDF5673K 构成的半桥 CoolGaN HEMT 驱动电路。图 6.32 所示为应用该驱动电路的 2.5 kW GaN 基图腾柱式 PFC 电路的原理图。该驱动电路可提供正压为＋6 V，负压为－3 V 的栅极驱动电压。

6.6 小 结

本章针对 GaN 器件阐述了目前常用的高速驱动集成电路，详细介绍了每种高速驱动集成电路的引脚排列、名称、功能、用法、内部结构、工作原理、参数限制及应用技术，从而便于设计人员对比选择使用。在此基础上，针对各类 GaN 器件，给出相关器件公司推荐采用的典型集成驱动器。随着技术的不断发展，具有更高瞬态共模抑制比、更小隔离电容、更大驱动电流能

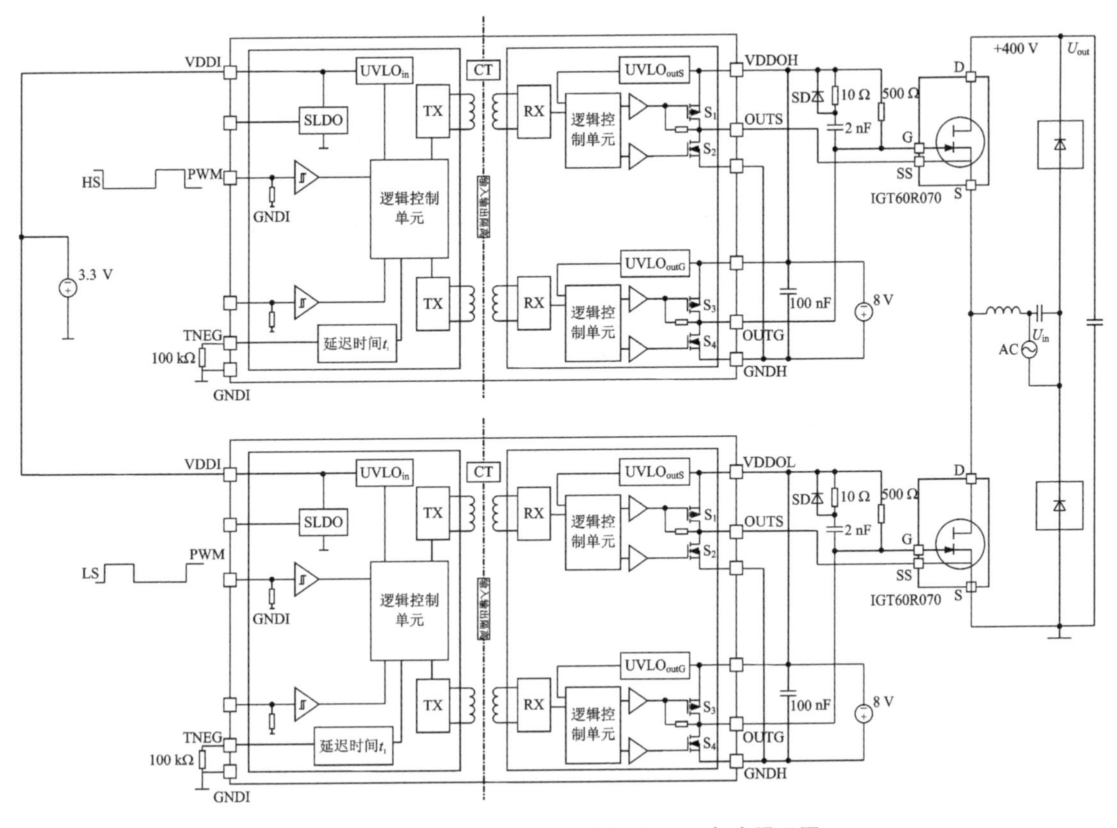

图 6.32　2.5 kW GaN 基图腾柱式 PFC 电路原理图

力的高速驱动集成电路将会不断出现，从而进一步推动 GaN 器件的普及使用。

参考文献

[1] LM5113, automotive 90V, 1.2A, 5A, half bridge GaN driver datasheet[EB/OL]. (2017 - 03)https://www.ti.com.cn/document-viewer/LM5113-Q1/datasheet/features-snvs7251766#snvs7251766.

[2] Si8271GB - IS, high CMTI 2.5kV 3V UVLO single isolated driver datasheet[EB/OL]. (2021 - 11 - 23). https://www.silabs.com/documents/public/data-sheets/Si827x.pdf.

[3] Si8230, 0.5 and 4.0 Amp ISO drivers (2.5 and 5 kVRMS) datasheet[EB/OL]. (2019 - 09). https://www.silabs.com/documents/public/data-sheets/Si823x.pdf.

[4] AN34092B, single-channel GaN-Tr high-speed gate driver datasheet[EB/OL]. (2019 - 03). http://www.semicon.panasonic.co.jp/en/products/powerics/ganpower/# products-document.

[5] 1EDF5673K, single-channel functional and reinforced isolated gate-drive ICs for high-voltage enhancement-mode GaN HEMTs datasheet[EB/OL]. (2021 - 11 - 09). https://www.infineon.com/dgdl/Infineon-1EDF5673K-DataSheet-v02 _ 03-EN.pdf? fileId = 5546d46266a498f501 66c9b5b486226a.

[6] EPC9036, 30V development board for enhancement mode monolithic half-bridge user

guide[EB/OL]. (2017). https://epc-co.com/epc/Portals/0/epc/documents/guides/EPC9036_qsg.pdf.

[7] GS66508B-EVBDB, 650V GaN e-HEMT evaluation board user guide[EB/OL]. (2020). https://gansystems.com/wp-content/uploads/2020/05/GS66508B-EVBDB1_Technical-Manual_Rev_200526.pdf.

[8] TDHBG2500P100, 2.5kW half-bridge evaluation board user guide[EB/OL]. (2017-12-06). https://www.transphormusa.com/en/document/tdhbg2500p100-user-guide/.

[9] PGA26E07BA-SWEVB008, half bridge evaluation board user guide[EB/OL]. (2017-03). http://www.semicon.panasonic.co.jp/en/products/powerics/ganpower/.

第 7 章　宽禁带器件驱动技术的发展

除了常规驱动电路之外，针对宽禁带器件的特色驱动电路技术也在不断发展之中。栅极主动驱动控制能针对不同条件，通过调节驱动参数去优化开关性能，比传统驱动电路方案更加灵活。为了满足宽禁带器件在高温环境下应用的需求，需要研制具备高温工作能力的驱动电路。宽禁带器件开关速度快，对寄生参数非常敏感，传统分立驱动电路方案不可避免地存在连接寄生电感现象，限制了宽禁带器件性能的充分发挥，因此，迫切需要集成驱动方案。本章对栅极主动驱动控制技术、高温驱动技术和集成驱动技术进行了概要阐述。

7.1　栅极主动驱动控制技术

目前无论是 SiC 器件，还是 GaN 器件，其驱动电路均属于常规驱动方案。以 SiC MOSFET 为例，如图 7.1 所示，一般都是采用固定的驱动电压和驱动电阻去驱动功率器件，开关过程中会伴随产生尖峰应力、开关损耗和电磁干扰现象。一般来说，若改变驱动电路参数提高开关动作时的电流电压变化率，会有利于降低开关损耗，但相应的也会使尖峰应力和电磁干扰更严重，反之亦然。两者之间存在制约冲突关系，仅能取得一个相对的平衡。

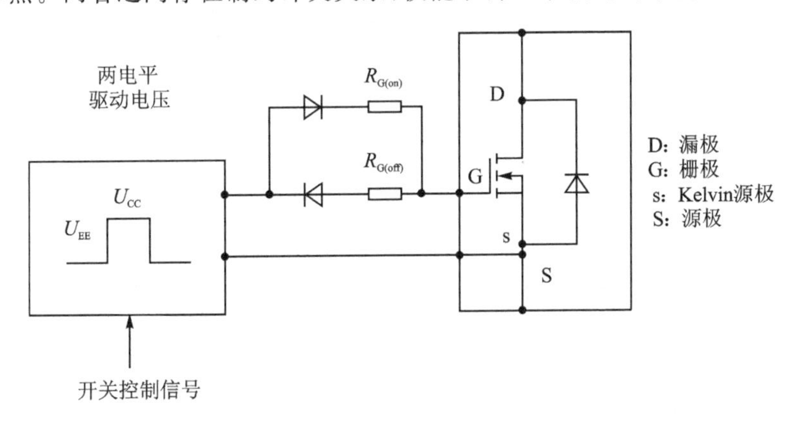

图 7.1　常规栅极驱动电路示意图

对于宽禁带器件而言，由于其开关速度非常快，开关过程中的电压、电流上升下降速度非常快，容易造成较大的尖峰和振荡以及更为严重的 EMI 问题。主动栅极驱动控制技术是从驱动侧出发对器件进行主动控制，比传统驱动方案更加可控，也不需更改主电路。

栅极主动驱动控制一般在功率器件开关过程中实时调节驱动参数，进行主动控制，如图 7.2 所示，常见的有调节驱动电阻、驱动电压和驱动电流。

如图 7.3 所示，根据电路不同的结构，一般又分为开环控制和闭环控制两大类。闭环又根据方式不同，分为连续信号反馈、连续状态反馈和离散事件反馈三种。

如图 7.4(a)所示，开环一般需要控制调节和执行机构，没有反馈环节硬件相对简单，具有较快的响应速度但该方式控制精度一般。而如图 7.4(b)所示，闭环控制方式加入了状态采样和反馈，常见的采样量包括电压、电流及其变化率等。闭环控制相对精确，适应性也更强。

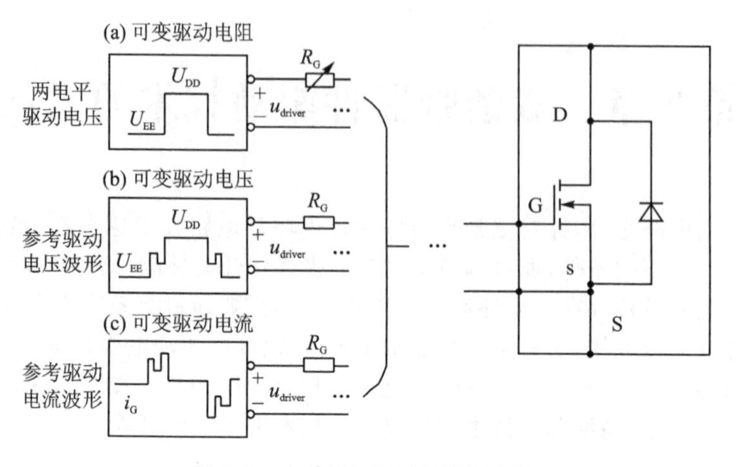

图 7.2 主动栅极驱动电路示意图

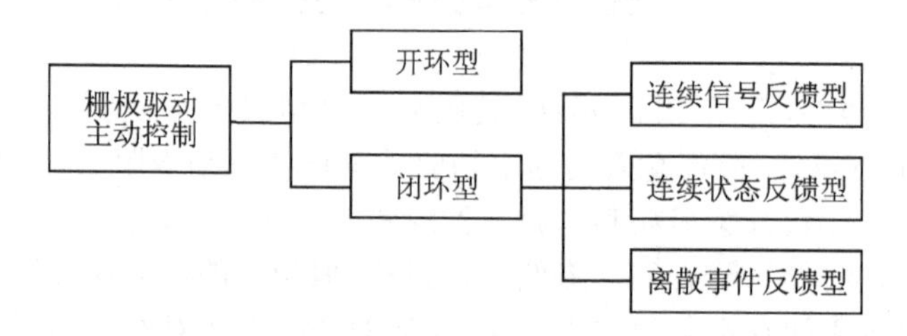

图 7.3 常见栅极驱动主动控制方法分类

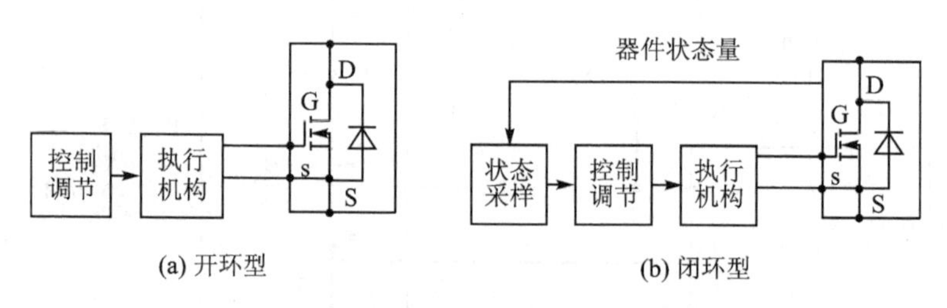

图 7.4 常见主动栅极驱动电路结构示意图

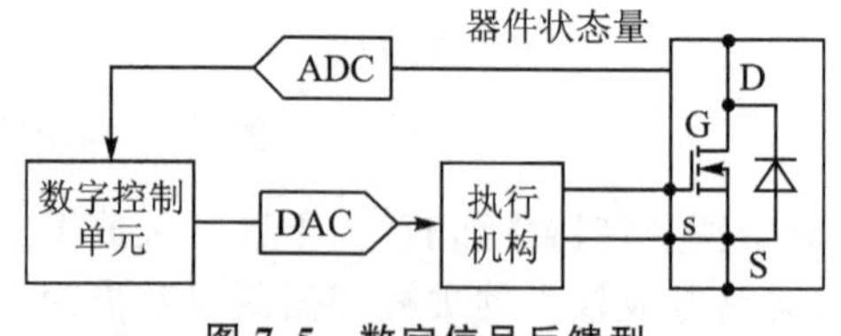

图 7.5 数字信号反馈型

主动栅极闭环控制主要分为三类：数字信号反馈型、连续状态反馈型和离散事件反馈型。其主要区别在于硬件电路的实现不同。如图 7.5 所示，数字信号反馈型一般利用数字控制单元来进行控制，因采用模数转换，所以可以使用复杂算法，具有适应性高、便于改变参数的优点。但数字控制的延迟性较高，数模单元带来的成本也较高；图 7.6 所示为连续状态反馈，该电路实现简单，具有采样和调节的功能。与数字控制类型相比，连续状态反馈电路更简化，响应速度也更快。但由于要跟踪调节需要采用高速运放，且当器件变化和工作点变化时，该控制方法对不同电路的适应性不如数字控制；图 7.7 所示为离散事件反馈型，其将开关过程分为若干段，通过分段解耦突出瞬态的波形特征，在特定阶段设定阈值条件，进行针对性的控制。该方式响应快，可控性高，但不具备实时调整能力，适应性较差。

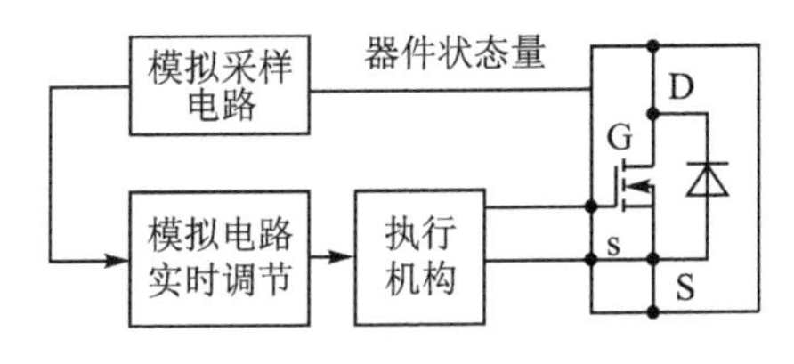

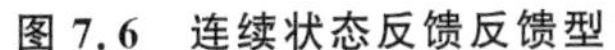

图 7.6　连续状态反馈反馈型

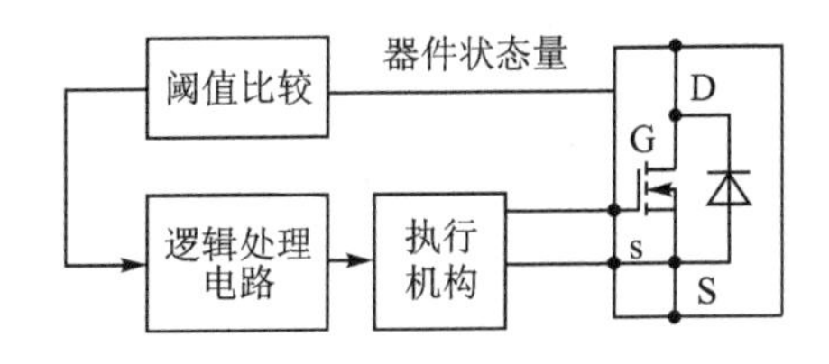

图 7.7　离散事件反馈型

接下来以 GaN 器件为例，具体阐述应用栅极主动驱动技术后的效果。

图 7.8 所示为 GaN 器件的双脉冲测试电路及其典型开关波形。t_1t_2 段是漏极电流上升时期，t_7t_8 段是漏极电流下降时期。由功率器件固有特性可知，漏极电流的上升、下降速度和栅源电压上升、下降速度以及跨导有关，具体可表示为

$$\frac{\mathrm{d}i_{\mathrm{D\_on}}}{\mathrm{d}t}=g_{\mathrm{fs}}\frac{\mathrm{d}u_{\mathrm{GS\_on}}}{\mathrm{d}t} \tag{7-1}$$

$$\frac{\mathrm{d}i_{\mathrm{D\_off}}}{\mathrm{d}t}=g_{\mathrm{fs}}\frac{\mathrm{d}u_{\mathrm{GS\_off}}}{\mathrm{d}t} \tag{7-2}$$

式中，$i_{\mathrm{D\_on}}$、$i_{\mathrm{D\_off}}$ 分别为 GaN 器件开通、关断时的漏极电流，$u_{\mathrm{GS\_on}}$、$u_{\mathrm{GS\_off}}$ 分别为 GaN 器件开通、关断时的栅源电压。由此可见，通过降低 GaN 器件开通、关断时的栅源电压上升下降速度可以相应降低其漏极电流的上升、下降速度，从而进一步减小开通时漏极电流的过冲和振荡幅值以及关断时漏源电压的过冲和振荡幅值。

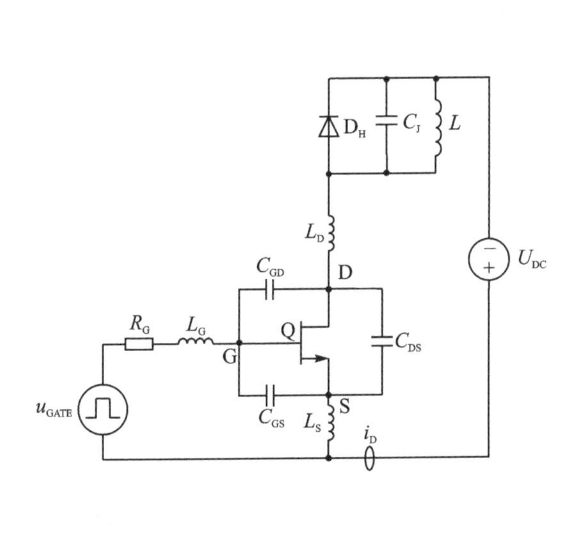

(a) 双脉冲测试电路

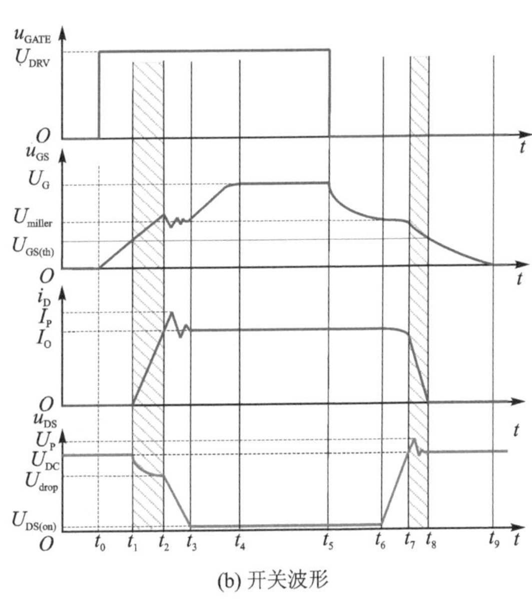

(b) 开关波形

图 7.8　GaN 器件的双脉冲测试电路及其典型开关波形

图 7.9 所示给出了一种栅极主动驱动控制技术的原理图。其主要由窗口比较器、上拉和下拉电路组成。窗口比较器 1 和上拉电路主要用于降低关断时栅源电压的下降速率，其中 $U_{1\mathrm{low}}$ 设置为栅源阈值电压 $U_{\mathrm{GS(th)}}$，$U_{1\mathrm{high}}$ 设置为密勒平台电压 U_{miller}。当窗口比较器 1 的输入电压处于 $U_{1\mathrm{low}}$ 和 $U_{1\mathrm{high}}$ 之间时，输出高电平，从而使 M_2 和 M_3 导通。VCC 通过 M_3、R_3、D_2 接入功率管栅极，为输入电容充电，从而抬高功率管栅源电压，减小其栅源电压下降速率。窗口比较器 2 和下拉电路主要用于降低开通时栅源电压的上升速率，其中 $U_{2\mathrm{low}}$ 设置为栅源阈值电

压 $U_{GS(th)}$，U_{2high} 设置为密勒平台电压 U_{miller}。当窗口比较器 2 的输入电压处于 U_{2low} 和 U_{2high} 之间时，输出高电平，从而使 M_1 导通，部分充电电荷通过 D_1、R_1 和 M_1 流入地，从而减小流入功率管栅极的电荷，降低其栅源电压上升速率。图 7.10 所示给出了加入栅极主动驱动控制技术后的开关波形示意图。

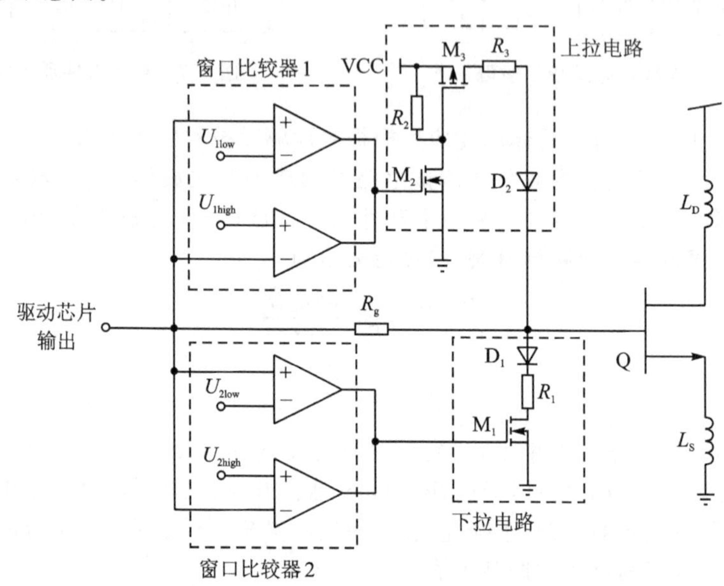

图 7.9　一种栅极主动控制技术原理图

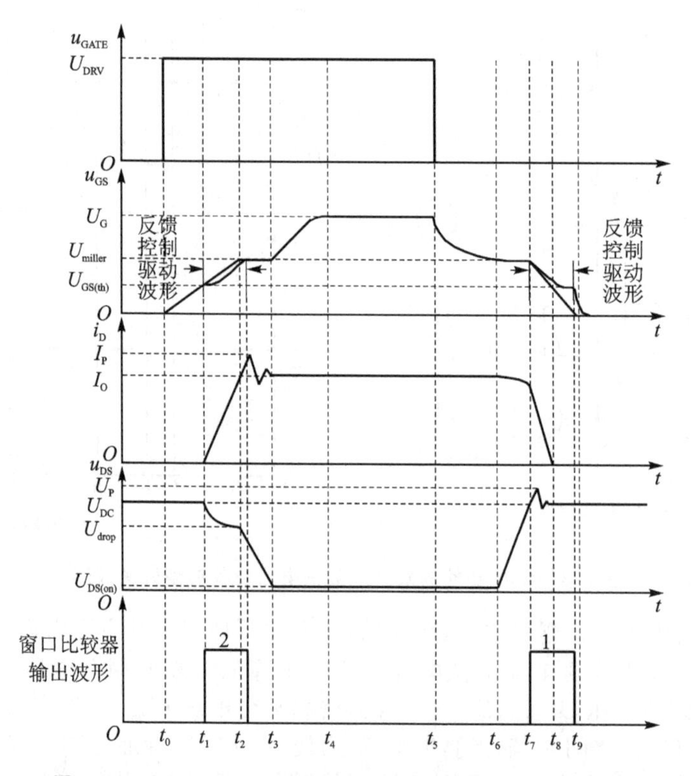

图 7.10　加入栅极主动驱动控制技术后的开关波形示意图

除了通过抑制栅源电压上升、下降速率外，还可以通过增大驱动电阻等方法降低电压、电流的上升、下降速率以及振荡和过冲，因此栅极主动驱动控制技术方法较多。但是，需要注意的是，采用栅极主动驱动控制技术本质上是通过降低电压、电流上升/下降速率来实现的，因此在一定程度上牺牲了 GaN 器件的高速开关优势，同时也增大了驱动电路体积，降低了整机功率密度，所以在使用时要视具体情况而定。

7.2　高温驱动技术

为了满足宽禁带器件在高温环境下应用的需要，驱动电路同样需要具备能在高温环境下工作的能力。对高温工作无要求时，高速大电流的集成驱动电路可以从多家集成电路供应商处获取，而不必要进行定制设计，门极驱动电路实现相对比较容易。然而高温（这里特指温度在 150 ℃以上）情况下，寻找合适的集成驱动电路非常具有挑战性，鲜有基于硅工艺的芯片具有 150 ℃以上的最高结温。目前高温驱动的备选方案包括分立元件高温驱动、绝缘衬底硅（Silicon on Insulator, SOI）高温驱动以及全 SiC 高温驱动方案。

7.2.1　分立元件高温驱动技术

基于硅工艺的芯片在结温超过 150 ℃时，漏电流会显著增加，因此不适合用作高温驱动电路芯片。然而分立器件天然的分离在不同的衬底上，不同器件之间衬底上的漏电流就不会存在，因此采用军品级和宇航级的耐高温分立器件构成耐高温驱动电路不失为现阶段可行的一种方案。

目前有研究人员针对 SiC MOSFET 提出如图 7.11 所示的典型高温栅极驱动电路。图 7.11(a)所示电路包括驱动电路、去饱和检测电路、欠压检测电路、逻辑处理电路等组成部分。为尽可能地做到低功耗、结构紧凑，该电路仅使用了 29 个高温双极性晶体管；图 7.11(b)所示电路采用单电源供电即可获得 −5 V/+18 V 的驱动电平。电路针对 Si 基 BJT 的温度漂移提出了优化的补偿策略，使其在 200 ℃高温时仍能稳定工作；图 7.11(c)所示电路是用分立元件搭建的带电流保护功能和欠压锁定保护功能的高温驱动电路。为了减小电路体积和传输延迟时间，在保护电路设计时尽可能地减少高温双极性晶体管和二极管的数量，并采用了脉冲变压器来实现电气隔离。具体电路由驱动电路、过流保护电路、欠压锁定电路和故障检测电路组成。

高温环境会给元器件带来以下影响：①随着温度的升高，元器件使用寿命缩短；②随着温度变化范围的扩大，元器件所能承受的热循环次数减少；③在温度大范围变化过程中，元器件的部分参数会发生很大变化。总体来讲，由于温度变化引起各种参数变化会使元器件工作性能发生各种变化，而这一切变化并不是一个瞬间突变的过程，简单的标称温度并不能完整地描述一款元器件的温度性能。至于是否可以在某一温度下使用某一款元器件，需要通过实验来证明它在该温度下是否具有合适的工作性能、是否可经受足够多次的热循环以及是否有足够长的使用寿命。

7.2.2　SOI 高温驱动技术

在传统硅集成电路技术中，MOSFET 是直接建立在硅衬底之上。温度升高接近 150 ℃时，漏电流会显著增大，鲜有基于硅工艺的芯片具有 150 ℃以上的最高结温。为改善硅基半导

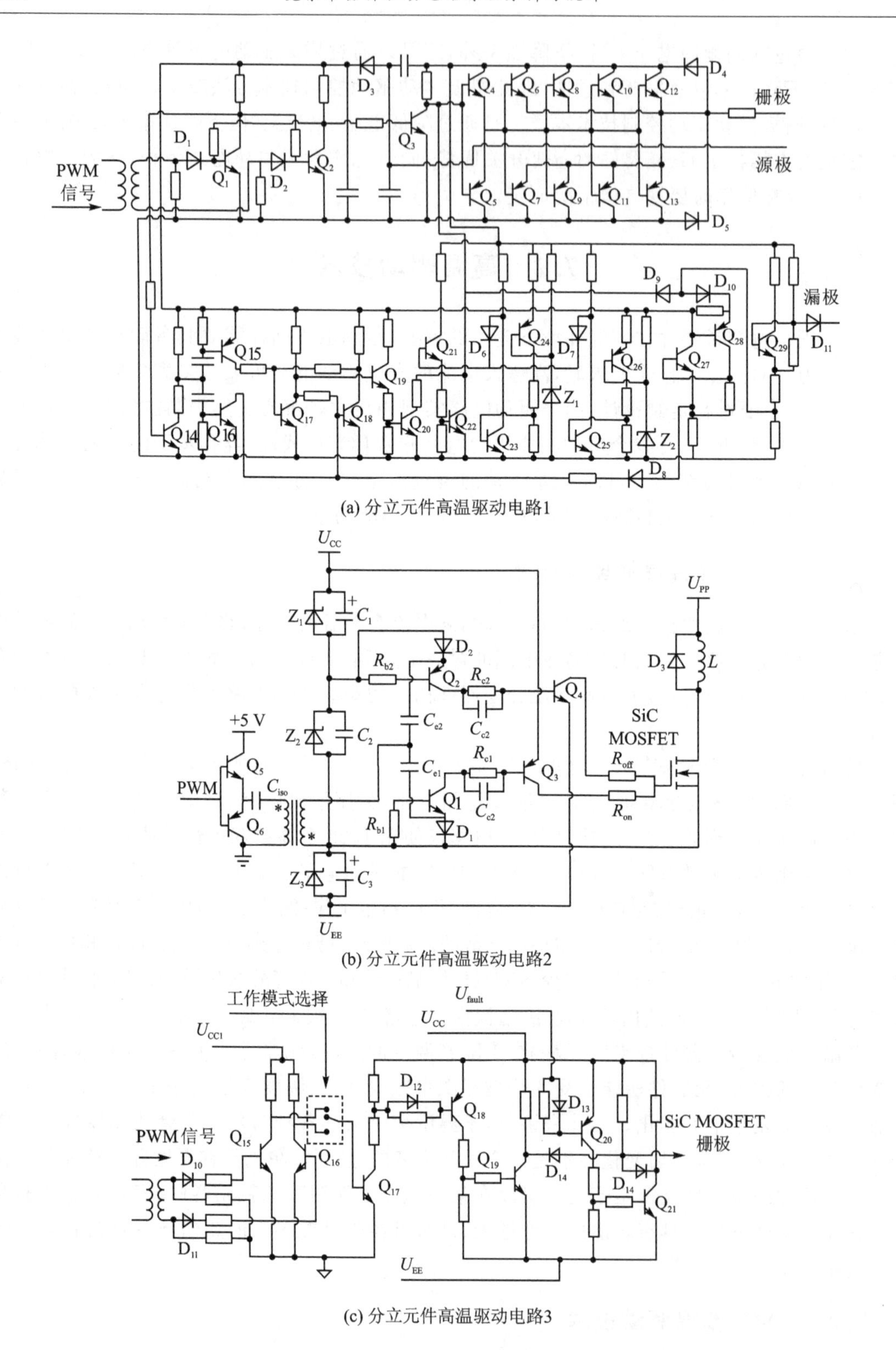

(a) 分立元件高温驱动电路1

(b) 分立元件高温驱动电路2

(c) 分立元件高温驱动电路3

图 7.11 典型高温栅极驱动电路原理图

体的温度等级，需要运用特殊的高温 SOI 工艺技术。图 7.12 所示为基于 SOI 技术的横向

MOSFET 结构，MOSFET 直接建立在硅衬底之上。绝缘层的功能是减少在所述硅衬底中的漏电流，有效地抑制高温工作中漏电流的增加，这使得 SOI 集成电路技术成为理想的硅基集成电路技术。基于 SOI 工艺的栅极驱动器集成电路能够在高达 225 ℃的温度下工作。SOI 工艺集成电路技术作为一项新技术，目前国际上仅有几家公司可应用此项技术制造出可使用的高温集成电路，且售价极其昂贵，单颗芯片的价格甚至会超过绝大多数功率模块的价格。

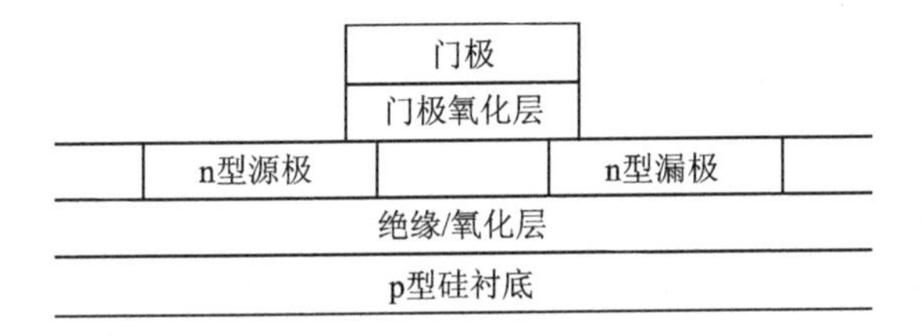

图 7.12　基于绝缘衬底硅集成电路技术的横向 MOSFET 结构

提供 SOI 芯片的厂商包括 Honeywell、ADI、XREL 和 Cissoid 等公司，这些公司均提供高温芯片，但只有 Cissoid 公司提供商用驱动板。图 7.13 所示为 Cissoid 公司的耐高温驱动电路板原理图。前级 PWM 信号经过 SOI 芯片处理后经磁耦隔离，传输至副边，供给 THEMIS 和 ATLAS 芯片。通过以 MAGMA 为核心的反激电路，生成驱动板上所需的驱动电源。该驱动板提供双路输出，供桥臂电路使用。

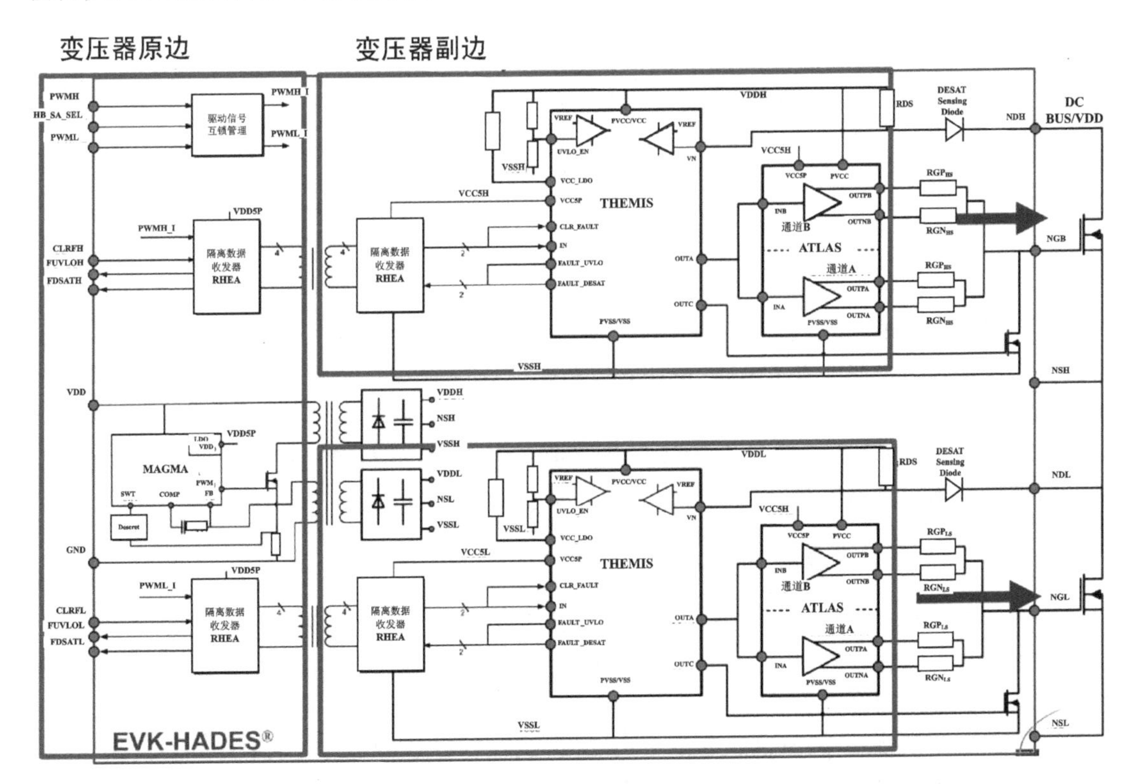

图 7.13　Cissoid 公司基于 SOI 技术的耐高温驱动电路板原理图

该 SOI 耐高温驱动电路板具有以下主要特点：

① 可驱动额定电压为 1 200 V、1 700 V 的 SiC MOSFET 桥臂电路；

② 每通道在 225 ℃时可提供的最大驱动电流为 8 A(对应于额定电流为 300 A 的模块)；

③ 具有高达 50 kV/μs 的瞬态共模抑制比；

④ 开关频率可达 200 kHz；

⑤ 内嵌多种保护电路：有源密勒箝位；去饱和过流保护；过温保护；欠压锁存。

⑥ 功耗典型值为 2 W；

⑦ 连续工作温度可达 175 ℃；

⑧ 驱动及保护电路的延迟时间典型值：栅极电压延迟 600 ns，去饱和保护延迟 600 ns，欠压锁定保护延迟 680 ns，最短消隐时间 500 ns。

除了 Cissoid 公司外，XREL 公司也提供 SOI 驱动芯片。目前 XTR26020 与 XTR25020 这两款驱动芯片也已商业化使用，其技术指标如表 7.1 所列。

表 7.1 XREL 公司 SOI 高温驱动芯片性能指标

性能指标	XTR26020	XTR25020
是否隔离	是	否
温度范围/℃	－60～＋230	－60～＋230
供电电压/V	4.5～40	4.5～40
最大占空比	100%	100%
上拉电流/A	4(峰值) 1(连续)	3(峰值) 1(连续)
下灌电流/A	2.4(峰值)	3(峰值)
保护功能	欠压保护，过流保护	欠压保护，过流保护
上升时间/ns	11	15
下降时间/ns	16	15
传输延迟时间/ns	115	200

由于 SOI 驱动板可耐受高温，因而可以将其放置在功率器件旁，从而最大限度的减小驱动电路与功率模块之间的寄生电感，保证 SiC 功率模块快速开关、高频工作，降低变换器磁性元件和电容器的尺寸与重量，提高整机功率密度。

目前，Si 基 SOI 芯片价格仍非常昂贵，是 SiC MOSFET 器件价格的十几倍，大大增加了驱动电路的成本。这是限制 SOI 驱动方案广泛使用的主要因素。

7.2.3 全 SiC 高温驱动技术

由于 SiC 材料具有较高的禁带宽度，SiC 集成电路的漏电流远小于 Si 集成电路的漏电流，无需绝缘衬底即可在高温场合下工作。SiC 集成电路目前仍处在实验室研究阶段，尚未有商用产品。这里以阿肯色大学设计的 SiC CMOS 驱动芯片为例进行说明。

该驱动芯片的基本设计目标：可在 400 ℃以上的高温环境工作，开关频率可达 500 kHz。可提供的驱动电流最大值不小于 4 A，并易于集成到 SiC MOSFET 模块中，以减小寄生电感。

SiC 驱动芯片制造工艺采用最小沟道长度为 1.2 μm 的 P 阱 CMOS 工艺，具有两个多晶硅层和一个高温顶部金属层。该芯片的供电电源额定电压为 15 V，无需添加 LDMOS 型输出级即可产生足够高的电压直接驱动 SiC 功率 MOSFET。

SiC 驱动芯片内部结构示意图如图 7.14 所示。该芯片主要由 CMOS 逻辑控制单元、多级门电路以及推挽放大输出级构成。内部尺寸为 4.5×5.0 mm，在工作温度范围内，最大可输出 4 A 电流和吸收 8 A 电流。

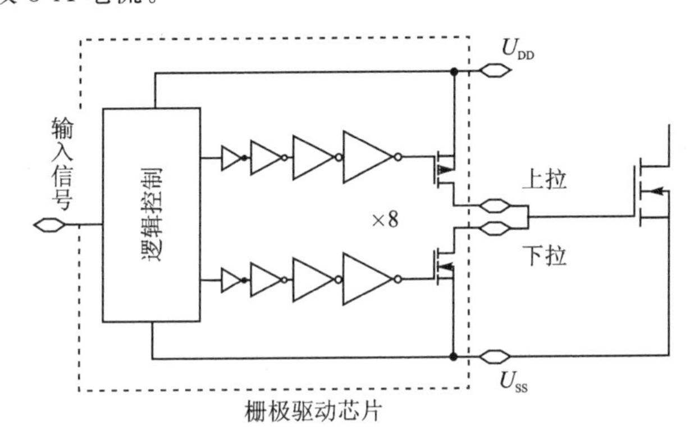

图 7.14　SiC 驱动芯片内部结构示意图

图 7.15 所示为 SiC 驱动芯片栅极驱动电路传输延迟时间随温度变化的关系曲线。温度由 25 ℃升高到 200 ℃时，传输延迟时间逐渐缩短，高电平转低电平的信号下降沿传输延迟时间降低 30%，低电平转高电平的上升沿传输延迟时间降低 25%。温度高于 200 ℃时信号上升沿延时相对稳定，但下降沿延时明显变长。

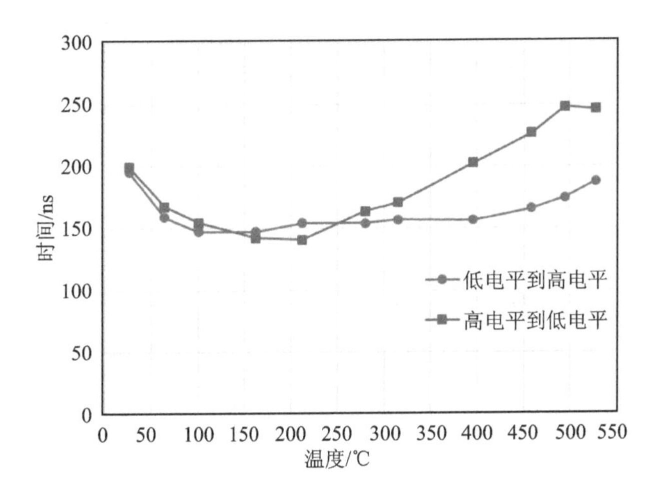

图 7.15　栅极驱动电路传输延迟时间随温度变化关系

图 7.16 所示为 SiC 驱动芯片输出电压上升、下降时间随温度变化的关系曲线。上升时间随温度升高而一直变长；下降时间在温度为 200 ℃时最短，之后随温度升高而逐渐变长。

初步实验研究表明，该 SiC CMOS 驱动芯片可在高达 500 ℃的高温下工作，在该温度下驱动 SiC MOSFET 时驱动芯片仍具有较强的驱动能力和快速开关工作能力，驱动性能并无大幅退化。该驱动芯片电路简洁，易于集成，有很好的应用前景。但实际应用仍需进行更加全面严苛的实验验证。

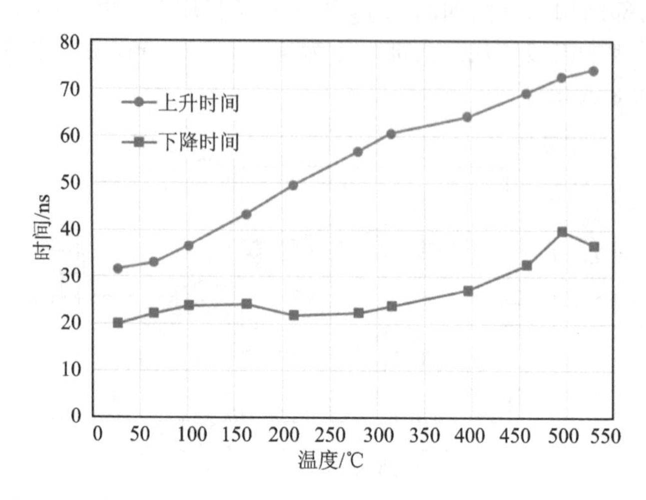

图 7.16 栅极驱动电路输出电压上升和下降时间随温度变化关系

7.3 集成驱动技术

采用独立封装形式的 GaN 器件需要通过外部的驱动芯片进行驱动，这种分立驱动及其等效电路图如图 7.17 所示。GaN 器件和驱动芯片封装中的键合线和引脚均会引入寄生电感，同时 GaN 器件和驱动芯片之间的连线也会引入寄生电感。当 GaN 器件高速开关工作时，这些寄生电感会导致开关损耗明显增大、电压电流振荡加剧，从而影响电路可靠工作。在紧凑布局无法再降低寄生电感时，为保证可靠工作，往往不得不限制 GaN 器件的开关速度。

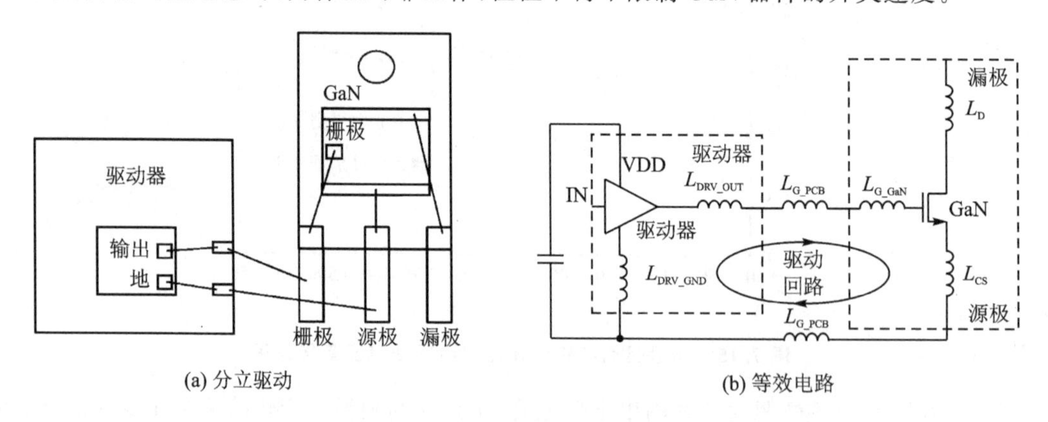

图 7.17 分立驱动及其等效电路

分立驱动不可避免的存在寄生电感，限制了 GaN 器件性能的充分发挥，因此 GaN 集成驱动应运而生。集成驱动及其等效电路图如图 7.18 所示，将 GaN 器件与驱动器集成在同一个封装内，消除了驱动器与 GaN 器件的封装寄生电感以及连接驱动器输出与 GaN 器件栅极的连线寄生电感。寄生电感的减小有效缓解了 GaN 器件开关工作时的电压电流振荡问题，确保 GaN 器件可以高速开关。缩短开关时间、降低开关损耗，对优化 GaN 器件开关性能具有重要意义。同时集成封装也缩小了电路尺寸，提高了功率密度。

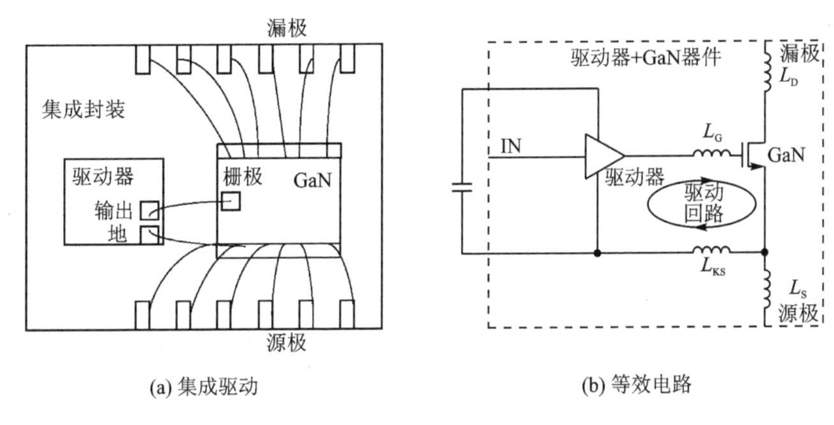

(a) 集成驱动　(b) 等效电路

图 7.18　集成驱动及其等效电路

将 GaN 器件和驱动器集成在同一个引线框架内，GaN 器件的栅极直接与驱动器输出端键合，因此栅极环路寄生电感可减小至 1 nH 甚至更低。同时驱动器的接地端直接与 GaN 器件的源极引线键合连接，这种开尔文结构极大地减小了共源极寄生电感，封装集成同样能够有效地减小驱动器接地寄生电感。虽然开尔文结构也可以应用于分立式封装中，但增加的开尔文源极引脚必须通过 PCB 走线与驱动器连接，引入了额外的栅极环路寄生电感。

由于引线框架的导热性极好，因此将驱动器和 GaN 器件安装在同一个引线框架中可使两者的温度基本接近。此时若将温度检测和过温保护功能集成在驱动器中，则可以实现对 GaN 器件的温度检测和保护。在 GaN 器件温度过高时，温度保护动作将会关断功率管实施保护。

对于分立驱动来说，由于驱动器和 GaN 器件独立封装，两者的连接引入了较大的寄生电感，导致电流振荡较为严重，因此往往需要一段较长的消隐时间来预防过流保护误动作。而集成驱动可以显著降低电流检测电路和 GaN 器件之间的连接寄生电感，从而使得过流保护迅速启动以实现对 GaN 器件的快速保护。

7.4　小　结

与传统 Si 基器件相比，宽禁带器件在开关过程中的 di/dt 与 du/dt 更大、尖峰应力更高、高频振荡更为严重、瞬态问题更加突出，从而制约了其材料特性的充分发挥。采用主动驱动控制技术，通过调节驱动参数可以优化宽禁带器件的开关性能，充分发挥其优良的材料特性。

由于寄生电感对宽禁带器件，尤其是 GaN 器件的开关特性的影响较为严重，因此除了减小器件封装寄生电感外，还需要优化驱动电路以及功率回路的 PCB 布局，缩小回路面积和缩短布线长度，紧凑布局。新型集成驱动方法将驱动电路和 GaN 器件集成在同一个封装中，大大地减小了驱动回路寄生电感，但该技术目前处于起步阶段，还需要不断的成熟。

为了充分发挥 SiC 器件耐高温优势，需要相应开发高温驱动技术。目前主要有分立元件高温驱动技术、SOI 高温驱动技术和全 SiC 高温驱动技术。随着技术的发展，宽禁带器件的驱动电路技术也会不断地发展并逐步成熟。

参考文献

[1] Y Jiang, C Feng, Z Yang, et al. A new active gate driver for MOSFET to suppress turn-off spike and oscillation[J]. Chinese Journal of Electrical Engineering, 2018, 4(2): 43-49.

[2] 朱义诚,赵争鸣,施博辰,等. 绝缘栅型功率开关器件栅极驱动主动控制技术综述[J]. 高电压技术,2019,45(7):2082-2092.

[3] C Geng, D Zhang, X Wu, et al. A Novel Active Gate Driver with Auxiliary Gate Current Control Circuit for Improving Switching Performance of High-Power SiC MOSFET Modules[C]. Wuhan, China: IEEE 1st China International Youth Conference on Electrical Engineering (CIYCEE), 2020:1-7.

[4] A P Camacho, V Sala, H Ghorbani, et al. A novel active gate driver for improving SiC MOSFET switching trajectory[J]. IEEE Transactions on Industrial Electronics, 2017, 64(11): 9032-9042.

[5] 谢昊天,秦海鸿,董耀文,等. 耐高温变换器研究进展及综述[J]. 电源学报,14(4): 128-138.

[6] 祁锋,徐隆亚,王江波,等. 一种为碳化硅 MOSFET 设计的高温驱动电路[J]. 电工技术学报,2015,30(23):24-31.

[7] 金淼鑫,高强,徐殿国. 一种基于 BJT 的耐 200 ℃高温碳化硅 MOSFET 驱动电路[J]. 电工技术学报,2018,33(06):1302-1311.

[8] P Nayak, S K Pramanick, K Rajashekara. A high-temperature gate driver for silicon carbide MOSFET[J]. IEEE Transactions on Industrial Electronics, 2018, 65(3): 1955-1964.

[9] Yong Xie, Paul Brohlin. Optimizing GaN performance with an integrated driver[Z]. TEXAS INSTRUMENTS, 2016. http://www.ti.com/power-management/gallium-nitride/technical-documents.html.